中国密码学发展报告 2018

中国密码学会　组编

中国质检出版社
中国标准出版社

北　京

图书在版编目(CIP)数据

中国密码学发展报告.2018／中国密码学会组编.
—北京：中国标准出版社，2019.1
ISBN 978－7－5066－9166－6

Ⅰ.①中… Ⅱ.①中… Ⅲ.①密码学—研究报告—中
国—2018 Ⅳ.①TN918.1

中国版本图书馆 CIP 数据核字（2018）第 263153 号

中国质检出版社
中国标准出版社 出版发行
北京市朝阳区和平里西街甲 2 号 （100029）
北京市西城区三里河北街 16 号 （100045）

网址：www.spc.net.cn
总编室：(010) 68533533 发行中心：(010) 51780238
读者服务部：(010) 68523946
中国标准出版社秦皇岛印刷厂印刷
各地新华书店经销

＊

开本 787×1092 1/16 印张 20.75 字数 362 千字
2019 年 1 月第一版 2019 年 1 月第一次印刷

＊

定价 80.00 元

前　言

《中国密码学发展报告 2018》共收录 10 篇论文，其中 5 篇为获得 2017 年中国密码学会优秀博士学位论文奖的 5 名作者介绍其研究成果，其他 5 篇分别介绍了 ISO 密码国际标准发展趋势、ISO/IEC 中的中国自主密码技术和规则贡献实践报告、ISO/IEC 对称密码算法标准动态分析、密码加密体制识别问题研究进展的工作。

1. 基于非线性反馈移位寄存器（Non-Linear Feedback Shift Register，NLFSR）的序列密码算法由于具有设计新颖、安全强度高和硬件实现效率突出等优点，近年来获得了国际密码学界的广泛关注和青睐。从欧洲 eSTREAM 工程公开征集序列密码算法以来，尽管国际密码学界对基于 NLFSR 的序列密码算法给予了高度关注，但分析方法的相关研究成果相对较少，对代表密码算法的安全性分析也进展缓慢。2017 年中国密码学会优秀博士学位论文奖获得者——解放军信息工程大学的丁林博士对基于 NLFSR 的序列密码算法的分析方法进行了深入研究，在论文中重点介绍了博士在读期间给出的对当前有代表性的Grain-128a、MICKEY 以及 WG 系列等序列密码算法的最新分析结果。

2. 作为第三次 IT 技术革命的核心，云计算在为社会各领域带来便利的同时也产生了许多安全问题。云数据安全存储作为云计算安全的重要研究内容，伴随着云计算的普及越来越受到学术界与工业界的关注。2017 年中国密码学会优秀博士学位论文奖获得者——西安电子科技大学 ISN 国家重点实验室的王剑锋博士综述了当前云计算中外包数据可验证存储研究进展，并对基于对称可搜索加密技术的密文检索技术、可验证数据库外包技术以及基于客户端的跨用户安全数据去重技术等方面的成果进行了重点论述。

3. 随着量子计算的快速发展，传统公钥密码体制面临前所未有的挑战，因此研究抗量子计算的密码协议被提升到一个前所未有高度。目前抗量子计算的密码协议设计大体可以分为两大类：一类是基于潜在抗量子计算困难数学问题的经典密码协议，另一类是基于物理学中量子不可测原理的量子密码协议。2017 年中国密码学会优秀博士学位论文奖获得者——重庆大学的刘斌博士在论文中介绍了自己在后一类密码协议方面的创新性成果，即详细阐述了一种正在走向实用化的量子保密查询协议。

4. 基于格的密码体制是近 30 年来逐步建立并走向实用化的密码体制，由于潜在的抗量子计算特性与在全同态加密体制中的广泛应用，已成为当前国际密码研究机构和研究人员重点关注的热点领域。2017 年中国密码学会优秀博士学位论文奖获得者——密码科学技术国家重点实验室的张江博士从格上数学困难问题、量子安全模型及证明技术以及格上密码方案设计等三方面综述了当前格密码学领域的国内外研究现状，并进一步重点介绍了在 CRYPTO、EUROCRYPT 以及 AISACRYPT 三大顶级密码学国际会议上发表的关于格上公钥加密、格上数字签名以及格上密钥交换协议等方面的原创性研究成果。

5. 密码体制的可证明安全理论一直是理论密码学研究的核心内容。适应性选择密文攻击不可区分性（简称 IND-CCA）是当前密码学界认可的公钥加密方案的安全性标准。在该模型中，攻击者可以观察密码算法的输入/输出，但是无法访问或修改算法运行的内部状态。近年来，随着侧信道攻击技术的出现，攻击者不仅可以获得密钥的部分信息，甚至还可以篡改算法的密钥并观察在不同密钥下的运行结果。2017 年中国密码学会优秀博士学位论文奖获得者——西安邮电大学的秦宝东博士在论文中详细介绍了一次有损过滤器的概念、性质及其构造方法，并给出了一种利用一次有损过滤器和通用哈希证明系统构造抗有界密钥泄露和适应性选择密文攻击安全的公钥加密方案通用构造方法。

6. 密码算法被纳入 ISO 国际标准，从一定层面上反映了该算法是经过充分评估的、具有竞争力的。中国科学院数据与通信保护研究教育中心的刘丽敏博士分析了 ISO/IEC JTC 1/SC 27 的密码国际标准，梳理了与商用密码算法相关的已发布 ISO 国际标准中已纳入的同类密码算法或机制；研究了近五年来美国、日本、韩国、英国、奥地利、瑞士、中国等国向 WG 2 工作组提交的密码提案，分析了 SC 27 未来可能立项的密码国际标准，包括后量子密码、环签名、门限密码；介绍了 ISO 密码算法国际标准化现行规则及探讨中的新规则；指出了未来提交新密码提案时应该重点关注的因素，以期为后续密码算法国际标准化提供参考。

7. RSA 密码体制作为现今最著名的公钥密码体制之一，其安全性分析结果对于体制参数的选取有重要意义，一直是密码研究人员的关注热点。中国科学院信息工程研究所的彭力强博士等总结了小解密指数的 RSA 类公钥密码方案的安全性分析现状，并重点介绍了发表在 EUROCRYPT 2017 与 Journal of Cryptology 杂志上的关于 CRT-RSA 体制小解密指数攻击的最新研究进展。

8. 国际标准是全球治理体系和经贸合作发展的重要技术基础。密码安全技术作为网络空间安全的基石，其国际标准化活动更是一个综合实力较量的过程，需要从国际标准化规则及技术贡献多角度展开博弈。随着我国综合国力提升，国家更加重视标准化工作，近年来积极参与国际标准化活动并取得了长足进步。西安西电捷通无线网络通信股份有限公司的李琴、曹军、黄振海等在论文中跟进与梳理了 ISO/IEC 近十余年的国际标准化活动，并研究了中国在密码技术相关领域的国际标准化规则及技术贡献的实践案例，包括对标准开发组织合作协议（PSDO）、SC 6 安全特设小组（AHGS）、ISO 专利政策小组（PPG）、国际标准中密码算法等规则实践以及十余项中国自主密码技术国际提案的贡献情况等，审视中国密码安全技术"走出去"需要注意的问题，并就未来如何促进更多中国密码安全技术"走出去"提出具体建议。

9. 在对称密码算法标准化进展方面，中国科学院数据与通信保护研究教育中心的王鹏博士在论文中介绍了 ISO/IEC 对称密码算法标准的最新动态。通过对对称密码标准体系包含加密算法（分组密码、序列密码）、分组密码工作模式、杂凑函数、轻量级密码、消息认证码、认证加密等算法不断演进的过程的分析和归纳，总结出了密码算法的研究和标准化的若干启示，并提出了若干富有建设性的建议。

10. 密码加密体制识别是密码区分分析的一部分，其抵抗区分分析的能力可作为衡量密码体制安全性的指标之一。数学工程与先进计算国家重点实验室的赵亚群博士等在论文中介绍了主流密码体制识别研究进展情况，给出了一个密码体制识别问题的完整定义系统，介绍了两类主要研究方法——基于统计学的识别方法和基于机器学习的识别方法，对每类方法所包含的典型算法，尤其是该领域最近几年发表的最新文章的基本思想、优缺点等进行了介绍和分析。论文展望了未来密码体制识别研究的发展趋势，并提出了几个值得进一步研究的问题。

感谢所有为本次发展报告撰写论文的各位专家学者，他们的辛勤工作使得本报告得以完成！

感谢中国密码学会办公室的刘娟和孙跃进，他们为本期研究报告的组稿、联络、编辑和出版等付出了大量辛苦的工作！

《中国密码学发展报告2018》力图记录中国密码学发展的这一段精彩历史！感谢中国标准出版社为我们的努力提供了一个平台！

本报告得到了国家"十三五"密码发展基金的资助。

中国密码学会学术工作委员会

于佳

2018 年 11 月 28 日于青岛

目　录

基于 NLFSR 的序列密码算法的若干分析方法研究[1)]

丁林

（解放军信息工程大学，郑州，450001）

[**摘要**] 2004 年启动的欧洲 eSTREAM 工程极大地推动了国际序列密码算法设计与分析的发展，NLFSR（Non-Linear Feedback Shift Register）作为一种新的驱动部件被用于序列密码算法的设计中，以 Grain v1、MICKEY 2.0 和 Trivium 为代表的基于 NLFSR 的序列密码算法在 eSTREAM 工程中胜出，使得基于 NLFSR 的序列密码算法的分析得到了国际密码学界的高度关注，成为近几年来序列密码研究领域的热点和难点问题之一。本文给出了基于 NLFSR 的序列密码算法设计的分类方法，对博士学位论文"基于 NLFSR 的序列密码算法的分析方法研究"中的代表性成果进行了简要介绍，研究成果有助于丰富基于 NLFSR 的序列密码算法的分析理论，对促进序列密码算法的设计与实际应用也具有重要意义。

[**关键词**] 序列密码；密码分析；NLFSR；LFSR

On Some Cryptanalytic Methods of NLFSR-Based Stream Ciphers

Ding Lin

（The PLA Information Engineering University，Zhengzhou，450001）

[**Abstract**] The eSTREAM （ECRYPT Stream Cipher Project），launched at 2004，

1）基金项目：国家自然科学基金（61602514、61272488、61202491、61572516、61272041、61772547）；"十三五"国家密码发展基金（MMJJ20170125）资助项目；博士后创新人才支持计划（BX201700153）。

greatly promoted the development of design and analysis of stream ciphers. NLFSR（Non-Linear Feedback Shift Register）, a new driven component, had been utilized in the design of stream ciphers. Since some representative NLFSR-based stream ciphers, e. g., Grain v1, MICKEY 2. 0 and Trivium, had been three of the seven finalists in the final eSTREAM portfolio, cryptanalysis of NLFSR-based stream ciphers attracted so much attention all over the world, and became a hot and difficult spot of research on stream ciphers. This report gives a classification method of the design of NLFSR-based stream ciphers, and then briefly introduces the representative research results of my PhD thesis titled "On Cryptanalytic Methods of NLFSR-Based Stream Ciphers". The research results are beneficial to enrich the cryptanalytic theory of NLFSR-based stream ciphers, and also of great significance to promote the design and practical application of stream ciphers.

[**Keywords**] Stream cipher; Cryptanalysis; NLFSR; LFSR

1 概述

1.1 基于 NLFSR 的序列密码算法

序列密码（Stream Cipher，也称流密码）是主流的密码体制之一，主要用于政府、军方等关乎国家安全的要害部门，至今世界上绝大多数国家的军事和外交保密通信仍主要使用序列密码加密方式。从 20 世纪 70 年代至 21 世纪初，针对线性反馈移位寄存器（Linear Feedback Shift Register，LFSR）的密码学研究已经非常成熟，基于 LFSR 的序列密码算法的设计与分析成为序列密码算法研究的主流，其中具有代表性的序列密码算法有用于 GSM 加密的 A5-1[1] 和用于蓝牙链路层数据加密的 E_0[2] 等。然而，随着相关攻击[3,4]和代数攻击[5,6]等序列密码分析方法的出现，众多知名序列密码算法（如 A5-1、Toyocrypt、LILI-128 和 E_0 等）相继被发现存在严重的安全性问题[5,7,8]，这引起了人们对基于 LFSR 的序列密码算法的安全性的担忧。

随后，欧洲 ECRYPT（European Network of Excellence for Cryptology）计划在 2004 年启动 eSTREAM 工程[9]，开始征集可以广泛使用的序列密码算法，共收到 34 个候选密

码算法，按照面向的实现环境的不同，可将这些候选密码算法分为面向硬件实现的序列密码算法和面向软件实现的序列密码算法两种。在面向硬件实现的序列密码算法中，除了以 Sfinks[10] 和 Decim v2[11] 为代表的基于 LFSR 的传统序列密码算法外，还出现了基于 T 函数和 FCSR 的序列密码算法，分别以 TSC-4[12] 和 F-FCSR-H[13] 为代表，但由于这些候选密码算法在安全方面存在严重问题[14-18]，最终都被淘汰了。与此形成鲜明对比的是，有一类新型序列密码算法出现，它们使用了非线性反馈移位寄存器（Non-Linear Feedback Shift Register，NLFSR）作为主要的驱动部件，该类序列密码算法具有设计新颖、安全强度高和硬件实现效率突出等优点，因而一出现便获得了国际密码学界的广泛关注和青睐，在众多的候选序列密码算法中，最终胜选的面向硬件实现的序列密码算法共有三个，分别为 Grain v1[19]、MICKEY 2.0[20] 和 Trivium[21]，它们都属于基于 NLFSR 的序列密码算法。

以 Grain v1、MICKEY 2.0 和 Trivium 为代表的基于 NLFSR 的序列密码算法在 eSTREAM 工程中胜出，一方面表明基于 NLFSR 的序列密码算法已经成为序列密码算法设计的主流趋势之一；另一方面对序列密码算法分析提出了现实而严峻的挑战，这是因为与基于 LFSR 的传统序列密码研究相比，目前对基于 NLFSR 的序列密码算法的研究还缺乏成熟的理论和有效的工具，可以说研究仍处于起步阶段，有大量的研究空白需要去填补。总体而言，从 eSTREAM 工程开始至今，尽管国际密码学界对基于 NLFSR 的序列密码算法给予了很高的关注，但分析方法的相关研究成果寥寥无几，对代表密码算法的安全性分析也是进展缓慢。基于 NLFSR 的序列密码算法的分析方法研究已成为当前序列密码研究领域最困难的问题之一，也是亟待解决的问题之一。

1.2 基于 NLFSR 的序列密码算法的分类方法

根据序列密码算法驱动部件的构成，可将基于 NLFSR 的序列密码算法的设计方式划分为两类：一是混合使用 LFSR 和 NLFSR，二是使用一个或者多个 NLFSR，不使用 LFSR。这样的分类方法是从设计的角度来看的，而就安全性分析而言，密码分析者更关心的是算法中移位寄存器的使用或者结合方式，因为这与序列密码算法的安全性紧密相关，也更能体现出序列密码算法的设计特色。我们对近年来出现的基于 NLFSR 的序列密码算法进行了细致的整理和分析，发现不同的基于 NLFSR 的序列密码算法在移位寄存器的使用或者结合方式上存在差异，这种设计理念的差异直接导致了密码算法安全强度的差异。为了更加有效地分析基于 NLFSR 的序列密码算法的安全性，我们尝试给出了该新型序列密码算法设计的分类方法，对不同类型的新型序列密码算法在尝试分析方法时做到有所侧重，从而达到有的放矢的目的。根据新型序列密码算法中移位寄存器的使用或者结合方式，可将其划分为如下四种：

前馈型新型序列密码算法：该类型的新型序列密码算法使用了单一的 NLFSR 作为驱动部件，其密钥流生成器主要由一个 NLFSR 和一个密钥流输出函数构成，从算法框架上类似于经典的前馈模型，只是将 LFSR 替换为 NLFSR 即可得到，因而可称为前馈型新型序列密码算法，该类序列密码算法以 Espresso[22] 为代表。

组合型新型序列密码算法：该类型的新型序列密码算法使用了多个 NLFSR 作为驱动部件，其密钥流生成器主要由多个 NLFSR 和一个密钥流输出函数构成。在密钥流序列生成过程中，多个 NLFSR 之间是相互独立的，从算法框架上类似于经典的组合模型，因而可称为组合型新型序列密码算法，该类序列密码算法以 Achterbahn[23] 为代表。

它控型新型序列密码算法：该类型的新型序列密码算法使用了不少于两个移位寄存器作为驱动部件，其中至少有一个移位寄存器是 NLFSR，其密钥流生成器主要由不少于两个移位寄存器和一个密钥流输出函数构成。在密钥流序列生成过程中，多个 NLFSR 之间并不是相互独立的，算法使用一部分移位寄存器控制另外一部分移位寄存器的更新，因而按照移位寄存器的功能可将它们划分为控制移位寄存器和被控移位寄存器，从算法框架上类似于经典的它控模型，因而可称为它控型新型序列密码算法，该类序列密码算法以 Grain v1、RAKAPOSHI[24] 和 Sprout[25] 为代表。

互控型新型序列密码算法：该类型的新型序列密码算法使用了不少于两个移位寄存器作为驱动部件，其中至少有一个移位寄存器是 NLFSR，其密钥流生成器主要由不少于两个移位寄存器和一个密钥流输出函数构成。在密钥流序列生成过程中，多个移位寄存器之间并不是相互独立的，算法中每一个移位寄存器的更新都要受其他移位寄存器的影响，因而在该类序列密码算法中，每一个移位寄存器既是控制移位寄存器也是被控移位寄存器，从算法框架上类似于经典的互控模型，因而可称为互控型新型序列密码算法，该类序列密码算法以 MICKEY 2.0 和 Trivium 为代表。

梳理以上分类分析，可以总结出如下两点：（1）基于 NLFSR 的新型序列密码算法的设计理念不尽相同，从而导致设计的密码算法也是形式多样，因而基于 NLFSR 的新型序列密码算法为序列密码设计提供了更加丰富的"素材"，赋予了设计者更多的选择，丰富了序列密码算法的设计理论；（2）在序列密码算法设计中引入 NLFSR 可以有效地提高密码算法的非线性程度，因而基于 NLFSR 的新型序列密码算法大都具有较高的安全强度，如 Espresso、RAKAPOSHI、MICKEY 2.0 和 Trivium 等，至今仍没有优于穷举攻击的有效攻击出现，对基于 NLFSR 的新型密码算法的安全性分析仍是一项有挑战性且具有重要意义的工作。

1.3　论文代表性成果概述

博士学位论文"基于 NLFSR 的序列密码算法的分析方法研究"对基于 NLFSR 的序列密码算法的分析方法进行了深入研究，针对基于 NLFSR 的序列密码算法设计中的主要关键点，即基于 NLFSR 的序列密码算法中布尔函数的设计、算法模型的设计、初始化算法的设计、算法密钥规模以及密钥加载方式的设计，有针对性地、系统地研究了滑动攻击、时间存储数据折中攻击和基于猜测的复合攻击等重要的分析方法，对 Grain v1、MICKEY 2.0 和 Trivium 等具有代表性的基于 NLFSR 的序列密码算法及其模型进行了安全性分析，深入研究了基于 NLFSR 的序列密码算法抵抗各种分析方法的能力，取得的代表性成果简要列举如下，全部内容参阅文献［26］。

（1）首次发现了基于 NLFSR 的 Grain-128a 序列密码算法[27]中存在的滑动特征，提出了针对该算法的滑动攻击，相关密钥条件下恢复全部 128 比特密钥的时间复杂度约为 $2^{96.322}$，是针对 Grain-128a 的首个有效密钥恢复攻击，分析结果表明 Grain-128a 的设计者对算法的改进并不彻底，Grain-128a 依然有安全性漏洞。该成果发表于 *IEEE Transactions on Information Forensics and Security*，具体内容参阅文献［28］。

（2）首次发现了基于 WG-NLFSR 的 WG 系列序列密码算法[29]中存在的滑动特征，利用该滑动特征，在相关密钥条件下，提出了针对 WG 系列序列密码算法的密钥恢复攻击，该成果发表于 *The Computer Journal*，具体内容参阅文献［30］；给出了针对轻量级序列密码算法 WG-8[31]的首个实时的密钥恢复攻击，攻击结果远优于穷举攻击。该成果发表于 *IEEE Transactions on Information Forensics and Security*，具体内容参阅文献［32］。

（3）将 BSW Sampling 技术[33]与 Babbage[34]和 Golic[35]分别独立提出的 TMDTO 攻击（记为 BG-TMDTO 攻击）进行了有效的结合，提出了新的基于 BSW Sampling 技术的 TMDTO 攻击。该攻击可视为 BG-TMDTO 攻击的一般性推广，即使序列密码算法的内部状态规模不小于密钥规模的两倍时，该攻击仍能得到良好的折中选择。将该攻击应用于 Grain 和 MICKEY 等基于 NLFSR 的序列密码算法，分析结果优于已有的 TMDTO 攻击。该成果发表于 *AFRICACRYPT* 2014，具体内容参阅文献［36］。

（4）针对基于 NLFSR 的序列密码算法模型的设计，结合时间存储数据折中攻击，提出了基于密钥流输出函数的弱正规性的猜测-仿射化攻击，针对 Grain v1 序列密码算法，给出了时间复杂度优于穷举攻击的状态恢复攻击，首次验证了利用弱正规性进行序列密码算法分析的可行性和有效性，该成果发表于 *China Communications*，具体内容参阅文献［37］；针对简化的 MICKEY 和 Grain 算法模型，给出了时间复杂度优于穷举攻击的状态恢复攻击，与代数攻击相比，该攻击的优势在于分析结果与算法中采用的 NLFSR 的非线性反馈函数无关。

1.4 论文结构

本文的组织结构具体如下：

（1）针对基于 NLFSR 的序列密码算法初始化算法的设计，第 2 章提出了基于带隐藏信息的滑动特征的滑动攻击，并对 Grain-128a 和 WG-8 序列密码算法进行了滑动攻击。

（2）针对基于 NLFSR 的序列密码算法初始输入规模的设计，第 3 章提出了基于 BSW Sampling 技术的新 TMDTO 攻击，并对 Grain 和 MICKEY 序列密码算法进行了 TMDTO 攻击。

（3）针对基于 NLFSR 的序列密码算法模型的设计，第 4 章提出了基于密钥流输出函数弱正规性的猜测-仿射化攻击，并对 Grain v1 进行了内部状态恢复攻击。

（4）第 5 章对全文进行总结。

1.5 本章小结

本章简要介绍了研究背景，给出了基于 NLFSR 的序列密码算法设计的分类方法，对学位论文中的代表性成果进行了简要概述。

2 基于 NLFSR 的序列密码算法的滑动攻击

本章将对基于 NLFSR 的序列密码算法中内部状态的滑动特征所导致的信息泄露进行研究，指出滑动特征所导致的信息泄露中存在关于内部状态的隐藏方程，利用时空折中技术，提出攻击算法，并对攻击算法的复杂度和成功率等性能指标进行分析，解决如何利用滑动特征所导致的信息泄露进行密钥恢复这一理论问题。将滑动攻击应用于 Grain-128a 和 WG-8 等基于 NLFSR 的序列密码算法，在相关密钥条件下，给出针对 Grain-128a 的首个有效密钥恢复攻击和针对 WG-8 的首个实时的密钥恢复攻击，并提出改进的 WG-8 序列密码算法。

2.1 基于 NLFSR 的序列密码算法的滑动特征及其分析

从设计上讲，序列密码算法的主体部分应是一个密码学性质优良且易于实现的伪随机数生成器，它能利用固定长度的输入（通常包括密钥 Key 和初始值 *IV*）产生加解密所需的密钥流。在设计序列密码算法时，设计者总希望不同的输入所产生的输出之间的差异是随机的。然而，由于序列密码算法都是内部状态规模固定的有限状态机，不同的输入所产生的输出之间的差异总具有一定程度的非随机性，这就为攻击者寻找信息泄露，进而为攻击序列密码算法提供了可能。

针对基于 NLFSR 的序列密码算法，有一种重要而有效的能够为攻击者所利用的信息泄露——基于滑动的信息泄露，即在两个不同的时刻，两个不同的输入生成了相同的内部状态，进而以一定概率生成了移位相等的两条密钥流。这里所说的信息泄露是指不同的输入分别产生的密钥流之间所呈现出的非随机性。在常规的序列密码算法分析中，攻击者只能得到输出密钥流，而不能得到加密过程中内部状态的信息。因此，对攻击者而言，这种滑动特征所构成的内部状态方程是隐藏的，需要攻击者根据输出密钥流的某些规律来寻找隐藏方程，进而恢复序列密码算法的密钥信息。

通常而言，序列密码算法都采用了足够多轮的初始化算法，其作用是使得序列密码算法的初始输入（即 Key 和 *IV*）在序列密码算法的内部状态中达到充分的混乱和扩散，进而使得输出密钥流与序列密码算法的输入之间的关系足够复杂，保证攻击者不能由输出密钥流恢复出密钥信息。此时，序列密码算法中存在的滑动特征为寻找序列密码算法中的信息泄露提供了新的途径，其特点和优势在于滑动特征与初始化轮数的大小无关，增加初始化轮数并不能消除序列密码算法中的滑动特征。对于一些初始化轮数较大且常规的分析方法无法奏效时，研究序列密码算法中的滑动特征，寻找序列密码算法中的信息泄露，进而提供优化序列密码算法的方案，将是一个很有意义的工作。

本节将从理论上对滑动特征所导致的信息泄露进行分析，并结合时空折中技术，提出利用隐藏方程进行密钥恢复的方法，这一理论问题的解决将为密码分析者寻找序列密码算法中的安全性缺陷进而实现对序列密码算法的有效攻击提供新的途径。

2.1.1　基于带隐藏信息的滑动特征的滑动攻击

通常而言，序列密码算法包含初始化算法和密钥流生成算法两部分，其中初始化算法包括输入加载和 R 轮的初始化刷新过程。给定一个序列密码算法，如图 1 所示，其输入为 L_{Key} 比特的密钥 Key 和 L_{IV} 比特的初始值 IV，记序列密码算法在时刻 t 的内部状态为 S_t，记初始化算法和密钥流生成算法中的轮刷新变换分别为 $Update_I$ 和 $Update_G$，两者可能相同，也可能不同。

图 1　序列密码算法结构

在基于 NLFSR 的序列密码算法中，可能存在着一类包含隐藏方程的信息泄露，即在两个不同的时刻，两个不同的输入产生了相同的内部状态，进而以一定概率产生移位相等的两条密钥流，如图 2 所示。

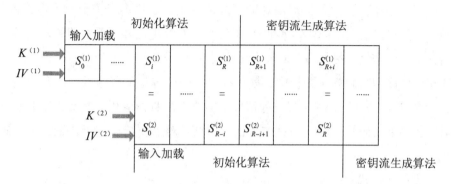

图 2　序列密码算法中的滑动特征

记 $K^{(1)}$ 和 $K^{(2)}$ 是两个不同的密钥，$IV^{(1)}$ 和 $IV^{(2)}$ 是两个不同的初始值，两个不同的输入 $(K^{(1)}$，$IV^{(1)})$ 和 $(K^{(2)}$，$IV^{(2)})$ 在分别经历了 i 轮和 j 轮的初始化刷新变换后，得到相同的内部状态，即 $S_i^{(1)} = S_j^{(2)}$。

为方便描述，做如下定义：

定义 1　记 $(K$，$IV^{(1)})$ 和 $(K'$，$IV^{(2)})$ 是两个不同的输入对，$(K$，$IV^{(1)})$ 经历了输入加载和 i 轮的初始化刷新变换后的内部状态与 $(K'$，$IV^{(2)})$ 经历了输入加载后的内部状态相同，即有 $S_i^{(1)} = S_0^{(2)}$，则称 $(K$，$IV^{(1)})$ 和 $(K'$，$IV^{(2)})$ 为一个 $i\text{-}Slide$。

从定义 1 可以看出，内部状态的滑动特征 $S_i^{(1)} = S_0^{(2)}$ 实际上是一个关于内部状态的方程组。在常规的序列密码分析中，攻击者只能得到输出密钥流，而不能得到加密过程中内部状态的信息。因此，对攻击者而言，这种内部状态的滑动特征构成的方程是隐藏的，需要攻击者根据输出密钥流的某些规律来寻找隐藏方程，进而恢复序列密码算法的密钥信息。在本文中，我们称这一类隐藏方程为基于滑动的隐藏方程。具体而言，就 $(K$，$IV^{(1)})$ 和 $(K'$，$IV^{(2)})$ 之间的关系可将分析条件分为如下三种情形：

第一种情形：$IV^{(1)} = IV^{(2)}$ 且 $K \neq K'$；

第二种情形：$IV^{(1)} \neq IV^{(2)}$ 且 $K = K'$；

第三种情形：$IV^{(1)} \neq IV^{(2)}$ 且 $K \neq K'$。

在序列密码分析中，对攻击者而言，初始值 IV 是已知的且在选择 IV 条件下是可供攻击者选择的，这就为攻击者寻找序列密码算法的信息泄露提供了更加便利的条件。

与第一种情形相比，后两种情形出现的可能性更高，是攻击者需要重点考虑的情形。需要指出的是，以上利用的密钥 K 和 K' 通常是具有特定已知关系的相关密钥对，因而求解出其中一个密钥，另外一个便很容易得到恢复。

在实际的序列密码算法分析中，第三种情形的应用是最普遍的，已有的很多分析结果，如文献［38-45］，都是第三种情形下的攻击的具体应用。然而，以上的分析都是针对具体序列密码算法的，到目前为止，还没有对滑动特征进行理论分析的研究成果出现。

首先做如下形式化描述：

若两个不同的输入对 $(K, IV^{(1)})$ 和 $(K', IV^{(2)})$ 构成 $i\text{-}Slide$，两者分别产生的密钥流以概率 p 具有移位 i 个比特相等的滑动特征；反之，若不构成 $i\text{-}Slide$，在经历了足够多轮的刷新变换后，内部状态得到了充分的混乱和扩散，两者分别产生的密钥流可看作是近似独立的。如何利用该信息泄露求解密钥 K？

在此描述中，攻击者需要在相关密钥条件下考虑密钥的恢复问题。针对以上形式化描述，有如下定理成立。为降低整个攻击算法的复杂度水平，定理 1 中攻击算法的设计使用了时空折中技术。

定理 1 给定一个序列密码算法，其输入为 L_{Key} 比特的密钥 K 和 L_{IV} 比特的初始值 IV。若：

（1）对任一给定的密钥 K 和与之相关的 s 个相关密钥 $K'_1, \cdots, K'_s$，在 $\Omega^{(1)}$ 集合中随机选取 $IV^{(1)}$ 且在 $\Omega^{(2)}$ 集合中随机选取 $IV^{(2)}$，对任意的 $j \in \{1, \cdots, s\}$，$(K, IV^{(1)})$ 和 $(K'_j, IV^{(2)})$ 构成 $i\text{-}Slide$ 的概率为 q，其中 $|\Omega^{(1)}| = m$ 且 $|\Omega^{(2)}| = M$。

（2）记事件 E 为 $(K, IV^{(1)})$ 产生的密钥流与 $(K'_j, IV^{(2)})$ 产生的密钥流具有移位 i 个比特相等的滑动特征，当 $(K, IV^{(1)})$ 和 $(K'_j, IV^{(2)})$ 构成 $i\text{-}Slide$ 时，事件 E 发生的概率为 p，否则可以认为它们产生的密钥流是近似独立的。

（3）由方程 $S_i^{(1)} = S_0^{(2)}$ 求解密钥 K 的计算复杂度为 C。

则在上述假设下，可以设计一个相关密钥条件下的攻击算法，恢复密钥 K 需要 $s+1$ 个相关密钥，$(a + 1)/\sqrt{spq}$ 个选择 IV，攻击的计算复杂度为 $O((a + 1)/\sqrt{spq}) + C$，存储复杂度为 $O((L + i)/\sqrt{spq})$，成功率约为 $(1 - 0.368^a)(1 - 2^{-d})$，其中 a 和 d 都

是正整数，$L = d - \log_2 pq$ 。

证明：设计攻击算法如下：

步骤 1 选取适当的正整数 L 和 m 。

步骤 2 利用截获的 m 个不同的输入对 $(K, IV_1^{(1)})$ ，…，$(K, IV_m^{(1)})$ 分别产生 $L + i$ 比特的密钥流，记为 D_1 ，…，D_m ，将 $(IV_j^{(1)}, D_j)$ 存储于表 Λ 中。

步骤 3 对于 (h, l) 的每个可能值，$1 \leq h \leq s$ ，$1 \leq l \leq M$ ，检测 $(K_h', IV_l^{(2)})$ 生成的密钥流 $D_{h, l}$ 是否在表 Λ 中。若在表 Λ 中，则输出 h ，$IV_j^{(1)}$ ，$IV_l^{(2)}$ ，并执行步骤 4；否则检测下一个可能的 (h, l) 值。

步骤 4 假设 $(K, IV_j^{(1)})$ 和 $(K_h', IV_l^{(2)})$ 构成 $i\text{-}Slide$ ，求解方程 $S_i^{(1)} = S_i^{(2)}$ 恢复密钥 K 。

下面分析该攻击算法的性能指标。

（1）与密钥 K 对应的 IV 值共有 m 个，与其他相关密钥 K_1' ，…，K_s' 对应的 IV 值共有 Ms 个，因而它们共可形成 mMs 个 $(K, IV_j^{(1)})$ 和 $(K_h', IV_l^{(2)})$ 对。在这 mMs 个对中，至少有一对能构成 $i\text{-}Slide$ 且密钥流具有滑动特征的概率为：

$$1 - (1 - pq)^{mMs} = 1 - (1 - pq)^{\frac{1}{pq} mMspq} \approx 1 - e^{-mMspq}$$

若取 $m = M = 1/\sqrt{spq}$ ，则上述概率为 $1 - e^{-mMspq} \approx 1 - e^{-1} = 1 - 0.368 = 0.632$ ，此时平均有 $mMspq = 1$ 对 $(K, IV_j^{(1)})$ 和 $(K_h', IV_l^{(2)})$ 能构成 $i\text{-}Slide$ 且产生具有滑动特征的密钥流。

若取 $m = 1/\sqrt{spq}$ 且 $M = a/\sqrt{spq}$ ，则上述概率近似为 $1 - 0.368^a$ ，此时需要 $s + 1$ 个相关密钥，$m + M = (a + 1)/\sqrt{spq}$ 个选择 IV ，平均有 $mMspq = a$ 对 $(K, IV_j^{(1)})$ 和 $(K_h', IV_l^{(2)})$ 能构成 $i\text{-}Slide$ 且产生具有滑动特征的密钥流。

（2）当 $(K, IV_j^{(1)})$ 和 $(K_h', IV_l^{(2)})$ 构成 $i\text{-}Slide$ 时，$(K, IV_j^{(1)})$ 和 $(K_h', IV_l^{(2)})$ 产生的密钥流以概率 p 移 i 位相等，则有 $P(E \mid i\text{-}Slide) = p$ ；当不构成 $i\text{-}Slide$ 时，二者分别产生的密钥流以 $P(E \mid \overline{i\text{-}Slide}) = 2^{-L}$ 的概率移 i 位相等。

由于：

$$P(E) = P(E \mid i\text{-}Slide) \, P(i\text{-}Slide) + P(E \mid \overline{i\text{-}Slide}) \, P(\overline{i\text{-}Slide})$$

$$= pq + 2^{-L}(1-q) = pq + 2^{-L} - 2^{-L}q$$

因此，根据后验概率公式，在二者分别产生的密钥流移 i 位相等的条件下，$S_i^{(1)} = S_0^{(2)}$ 成立的概率为：

$$P(i\text{-}Slide \mid E) = \frac{P(E \mid i\text{-}Slide)}{P(E)} \cdot P(i\text{-}Slide)$$

$$\approx \frac{p}{pq + 2^{-L} - 2^{-L}q} \cdot q$$

$$= \frac{pq}{pq + 2^{-L} - 2^{-L}q}$$

取 L 使得 $2^{-L} = 2^{-d}pq$ 成立，即 $L = d - \log_2 pq$，则有：

$$P(i\text{-}Slide \mid E) = \frac{pq}{pq + 2^{-L} - 2^{-L}q}$$

$$= \frac{pq}{pq + 2^{-d}pq - 2^{-d}pq^2}$$

$$= \frac{1}{1 + 2^{-d} - 2^{-d}q}$$

$$\approx \frac{1}{1 + 2^{-d}}$$

$$\approx 1 - 2^{-d}$$

综合以上分析可知，当取 $L = d - \log_2 pq$，$m = 1/\sqrt{spq}$ 且 $M = a/\sqrt{spq}$ 时，恢复密钥 K 需要 $s + 1$ 个相关密钥，$(a+1)/\sqrt{spq}$ 个选择 IV，复杂度指标和攻击的成功率计算如下：

计算复杂度为：

$$O(m) + O(M) + C = O((a+1)/\sqrt{spq}) + C$$

存储复杂度为：

$$O(mL) = O((L+i)/\sqrt{spq})$$

成功率约为：

$$(1 - e^{-mMspq})(1 - 2^{-d}) = (1 - 0.368^a)(1 - 2^{-d})$$

证毕

需要注意的是，在设计攻击算法的步骤 2 时，每个输入对需要产生 $L + i$ 比特的密钥流，这样能保证在步骤 3 中，去掉前面 i 比特密钥流后能用后面的 L 比特密钥流进行对比检测，这就使得攻击算法的存储复杂度为 $O((L + i)/\sqrt{spq})$。

由定理 1 中攻击算法的设计可以看出，该算法中使用了时空折中技术，以增加一定的存储复杂度为代价，降低攻击的计算复杂度，这有助于降低整个攻击算法的复杂度水平。同时可知，定理 1 中相关密钥的数量和攻击的复杂度之间也存在着折中关系；在进行序列密码算法分析时，攻击者可以根据攻击所需选择适当的参数。

当两个不同的输入对 $(K, IV^{(1)})$ 和 $(K', IV^{(2)})$ 构成 $i\text{-}Slide$ 时，在剩余的初始化算法中，有 $S_{i+j}^{(1)} = S_j^{(2)}$ 对 $1 \leqslant j \leqslant R - i$ 都成立，即 $S_i^{(1)} = S_0^{(2)} \Rightarrow S_{i+j}^{(1)} = S_j^{(2)}$，$1 \leqslant j \leqslant R - i$。在随后的 i 个时刻内，$S_R^{(1)}$ 进入密钥流生成算法并刷新到 $S_{R+i}^{(1)}$，即 $S_{R+i}^{(1)} = Update_G^{(i)}(S_R^{(1)})$；而 $S_{R-i}^{(2)}$ 还处于初始化算法阶段并刷新到 $S_R^{(2)}$，即 $S_R^{(2)} = Update_I^{(i)}(S_{R-i}^{(2)})$。当 $Update_I$ 和 $Update_G$ 相同时，则 $(K, IV^{(1)})$ 和 $(K', IV^{(2)})$ 分别产生的密钥流具有移位 i 个时刻相等的滑动特征，进而有 $p = 1$；而当 $Update_I$ 和 $Update_G$ 不同时，则有 $p < 1$，故有如下推论成立：

推论 1 给定一个序列密码算法，其输入为 L_{Key} 比特的密钥 K 和 L_{IV} 比特的初始值 IV。若

（1）$Update_I$ 和 $Update_G$ 相同；

（2）定理 1 中的三个条件同时成立。

则在上述假设下，可以设计一个相关密钥条件下的攻击算法，恢复密钥 K 需要 $s+1$ 个相关密钥，$(a + 1)/\sqrt{sq}$ 个选择 IV，攻击的计算复杂度为 $O((a + 1)/\sqrt{sq}) + C$，存储复杂度为 $O((L+i)/\sqrt{sq})$，成功率约为 $(1 - 0.368^a)(1 - 2^{-d})$，其中 a 和 d 都是正整数，$L = d - \log_2 q$。

证明：由定理 1 可知，取 $p = 1$，$L = d - \log_2 q$，$m = 1/\sqrt{sq}$ 且 $M = a/\sqrt{sq}$ 易知推论 1 成立。

证毕

2.1.2 小结

针对基于 NLFSR 的序列密码算法，内部状态的滑动特征所导致的信息泄露是能够为攻击者所利用的。利用这一思想，近年来出现了一些针对具体序列密码算法的安全性分析成果。然而，到目前为止，还没有对滑动特征所导致的信息泄露进行理论分析的研究成果出现。本节指出滑动特征存在关于内部状态的隐藏方程，结合时空折中技术，设计出了完整的攻击算法，并对攻击算法的复杂度和成功率等性能指标进行了分析，针对基于 NLFSR 的序列密码算法，解决了如何利用滑动特征进行密钥恢复这一理论问题。此问题的解决将为密码分析者寻找序列密码算法中的安全性缺陷进而实现对序列密码算法的有效攻击提供了新的途径，特别是一些初始化轮数较大且常规的分析方法无法奏效时。作为应用，以下的两节中，将给出对 Grain-128a 和 WG-8 等基于 NLFSR 的序列密码算法的滑动攻击。

2.2 Grain-128a 序列密码算法的滑动攻击

本节将给出带认证功能的 Grain-128a 序列密码算法的滑动攻击，在描述攻击的过程中，我们将重点分析如何有效地利用带隐藏信息的滑动特征，这是攻击得以成功的关键。从攻击条件上讲，本节给出的滑动攻击使用了相关密钥，因而滑动攻击是相关密钥条件下的密钥恢复攻击。

2.2.1 Grain-128a 序列密码算法描述

在此，我们将简要介绍 Grain-128a 序列密码算法，完整的描述参见算法的设计报告[27]。Grain-128a 是 Grain-128 序列密码算法[19]的改进版本，其设计者在改进算法安全性的基础上赋予了算法认证的功能。

Grain-128a 序列密码算法由 Grain-128 序列密码算法改进而来，因而其结构和 Grain-128 是非常类似的，主要由一个线性反馈移位寄存器和一个非线性反馈移位寄存器级联而成。Grain-128a 支持两种工作模式，即带认证的和不带认证的。

记 s_0, $\cdots$, s_{127} 为 LFSR 的 128 比特内部状态，b_0, $\cdots$, b_{127} 为 NLFSR 的 128 比特内部状态，为方便描述，记 $Z = (z_0, z_1, \cdots)$ 为 Grain-128a 不带认证时的密钥流输出序列，记 $O = (o_0, o_1, \cdots)$ 为 Grain-128a 带认证时的密钥流输出序列。

2.2.1.1 Grain-128a 的密钥流生成器

Grain-128a 的密钥流生成器主要包含三部分，即 128 比特的 LFSR、128 比特的 NLFSR 和密钥流输出函数，图 3 为 Grain-128a 算法密钥流生成器的结构图。

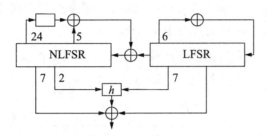

图 3 Grain-128a 序列密码算法结构

LFSR 和 NLFSR 的更新函数描述如下：

$$s_{i+128} = s_i \oplus s_{i+7} \oplus s_{i+38} \oplus s_{i+70} \oplus s_{i+81} \oplus s_{i+96}$$

$$b_{i+128} = s_i \oplus b_i \oplus b_{i+26} \oplus b_{i+56} \oplus b_{i+91} \oplus b_{i+96}$$
$$\oplus b_{i+3}b_{i+67} \oplus b_{i+11}b_{i+13} \oplus b_{i+17}b_{i+18} \oplus b_{i+27}b_{i+59}$$
$$\oplus b_{i+40}b_{i+48} \oplus b_{i+61}b_{i+65} \oplus b_{i+68}b_{i+84} \oplus b_{i+88}b_{i+92}b_{i+93}b_{i+95}$$
$$\oplus b_{i+22}b_{i+24}b_{i+25} \oplus b_{i+70}b_{i+78}b_{i+82}$$

采用的密钥流预输出函数描述如下：

$$y_i = h(x) \oplus s_{i+93} \oplus \sum_{j \in A} b_{i+j}$$

其中 $A = \{2, 15, 36, 45, 64, 73, 89\}$，$h(x)$ 是一个包含 9 个输入变元的非线性滤波函数，2 个输入变元来自 NLFSR，7 个输入变元来自 LFSR，具体为：

$$h(x) = x_0x_1 \oplus x_2x_3 \oplus x_4x_5 \oplus x_6x_7 \oplus x_0x_4x_8$$

其中 $(x_0, \cdots, x_8) = (b_{i+12}, s_{i+8}, s_{i+13}, s_{i+20}, b_{i+95}, s_{i+42}, s_{i+60}, s_{i+79}, s_{i+94})$。

2.2.1.2 Grain-128a 的初始化算法

Grain-128a 的初始化算法包含两个阶段，即初始输入（密钥和 IV）加载过程和 256 轮的空转。记 128 比特密钥 $K = (k_0, k_1, \cdots, k_{127})$ 和 96 比特 $IV = (iv_0, iv_1, \cdots, iv_{95})$ 为 Grain-128a 的初始输入，其加载过程描述如下：

$$(b_0, b_1, \cdots, b_{127}) \leftarrow (k_0, k_1, \cdots, k_{127})$$

$$(s_0, \ s_1, \ \cdots, \ s_{127}) \leftarrow (iv_0, \ iv_1, \ \cdots, \ iv_{95}, \ 1, \ 1, \ \cdots, \ 1, \ 0)$$

需要注意的是，在 Grain-128 中，设计者在 LFSR 的最后 32 比特里加载的为全 1，而在 Grain-128a 中，LFSR 的最后 32 比特里加载的是 31 个 1 和 1 个 0，Grain-128a 的设计者认为这种加载方式能够使得 Grain-128a 有效地抵抗针对初始化算法的各种攻击。

在加载完成后，Grain-128a 需要执行 256 轮的空转，在此过程中，算法不输出密钥流序列，而是将密钥流预输出函数的输出反馈回去用于更新 LFSR 和 NLFSR 的内部状态，以达到良好的混乱和扩散效果，结构如图 4 所示。

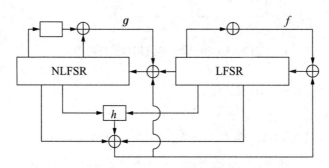

图 4　Grain-128a 的初始化算法

2.2.1.3　Grain-128a 的两种工作模式

Grain-128a 支持两种工作模式，即带认证的和不带认证的，不同模式的切换通过 iv_0 的取值来进行选择。具体而言，当 $iv_0 = 1$ 时，认证模式开启，此时 Grain-128a 实现加密和认证两种功能；当 $iv_0 = 0$ 时，认证模式关闭，此时 Grain-128a 只能实现加密功能。

给定长度为 L 比特的消息 $m_0, \cdots, m_{L-1}$，设 $m_L = 1$ 为消息后缀。为了提供认证功能，Grain-128a 增加了两个规模皆为 32 比特的寄存器，其内部状态分别记为 $a_t^0, \cdots,$ a_t^{31} 和 $r_t, \cdots, r_{t+31}$，这两个寄存器的初始状态通过如下加载方式得到：

$$a_t^j = o_j (0 \leqslant j \leqslant 31)$$

$$r_j = o_{32+j} (0 \leqslant j \leqslant 31)$$

这两个寄存器的状态更新方式描述如下：

对于 $0 \leqslant t \leqslant L$，$r_{t+32} = o_{64+2t+1}$。

对于 $0 \leqslant j \leqslant 31$ 和 $0 \leqslant t \leqslant L$，$a_{t+1}^j = a_t^j + m_t r_{t+j} (0 \leqslant j \leqslant 31)$。

前一个寄存器的最终 32 比特内部状态 a_{L+1}^0，$\cdots$，a_{L+1}^{31} 将用于认证。

2.2.1.4　Grain-128a 的密钥流输出

为了消除歧义，此处我们将初始化算法中密钥流输出函数的 256 比特输出依次记为 y_0，$\cdots$，y_{255}，这些比特将反馈回去用于更新 LFSR 和 NLFSR 的内部状态。

由于 Grain-128a 支持两种工作模式，因而 Grain-128a 的密钥流输出也有两种方式。

当 $iv_0 = 1$，Grain-128a 的密钥流输出为：

$$o_t = y_{256+64+2t} = y_{320+2t}, \quad t \geqslant 0$$

此时，完成初始化算法后，密钥流预输出函数的前 64 比特输出被用于填充初始化认证中两个 32 比特的寄存器，在随后的过程中，密钥流预输出函数的每两个连续输出比特中，前一比特作为密钥流比特进行输出，完成加密功能，后一比特用于更新认证中两个寄存器的内部状态。

当 $iv_0 = 0$ 时，Grain-128a 的密钥流输出为：

$$z_t = y_{256+t}, \quad t \geqslant 0$$

此时，由于认证功能关闭，Grain-128a 的密钥流预输出函数的输出比特直接作为密钥流比特输出，此时与 Grain-128 是一样的。

2.2.2　Grain-128a 的滑动特征

在给出针对 Grain-128a 的滑动攻击之前，将首先对 Grain-128a 的滑动特征进行刻画。为方便描述，定义如下符号：

（1）IS^t：Grain-128a 在 t 时刻的全部 256 比特内部状态；

（2）B^t：Grain-128a 在 t 时刻的 NLFSR 的 128 比特内部状态；

（3）y_t：Grain-128a 在 t 时刻的密钥流预输出函数的输出比特。

在相关密钥条件下，相关密钥的取值未知但关系已知，具体参见文献［46］，其对相关密钥攻击的条件有具体的描述。为了清晰地刻画 Grain-128a 的滑动特征，假定攻击者得到具有如下关系的 (K, IV) 和 (K', IV')：

$$K = (k_0, k_1, \cdots, k_{127}) \Rightarrow K' = (k_{32}, k_{33}, \cdots, k_{127}, k_0, k_1, \cdots, k_{31})$$

$$IV = (iv_0, iv_1, \cdots, iv_{95}) \Rightarrow IV' = (iv_{32}, iv_{33}, \cdots, iv_{95}, 1, 1, \cdots, 1, 0)$$

根据以上对 Grain-128a 工作模式的描述可知，iv_0 和 iv_{32} 分别决定着 (K, IV) 和 (K', IV') 的工作模式。记 IS'' 为 (K', IV') 对应的在 t 时刻的全部 256 比特内部状态，易知有如下特征成立：

特征 1　若 $IS^{32} = IS'^0$，则对于 $33 \le i \le 256$，$IS^i = IS'^{i-32}$，即

$$IS^{32} = IS'^0 \Rightarrow IS^i = IS'^{i-32}, \quad 33 \le i \le 256$$

定义 2　若 IV 使得 $IS^{32} = IS'^0$ 成立，则称该 IV 为合法的，否则称该 IV 为非法的。

易知有如下特征成立：

特征 2　对于给定的密钥 K，2^{96} 个选择 IV 中合法 IV 的个数等于满足如下方程组的 IV 的个数：

$$
\begin{cases}
b_{i+128} = s_i \oplus f(B^i) \oplus b_{i+96} \oplus y_i = k_i, & i = 0, 1, \cdots, 31 \\
s_{i+128} = s_i \oplus s_{i+7} \oplus s_{i+38} \oplus s_{i+70} \oplus s_{i+81} \oplus s_{i+96} \oplus y_i = 1, & i = 0, 1, \cdots, 30 \\
s_{i+128} = s_i \oplus s_{i+7} \oplus s_{i+38} \oplus s_{i+70} \oplus s_{i+81} \oplus s_{i+96} \oplus y_i = 0, & i = 31
\end{cases}
\quad (1)
$$

证明：为了使得 $IS^{32} = IS'^0$ 成立，需要如下包含 64 个方程的方程组成立：

$$
\begin{cases}
b_{i+128} = s_i \oplus f(B^i) \oplus b_{i+96} \oplus y_i = k_i, & i = 0, 1, \cdots, 31 \\
s_{i+128} = s_i \oplus s_{i+7} \oplus s_{i+38} \oplus s_{i+70} \oplus s_{i+81} \oplus s_{i+96} \oplus y_i = 1, & i = 0, 1, \cdots, 30 \\
s_{i+128} = s_i \oplus s_{i+7} \oplus s_{i+38} \oplus s_{i+70} \oplus s_{i+81} \oplus s_{i+96} \oplus y_i = 0, & i = 31
\end{cases}
$$

其中：

$$
\begin{aligned}
f(B^i) = {} & b_i \oplus b_{i+26} \oplus b_{i+56} \oplus b_{i+91} \oplus b_{i+3}b_{i+67} \oplus b_{i+11}b_{i+13} \oplus b_{i+17}b_{i+18} \\
& \oplus b_{i+27}b_{i+59} \oplus b_{i+40}b_{i+48} \oplus b_{i+61}b_{i+65} \oplus b_{i+68}b_{i+84} \\
& \oplus b_{i+88}b_{i+92}b_{i+93}b_{i+95} \oplus b_{i+22}b_{i+24}b_{i+25} \oplus b_{i+70}b_{i+78}b_{i+82} \\
y_i = {} & h(b_{i+12}, s_{i+8}, s_{i+13}, s_{i+20}, b_{i+95}, s_{i+42}, s_{i+60}, s_{i+79}, s_{i+94}) \\
& \oplus s_{i+93} \oplus b_{i+2} \oplus b_{i+15} \oplus b_{i+36} \oplus b_{i+45} \oplus b_{i+64} \oplus b_{i+73} \oplus b_{i+89} \\
= {} & b_{i+12}s_{i+8} \oplus s_{i+13}s_{i+20} \oplus b_{i+95}s_{i+42} \oplus s_{i+60}s_{i+79} \oplus b_{i+12}b_{i+95}s_{i+94} \\
& \oplus s_{i+93} \oplus b_{i+2} \oplus b_{i+15} \oplus b_{i+36} \oplus b_{i+45} \oplus b_{i+64} \oplus b_{i+73} \oplus b_{i+89}
\end{aligned}
$$

根据 IV 合法的定义，使得方程组（1）成立的 IV 就是合法的，由于密钥 K 是给定的，其在方程组（1）中可视为常量。因此，2^{96} 个选择 IV 中合法 IV 的个数等于满足方

程组（1）的 IV 的个数。

证毕

根据特征 2，我们可以估计 2^{96} 个选择 IV 中合法 IV 的个数。由于方程组（1）包含有密钥信息，因而当密钥不同时，得到的方程组（1）也是不同的，即方程组（1）随着密钥的不同而变化，故准确地计算方程组（1）对应的合法 IV 的个数是很困难的，在现实计算条件下也是不可行的。此处，我们将对合法 IV 的个数进行理论上的估计，由于方程组（1）中包含有 64 个方程和 96 个 IV 比特变元，因而在随机的假设条件下，2^{96} 个选择 IV 中合法 IV 的个数约为 $2^{96} \cdot 2^{-64} = 2^{32}$。

根据特征 1 可知，若 $IS^{32} = IS'^0$，则对于 $33 \leqslant i \leqslant 256$，$IS^i = IS'^{i-32}$。然而，对于 $256 < i \leqslant 288$，IS^i 却不一定等于 IS'^{i-32}，这是因为这两个内部状态是在不同的阶段得到的，具体而言，IS^i 是在密钥流输出阶段得到的，而 IS'^{i-32} 是在初始化算法阶段得到的。当然，若 $IS^{288} = IS'^{256}$，则对于 $i > 288$，有 $IS^i = IS'^{i-32}$ 成立。为方便描述，给出如下定义：

定义 3 若 IV 使得 $IS^{288} = IS'^{256}$ 成立，则称该 IV 为有用的，否则称该 IV 为无用的。

假设 IV 是合法的，为了使得 $IS^{288} = IS'^{256}$ 成立，易知需要如下 32 个方程得到满足：

$$y'_i = 0, \quad i = 224, \ 225, \ \cdots, \ 255 \tag{2}$$

假设对于 $224 \leqslant i \leqslant 255$，$y'_i$ 是满足随机分布的，则方程组（2）成立的概率约为 2^{-32}。事实上，这个假设是密码分析中常用的假设，同时也是合理的，因为经过 224 轮的初始化算法，Grain-128a 初始化算法已经达到了充分的混乱和扩散，因而可将 y'_i 的取值视为随机分布。利用定义 3，可知一个合法 IV 是有用 IV 的概率约为 2^{-32}，因而在 N 个合法 IV 中存在至少一个有用 IV 的概率为：

$$1 - (1 - 2^{-32})^N$$

此时，可得到如下两个特征：

特征 3 当 $iv_0 = 0$ 且 $iv_{32} = 0$ 时，对于有用 IV 而言，有 $z_{i+32} = z'_i$，$i \geqslant 0$，即：

$$IS^{288} = IS'^{256} \Rightarrow z_{i+32} = z'_i (i \geqslant 0)$$

证明：当 $iv_0 = 0$ 且 $iv_{32} = 0$ 时，对于 (K, IV) 和 (K', IV') 而言，认证功能都被关闭，因而对于有用 IV 而言，有 $S^i = S'^{i-32}$，$i > 288$，进而有 $y_i = y'_{i-32}$，$i > 288$。因此，

对于有用 IV 而言，有 $z_{i+32} = z'_i$，$i \geq 0$。

证毕

特征 4 当 $iv_0 = 1$ 且 $iv_{32} = 1$ 时，对于有用 IV 而言，有 $o_{i+16} = o'_i$，$i \geq 0$，即：

$$IS^{288} = IS'^{256} \Rightarrow o_{i+16} = o'_i(i \geq 0)$$

证明：当 $iv_0 = 1$ 且 $iv_{32} = 1$ 时，对于 (K, IV) 和 (K', IV') 而言，认证功能都被开启，因而对于有用 IV 而言，有 $S^i = S'^{i-32}$，$i > 288$，进而有 $y_i = y'_{i-32}$，$i > 288$。因此，对于有用 IV 而言，有 $o_{i+16} = o'_i$，$i \geq 0$。

证毕

类似，也可以得到如下两个特征：

特征 5 当 $iv_0 = 0$ 且 $iv_{32} = 1$ 时，对于有用 IV 而言，有 $z_{96+2i} = o'_i$，$i \geq 0$，即：

$$IS^{288} = IS'^{256} \Rightarrow z_{96+2i} = o'_i(i \geq 0)$$

特征 6 当 $iv_0 = 1$ 且 $iv_{32} = 0$ 时，对于有用 IV 而言，有 $o_i = z'_{32+2i}$，$i \geq 0$，即：

$$IS^{288} = IS'^{256} \Rightarrow o_i = z'_{32+2i}(i \geq 0)$$

为方便描述，定义 L 为一个事件，含义是"IV 是可用的"，其补事件为 L^c，含义是"IV 是无用的"，定义另一个事件 Φ 如下：

$$\Phi = \begin{cases} \{z_{i+32} = z'_i, \ 0 \leq i \leq m-1\}, & iv_0 = 0 \ 且 \ iv_{32} = 0 \\ \{o_{i+16} = o'_i, \ 0 \leq i \leq m-1\}, & iv_0 = 1 \ 且 \ iv_{32} = 1 \\ \{z_{96+2i} = o'_i, \ 0 \leq i \leq m-1\}, & iv_0 = 0 \ 且 \ iv_{32} = 1 \\ \{o_i = z'_{32+2i}, \ 0 \leq i \leq m-1\}, & iv_0 = 1 \ 且 \ iv_{32} = 0 \end{cases}$$

对于有用 IV 而言，事件 Φ 以概率 1 发生。然而，对于无用 IV 而言，(K, IV) 和 (K', IV') 生成的密钥流序列之间可视为相互独立的，此时事件 Φ 发生的概率约为 $\Pr(\Phi \mid L^c) = 2^{-m}$。为了以较高的成功概率将有用 IV 和无用 IV 区分开来，需要合理选择参量 m。在本文的攻击中，我们将 m 选择为 128，此时能以接近 1 的概率将有用 IV 和无用 IV 区分开来。换言之，对于给定的 IV，当事件 Φ 发生时，事件"IV 是可用的"以接近 1 的概率成立。

2.2.3 Grain-128a 的滑动攻击

在以上特征的基础上，攻击者可以给出针对 Grain-128a 的密钥恢复攻击，其关键

是要在众多的选择 IV 中找到一个有用 IV，以下给出一个在 2^{96} 个选择 IV 中搜索有用 IV 的算法，命名为搜索有用 IV 算法，描述如下：

搜索有用 IV 算法

1　遍历 $(iv_{32}, iv_{33}, \cdots, iv_{95})$ 的全部 2^{64} 种可能，得到 2^{64} 个选择 IV'，对于所有的 2^{64} 个选择 IV' 中的每一个，执行如下步骤：

1.1　若 $iv_{32} = 0$，利用 (K', IV') 生成 287 比特密钥流 $Z'[287] = \{z'_0, \cdots, z'_{286}\}$ 并存储下来，穷遍 $(iv_0, iv_1, \cdots, iv_{31})$ 的全部 2^{32} 种可能，得到 2^{32} 个选择 IV，执行如下步骤：

a）若 $iv_0 = 0$，利用 (K, IV) 生成 160 比特密钥流 $Z[160] = \{z_0, \cdots, z_{159}\}$，检测事件 $\Phi = \{z_{i+32} = z'_i, 0 \leqslant i \leqslant 127\}$ 是否成立，若成立则执行步骤 2，否则尝试下一个选择 IV；

b）若 $iv_0 = 1$，利用 (K, IV) 生成 128 比特密钥流 $O[128] = \{o_0, \cdots, o_{127}\}$，检测事件 $\Phi = \{o_i = z'_{32+2i}, 0 \leqslant i \leqslant 127\}$ 是否成立，若成立则执行步骤 2，否则尝试下一个选择 IV。

1.2　若 $iv_{32} = 1$，利用 (K', IV') 生成 128 比特密钥流 $Z'[128] = \{o'_0, \cdots, o'_{127}\}$ 并存储下来，穷遍 $(iv_0, iv_1, \cdots, iv_{31})$ 的全部 2^{32} 种可能，得到 2^{32} 个选择 IV，执行如下步骤：

a）若 $iv_0 = 0$，利用 (K, IV) 生成 351 比特密钥流 $Z[351] = \{z_0, \cdots, z_{350}\}$，检测事件 $\Phi = \{z_{96+2i} = o'_i, 0 \leqslant i \leqslant 127\}$ 是否成立，若成立则执行步骤 2，否则尝试下一个选择 IV；

b）若 $iv_0 = 1$，利用 (K, IV) 生成 144 比特密钥流 $O[144] = \{o_0, \cdots, o_{127}\}$，检测事件 $\Phi = \{o_{i+16} = o'_i, 0 \leqslant i \leqslant 127\}$ 是否成立，若成立则执行步骤 2，否则尝试下一个选择 IV。

2　输出有用 IV。

对于给定的密钥而言，一个合法 IV 是有用 IV 的概率约为 2^{-32}，因而在 N 个合法 IV 中存在至少一个有用 IV 的概率约为：

$$1 - (1 - 2^{-32})^N$$

当攻击者尝试 2^{96} 个选择 IV 时，由于 2^{96} 个选择 IV 中合法 IV 的个数约为 2^{32} ，故 2^{96} 个选择 IV 中存在一个有用 IV 的概率约为：

$$1 - (1 - 2^{-32})^{2^{32}} \approx 0.632$$

因此，搜索有用 IV 算法能够搜索到一个有用 IV 的概率约为 0.632，即搜索有用 IV 算法成功的概率约为 0.632。

在搜索有用 IV 算法中，对于 2^{64} 个选择 IV' 中的每一个，Grain-128a 要执行一次加密，同时对于 2^{96} 个选择 IV 中的每一个，Grain-128a 也要执行一次加密，故搜索有用 IV 算法的时间复杂度约为 $2^{64} + 2^{96} \approx 2^{96}$ 。

对于每个满足 $iv_{32} = 0$（或 $iv_{32} = 1$）的 IV，搜索有用 IV 算法需要生成 287（或 128）比特的密钥流序列，因而 (K', IV') 生成的密钥流序列总计为：

$$2^{63} \times 287 + 2^{63} \times 128 \approx 2^{71.697}$$

类似地，(K, IV) 生成的密钥流序列总计为：

$$2^{94} \times 160 + 2^{94} \times 128 + 2^{94} \times 351 + 2^{94} \times 144 \approx 2^{103.613}$$

因此，搜索有用 IV 算法所需的数据量为：

$$2^{71.697} + 2^{103.613} \approx 2^{103.613}$$

根据搜索有用 IV 算法的描述可知，该算法只需要在步骤 1.1 和步骤 1.2 中存储 287 比特的密钥流序列。这里需要指出的是，287 比特的存储空间可以重复利用，即在执行完一次步骤 1.1 或步骤 1.2 后，287 比特的存储空间被清空，用于执行下一次的步骤 1.1 或步骤 1.2，因而搜索可用 IV 算法的存储复杂度为 287 比特。

在搜索到有用 IV 后，可以利用一个简单的猜测决定攻击来恢复 128 比特密钥。在这个猜测决定攻击中，攻击者猜测 k_0，k_1，$\cdots$，k_{88}，k_{91}，$\cdots$，k_{95} 共 94 比特密钥，剩下的 34 比特密钥可以通过如下的过程来恢复。

回顾特征 2 可知，对于有用 IV 而言，以下的包含 64 个方程的方程组成立：

$$\begin{cases} b_{i+128} = s_i \oplus f(B^i) \oplus b_{i+96} \oplus y_i = k_i, & i = 0, 1, \cdots, 31 \\ s_{i+128} = s_i \oplus s_{i+7} \oplus s_{i+38} \oplus s_{i+70} \oplus s_{i+81} \oplus s_{i+96} \oplus y_i = 1, & i = 0, 1, \cdots, 30 \\ s_{i+128} = s_i \oplus s_{i+7} \oplus s_{i+38} \oplus s_{i+70} \oplus s_{i+81} \oplus s_{i+96} \oplus y_i = 0, & i = 31 \end{cases} \quad (1)$$

其中：

$$f(B^i) = b_i \oplus b_{i+26} \oplus b_{i+56} \oplus b_{i+91} \oplus b_{i+3}b_{i+67} \oplus b_{i+11}b_{i+13} \oplus b_{i+17}b_{i+18}$$
$$\oplus b_{i+27}b_{i+59} \oplus b_{i+40}b_{i+48} \oplus b_{i+61}b_{i+65} \oplus b_{i+68}b_{i+84}$$
$$\oplus b_{i+88}b_{i+92}b_{i+93}b_{i+95} \oplus b_{i+22}b_{i+24}b_{i+25} \oplus b_{i+70}b_{i+78}b_{i+82}$$
$$y_i = h(b_{i+12}, s_{i+8}, s_{i+13}, s_{i+20}, b_{i+95}, s_{i+42}, s_{i+60}, s_{i+79}, s_{i+94})$$
$$\oplus s_{i+93} \oplus b_{i+2} \oplus b_{i+15} \oplus b_{i+36} \oplus b_{i+45} \oplus b_{i+64} \oplus b_{i+73} \oplus b_{i+89}$$
$$= b_{i+12}s_{i+8} \oplus s_{i+13}s_{i+20} \oplus b_{i+95}s_{i+42} \oplus s_{i+60}s_{i+79} \oplus b_{i+12}b_{i+95}s_{i+94}$$
$$\oplus s_{i+93} \oplus b_{i+2} \oplus b_{i+15} \oplus b_{i+36} \oplus b_{i+45} \oplus b_{i+64} \oplus b_{i+73} \oplus b_{i+89}$$

首先，有：

$$k_{89} = b_{89} = b_{12}s_8 \oplus s_{13}s_{20} \oplus b_{95}s_{42} \oplus s_{60}s_{79} \oplus b_{12}b_{95}s_{94} \oplus s_{93} \oplus b_2 \oplus b_{15}$$
$$\oplus b_{36} \oplus b_{45} \oplus b_{64} \oplus b_{73} \oplus s_0 \oplus s_7 \oplus s_{38} \oplus s_{70} \oplus s_{81} \oplus s_{96} \qquad (3)$$

由于 k_0，k_1，$\cdots$，k_{88}，k_{91}，$\cdots$，k_{95} 已经被猜测了，攻击者可以利用方程（3）直接恢复密钥比特 k_{89}，接下来利用方程 $k_{96} = b_{96} = s_0 \oplus f(B^0) \oplus y_0 \oplus k_0$ 恢复密钥比特 k_{96}。

其次，有：

$$k_{90} = b_{90} = b_{13}s_9 \oplus s_{14}s_{21} \oplus b_{96}s_{43} \oplus s_{61}s_{80} \oplus b_{13}b_{96}s_{95} \oplus s_{94} \oplus b_3 \oplus b_{16}$$
$$\oplus b_{37} \oplus b_{46} \oplus b_{65} \oplus b_{74} \oplus s_1 \oplus s_8 \oplus s_{39} \oplus s_{71} \oplus s_{82} \oplus s_{97} \qquad (4)$$

由于 k_0，k_1，$\cdots$，k_{88}，k_{91}，$\cdots$，k_{95} 已经被猜测且 k_{96} 已经被求解出来了，攻击者可以利用方程（4）直接恢复密钥比特 k_{90}。

最后，对于 $i = 1$，$\cdots$，31，

$$k_{96+i} = b_{96+i} = s_i \oplus f(B^i) \oplus y_i \oplus k_i \qquad (5)$$

由于 k_0，k_1，$\cdots$，k_{95} 已经被猜测，攻击者可以利用当 $i = 1$ 时的方程（5）直接恢复密钥比特 k_{97}，利用当 $i = 2$ 时的方程（5）直接恢复密钥比特 k_{98}，以此类推，利用当 $i = 3$，$\cdots$，31 时的方程（5）依次恢复剩余的 29 个密钥比特 k_{99}，k_{100}，$\cdots$，k_{127}。

回顾以上的猜测决定攻击过程可知，攻击者需要猜测 k_0，k_1，$\cdots$，k_{88}，k_{91}，$\cdots$，k_{95} 共 94 比特密钥，剩下的 34 比特密钥可以通过以上的过程恢复出来。因此，猜测决定攻击的时间复杂度为 2^{94}。

综合考虑以上搜索有用 IV 算法和猜测决定攻击过程，在相关密钥条件下，本文给出的滑动攻击可以恢复 Grain-128a 的 128 比特密钥，时间复杂度为 $2^{96} + 2^{94} \approx 2^{96.322}$，

需要 2^{96} 个 IV, $2^{103.613}$ 个密钥流比特，攻击成功的概率由搜索有用 IV 算法成功的概率决定，即为 0.632。

2.2.4 小结

Grain-128a 序列密码算法的设计者声称 Grain-128a 是 Grain-128 的增强版本，能够抵抗所有的已知攻击，并且针对 Grain-128 中初始化算法中潜在的安全性漏洞，进行了相应的算法改进。然而，本节的分析结果表明，Grain-128a 中存在的滑动特征使得攻击者可以在相关密钥条件下找到优于穷举攻击的密钥恢复攻击，这表明 Grain-128a 的设计者对算法的改进并不彻底，Grain-128a 依然有安全性漏洞。

2.3 WG-8 序列密码算法的滑动攻击

本节将给出基于 WG-NLFSR 的 WG-8 序列密码算法的滑动攻击，在描述攻击的过程中，我们将重点分析如何有效地利用带隐藏信息的滑动特征，这是攻击得以成功的关键。

2.3.1 WG-8 序列密码算法描述

WG-8 是知名序列密码算法 WG 的轻量级版本，采用 80 比特密钥和 80 比特 IV 作为初始输入。WG-8 算法结构简单，主体结构为一个面向字节的 LFSR 和一个非线性滤波函数。由于在初始化算法中，WG-8 的非线性滤波函数的输出要参与 LFSR 的反馈，因而是一个 NLFSR，文献［47］对 WG-NLFSR 的圈结构分解问题进行了研究。

2.3.1.1 WG-8 的初始化算法

WG-8 中 LFSR 包含有 20 个字节寄存器单元，其特征多项式为 F_{2^8} 域上的 8 次本原多项式 $p(x) = x^8 + x^4 + x^3 + x^2 + 1$，$\oplus$ 和 $\otimes$ 分别表示 F_{2^8} 域上的逐比特异或和乘法。图 5 为 WG-8 序列密码初始化算法的结构图。记 WG-8 中使用的 80 比特密钥和 80 比特 IV 分别为 $K = (k_{79}, \cdots, k_0)$ 和 $IV = (iv_{79}, \cdots, iv_0)$，其加载方式描述如下：

对于 $i = 0, \cdots, 9$，

$$s_{2i} = (k_{8i+3}, \cdots, k_{8i}, iv_{8i+3}, \cdots, iv_{8i})$$

$$s_{2i+1} = (k_{8i+7}, \cdots, k_{8i+4}, iv_{8i+7}, \cdots, iv_{8i+4})$$

加载过程完成后，WG-8 执行 40 步的空转过程，在此期间不输出密钥流，LFSR 的

更新方式为：

$$s_{t+20} = (\omega \otimes s_t) \oplus s_{t+1} \oplus s_{t+2} \oplus s_{t+3} \oplus s_{t+4} \oplus s_{t+7} \oplus s_{t+8} \oplus s_{t+9} \oplus WGP\text{-}8(s_{t+19}^{19}),\ 0 \leqslant t < 40$$

其中 ω 为域 F_{2^8} 上使得 $p(\omega) = 0$ 成立的本原元，$WGP\text{-}8()$ 是一个域 F_{2^8} 上 $F_{2^8} \mapsto F_{2^8}$ 的置换。在完成初始化算法后，WG-8 执行密钥流生成过程，每个时刻输出 1 个密钥流比特。

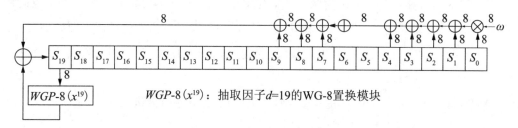

图 5 WG-8 的初始化算法

2.3.1.2 WG-8 的密钥流生成过程

在密钥流生成过程中，LFSR 的更新方式为：

$$s_{t+20} = (\omega \otimes s_t) \oplus s_{t+1} \oplus s_{t+2} \oplus s_{t+3} \oplus s_{t+4} \oplus s_{t+7} \oplus s_{t+8} \oplus s_{t+9},\ t \geqslant 40$$

WG-8 利用对最左端的寄存器单元进行非线性操作来生成密钥流比特，采用的非线性 WG 变换为 $WGT\text{-}8(x^{19})$，$F_{2^8} \rightarrow F_2$，该非线性变换包括两部分，分别为 $F_{2^8} \mapsto F_{2^8}$ 的置换 $WGP\text{-}8(x^{19})$ 和 $F_{2^8} \rightarrow F_2$ 的迹函数 $\mathrm{Tr}(\cdot)$。通过非线性 WG 变换 $WGT\text{-}8(x^{19})$，WG-8 每个时刻输出 1 个密钥流比特，其结构图描述如图 6 所示。

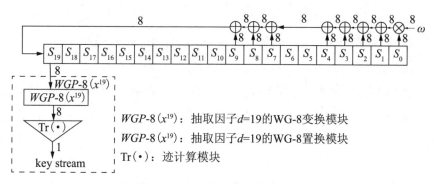

图 6 WG-8 的密钥流生成过程

2.3.2 WG-8 序列密码算法的滑动攻击

从以上描述可以看出，WG-8 序列密码算法的结构非常简单，在初始化算法中，其非线性滤波函数的输出参与了 LFSR 的反馈，因而整个算法构成了一个 NLFSR，该算法的滑动特征是非常明显的。

记 (K, IV) 和 (K', IV') 为两个不同但具有一定关系的初始输入对，其生成的内部状态对应为 $S_t = (s_{t+19}, \cdots, s_t)$ 和 $S'_t = (s'_{t+19}, \cdots, s'_t)$。为方便描述，做如下定义：

定义 4 若 $S_i = S'_0$ 成立，其中正整数 i 满足 $1 \leqslant i < 40$，称 (K, IV) 和 (K', IV') 为 WG-8 的 i-字节滑动对。

接下来，首先基于 WG-8 的 1-字节滑动特征，给出一个滑动攻击。

2.3.2.1 基于 1-字节滑动特征的滑动攻击

根据 1-字节滑动对的定义，要使得 (K, IV) 和 (K', IV') 成为 1-字节滑动对，需 $S_1 = S'_0$ 得到满足。具体而言，有如下的方程组成立：

$$
\begin{cases}
s_{20} = s'_{19} = (k'_{79}, \cdots, k'_{76}, iv'_{79}, \cdots, iv'_{76}) \\
(k_{8j+7}, \cdots, k_{8j+4}, iv_{8j+7}, \cdots, iv_{8j+4}) = s_{2j+1} = s'_{2j} \\
\quad = (k'_{8j+3}, \cdots, k'_{8j}, iv'_{8j+3}, \cdots, iv'_{8j}), \ j = 0, \cdots, 9 \\
(k_{8j+11}, \cdots, k_{8j+8}, iv_{8j+11}, \cdots, iv_{8j+8}) = s_{2(j+1)} = s'_{2j+1} \\
\quad = (k'_{8j+7}, \cdots, k'_{8j+4}, iv'_{8j+7}, \cdots, iv'_{8j+4}), \ j = 0, \cdots, 8
\end{cases}
\tag{6}
$$

其中 $s_{20} = (\omega \otimes s_0) \oplus s_1 \oplus s_2 \oplus s_3 \oplus s_4 \oplus s_7 \oplus s_8 \oplus s_9 \oplus WGP\text{-}8(s_{19}^{19})$。

通过观察方程组（6）可知，其后面的 19 个方程在相关密钥选择 IV 条件下是很容易得到满足的，而方程组（6）的第一个方程由于存在 WGP-8 置换，因而是比较复杂的。

在此，假设攻击者能够得到的相关密钥 K 和 K' 之间满足如下的关系，同时选择 IV 和 IV' 满足如下关系：

$$K' = K \ggg 4$$

$$IV' = IV \gg 4$$

其中 $X \gg h$ 表示 80 比特的 X 向右移 h 位，$X \ggg h$ 表示 80 比特的 X 向右循环移

h 位。

显然，在这样的相关密钥选择 IV 下，方程组（6）后面的 19 个方程将同时得以满足。至于方程组（6）的第一个方程，我们将对其进行如下的具体分析：

$$s_{20} = s'_{19} \Leftrightarrow (\omega \otimes s_0) \oplus s_1 \oplus s_2 \oplus s_3 \oplus s_4 \oplus s_7 \oplus s_8 \oplus s_9 \oplus WGP\text{-}8(s_{19}^{19})$$
$$= (k_3, \cdots, k_0, 0, \cdots, 0)$$
$$\Leftrightarrow WGP\text{-}8(s_{19}^{19}) \oplus (\alpha_0 \oplus iv_0, \alpha_1, \alpha_2 \oplus iv_0, \alpha_3 \oplus k_0 \oplus iv_0, \beta_0 \oplus$$
$$k_0 \oplus iv_0, \beta_1, \beta_2, \beta_3) = 0$$

其中：

$$\begin{cases} s_{19} = (k_{79}, \cdots, k_{76}, iv_{79}, \cdots, iv_{76}) \\ \alpha_0 = k_{11} \oplus k_{15} \oplus k_{19} \oplus k_{31} \oplus k_{35} \oplus k_{39} \\ \alpha_1 = k_2 \oplus k_3 \oplus k_6 \oplus k_{10} \oplus k_{14} \oplus k_{18} \oplus k_{30} \oplus k_{34} \oplus k_{38} \\ \alpha_2 = k_1 \oplus k_2 \oplus k_5 \oplus k_9 \oplus k_{13} \oplus k_{17} \oplus k_{29} \oplus k_{33} \oplus k_{37} \\ \alpha_3 = k_1 \oplus k_4 \oplus k_8 \oplus k_{12} \oplus k_{16} \oplus k_{28} \oplus k_{32} \oplus k_{36} \\ \beta_0 = iv_7 \oplus iv_{11} \oplus iv_{15} \oplus iv_{19} \oplus iv_{31} \oplus iv_{35} \oplus iv_{39} \\ \beta_1 = iv_3 \oplus iv_6 \oplus iv_{10} \oplus iv_{14} \oplus iv_{18} \oplus iv_{30} \oplus iv_{34} \oplus iv_{38} \\ \beta_2 = iv_2 \oplus iv_5 \oplus iv_9 \oplus iv_{13} \oplus iv_{17} \oplus iv_{29} \oplus iv_{33} \oplus iv_{37} \\ \beta_3 = iv_1 \oplus iv_4 \oplus iv_8 \oplus iv_{12} \oplus iv_{16} \oplus iv_{28} \oplus iv_{32} \oplus iv_{36} \end{cases}$$

以上的描述表明，在方程 $s_{20} = s'_{19}$ 中，存在着 9 个 IV 比特变量 $iv_0, iv_{79}, \cdots, iv_{76}$，$\beta_0, \cdots, \beta_3$ 和 9 个密钥比特 $k_0, k_{79}, \cdots, k_{76}, \alpha_0, \cdots, \alpha_3$。记 $a = (a_8, \cdots, a_0)$ 为一个 9 比特的变量，a_8 和 a_0 分别为最高比特和最低比特，另记 $X = (iv_0, iv_{79}, \cdots, iv_{76}, \beta_0, \cdots, \beta_3)$ 和 $Y = (k_0, k_{79}, \cdots, k_{76}, \alpha_0, \cdots, \alpha_3)$ 为两个 9 比特的变量。由于密钥比特是固定且未知的，攻击者需要穷遍 X 的全部 2^9 个可能值以使得 $s_{20} = s'_{19}$ 成立。针对该具体问题，我们做了实验，实验结果见表 1。表 1 表明，对变量 Y 的每一种可能取值，总是存在两个不同的 X_1 和 X_2，使得方程 $s_{20} = s'_{19}$ 成立。通过表 1 可知，WG-8 中 1-字节滑动对总是存在的。

表1　方程 $s_{20} = s'_{19}$ 的全部可能解（十六进制表示）

Y	X_1, X_2	Y	X_1, X_2	Y	X_1, X_2	Y	X_1, X_2	Y	X_1, X_2	Y	X_1, X_2	Y	X_1, X_2	Y	X_1, X_2
0	57, 1e5	40	ef, 15d	80	72, 1c0	c0	ca, 178	100	e0, 152	140	58, 1ea	180	c5, 177	1c0	7d, 1cf
1	e8, 15a	41	50, 1e2	81	cd, 17f	c1	75, 1c7	101	5f, 1ed	141	e7, 155	181	7a, 1c8	1c1	c2, 170
2	7c, 1ce	42	c4, 176	82	59, 1eb	c2	e1, 153	102	cb, 179	142	73, 1c1	182	ee, 15c	1c2	56, 1e4
3	c3, 171	43	7b, 1c9	83	e6, 154	c3	5e, 1ec	103	74, 1c6	143	cc, 17e	183	51, 1e3	1c3	e9, 15b
4	ae, 11c	44	16, 1a4	84	8b, 139	c4	33, 181	104	19, 1ab	144	a1, 113	184	3c, 18e	1c4	84, 136
5	11, 1a3	45	a9, 11b	85	34, 186	c5	8c, 13e	105	a6, 114	145	1e, 1ac	185	83, 131	1c5	3b, 189
6	85, 137	46	3d, 18f	86	a0, 112	c6	18, 1aa	106	32, 180	146	8a, 138	186	17, 1a5	1c6	af, 11d
7	3a, 188	47	82, 130	87	1f, 1ad	c7	a7, 115	107	8d, 13f	147	35, 187	187	a8, 11a	1c7	10, 1a2
8	f0, 142	48	48, 1fa	88	d5, 167	c8	6d, 1df	108	47, 1f5	148	ff, 14d	188	62, 1d0	1c8	da, 168
9	4f, 1fd	49	f7, 145	89	6a, 1d8	c9	d2, 160	109	f8, 14a	149	40, 1f2	189	dd, 16f	1c9	65, 1d7
a	db, 169	4a	63, 1d1	8a	fe, 14c	ca	46, 1f4	10a	6c, 1de	14a	d4, 166	18a	49, 1fb	1ca	f1, 143
b	64, 1d6	4b	dc, 16e	8b	41, 1f3	cb	f9, 14b	10b	d3, 161	14b	6b, 1d9	18b	f6, 144	1cb	4e, 1fc
c	9, 1bb	4c	b1, 103	8c	2c, 19e	cc	94, 126	10c	be, 10c	14c	6, 1b4	18c	9b, 129	1cc	23, 191
d	b6, 104	4d	e, 1bc	8d	93, 121	cd	2b, 199	10d	1, 1b3	14d	b9, 10b	18d	24, 196	1cd	9c, 12e
e	22, 190	4e	9a, 128	8e	7, 1b5	ce	bf, 10d	10e	95, 127	14e	2d, 19f	18e	b0, 102	1ce	8, 1ba
f	9d, 12f	4f	25, 197	8f	b8, 10a	cf	0, 1b2	10f	2a, 198	14f	92, 120	18f	f, 1bd	1cf	b7, 105
10	ad, 11f	50	15, 1a7	90	88, 13a	d0	30, 182	110	1a, 1a8	150	a2, 110	190	3f, 18d	1d0	87, 135
11	12, 1a0	51	aa, 118	91	37, 185	d1	8f, 13d	111	a5, 117	151	1d, 1af	191	80, 132	1d1	38, 18a
12	86, 134	52	3e, 18c	92	a3, 111	d2	1b, 1a9	112	31, 183	152	89, 13b	192	14, 1a6	1d2	ac, 11e
13	39, 18b	53	81, 133	93	1c, 1ae	d3	a4, 116	113	8e, 13c	153	36, 184	193	ab, 119	1d3	13, 1a1
14	54, 1e6	54	ec, 15e	94	71, 1c3	d4	c9, 17b	114	e3, 151	154	5b, 1e9	194	c6, 174	1d4	7e, 1cc
15	eb, 159	55	53, 1e1	95	ce, 17c	d5	76, 1c4	115	5c, 1ee	155	e4, 156	195	79, 1cb	1d5	c1, 173
16	7f, 1cd	56	c7, 175	96	5a, 1e8	d6	e2, 150	116	c8, 17a	156	70, 1c2	196	ed, 15f	1d6	55, 1e7
17	c0, 172	57	78, 1ca	97	e5, 157	d7	5d, 1ef	117	77, 1c5	157	cf, 17d	197	52, 1e0	1d7	ea, 158
18	a, 1b8	58	b2, 100	98	2f, 19d	d8	97, 125	118	bd, 10f	158	5, 1b7	198	98, 12a	1d8	20, 192
19	b5, 107	59	d, 1bf	99	90, 122	d9	28, 19a	119	2, 1b0	159	ba, 108	199	27, 195	1d9	9f, 12d
1a	21, 193	5a	99, 12b	9a	4, 1b6	da	bc, 10e	11a	96, 124	15a	2e, 19c	19a	b3, 101	1da	b, 1b9
1b	9e, 12c	5b	26, 194	9b	bb, 109	db	3, 1b1	11b	29, 19b	15b	91, 123	19b	c, 1be	1db	b4, 106
1c	f3, 141	5c	4b, 1f9	9c	d6, 164	dc	6e, 1dc	11c	44, 1f6	15c	fc, 14e	19c	61, 1d3	1dc	d9, 16b

表1（续）

Y	X_1, X_2	Y	X_1, X_2	Y	X_1, X_2	Y	X_1, X_2	Y	X_1, X_2	Y	X_1, X_2	Y	X_1, X_2	Y	X_1, X_2
1d	4c, 1fe	5d	f4, 146	9d	69, 1db	dd	d1, 163	11d	fb, 149	15d	43, 1f1	19d	de, 16c	1dd	66, 1d4
1e	d8, 16a	5e	60, 1d2	9e	fd, 14f	de	45, 1f7	11e	6f, 1dd	15e	d7, 165	19e	4a, 1f8	1de	f2, 140
1f	67, 1d5	5f	df, 16d	9f	42, 1f0	df	fa, 148	11f	d0, 162	15f	68, 1da	19f	f5, 147	1df	4d, 1ff
20	f6, 144	60	4e, 1fc	a0	d3, 161	e0	6b, 1d9	120	41, 1f3	160	f9, 14b	1a0	64, 1d6	1e0	dc, 16e
21	49, 1fb	61	f1, 143	a1	6c, 1de	e1	d4, 166	121	fe, 14c	161	46, 1f4	1a1	db, 169	1e1	63, 1d1
22	dd, 16f	62	65, 1d7	a2	f8, 14a	e2	40, 1f2	122	6a, 1d8	162	d2, 160	1a2	4f, 1fd	1e2	f7, 145
23	62, 1d0	63	da, 168	a3	47, 1f5	e3	ff, 14d	123	d5, 167	163	6d, 1df	1a3	f0, 142	1e3	48, 1fa
24	f, 1bd	64	b7, 105	a4	2a, 198	e4	92, 120	124	b8, 10a	164	0, 1b2	1a4	9d, 12f	1e4	25, 197
25	b0, 102	65	8, 1ba	a5	95, 127	e5	2d, 19f	125	7, 1b5	165	bf, 10d	1a5	22, 190	1e5	9a, 128
26	24, 196	66	9c, 12e	a6	1, 1b3	e6	b9, 10b	126	93, 121	166	2b, 199	1a6	b6, 104	1e6	e, 1bc
27	9b, 129	67	23, 191	a7	be, 10c	e7	6, 1b4	127	2c, 19e	167	94, 126	1a7	9, 1bb	1e7	b1, 103
28	51, 1e3	68	e9, 15b	a8	74, 1c6	e8	cc, 17e	128	e6, 154	168	5e, 1ec	1a8	c3, 171	1e8	7b, 1c9
29	ee, 15c	69	56, 1e4	a9	cb, 179	e9	73, 1c1	129	59, 1eb	169	e1, 153	1a9	7c, 1ce	1e9	c4, 176
2a	7a, 1c8	6a	c2, 170	aa	5f, 1ed	ea	e7, 155	12a	cd, 17f	16a	75, 1c7	1aa	e8, 15a	1ea	50, 1e2
2b	c5, 177	6b	7d, 1cf	ab	e0, 152	eb	58, 1ea	12b	72, 1c0	16b	ca, 178	1ab	57, 1e5	1eb	ef, 15d
2c	a8, 11a	6c	10, 1a2	ac	8d, 13f	ec	35, 187	12c	1f, 1ad	16c	a7, 115	1ac	3a, 188	1ec	82, 130
2d	17, 1a5	6d	af, 11d	ad	32, 180	ed	8a, 138	12d	a0, 112	16d	18, 1aa	1ad	85, 137	1ed	3d, 18f
2e	83, 131	6e	3b, 189	ae	a6, 114	ee	1e, 1ac	12e	34, 186	16e	8c, 13e	1ae	11, 1a3	1ee	a9, 11b
2f	3c, 18e	6f	84, 136	af	19, 1ab	ef	a1, 113	12f	8b, 139	16f	33, 181	1af	ae, 11c	1ef	16, 1a4
30	c, 1be	70	b4, 106	b0	29, 19b	f0	91, 123	130	bb, 109	170	3, 1b1	1b0	9e, 12c	1f0	26, 194
31	b3, 101	71	b, 1b9	b1	96, 124	f1	2e, 19c	131	4, 1b6	171	bc, 10e	1b1	21, 193	1f1	99, 12b
32	27, 195	72	9f, 12d	b2	2, 1b0	f2	ba, 108	132	90, 122	172	28, 19a	1b2	b5, 107	1f2	d, 1bf
33	98, 12a	73	20, 192	b3	bd, 10f	f3	5, 1b7	133	2f, 19d	173	97, 125	1b3	a, 1b8	1f3	b2, 100
34	f5, 147	74	4d, 1ff	b4	d0, 162	f4	68, 1da	134	42, 1f0	174	fa, 148	1b4	67, 1d5	1f4	df, 16d
35	4a, 1f8	75	f2, 140	b5	6f, 1dd	f5	d7, 165	135	fd, 14f	175	45, 1f7	1b5	d8, 16a	1f5	60, 1d2
36	de, 16c	76	66, 1d4	b6	fb, 149	f6	43, 1f1	136	69, 1db	176	d1, 163	1b6	4c, 1fe	1f6	f4, 146
37	61, 1d3	77	d9, 16b	b7	44, 1f6	f7	fc, 14e	137	d6, 164	177	6e, 1dc	1b7	f3, 141	1f7	4b, 1f9
38	ab, 119	78	13, 1a1	b8	8e, 13c	f8	36, 184	138	1c, 1ae	178	a4, 116	1b8	39, 18b	1f8	81, 133
39	14, 1a6	79	ac, 11e	b9	31, 183	f9	89, 13b	139	a3, 111	179	1b, 1a9	1b9	86, 134	1f9	3e, 18c

表 1（续）

Y	X_1, X_2	Y	X_1, X_2	Y	X_1, X_2	Y	X_1, X_2	Y	X_1, X_2	Y	X_1, X_2	Y	X_1, X_2	Y	X_1, X_2
3a	80, 132	7a	38, 18a	ba	a5, 117	fa	1d, 1af	13a	37, 185	17a	8f, 13d	1ba	12, 1a0	1fa	aa, 118
3b	3f, 18d	7b	87, 135	bb	1a, 1a8	fb	a2, 110	13b	88, 13a	17b	30, 182	1bb	ad, 11f	1fb	15, 1a7
3c	52, 1e0	7c	ea, 158	bc	77, 1c5	fc	cf, 17d	13c	e5, 157	17c	5d, 1ef	1bc	c0, 172	1fc	78, 1ca
3d	ed, 15f	7d	55, 1e7	bd	c8, 17a	fd	70, 1c2	13d	5a, 1e8	17d	e2, 150	1bd	7f, 1cd	1fd	c7, 175
3e	79, 1cb	7e	c1, 173	be	5c, 1ee	fe	e4, 156	13e	ce, 17c	17e	76, 1c4	1be	eb, 159	1fe	53, 1e1
3f	c6, 174	7f	7e, 1cc	bf	e3, 151	ff	5b, 1e9	13f	71, 1c3	17f	c9, 17b	1bf	54, 1e6	1ff	ec, 15e

假设 $S_1 = S_0'$ 成立，则有 $S_{i+1} = S_i'$ 对于 $1 \leqslant i < 40$ 总是成立的，因为此时 S_{i+1} 和 S_i' 都是初始化算法更新得到的。然而，S_{41} 和 S_{40}' 并不是在同一个阶段中更新得到的，具体而言，前者是初始化算法更新得到的，而后者是密钥流生成过程更新得到的。回顾 WG-8 的算法描述可知，两个阶段唯一的不同在于 $WGP\text{-}8(s_{60}^{19})$ 是否参与反馈。若 $WGP\text{-}8(s_{60}^{19}) = 0x00$ 成立，则必然有 $S_{41} = S_{40}'$ 成立，进而有 $S_{i+1} = S_i'$ 对于 $i \geqslant 40$ 总成立。更进一步有：

$$S_{i+1} = S_i', \ i \geqslant 40 \Rightarrow z_{j+1} = z_j', \ j \geqslant 1$$

此时，(K, IV) 产生的密钥流序列右移 1 位与 (K', IV') 产生的密钥流序列完全相同。因此，当如下两个条件同时满足时，(K, IV) 产生的密钥流序列右移 1 位与 (K', IV') 产生的密钥流序列完全相同。

（1）条件 A1：$s_{20} = s_{19}'$；

（2）条件 A2：$WGP\text{-}8(s_{60}^{19}) = 0x00$。

由于条件 A1 和条件 A2 分别在初始化算法的开始部分和结束部分，经过中间 40 轮的充分混乱和扩散，两个条件可以看作是相互独立的，因而两个条件同时成立的概率约为 2^{-16}。就一个安全的序列密码算法而言，其产生的密钥流序列应当与随机序列是不可区分的；同时，不同的初始输入产生的密钥流序列之间也应当是不可区分的。然而，从以上对 WG-8 的分析可以看出，当初始化输入存在一定的相关性时，其输出密钥流序列之间以 2^{-16} 的高概率存在平移相等的关系，因而，WG-8 的初始化算法是存在安全性漏洞的。

根据表 1 可知，对变量 Y 的每一种可能取值，总是存在两个不同的 X_1 和 X_2，使得方程 $s_{20} = s'_{19}$ 成立。为了找到 1-字节滑动对，我们设计了如下算法，命名为搜索 1-字节滑动对算法，在算法中，对于固定且未知的相关密钥对 (K, K')，攻击者需要在一定数量的 (IV, IV') 对中找到 1-字节滑动对，对每个 (IV, IV') 对而言，9 比特的变量 $(iv_0, iv_{79}, \cdots, iv_{76}, \beta_0, \cdots, \beta_3)$ 都是要被遍历的。

搜索 1-字节滑动对算法

1　对全部的 (IV, IV') 对，执行如下操作：

1.1　利用 (K, IV) 和 (K', IV') 分别产生密钥流序列；

1.2　检测 (K, IV) 产生的密钥流序列右移 1 位是否与 (K', IV') 产生的密钥流序列完全相同，若检测通过，则执行步骤 2，否则，尝试下一个 (IV, IV') 对。

2　输出步骤 1 中找到的 (K, IV) 和 (K', IV') 与其分别产生的密钥流序列。

表 2 给出了利用搜索 1-字节滑动对算法找到的两个具体实例。

表 2　WG-8 中 1-字节滑动对实例

实例 1	
K：ac747095c6a38bf21d4e	K'：eac747095c6a38bf21d4
IV：70000000000000000337	IV'：77000000000000000033
密钥流： 1111001000110001001111010011000100101111011010001100100100001100	密钥流： 1110010001100010011110100110001000101111011010001100100100001100
实例 2	
K：50c47095e39a1bf6482d	K'：d50c47095e39a1bf6482
IV：f8f216a579c3d80feef9	IV'：9f8f216a579c3d80feef
密钥流： 0101011000010111101001001000010101101100101011001010100010100001	密钥流： 1010110000101111010010010000101011011001010110010101000101000 1

由于两个条件同时成立的概率约为 2^{-16}，因此当攻击者使用 2^{17} 个 (IV, IV') 对执行搜索 1-字节滑动对算法，则攻击者找到滑动对个数的期望就是 $2^{17} \times 2^{-9} \times 2 \times 2^{-8} = 2$。此时，对于每个 IV 和 IV'，算法都需要执行一次 WG-8 的加密过程，因此，搜索 1-字节滑动对算法的时间复杂度为 $2^{17} \times 2 = 2^{18}$ 次加密。由于攻击者只需要利用输出密钥流序列做检测，故每个 (K, IV) 或 (K', IV') 需产生的密钥流长度是非常小的。当 1-字节滑动对找到时，由于方程 $s_{20} = s'_{19}$ 中包含有 9 比特密钥信息，即 k_0，k_{79}，$\cdots$，k_{76}，α_0，$\cdots$，α_3，此时攻击者可以通过查表 1 恢复这 9 比特密钥信息。随后，攻击者需要猜测 71 个密钥比特，即 k_1，$\cdots$，k_{35}，k_{40}，$\cdots$，k_{75}，然后利用得到的 α_0，$\cdots$，α_3 的取值求解 k_{36}，$\cdots$，k_{39}。至此，本文给出了一个针对 WG-8 的基于 1-字节滑动特征的密钥恢复攻击，在相关密钥条件下，恢复全部 80 比特密钥的时间复杂度为 $2^{18} + 2^{71} \approx 2^{71}$，需要 2^{18} 个选择 IV。

2.3.2.2　基于 n-字节滑动特征的滑动攻击

由以上基于 1-字节滑动特征的滑动攻击可以看出，攻击者也可以利用多于 1 字节的滑动特征给出针对 WG-8 的滑动攻击，其问题在于当 n 越大时，等式 $S_n = S'_0$ 越复杂。

在此，本文继续考察 WG-8 的 2-字节滑动特征。为了形成 2-字节滑动对，需要等式 $S_2 = S'_0$ 成立，具体而言，方程组（7）成立。

$$
\begin{cases}
s_{21} = s'_{19} = (k'_{79}, \cdots, k'_{76}, iv'_{79}, \cdots, iv'_{76}) \\
s_{20} = s'_{18} = (k'_{75}, \cdots, k'_{72}, iv'_{75}, \cdots, iv'_{72}) \\
(k_{8j+15}, \cdots, k_{8j+12}, iv_{8j+15}, \cdots, iv_{8j+12}) = s_{2j+3} = s'_{2j+1} \\
\quad = (k'_{8j+7}, \cdots, k'_{8j+4}, iv'_{8j+7}, \cdots, iv'_{8j+4}), \ j = 0, \cdots, 8 \\
(k_{8j+11}, \cdots, k_{8j+8}, iv_{8j+11}, \cdots, iv_{8j+8}) = s_{2(j+1)} = s'_{2j} \\
\quad = (k'_{8j+3}, \cdots, k'_{8j}, iv'_{8j+3}, \cdots, iv'_{8j}), \ j = 0, \cdots, 8
\end{cases}
\tag{7}
$$

其中：

$$s_{21} = (\omega \otimes s_1) \oplus s_2 \oplus s_3 \oplus s_4 \oplus s_5 \oplus s_8 \oplus s_9 \oplus s_{10} \oplus WGP\text{-}8(s_{20}^{19})$$

$$s_{20} = (\omega \otimes s_0) \oplus s_1 \oplus s_2 \oplus s_3 \oplus s_4 \oplus s_7 \oplus s_8 \oplus s_9 \oplus WGP\text{-}8(s_{19}^{19})$$

从方程组（7）可以看出，当利用 WG-8 的 2-字节滑动特征时，需假设攻击者能够得到的相关密钥 K 和 K' 之间满足如下关系，同时选择 IV 和 IV' 满足如下关系。

$$K' = K \ggg 8$$
$$IV' = IV \gg 8$$

因此，当如下四个条件同时满足时，(K, IV) 产生的密钥流序列右移 2 位与 (K', IV') 产生的密钥流序列完全相同。

（1）条件 B1：$s_{21} = s'_{19}$；

（2）条件 B2：$s_{20} = s'_{18}$；

（3）条件 B3：$WGP\text{-}8(s_{60}^{19}) = 0x00$；

（4）条件 B4：$WGP\text{-}8(s_{61}^{19}) = 0x00$。

在随机性假设的条件下，以上四个条件 B1~B4 同时成立的概率约为 2^{-32}。与 1-字节滑动特征类似，当攻击者使用 2^{34} 个 (IV, IV') 对时，攻击者找到滑动对个数的期望就是 $2^{34} \times 2^{-9} \times 2 \times 2^{-9} \times 2 \times 2^{-8} \times 2^{-8} = 4$，攻击者可以通过设计搜索算法找到 2-字节滑动对。在找到 2-字节滑动对后，攻击者利用条件 B1 和条件 B2，可以直接恢复出 $18(= 2 \times 9)$ 个密钥比特；随后，攻击者穷举 $62(= 80 - 18)$ 个密钥比特，就可以恢复出全部的 80 比特密钥。因此，在相关密钥条件下，本文给出了针对 WG-8 的基于 2-字节滑动特征的密钥恢复攻击，恢复全部 80 比特密钥的时间复杂度为 $2^{34} \times 2 + 2^{62} = 2^{35} + 2^{62} \approx 2^{62}$，需要 $2^{34} \times 2 = 2^{35}$ 个选择 IV。

以下我们考察 WG-8 的 n-字节滑动特征。对于 $1 \leqslant n \leqslant 4$，与以上类似，$(K, IV)$ 产生的密钥流序列右移 n 位与 (K', IV') 产生的密钥流序列完全相同的概率为 2^{-16n}，攻击者可以通过设计搜索算法找到 n-字节滑动对。在找到 n-字节滑动对后，攻击者利用构造滑动对的条件，可以直接恢复出 $9n$ 个密钥比特；随后，攻击者穷举 $80 - 9n$ 个密钥比特，就可以恢复出全部的 80 比特密钥。因此，在相关密钥条件下，针对 WG-8 的基于 n-字节滑动特征的密钥恢复攻击的时间复杂度为 $2^{17n} + 2^{80-9n}$，需要 $2^{17n} \cdot 2 = 2^{17n+1}$ 个选择 IV。表 3 列出了针对 WG-8 的滑动攻击分析结果。

表3 针对 WG-8 的滑动攻击分析结果

n	时间复杂度	选择 IV
1	$\approx 2^{71}$	2^{18}
2	$\approx 2^{62}$	2^{35}
3	$2^{51} + 2^{53} \approx 2^{53.32}$	2^{52}
4	$\approx 2^{68}$	2^{69}

从表3可以看出，$n = 3$ 是一个比较合理的选择，其时间复杂度为 $2^{53.32}$，需要 2^{52} 个选择 IV。当然需要指出的是，WG-8 是一个轻量级序列密码算法，在该算法被提出以后，一些分析结果被提出，有些分析结果的时间复杂度甚至是低于穷举攻击的，如代数攻击[31]，其时间复杂度和数据量分别为 $2^{66.0037}$ 和 $2^{24.65}$。但由于 WG-8 的设计者考虑到算法的特定应用环境，要求每个初始输入 (K, IV) 对生成的密钥流长度是非常有限的。然而，在本文给出的所有攻击中，每个初始输入对，无论是 (K, IV) 或者 (K', IV')，其所需生成的密钥流序列长度都是非常小的，这是本攻击的优势所在。

2.3.2.3 多相关密钥条件下 WG-8 的滑动攻击

以上给出的针对 WG-8 的滑动攻击都是在假设攻击者得到一对相关密钥的条件下进行的。在此，本文考察当攻击者可以得到更多的相关密钥时，能否提出更加有效的密钥恢复攻击。

假设攻击者可以得到 $m + 1$ 个密钥 $K, K_1, \cdots, K_m$，相邻两个密钥之间存在如下的关系：

$$对于 0 \leqslant i < m，K_{i+1} = K_i \ggg 4$$

其中 $K_0 = K$。

在多相关密钥条件下，攻击可以包含 m 步。在第 $i(0 \leqslant i < m)$ 步中，攻击者使用 K_i 和 K_{i+1} 这一对相关密钥，利用 WG-8 的 1-字节滑动对，恢复如下的 9 个密钥比特。

$$k_{4i \bmod 80}, \ k_{(79+4i) \bmod 80}, \ \cdots, \ k_{(76+4i) \bmod 80}, \ \alpha_0^i, \ \cdots, \ \alpha_3^i$$

其中：

$$
\begin{cases}
\alpha_0^i = k_{(11+4i)\bmod 80} \oplus k_{(15+4i)\bmod 80} \oplus k_{(19+4i)\bmod 80} \oplus k_{(31+4i)\bmod 80} \oplus k_{(35+4i)\bmod 80} \oplus k_{(39+4i)\bmod 80} \\
\alpha_1^i = k_{(2+4i)\bmod 80} \oplus k_{(3+4i)\bmod 80} \oplus k_{(6+4i)\bmod 80} \oplus k_{(10+4i)\bmod 80} \oplus k_{(14+4i)\bmod 80} \oplus k_{(18+4i)\bmod 80} \\
\qquad \oplus k_{(30+4i)\bmod 80} \oplus k_{(34+4i)\bmod 80} \oplus k_{(38+4i)\bmod 80} \\
\alpha_2^i = k_{(1+4i)\bmod 80} \oplus k_{(2+4i)\bmod 80} \oplus k_{(5+4i)\bmod 80} \oplus k_{(9+4i)\bmod 80} \oplus k_{(13+4i)\bmod 80} \oplus k_{(17+4i)\bmod 80} \\
\qquad \oplus k_{(29+4i)\bmod 80} \oplus k_{(33+4i)\bmod 80} \oplus k_{(37+4i)\bmod 80} \\
\alpha_3^i = k_{(1+4i)\bmod 80} \oplus k_{(4+4i)\bmod 80} \oplus k_{(8+4i)\bmod 80} \oplus k_{(12+4i)\bmod 80} \oplus k_{(16+4i)\bmod 80} \oplus k_{(28+4i)\bmod 80} \\
\qquad \oplus k_{(32+4i)\bmod 80} \oplus k_{(36+4i)\bmod 80}
\end{cases}
$$

表 4 中列举出了第 i 步中出现的密钥比特，其中数字 j 表示密钥比特 $k_j(j = 0, 1, \cdots, 79)$ 的下标。由于 $\alpha_0^i, \cdots, \alpha_3^i$ 中出现的密钥比特较多，表 4 中给出了详细的描述，其中符号 $\in (X \cup Y)$ 表示密钥比特下标属于集合 $X \cup Y$。

表 4　第 i 步中出现的密钥比特

第 i 步	直接恢复的密钥比特	$\alpha_0^i, \cdots, \alpha_3^i$ 中出现的密钥比特
0	0, 79, 78, 77, 76	$\in (\{1, \cdots, 35\} \cup \{36, \cdots, 39\})$
1	4, 3, 2, 1, 0	$\in (\{1, \cdots, 39\} \cup \{40, \cdots, 43\})$
2	8, 7, 6, 5, 4	$\in (\{1, \cdots, 43\} \cup \{44, \cdots, 47\})$
3	12, 11, 10, 9, 8	$\in (\{1, \cdots, 47\} \cup \{48, \cdots, 51\})$
4	16, 15, 14, 13, 12	$\in (\{1, \cdots, 51\} \cup \{52, \cdots, 55\})$
5	20, 19, 18, 17, 16	$\in (\{1, \cdots, 55\} \cup \{56, \cdots, 59\})$
6	24, 23, 22, 21, 20	$\in (\{1, \cdots, 59\} \cup \{60, \cdots, 63\})$

在此，选择 $m = 7$。在执行完以上所述的 7 步后，攻击者可以直接恢复出全部 80 比特中的 29 个密钥比特 $k_0, \cdots, k_{24}, k_{76}, \cdots, k_{79}$，同时得到 $\alpha_0^i, \cdots, \alpha_3^i$ 在 $0 \leqslant i < 6$ 时的取值。此时，攻击者需要猜测 11 个密钥比特 $k_{25}, \cdots, k_{35}$，利用 $\alpha_0^0, \cdots, \alpha_3^0, \cdots, \alpha_0^5, \cdots, \alpha_3^5$ 的取值求解 $k_{36}, \cdots, k_{63}$。最后，攻击者穷举剩余的 12 个密钥比特 $k_{64}, \cdots, k_{75}$。在以上的密钥恢复过程中，攻击者需要执行 7 次基于 1-字节滑动特征的滑动攻击，猜测 $23(= 11 + 12)$ 个密钥比特，因而其时间复杂度为 $2^{18} \cdot 7 + 2^{23} \approx 2^{23.29}$，需要

$2^{18} \cdot 7 \approx 2^{20.81}$ 个选择 IV 和 7 个相关密钥。

我们在一个主频为 2.5 GHz、CPU 为 Intel 奔腾 4 的普通 PC 机上进行了实验，结果表明，实现 7 次基于 1-字节滑动特征的滑动攻击所需的时间平均为 30s，穷举 23 个密钥比特平均的完成时间小于 2min。以上实验结果验证了本文分析结果的正确性，表明 WG-8 在多相关密钥条件下是实时可破的。

2.3.2.4 WG-8 序列密码算法的改进

在 WG-8 的设计报告[31]中，设计者对 WG-8 的安全性进行了深入的分析，对该算法抵抗代数攻击、相关攻击、差分分析、立方攻击（Cube attack）、区分攻击、具体傅里叶变换攻击（Discrete Fourier Transform attack）和 TMDTO 攻击的能力进行了全面的评估。对 WG-8 的代数攻击结果表明，其时间复杂度和所需数据量分别为 $2^{66.0037}$ 和 $2^{24.65}$。对 WG-8 的具体傅里叶变换攻击结果表明，其在线时间复杂度、所需数据量和离线时间复杂度分别为 $2^{33.32}$、$2^{33.32}$ 和 $2^{48.49}$。如设计者所言，尽管这两个攻击的时间复杂度都低于穷举攻击，但它们并不能威胁 WG-8 的实际安全性，其原因在于，在轻量级的嵌入式应用环境中，如 RFID 系统，攻击者很难甚至不可能得到规模较大的单条密钥流序列。就本文提出的针对 WG-8 的滑动攻击而言，每个初始输入对，无论是 (K, IV) 或者 (K', IV')，其所需生成的密钥流序列长度都是非常小的。这意味着，当相关密钥条件得到满足时，滑动攻击就能够对 WG-8 的实际安全性构成威胁。同时，需要指出的是，由于本文提出的攻击是基于滑动特征的，因而该攻击与 WG-8 初始化算法的轮数多少是无关的，这意味着增加初始化轮数并不能提高 WG-8 抵抗滑动攻击的能力。

尽管本文的分析结果表明 WG-8 序列密码算法设计中存在着一些问题，但该算法依然有着很好的可取之处，例如密码学性质可证明的 WG（Welch-Gong）变换的采用。WG-8 继承了 WG 系列序列密码算法在周期、平衡性、自相关性和线性复杂度等方面良好的性质。鉴于 WG-8 设计中存在的可取之处，本文期望能够对 WG-8 序列密码算法进行适当的改进，既保留 WG-8 设计中好的方面，又能够提高其抵抗滑动攻击的能力。

在此，针对本文提出的滑动攻击，将提出一个改进的 WG-8 序列密码算法，与原始的 WG-8 算法不同，改进的 WG-8 采用 64 比特 IV，而非 80 比特 IV。记改进的 WG-

8 中使用的 80 比特密钥和 64 比特 IV 分别为 $K = (k_{79}, \cdots, k_0)$ 和 $IV = (iv_{63}, \cdots, iv_0)$ ，其加载方式描述如下：

对于 $i = 0$ ，

$$s_{2i} = (k_{8i+3}, \cdots, k_{8i}, iv_{4i+1}, iv_{4i}, 1, 1)$$
$$s_{2i+1} = (k_{8i+7}, \cdots, k_{8i+4}, iv_{4i+3}, iv_{4i+2}, 0, 0)$$

对于 $i = 1, \cdots, 3$ ，

$$s_{2i} = (k_{8i+3}, \cdots, k_{8i}, iv_{4i+1}, iv_{4i}, 0, 0)$$
$$s_{2i+1} = (k_{8i+7}, \cdots, k_{8i+4}, iv_{4i+3}, iv_{4i+2}, 0, 0)$$

对于 $i = 4, \cdots, 9$ ，

$$s_{2i} = (k_{8i+3}, \cdots, k_{8i}, iv_{8i+3}, \cdots, iv_{8i})$$
$$s_{2i+1} = (k_{8i+7}, \cdots, k_{8i+4}, iv_{8i+7}, \cdots, iv_{8i+4})$$

在随后的 40 步空转过程中，改进的 WG-8 序列密码算法与原始的 WG-8 算法相同。

由于本文改进之处只在于密钥和 IV 加载方式，故针对已有的密码分析方法，如代数攻击等，改进的 WG-8 序列密码算法与原始的 WG-8 算法有相同的安全性。针对滑动攻击，由于改进的加载方式中，16 比特常值被加载到后 8 个字节寄存器中，因而两个不同的初始输入对要形成滑动对至少需要相隔 8 个时刻，从本文的分析过程可以看出，这样的滑动对很难找到，并且也是很难甚至是不可能被有效利用形成密钥恢复攻击的。因此，改进的 WG-8 序列密码算法能够抵抗本文提出的滑动攻击。更进一步地，为了提高改进算法针对传统密码分析方法的安全性，同时考虑到算法的实际应用场景，在此，本文将改进 WG-8 序列密码算法的每个初始输入对能够产生的密钥流序列长度做出规定，即规定利用改进 WG-8 序列密码算法进行加密操作时，一个 (K, IV) 对最多只能产生 2^{16} 比特的密钥流序列，要产生多于 2^{16} 比特的密钥流序列就需要更换 (K, IV) 对。该规定能够提高改进 WG-8 序列密码算法的实际安全性，保证在实际应用时，攻击者无法获得有效长度的密钥流序列来完成密码算法的分析和破译。

2.3.3 小结

WG-8 是知名序列密码算法 WG 的轻量级版本，以 80 比特的密钥和 80 比特的 IV

作为输入。本节首次发现了 WG-8 序列密码算法中存在的滑动特征，并有效地利用该特征提出了相关密钥条件下的密钥恢复攻击，攻击结果远优于穷举攻击，在多相关密钥条件下，本节的分析结果表明 WG-8 是实时可破的。本节通过实验仿真，验证了以上攻击结果的正确性。随后，本节通过修改 WG-8 的密钥和 IV 加载方式，提出了改进的 WG-8 序列密码算法，改进方法既保持了原算法设计上好的方面，又提高了算法抵抗滑动攻击的能力，使改进算法整体上获得了更高的安全性。

2.4 本章小结

本章利用带隐藏信息的滑动特征，提出了对基于 NLFSR 的序列密码算法的滑动攻击，结合时空折中技术，给出了攻击算法并进行了复杂度分析，解决了如何利用滑动特征所导致的信息泄露进行密钥恢复这一理论问题。将滑动攻击应用于基于 NLFSR 的序列密码算法 Grain-128a 和 WG-8，分析结果表明它们都有安全性漏洞。对滑动特征的理论分析及其应用实例，充分地说明了针对基于 NLFSR 的序列密码算法，滑动攻击是一种重要而有效的攻击方法，本章的研究为基于 NLFSR 的序列密码算法的滑动攻击提供了理论依据和可供借鉴的实例。

3 基于 NLFSR 的序列密码算法的 TMDTO 攻击

本章将对时间存储数据折中攻击进行深入研究，重点分析基于 BSW Sampling 技术的新 TMDTO 攻击及其在基于 NLFSR 的序列密码算法中的应用。具体而言，将 BSW Sampling 技术与 Babbage 和 Golić（BG）分别独立提出的 TMDTO 攻击进行了有效的结合，提出了新的基于 BSW Sampling 技术的 TMDTO 攻击，并将该攻击应用于 Grain 和 MICKEY 等基于 NLFSR 的序列密码算法，给出了具体的分析结果。

3.1 BSW Sampling 技术

BSW Sampling 技术由 Biryukov、Shamir 和 Wagner 在 FSE 2000 年会上提出，它通过放宽需满足的限制条件成功地增大了 BS-TMDTO 攻击[48]中复杂度指标的选择范围。然而 Bjøstad 认为，与 BS-TMDTO 攻击不同，BSW Sampling 技术对提升 BG-TMDTO 攻击不会有大的帮助[49]。

单向函数的求解问题在密码算法的安全性分析中占有重要的地位，就序列密码算法而言，在给定密钥流序列的条件下，序列密码算法中内部状态的恢复问题可以推广成如下单向函数的求解问题：

给定单向函数 $y = f(x)$ 和集合 $D = \{y_i\} \subset Y$，寻找 $x \in X$ 和某个 i 使得 $f(x) = y_i$。

其中 $N = |X|$ 表示序列密码算法的全部内部状态，Y 表示密钥流序列片段组成的集合。

BSW Sampling 技术的目的是增大 BS-TMDTO 攻击中复杂度指标的选择范围，其基本思想是找到一个由能生成固定密钥流序列片段（如连续若干个 0 或 1）的特殊内部状态组成的集合。

为方便描述，引入如下定义：

定义 5[33]　若特殊内部状态能生成的密钥流序列片段的长度为 l 比特，则称序列密码算法的 Sampling 抵抗度为 $R = 2^{-l}$。

对给定的序列密码算法，当如下的假设满足时，BSW Sampling 技术将能够得到成功的应用。

假设 1　给定内部状态规模为 $n = \log_2 N$ 比特的序列密码算法，当其中的 $n - l$ 个内部状态比特和 l 个连续密钥流比特已知时，可以直接恢复剩余的 l 个内部状态比特。

对序列密码算法而言，给定 Sampling 抵抗度时，攻击者可以将单向函数 $f: X \rightarrow Y$ 的求解问题转化为受限制的单向函数 $f': X' \rightarrow Y'$ 的求解问题，其构造方法描述如下：

1　选取一个 l 比特串 S；

2　将 $n - l$ 比特数值 x 作为特殊内部状态，将 l 比特串 S 作为密钥流序列片段，根据假设 1 恢复出剩余的 l 比特内部状态；

3　利用得到的全部 n 比特内部状态生成 n 比特连续密钥流 $S \parallel y$；

4　输出 y。

其中 $\parallel$ 为比特串连接符。

由以上构造方法可知，单向函数 $f: \{0, 1\}^n \rightarrow \{0, 1\}^n$ 的求解问题就等价于受限制的单向函数 $f': \{0, 1\}^{n-l} \rightarrow \{0, 1\}^{n-l}$ 的求解问题，这使得攻击者可以通过求解单向

函数 f'：$\{0, 1\}^{n-l} \rightarrow \{0, 1\}^{n-l}$ 而非 f：$\{0, 1\}^n \rightarrow \{0, 1\}^n$，来分析序列密码算法的安全性，这为 TMDTO 攻击效果的提升提供了可能性。

基于 BSW Sampling 技术的 TMDTO 攻击的折中曲线与 BS-TMDTO 攻击的折中曲线相同，即 $TM^2D^2 = N^2$，$P = N/D$，然而它将需满足的限制条件 $1 \leqslant D^2 \leqslant T$ 放宽为 $1 \leqslant R^2D^2 \leqslant T$，这增大了 BS-TMDTO 攻击中复杂度指标的选择范围，为找到效果更好的折中关系提供了可能性。

3.2 基于 BSW Sampling 技术的新 TMDTO 攻击

如上所述，BSW Sampling 技术通过放宽需满足的限制条件提升了 BS-TMDTO 攻击的效果，然而 Bjøstad[49]认为，与 BS-TMDTO 攻击不同，BG-TMDTO 攻击本身所需的数据量已经较大，BSW Sampling 技术无法克服这一点，因而对提升 BG-TMDTO 攻击不会有大的帮助。事实上，BG-TMDTO 攻击所需的数据量完全来自同一条密钥流序列，此时的数据量确实很大，若攻击所需的数据量可以取自很多不同的密钥流序列，那么将有可能让攻击变得实际可行。对序列密码算法而言，这是可以做到的。攻击者可以通过相同的密钥结合不同的 IV 来生成足够多的不同的密钥流序列，然后恢复出任意一条密钥流序列对应的某个时刻的内部状态，最后利用恢复的内部状态进行简单的"时钟反转"（"reverse clocking"）即可倒推出密钥。

假设攻击者得到 d 条由相同的密钥结合不同的 IV 生成的不同的密钥流序列，每一条密钥流序列的长度为 d' 比特，因而攻击者可以得到约 $D = d \cdot d'$ 个长度为 $2n$ 比特的密钥流序列片段，这里 d 和 d' 远远大于 n。

与以往的 TMDTO 攻击类似，本文的新 TMDTO 攻击也包含两个阶段，即离线攻击阶段和在线攻击阶段。为描述方便，引入一个正整数 r，且满足限制条件 $1 \leqslant r \leqslant R^{-1}$。

在离线攻击阶段，攻击者要构造一个两列表以备在线攻击阶段使用，第一列存储序列密码算法的内部状态，第二列存储对应的输出密钥流序列片段。具体算法描述如下：

离线算法

1 随机选择 r 个长度皆为 l 比特的串 $S_1, \cdots, S_r$，对每个固定的串 S_i，执行如下步骤：

1.1 随机选择 N' 个长度皆为 $n - l$ 比特的串 I_1，$\cdots$，$I_{N'}$；

1.2 将 S_i 作为连续的 l 比特密钥流片段，I_j 作为 $n - l$ 比特的特殊内部状态，计算剩余的 l 比特内部状态，然后生成长度为 n 比特的密钥流片段，最后将得到的 n 比特内部状态和对应的 n 比特密钥流片段存储在表 T_i 中。

2 输出 r 个表，即 T_1，$\cdots$，T_r。

输出：T_1，$\cdots$，T_r

在在线攻击阶段，攻击者利用已知的密钥流序列片段查询离线算法构造的 r 个表，从而恢复出序列密码算法在某个时刻的 n 比特内部状态。具体算法描述如下：

在线算法

输入：$D = d \cdot d'$ 个长度为 $2n$ 比特的密钥流序列片段，$S = \{S_1, \cdots, S_r\}$ 和 T_1，$\cdots$，T_r

1 对每个长度为 $2n$ 比特的密钥流序列片段，检测其前 l 比特是否在集合 $S = \{S_1, \cdots, S_r\}$ 中，若不在，则返回检测下一个密钥流序列片段，否则，其前 l 比特等于集合 S 中的某个元素（不妨令为 S_i），执行如下步骤：

1.1 检测 $2n$ 比特密钥流序列片段的前 n 比特是否在对应的表（即为 T_i）的第二列中，若不在，则返回步骤 1 考察下一个密钥流序列片段，否则，执行步骤 1.2；

1.2 从对应的表（即为 T_i）的第一列中读取 n 比特内部状态，然后生成 $2n$ 比特密钥流，并用其后 n 比特与 $2n$ 比特密钥流序列片段的后 n 比特进行对比，若相等，则执行步骤 2，否则返回步骤 1 考察下一个密钥流序列片段。

2 输出恢复出的 n 比特内部状态。

输出：n 比特内部状态

攻击算法的复杂度分析如下：

在离线攻击阶段，对每个固定的串 S_i，攻击者需要随机选择 N' 个长度皆为 $n - l$ 比特的串 I_1，$\cdots$，$I_{N'}$，对每个 (S_i, I_j) 对，攻击者需要执行离线算法中的步骤 1.2，因而离线攻击阶段的时间复杂度（记为 P）主要由 (S_i, I_j) 对的个数决定，即为 $P = rN'$。同时，由于攻击者在离线攻击阶段需要构造 r 个表，且每个表的规模由 N' 决定，故离线攻击阶段的存储复杂度（记为 M）也主要由 (S_i, I_j) 对的个数决定，即为 $M = rN'$。

对于 r 个串 S_1，$\cdots$，S_r 中的任意一个，在离线攻击阶段都需要随机选择 N' 个串 I_1，$\cdots$，$I_{N'}$，因而共有 rN' 个 n 比特内部状态和对应的 n 比特密钥流片段存储在表中。根据生日碰撞原理，在线攻击阶段所需的密钥流片段的数量应为 $D = N/rN'$。由于任意给定的一个密钥流片段的前 l 比特在集合 $S = \{S_1, \cdots, S_r\}$ 中的概率为 $p = r \cdot 2^{-l} = rR$，因而在 D 个密钥流片段中满足前 l 比特在集合 $S = \{S_1, \cdots, S_r\}$ 中的个数为 $D \cdot p = RN/N'$。因此，在线攻击阶段的时间复杂度（记为 T）主要由 D 个密钥流片段中满足前 l 比特在集合 $S = \{S_1, \cdots, S_r\}$ 中的个数来决定，即为 $T = D \cdot p = RN/N'$。

故，新 TMDTO 攻击的折中曲线为：

$$MT = rRN, \ MD = N, \ P = M \ 且 \ D = d \cdot d'$$

其中，r 是一个正整数且满足限制条件 $1 \leqslant r \leqslant R^{-1}$。

显然，当 $r = R^{-1}$，新 TMDTO 攻击的折中曲线与已有的 BG-TMDTO 攻击相同，因而 BG-TMDTO 攻击可看作是新 TMDTO 攻击的一个特例。通过引入正整数变量 r，新 TMDTO 攻击放宽了折中曲线需满足的限制条件，从而改进了 BG-TMDTO 攻击的攻击效果。令 $D_{max} = d_{max} \cdot d'_{max}$ 为由相同的密钥 K 生成的密钥流序列片段个数的最大值，其中 d_{max} 为在相同的密钥 K 下序列密码算法重新同步次数的最大值，即不同 IV 个数的最大值，d'_{max} 为相同的密钥 K 和任意一个 IV 生成的密钥流序列片段的最大值，可给出如下定理：

定理 2 对于给定的内部状态规模为 $\log_2 N$ 比特且密钥规模为 $k = (\log_2 N) / 2$ 比特的序列密码算法，当攻击中 $N^{1/2} < D_{max} < (rR)^{-1} N^{1/2}$ 得到满足时，其中 $1 \leqslant r < R^{-1}$，必然存在一个在线攻击阶段的时间复杂度 T、离线攻击阶段的时间复杂度 P 和存储复杂度 M 皆低于 2^k 的 TMDTO 攻击。

证明：已知新 TMDTO 攻击的折中曲线为：

$$MT = rRN, \ MD = N, \ P = M \ 且 \ D = d \cdot d'$$

当攻击中 $N^{1/2} < D_{max} < (rR)^{-1} N^{1/2}$ 得到满足时，攻击者可以选择攻击的数据复杂度满足 $N^{1/2} < D \leqslant D_{max}$，因而有：

$$rRN^{1/2} < P = M = \frac{N}{D} < N^{1/2}$$

$$T = \frac{rRN}{M} < \frac{rRN}{rRN^{1/2}} = N^{1/2}$$

故，必然存在一个在线攻击阶段的时间复杂度 T、离线攻击阶段的时间复杂度 P 和存储复杂度 M 皆低于 2^k 的 TMDTO 攻击。

证毕

定理 2 表明，即使序列密码算法的内部状态规模为密钥规模的两倍时，新 TMDTO 攻击仍能得到良好的折中选择。

3.3 Grain 和 MICKEY 序列密码算法的新 TMDTO 攻击

为方便对攻击结果进行比较，在给出针对 Grain 和 MICKEY 序列密码算法的改进 TMDTO 攻击之前，本节先对已有的针对 Grain 和 MICKEY 的 TMDTO 攻击[49,50]进行简要的介绍。

MICKEY 1.0[51]是由 Babbage 和 Dodd 于 2005 年提出的一个面向硬件的序列密码算法，其增强版 MICKEY 2.0[20]是 eSTREAM 工程最终胜选的七个序列密码算法之一。MICKEY 2.0 的密钥规模和内部状态规模分别为 80 和 200 比特，其 IV 规模是可变的，范围为 0 到 80 比特。在文献［50］中，Hong 和 Kim 发现 MICKEY 1.0 的 Sampling 抵抗度最大为 2^{-27}；由于 MICKEY 1.0 的内部状态规模为 160 比特，利用基于 BSW Sampling 技术的 BS-TMDTO 对其进行攻击时，在线攻击阶段和离线攻击阶段的时间复杂度分别为 2^{67} 和 2^{100}，而穷举攻击的时间复杂度为 2^{80}。由于 MICKEY 2.0 的内部状态规模提升到了 200 比特，故针对 MICKEY 2.0 基于 BSW Sampling 技术的 BS-TMDTO 攻击无法得到良好的攻击效果。MICKEY-128 2.0[20]是 MICKEY 2.0 密钥规模为 128 比特的版本，其 IV 规模也是可变的，范围为 0 到 128 比特，内部状态规模为 320 比特。

Grain v1 是由 Hell、Johansson 和 Meier 提出的一个面向硬件的序列密码算法，也是 eSTREAM 工程最终胜选的七个序列密码算法之一。Grain v1 的密钥规模、IV 规模和内部状态规模分别为 80、64 和 160 比特。在文献［49］中，Bjørstad 发现 Grain v1 的 Sampling 抵抗度最大为 2^{-21}。由于 Grain v1 的内部状态规模为 160 比特，利用基于 BSW Sampling 技术的 BS-TMDTO 对其进行攻击时，在线攻击阶段和离线攻击阶段的时间复杂度分别为 2^{70} 和 2^{104}，而穷举攻击的时间复杂度为 2^{80}。Grain-128[19]是 Grain v1

密钥规模为 128 比特的版本，其 IV 规模和内部状态规模分别为 96 和 256 比特。

以下将以 MICKEY 1.0 为例，将新 TMDTO 攻击应用于 Grain 和 MICKEY 序列密码算法中。根据以上的密码算法参数描述，针对 MICKEY 1.0，可知 $N = 2^{160}$ 和 $R = 2^{-27}$。需要特别指出的是，在 MICKEY 1.0 的设计报告[51] 中，设计者规定，在相同的密钥 K 下序列密码算法重新同步次数的最大值为 2^{40}，相同的密钥 K 和任意一个 IV 生成的密钥流序列片段的最大值为 2^{40}，即 $d_{max} = d'_{max} = 2^{40}$。因此，针对 MICKEY 1.0，攻击者在选取数据复杂度参量时需满足 $d \leqslant 2^{40}$ 且 $d' \leqslant 2^{40}$。在此，我们选取 $d = d' = 2^{40}$ 且 $r = 1$，根据以上给出的新折中曲线，可以得到一个针对 MICKEY 1.0 的 TMDTO 攻击，其各复杂度指标为 $M = D = P = N^{1/2} = 2^{80}$ 且 $T = 2^{53}$。类似地，可将新 TMDTO 攻击应用于 MICKEY 2.0、MICKEY−128 2.0、Grain v1 和 Grain−128 序列密码算法中，为避免重复，具体的攻击过程不再赘述，表 5 列出了针对 Grain 和 MICKEY 序列密码算法的新 TMDTO 攻击结果，并与已有的攻击结果进行了对比。

表 5　针对 Grain 和 MICKEY 序列密码算法的新 TMDTO 攻击

序列密码算法	R	攻击	参量	T	M	D	P
MICKEY 1.0	2^{-27}	文献 [50]	—	2^{67}	2^{67}	2^{60}	2^{100}
		本文	$r = 1$	2^{53}	2^{80}	$d = d' = 2^{40}$	2^{80}
MICKEY 2.0	2^{-33}	本文	$r = 1$	2^{47}	2^{120}	$d = d' = 2^{40}$	2^{120}
MICKEY−128 2.0	2^{-54}	本文	$r = 1$	2^{74}	2^{192}	$d = d' = 2^{64}$	2^{192}
Grain v1	2^{-21}	文献 [49]	—	2^{70}	2^{59}	2^{56}	2^{104}
		本文	$r = 1$	$2^{69.5}$	$2^{69.5}$	$d = d' = 2^{45.25}$	$2^{69.5}$
		本文	$r = 2^{11}$	2^{75}	2^{75}	$d = d' = 2^{42.5}$	2^{75}
Grain−128	2^{-22}	本文	$r = 1$	2^{117}	2^{117}	$d = d' = 2^{69.5}$	2^{117}
		本文	$r = 2^{12}$	2^{123}	2^{123}	$d = d' = 2^{66.5}$	2^{123}

需要特别指出的是，与 MICKEY 1.0 类似，在 MICKEY 2.0 和 MICKEY-128 2.0 的设计报告[20]中，设计者都对 d_{max} 和 d'_{max} 的取值做出了规定。具体而言，针对 MICKEY 2.0，规定 $d_{max} = d'_{max} = 2^{40}$；针对 MICKEY-128 2.0，规定 $d_{max} = d'_{max} = 2^{64}$。与 MICKEY 序列密码算法不同，在 Grain v1 和 Grain-128 的设计报告中，设计者并未对 d_{max} 和 d'_{max} 的取值做出规定。从理论分析的角度讲，表 5 中对数据复杂度参量 d 和 d' 的数值的选取都是符合规定的。

从表 5 中可以看出，新 TMDTO 攻击能够降低在线攻击阶段的时间复杂度，使其低于穷举攻击，由于在 TMDTO 攻击中，离线攻击阶段只需要执行一次，因而当攻击者需要在在线攻击阶段恢复多个不同的内部状态时，降低在线攻击阶段的时间复杂度是具有积极的现实意义的。从对 Grain v1 和 Grain-128 的攻击结果可以看出，新 TMDTO 攻击在降低攻击的整体复杂度水平方面具有良好的效果，在线攻击阶段的时间复杂度 T、离线攻击阶段的时间复杂度 P 和存储复杂度 M 皆优于穷举攻击。

3.4　本章小结

本章研究了将 BSW Sampling 技术与 BG-TMDTO 攻击进行有效结合的可能性，提出了基于 BSW Sampling 技术的新 TMDTO 攻击，该攻击可视为 BG-TMDTO 攻击的一般性推广，即使序列密码算法的内部状态规模不小于密钥规模的两倍时，该攻击仍能得到良好的折中选择。作为应用，本章将新的 TMDTO 攻击应用于 MICKEY 系列和 Grain 系列序列密码算法中，与现有的 TMDTO 攻击相比，本章的攻击达到了最好的时间复杂度水平。从这些分析结果可以看出，针对基于 NLFSR 的序列密码算法，TMDTO 攻击是一个基础且重要的攻击方法，密码设计者在设计基于 NLFSR 的序列密码算法时，需要依据该攻击检测序列密码算法的设计参数（如密钥规模、IV 规模和内部状态规模等）是否合理。

4　基于 NLFSR 的序列密码算法的基于猜测策略的复合攻击

本章将对基于猜测策略的复合攻击进行深入研究，针对基于 NLFSR 的序列密码算法模型的设计，提出一种新的基于猜测策略的复合攻击，即基于密钥流输出函数弱正规性的猜测-仿射化攻击。具体而言，将指出 Mihaljević 等人[52] 给出的基于密钥流输出函数正规性的状态恢复攻击中存在的错误，利用密钥流输出函数的弱正规性，通过猜测对该函数进行仿射化，结合时间存储数据折中攻击，提出新的基于猜测策略的复合攻击，即猜测-仿射化攻击，并应用于 Grain v1 序列密码算法中，给出时间复杂度优于穷举攻击的状态恢复攻击。

4.1　Grain v1 序列密码算法描述

　　Grain v1 序列密码算法是由 Hell、Johansson 和 Meier 设计的一个面向硬件的序列密码算法，是欧洲 eSTREAM 工程中最终胜选的七个序列密码算法之一。截至目前，针对 Grain v1 序列密码算法，众多的密码分析结果被提出，但仍没有优于穷举攻击的分析成果出现。以下简要回顾 Grain v1 序列密码算法，详尽的描述参见设计报告[19]。

　　Grain v1 序列密码算法主要包含三个部件，分别为一个 80 比特的 NLFSR、一个 80 比特的 LFSR 和一个非线性的密钥流输出函数，如图 7 所示，其初始输入为 80 比特的密钥和 64 比特的 IV。

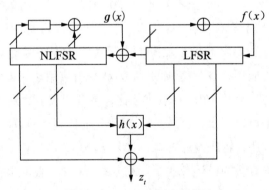

图 7　Grain v1 序列密码算法

　　记 $S_t = (s_t, \cdots, s_{t+79})$ 为 LFSR 在时刻 t 的 80 比特内部状态，$B_t = (b_t, \cdots, b_{t+79})$ 为 NLFSR 在时刻 t 的 80 比特内部状态。

　　记 $U_t = (S_t, B_t)$ 为 Grain v1 在时刻 t 的全部 160 比特内部状态，密钥流输出函数，记为 $H(U_t)$，包含两部分：LFSR 的非线性滤波函数 $h(x)$ 和 NLFSR 的线性滤波函数，具体如下：

$$z_t = H(U_t) = \bigoplus_{a \in A} b_{t+a} \oplus h(s_{t+3}, s_{t+25}, s_{t+46}, s_{t+64}, b_{t+63})$$

其中：

$$A = \{1, 2, 4, 10, 31, 43, 56\}$$

$$h(x) = x_1 \oplus x_4 \oplus x_0 x_3 \oplus x_2 x_3 \oplus x_3 x_4 \oplus x_0 x_1 x_2$$

$$\oplus x_0 x_2 x_3 \oplus x_0 x_2 x_4 \oplus x_1 x_2 x_4 \oplus x_2 x_3 x_4$$

由于本节的分析与初始化算法无关，故在此不再进行描述。

4.2 Mihaljević等人分析结果中的错误

作为序列密码算法的重要构成部件，布尔函数在序列密码的设计与分析中扮演着重要角色。在经典的序列密码模型中，如前馈模型、组合模型和钟控模型中，滤波函数、组合函数和钟控函数的设计是至关重要的环节，函数设计的优劣将对序列密码算法的安全性产生直接而重要的影响。布尔函数的正规性（Normality）概念首先由 Dobbertin 在文献［53］中提出，其含义为对于一个 m 元布尔函数，m 为偶数，若该函数在一个 $m/2$ 维的仿射子空间上是常数，则称布尔函数为正规的。随后，Charpin[54] 对正规性的概念进行了推广，给出了如下定义：

定义 6[54]   若 f 在一个 k 维的仿射子空间内是常数，$k \leqslant m$，则布尔函数被称为 k 阶正规的。若 f 在一个 k 维的仿射子空间内是仿射函数，则称 f 为 k 阶弱正规的。

为方便描述，下文中称 k 为布尔函数 f 的正规阶（或弱正规阶）。

在正规性提出之后，一些关于函数设计的成果被提出，如文献［55］，但这些成果并没有涉及如何利用函数正规性实现对序列密码算法的有效攻击。在文献［56, 57］中，Mihaljević等人对该问题进行了初步的探讨，提出了针对 LILI-128 等序列密码算法的状态恢复攻击。在文献［52］中，Mihaljević等人利用 Grain v1 序列密码算法中密钥流输出函数的正规性，提出了一个状态恢复攻击。然而，不幸的是，经过我们的深入分析，本节将阐明该文中存在的错误，并提出利用密钥流输出函数的弱正规性来实现对 Grain v1 的有效状态恢复攻击。在指出 Mihaljević等人论文中的错误之前，首先回顾其文中的一些重要结论。

首先，Mihaljević等人指出非线性函数 $h(x)$ 当 $x_1 = x_3 = x_4 = 0$ 成立时是常数，即：

$$h(x_0,\ x_1 = 0,\ x_2,\ x_3 = 0,\ x_4 = 0) = 0$$

结论 1[52] $h(x)$ 是二阶正规的。

同时，Mihaljević 等人使用了一个 Bjørstad 在文献［47］中给出的结论，描述如下：

结论 2[49,52] 当已知 NLFSR 的 59 个内部状态比特、LFSR 的 74 个内部状态比特和当前时刻以后连续 18 个密钥流比特时，能够直接恢复 NLFSR 的 18 个内部状态比特 $b_{t+10},\ \cdots,\ b_{t+27}$。

Mihaljević 等人定义了全体内部状态的一个子集，即：

$$\Omega^{(m)} = \{U_t \mid s_{t+25+j} = 0,\ s_{t+64+j} = 0,\ b_{t+63+j} = 0,\ j = 0,\ 1,\ \cdots,\ m-1\}$$

随后，他们给出了一个重要的定理，如下所示：

定理 3[52] $\Pr(U_t \in \Omega^{(m)} \mid z_t^{(m)} = 0) = 2^{-3m}$

其中 $z_t^{(m)} = 0$ 表示 $z_{t+0} = \cdots = z_{t+m-1} = 0$。

最终，Mihaljević 等人声明，定理 3 表明"当攻击者在密钥流序列中得到一个连续的全零片段时，此时内部状态属于集合 $\Omega^{(m)}$ 的概率与随机情况相比存在偏差。"这是他们攻击的基础。但是，该声明是不对的。因为 $\Pr(U_t \in \Omega^{(m)} \mid z_t^{(m)} = 0) = 2^{-3m}$ 且 $\Pr(U_t \in \Omega^{(m)}) = 2^{-3m}$ 同时成立，故他们所讲的"偏差"是不存在的。产生这个错误的原因在于，$h(x)$ 不是密钥流输出函数，其输出也不是密钥流比特，$h(x)$ 只是密钥流输出函数的一部分。同时，Mihaljević 等人在对攻击的复杂度进行分析时也有错误，回顾 Mihaljević 等人的离线攻击算法，如下所示：

Mihaljević 等人的离线攻击算法[52]

输入：正整数 m，$18 \leqslant m \leqslant 26$

1 令 $s_{t+25+i} = 0$，$s_{t+64+i} = 0$，$b_{t+63+i} = 0$，$i = 0,\ 1,\ \cdots,\ m-1$。

2 对于 $2^{160-3m-18}$ 个可能内部状态中的每一个，执行如下操作：

2.1 利用结论 2 恢复 NLFSR 的 18 个内部状态比特 $b_{t+10},\ \cdots,\ b_{t+27}$；

2.2 若 $\oplus_{a \in A} b_{t+i+a} = 0$，$i = 0,\ 1,\ \cdots,\ m-1$ 成立，则生成 160 比特的密钥流片段，并将 160 比特的内部状态及其生成的 160 比特的密钥流片段存储在一个两列表中。

输出：两列表，共有 $2^{160-3m-18} \cdot 2^{-m} = 2^{160-4m-18}$ 行

在步骤 2.2 中，攻击者利用等式 $\oplus_{a \in A} b_{t+a+i} = 0$，$i = 0$，1，$\cdots$，$m - 1$ 进行验证。然而，为了执行步骤 2.1，18 个密钥流比特 z_t，$\cdots$，z_{t+17} 需要被赋值为全零，且需要利用等式 $\oplus_{a \in A} b_{t+a+i} = 0$，$i = 0$，1，$\cdots$，17 来恢复 b_{t+10}，$\cdots$，b_{t+27}。因此，步骤 2.2 中的验证是多余且无用的，并且输出的两列表中应有 $2^{160-3m-18} \cdot 2^{-(m-18)} = 2^{160-4m}$ 行，而非 Mihaljević 等人所计算的 $2^{160-4m-18}$ 行，这也导致了他们给出的复杂度分析也是存在错误的。

4.3 针对 Grain v1 的猜测–仿射化攻击

在 4.2 中，指出了 Mihaljević 等人攻击中存在的错误，并分析了其错误的原因，即 $h(x)$ 不是密钥流输出函数。由算法描述可知，密钥流输出函数包含两部分，即 LFSR 的非线性滤波函数 $h(x)$ 和 NLFSR 的线性滤波函数。由于 NLFSR 的线性滤波函数的存在，与正规性相比，弱正规性的应用能够很好地修正已有分析中的错误。

在描述攻击之前，给出如下新的结论：

回顾滤波函数 $h(x)$，当 $x_2 = x_3 = 0$ 成立时，滤波函数 $h(x)$ 是仿射函数，因而有：

结论 3　滤波函数 $h(x)$ 是弱 3 阶正规的。

证明：当 $x_2 = x_3 = 0$ 成立时，

$$h(x_0, x_1, x_2 = 0, x_3 = 0, x_4) = x_1 \oplus x_4$$

证毕

同时，由于：

$$H_0(U_t) = H(U_t) \mid_{s_{t+46}=s_{t+64}=0} = b_{t+1} \oplus b_{t+2} \oplus b_{t+4} \oplus b_{t+10} \oplus b_{t+31} \oplus b_{t+43} \oplus b_{t+56} \oplus b_{t+63} \oplus s_{t+25}$$

易知密钥流输出函数 $H(U_t)$ 也是弱 3 阶正规的。

记 $z_t^{(37)} = \{z_t, \cdots, z_{t+36}\}$ 为 37 个密钥流比特组成的片段，有如下结论：

结论 4　当 $s_{t+46} = \cdots = s_{t+100} = 0$ 和 $z_t^{(37)} = 0$ 同时成立时，给定 Grain v1 中的 68 个内部状态比特 b_{t+12}，$\cdots$，b_{t+79}，通过求解一个含有 58 个稀疏线性方程的方程组，可以恢复 58 个内部状态比特 s_t，$\cdots$，s_{t+45}，b_t，$\cdots$，b_{t+11}。

证明：由于 $s_{t+46} = \cdots = s_{t+100} = 0$ 和 $z_t^{(37)} = 0$ 同时成立，易知如下 37 个等式成立：

$$b_{t+1} \oplus b_{t+2} \oplus b_{t+4} \oplus b_{t+10} \oplus b_{t+31} \oplus b_{t+43} \oplus b_{t+56} \oplus b_{t+63} \oplus s_{t+25} = 0$$

$$b_{t+2} \oplus b_{t+3} \oplus b_{t+5} \oplus b_{t+11} \oplus b_{t+32} \oplus b_{t+44} \oplus b_{t+57} \oplus b_{t+64} \oplus s_{t+26} = 0$$

$$\cdots\cdots$$

$$b_{t+37} \oplus b_{t+38} \oplus b_{t+40} \oplus b_{t+46} \oplus b_{t+67} \oplus b_{t+79} \oplus b_{t+92} \oplus b_{t+99} \oplus s_{t+61} = 0$$

其中：

$$b_{t+80} = s_t \oplus b_t \oplus b_{t+14} \oplus b_{t+62} \oplus g'(b_{t+9},\ b_{t+15},\ b_{t+21},\ b_{t+28},$$
$$b_{t+33},\ b_{t+37},\ b_{t+45},\ b_{t+52},\ b_{t+60},\ b_{t+63})$$

$$\cdots\cdots$$

$$b_{t+99} = s_{t+19} \oplus b_{t+19} \oplus b_{t+33} \oplus b_{t+81} \oplus g'(b_{t+28},\ b_{t+34},\ b_{t+40},\ b_{t+47},$$
$$b_{t+52},\ b_{t+56},\ b_{t+64},\ b_{t+71},\ b_{t+79},\ b_{t+82})$$

由于 b_{t+12}，$\cdots$，b_{t+79} 已知，因而以上这 37 个方程都是线性的。同时，利用 $s_{t+80} = \cdots = s_{t+100} = 0$ 可得 21 个线性方程。因此，总共可以得到 58 个线性方程，包含有 58 个变元，即 s_t，$\cdots$，s_{t+45}，b_t，$\cdots$，b_{t+11}，因而通过求解一个含有 58 个稀疏线性方程的方程组，可以恢复 58 个内部状态比特 s_t，$\cdots$，s_{t+45}，b_t，$\cdots$，b_{t+11}。

证毕

定义全部内部状态的一个新子集如下：

$$\Omega = \{U_t \mid s_{t+46} = \cdots = s_{t+100} = 0,\ H_0(U_{t+i}) = 0,\ i = 0,\ 1,\ \cdots,\ 36\}$$

假设在经历初始化算法后，Grain v1 序列密码算法的内部状态之间是相互独立的，这在序列密码算法分析中，是常用且合理的假设，则有如下结论：

结论 5　当 $z_t^{(37)} = 0$ 成立时，内部状态 U_t 属于子集 Ω 的概率为：

$$\Pr(U_t \in \Omega \mid z_t^{(37)} = 0) = 2^{-55}$$

证明：对于任意给定的 U_t，有：

$$\Pr(U_t \in \Omega) = 2^{-55} \cdot 2^{-37} = 2^{-92}$$
$$\Pr(z_t^{(37)} = 0) = 2^{-37}$$
$$\Pr(z_t^{(37)} = 0 \mid U_t \in \Omega) = 1$$

根据条件概率公式，有：

$$\Pr(U_t \in \Omega \mid z_t^{(37)} = 0) = \frac{\Pr(z_t^{(37)} = 0 \mid U_t \in \Omega) \cdot \Pr(U_t \in \Omega)}{\Pr(z_t^{(37)} = 0)} = \frac{2^{-92}}{2^{-37}} = 2^{-55}$$

故结论成立。

证毕

由于 $\Pr(U_t \in \Omega) = 2^{-92}$ 且 $\Pr(U_t \in \Omega \mid z_t^{(37)} = 0) = 2^{-55}$，故结论 5 表明当攻击者在密钥流序列中得到一个连续 37 比特的全零片段时，此时内部状态属于集合 U_t 的概率与随机情况相比存在偏差。此时，攻击者可以猜测当前的内部状态 $U_t \in \Omega$，与随机情况相比，该猜测成立的概率远远高于随机情况，这是我们对 Grain v1 序列密码算法进行状态恢复攻击的基础。

假设攻击者能够得到相同密钥和不同 IV 生成的多个密钥流序列，这在已知 IV 攻击的条件下是合理的。具体而言，假设攻击者得到了 $d \ll 2^K$ 个密钥流序列，每个密钥流序列包含 $d' \ll 2^K$ 比特，这里 $a \ll b$ 表示 a 远远小于 b。因此，在此数据量下，攻击者可得到约 $D = 2^{\log_2 d + \log_2 d'}$ 个规模为 $160 + 160 = 320$ 比特的密钥流片段，记为 $\{Z_i\}_{i=1}^{D}$，其中前 37 个比特为全零的密钥流片段个数的期望约为 $2^{\log_2 d + \log_2 d' - 37}$。

攻击过程分为两部分，即离线攻击阶段和在线攻击阶段。

离线攻击阶段的目的是建立一个包含内部状态及其生成的密钥流片段的两列表，以备在线攻击阶段使用，具体描述如下：

离线攻击算法

1　设定 $s_{t+46} = \cdots = s_{t+100} = 0$ 且 $H_0(U_{t+i}) = 0$，$i = 0$，1，$\cdots$，36。

2　对于 68 个内部状态 b_{t+12}，$\cdots$，b_{t+79} 的每一种取值，执行如下操作：

2.1　求解一个包含 58 个稀疏线性方程的方程组，恢复出 58 个未知变元 s_t，$\cdots$，s_{t+45}，b_t，$\cdots$，b_{t+11}；

2.2　生成 160 比特的密钥流片段，其前 37 个比特为全零。

3　将 160 比特内部状态及其对应的 160 比特密钥流片段作为一行存储于两列表 Q 中，并以密钥流片段为序对表 Q 进行排序，并输出。

输出：两列表 Q，共包含有 2^{68} 行

在线攻击阶段的目的是正确地恢复 Grain v1 的全部 160 比特内部状态，其在线攻击算法描述如下：

在线攻击算法

输入：两列表 Q，密钥流片段 $\{Z_i\}_{i=1}^{D}$

1　对于 $\{Z_i\}_{i=1}^{D}$ 中的每一个前 37 比特为全零的密钥流片段，执行如下操作：

1.1　检测密钥流片段的前 160 比特是否在表 Q 的第二列中，若在，则读取表 Q 中对应行第一列的 160 比特内部状态，执行步骤 1.2，否则，尝试下一个前 37 比特为全零的密钥流片段；

1.2　检测密钥流片段的后 160 比特是否为 160 比特内部状态所生成的，若是，则执行步骤 2，否则尝试下一个前 37 比特为全零的密钥流片段。

2　输出恢复的 160 比特内部状态。

输出：160 比特内部状态

一旦攻击者恢复了全部 160 比特内部状态后，可以通过"时钟反转"（"reverse clocking"）的方法倒推恢复初始密钥。

以下对攻击的复杂度进行分析。

在离线攻击阶段，攻击的时间复杂度（记为 P）和存储复杂度（记为 M）都是由 b_{t+12}，…，b_{t+80} 的取值个数决定的，故离线攻击阶段的存储复杂度为 $M = 2^{68} \cdot 320 \approx 2^{76.3}$ 比特。在离线攻击算法的步骤 2.1 中，攻击者需要求解一个包含 58 个稀疏线性方程的方程组，这个阶段的时间复杂度难以准确地计算出来，这是因为 b_{t+12}，…，b_{t+79} 的不同取值将对应不同的方程组。令 r 为求解方程组的平均时间复杂度与 Grain v1 一次加密的时间复杂度的比值，由于 Grain v1 序列密码初始化算法包含 160 轮，因而 Grain v1 一次加密至少包含 160 轮的所有计算量。因步骤 2.2 中，算法需要生成 160 比特的密钥流序列，故整个步骤 2 的时间复杂度为 $P_1 = 2^{68} \cdot (r+1)$，其基本度量单元为 Grain v1 的一次加密。现在，我们需要对常值 r 进行估算。求解一个包含 M 个未知变元、M 个方程的线性方程组的时间复杂度为 M^w 个基本的比特运算，其中 $2.807 \leqslant w \leqslant 3$。事实上，当方程组里的方程为稀疏方程时，时间复杂度将降为 M^2 个基本的比特运算[58]。根据文献 [59] 中给出的估计，假设一个基本的比特运算需要一个 CPU 时钟，则 Grain v1 的一轮加密需要个 $2^{10.4}$ CPU 时钟。因此，就 Grain v1 而言，r 的取值约为 $r \approx 58^2/(2^{10.4} \cdot 160)$。在步骤 3 中，离线攻击算法需要对包含 2^{68} 行的表 Q 进行排序，排序的时间复杂度约为 $P_2 = 2^{68} \cdot 68$ 次比较运算，即为：

$$P_2 = 2^{68} \cdot 68 \text{ 次比较运算} \approx \frac{2^{68} \cdot 68}{2^{10.4} \cdot 160} \approx 2^{56.4} \text{ 次加密}$$

因此，离线攻击阶段的时间复杂度为：

$$P = P_1 + P_2 = 2^{68} \cdot \left(\frac{58^2}{2^{10.4} \cdot 160} + 1 \right) + 2^{56.4} \approx 2^{68} \text{ 次加密}$$

为了使得攻击具有较高的成功概率，根据生日碰撞原理，攻击所需的数据量应满足：

$$D = 2^{\log_2 d + \log_2 d'} = \frac{1}{\Pr(U_t \in \Omega)} = 2^{92}$$

在此，选取 $d = d' = 2^{46}$，此时根据生日碰撞原理，攻击成功的概率为：

$$\rho = 1 - (1 - 2^{-92})2^{92} \approx 0.632$$

在在线攻击算法的步骤 1 中，攻击者需要首先检验每个密钥流片段的前 37 比特是否为全零，其时间复杂度为 $D = 2^{92}$ 次比较运算。执行步骤 1.1 的密钥流片段个数的期望为：

$$2^{\log_2 d + \log_2 d' - 37} = 2^{92 - 37} = 2^{55}$$

因此，在线攻击阶段的时间复杂度（记为 T）为：

$$T = 2^{92} + 2^{55} \text{ 次比较运算} \approx \frac{2^{92}}{2^{10.4} \cdot 160} \approx 2^{74.3} \text{ 次加密}$$

因此，针对 Grain v1 序列密码算法，本文给出了一个猜测-仿射化攻击，该攻击能够恢复全部 160 比特内部状态，其离线攻击阶段的时间复杂度为 2^{68} 次加密，在线攻击阶段的时间复杂度为 $2^{74.3}$ 次加密，存储复杂度为 $2^{76.3}$ 比特，需要 2^{46} 个密钥流序列，每个密钥流序列包含 2^{46} 比特。本攻击的优势在于，攻击的离线时间复杂度、在线时间复杂度和存储复杂度都是低于穷举攻击的。就所需数据量而言，设计者并未对相同密钥生成的密钥流序列的个数和规模做出限制，从理论分析的角度讲，本文对数据量的选取是符合规定的。

在以上分析中，结论 5 利用了连续 37 个密钥流比特为全零时所产生的偏差，事实上，更多或更少的连续全零也可以用于对 Grain v1 的分析中。为方便描述，定义两个新的子集 Ω_1 和 Ω_2，如下所示：

$$\Omega_1 = \{ U_t \mid s_{t+46} = \cdots = s_{t+101} = 0, \ H_0(U_{t+i}) = 0, \ i = 0, 1, \cdots, 37 \}$$

$$\Omega_2 = \{ U_t \mid s_{t+46} = \cdots = s_{t+99} = 0, \ H_0(U_{t+i}) = 0, \ i = 0, 1, \cdots, 35 \}$$

对于 Ω_1，类似结论 4，当 $s_{t+46} = \cdots = s_{t+101} = 0$ 和 $z_t^{(38)} = 0$ 同时成立时，给定 Grain v1 中的 66 个内部状态比特 b_{t+14}，$\cdots$，b_{t+79}，通过求解一个含有 60 个稀疏线性方程的方程组，可以恢复 60 个内部状态比特 s_t，$\cdots$，s_{t+45}，b_t，$\cdots$，b_{t+13}。

对于 Ω_2，同样类似结论 4，当 $s_{t+46} = \cdots = s_{t+99} = 0$ 和 $z_t^{(36)} = 0$ 同时成立时，给定 Grain v1 中的 70 个内部状态比特 b_{t+10}，$\cdots$，b_{t+79}，通过求解一个含有 56 个稀疏线性方程的方程组，可以恢复 56 个内部状态比特 s_t，$\cdots$，s_{t+45}，b_t，$\cdots$，b_{t+9}。

类似地，我们可以利用子集 Ω_1 和 Ω_2 给出两个类似的攻击结果，见表 6。

表 6　Grain v1 的猜测–仿射化攻击

子集	P	T	M	D
Ω_1	2^{66}	$2^{76.3}$	$2^{74.3}$ 比特	$d = 2^{47}$, $d' = 2^{47}$
Ω	2^{68}	$2^{74.3}$	$2^{76.3}$ 比特	$d = 2^{46}$, $d' = 2^{46}$
Ω_2	2^{70}	$2^{72.3}$	$2^{78.3}$ 比特	$d = 2^{45}$, $d' = 2^{45}$

如表 6 所示，在四个复杂度指标之间存在着折中关系，本文的目的是得到一个攻击复杂度水平低于穷举攻击的猜测-仿射化攻击。与已有的分析结果相比，本文攻击的时间复杂度和存储复杂度都是低于穷举攻击的，数据量也是符合设计者的规定的。

4.4　本章小结

本节重点探讨了 Grain v1 中密钥流输出函数的弱正规性这一特征对算法安全性的影响，这是已有的众多分析所不曾考虑的。首先，指出了 Mihaljević 等人给出的攻击中存在的错误，并利用密钥流输出函数的弱正规性，结合 TMDTO 攻击，给出了针对 Grain v1 的猜测-仿射化攻击，其离线攻击阶段的时间复杂度为 2^{68}，在线攻击阶段的时间复杂度为 $2^{74.3}$，存储复杂度为 $2^{76.3}$，需要 2^{46} 个密钥流序列，每个密钥流的长度为 2^{46} 比特，其中密钥流序列是用相同的密钥结合不同的 IV 生成的，攻击成功的概率为 0.632。本章的分析结果表明，以 Grain 序列密码算法为代表的级联模型中，密钥流输出函数的设计对序列密码算法的安全性有着重要的影响，其正规性或弱正规性也是序列密码分析可以有效利用的攻击手段，应当引起序列密码设计者的重视。本章的研究同时也表明，通过猜测策略的有效利用，可以提出新的复合攻击方法，为序列密码分析提供新的研究思路。

5　结束语

2004 年启动的欧洲 eSTREAM 工程极大地推动了国际序列密码算法设计与分析的发展，NLFSR 作为一种新的驱动部件被用于序列密码算法的设计中，基于 NLFSR 的序列密码算法具有设计新颖、安全强度高和硬件实现效率突出等优点，因而一出现便获得了国际密码学界的广泛关注，成为近几年来序列密码研究领域的热点。以 Grain v1、MICKEY 2.0 和 Trivium 为代表的基于 NLFSR 的序列密码算法在 eSTREAM 工程中胜出，一方面说明基于 NLFSR 的序列密码算法具有很高的安全性，另一方面也说明对基于 NLFSR 的序列密码算法进行有效的攻击是非常困难的。总体而言，从 eSTREAM 工程开始至今，尽管国际密码学界对基于 NLFSR 的序列密码算法给予了很高的关注，但分析方法的相关研究成果寥寥无几，对代表密码算法的安全性分析也是进展缓慢。基于 NLFSR 的序列密码算法的分析方法研究已成为当前序列密码研究领域最困难的问题之一，也是亟待解决的问题之一。

本文对基于 NLFSR 的序列密码算法的分析方法进行了深入研究，针对基于 NLFSR 的序列密码算法设计中的主要关键点，有针对性地、系统地研究了滑动攻击、时间存储数据折中攻击和基于猜测的复合攻击等重要的分析方法，对 Grain、MICKEY 和 Trivium 等具有代表性的基于 NLFSR 的序列密码算法及其模型进行了安全性分析，以方法分析为主体，以密码算法模型及代表算法的安全性分析为例子，深入研究了基于 NLFSR 的序列密码算法抵抗各种分析方法的能力，取得了一系列创新性成果。本文的研究成果有助于丰富基于 NLFSR 的序列密码算法的分析理论，对促进序列密码算法的设计与实际应用也具有重要意义。

致谢

感谢博士生导师金晨辉教授的辛勤指导。

参考文献

［1］M. Briceno, I. Goldberg, D. Wagner. A pedagogical implementation of A5/1［EB/OL］. Available at http：//www. scard. org, 1999.

［2］Bluetooth SIG. Specification of the Bluetooth system, Version 1. 1［EB/OL］. Available at http：//www. bluetooth. com, 2001.

［3］. T. Siegenthaler. Decrypting a class of stream ciphers using ciphertext only［J］. IEEE Transactions on Computers, 1985, C-34（1）：81-85.

［4］W. Meier, O. Staffelbach. Fast correlation attacks on certain stream ciphers［J］. Journal of Cryptology, 1989, 1（3）：159-176.

［5］N. Courtois, W. Meier. Algebraic attacks on stream ciphers with linear feedback［C］. In Proceedings of EUROCRYPT 2003, LNCS, 2003, 2656：345-359.

［6］N. Courtois. Fast algebraic attacks on stream ciphers with linear feedback［C］. In Proceedings of CRYPTO 2003, LNCS, 2003, 2729：176-194.

［7］A. Biryukov, A. Shamir, D. Wagner. Real time cryptanalysis of A5/1 on a PC［C］. In Proceedings of FSE 2000, LNCS, 2001, 1978：1-18.

［8］B. Zhang, C. Xu, D. Feng. Real Time Cryptanalysis of Bluetooth Encryption with Condition Masking［C］. In Proceedings of CRYPTO 2013, LNCS, 2013, 8042：165-182.

［9］Stream cipher project for Ecrypt［EB/OL］. Available at http：//www. ecrypt. eu. org/stream/, 2005.

［10］A. Braeken, J. Lano, N. Mentens, B. Preneel, I. Verbauwhede. Sfinks specificationand source code［EB/OL］. Available at http：//www. ecrypt. eu. org/stream/sfinks. html, 2005.

［11］C. Berbain, O. Billet, A. Canteaut, N. Courtois, B. Debraize, H. Gilbert, L. Goubin, A. Gouget, L. Granboulan, C. Lauradoux, M. Minier, T. Pornin, H. Sibert. DECIMv2. ECRYPT Stream Cipher Project Report 2006/004, Available at http：//www. ecrypt. eu. org/stream/, 2006.

［12］ D. Moon, D. Kwon, D. Han, J. Lee, G. H. Ryu, D. W. Lee, Y. Yeom, S. Chee. T-function based streamcipher TSC－4 ［EB/OL］. ECRYPT Project. Available at http：// www. ecrypt. eu. org/stream/p2ciphers/tsc4/tsc4_p2. pdf, 2005.

［13］ F. Arnault, T. Berger, C. Laurandoux. Update on F-FCSR stream cipher ［EB/OL］. eSTREAM, Ecrypt Stream cipher project, Report 2006/025. Available at http：//www. ecrypt. eu. org/stream /papersdir/2006/025. pdf, 2006.

［14］ N. Courtois. Cryptanalysis of Sfinks ［C］. In Proceedings of ICISC 2005, LNCS, 2005, 3935：261-269.

［15］ H. Wu, B. Preneel. Cryptanalysis of stream cipher decim. In Proceedings of FSE 2006, LNCS, 2006, 4047：30-40.

［16］ L. Ding, J. Guan. Related-key chosen IV attack on Decim v2 and Deci m-128. Mathematical and Computer Modelling, 2012, 55 (1-2)：123-133.

［17］ F. Muller, T. Peyrin. Linear Cryptanalysis of the TSC Family of Stream Ciphers ［C］. In Proceedings of ASIACRYPT 2005, LNCS, 2005, 3788：373-394.

［18］ M. Hell, T. Johansson. Breaking the F-FCSR-H stream cipher in real time ［C］. In Proceedings of ASIACRYPT 2008, LNCS, 2008, 5350：557-569.

［19］ M. Hell, T. Johansson, A. Maximov, W. Meier. The Grain Family of Stream Ciphers ［M］. In New Stream Cipher Designs, LNCS, 2008, 4986：179-190.

［20］ S. Babbage, M. Dodd. The MICKEY Stream Ciphers ［M］. In New Stream Cipher Designs, LNCS, 2008, 4986：191-209.

［21］ C. D. Cannière, B. Preneel. Trivium ［M］. In New Stream Cipher Designs, LN-CS, 2008, 4817：244-246.

［22］ E. Dubrova, M. Hell. Espresso：A stream cipher for 5G wireless communication systems ［J］. Cryptography and Communications, 2017, 9 (2)：273-289.

［23］ B. M. Gammel, R. Gottfert, O. Kniffler. The Achterbahn stream cipher. eSTREAM, ECRYPT Stream Cipher Project, Report 2005/002, Available at http：//www. ecrypt. eu. org/ stream/ ciphers/achterbahn/achterbahn. pdf, 2005.

［24］ C. Cid, S. Kiyomoto, J. Kurihara. The RAKAPOSHI Stream Cipher ［C］. In Proceedings of ICICS 2009. LNCS, 2009, 5927: 32-46.

[25] F. Armknecht, V. Mikhalev. On lightweight stream ciphers with shorter internal states [C]. In Proceedings of FSE 2015, LNCS, 2015, 9054: 451-470.

[26] 丁林. 基于 NLFSR 的序列密码算法的分析方法研究 [D]. 解放军信息工程大学, 2015.

[27] M. Ågren, M. Hell, T. Johansson, W. Meier. A new version of grain-128 with optional authentication [J]. International Journal of Wireless and Mobile Computing, 2011, 5 (1): 48-59.

[28] L. Ding, J. Guan. Related Key Chosen IV Attack on Grain-128a Stream Cipher [J]. IEEE Transactions on Information Forensics and Security, 2013, 8 (5): 803-809.

[29] Y. Nawaz, G. Gong. WG: A family of stream ciphers with designed randomness properties [J]. Information Sciences, 2008, 178 (7): 1903-1916.

[30] L. Ding, C. H. Jin, J. Guan, S. W. Zhang, T. Cui, D. Han, W. Zhao. Cryptanalysis of WG Family of Stream Ciphers [J]. The Computer Journal, 2015, 58 (10): 2677-2685.

[31] X. Fan, K. Mandal, G. Gong. WG-8: A lightweight stream cipher for resource-constrained smart devices [C]. In Proceedings of QShine 2013, LNICST, 2013, 115: 617-632.

[32] L. Ding, C. H. Jin, J. Guan, Q. Y. Wang. Cryptanalysis of Lightweight WG-8 Stream Cipher [J]. IEEE Transactions on Information Forensics and Security, 2014, 9 (4): 645-652.

[33] A. Biryukov, A. Shamir, D. Wagner. Real time cryptanalysis of A5/1 on a PC [C]. In Proceedings of FSE 2000, LNCS, 2001, 1978: 1-18.

[34] S. Babbage. Improved exhaustive search attacks on stream ciphers [C]. In Proceedings of 1995 European Convention on Security and Detection, pp. 161-166, IEEE Press, New York, 1995.

[35] J. D. Golic. Cryptanalysis of alleged A5 stream cipher [C]. In Proceedings of EUROCRYPT 1997, LNCS, 1997, 1233: 239-255.

[36] L. Ding, C. H. Jin, J. Guan, C. D. Qi. New Treatment of the BSW Sampling and

Its Applications to Stream Ciphers [C]. In Proceedings of AFRICACRYPT 2014, LNCS, 2014, 8469: 136-146.

[37] L. Ding, C. H. Jin, J. Guan, S. W. Zhang, J. Z. Li, H. Wang, W. Zhao. New State Recovery Attacks on the Grain v1 Stream Cipher [J]. China Communications, 2016, 13 (11): 180-188.

[38] C. D. Canniere, O. Kücük, B. Preneel. Analysis of Grain's initialization algorithm [C]. In Proceedings of AFRICACRYPT 2008, LNCS, 2008, 5023: 276-289.

[39] L. Yuseop, J. Kitae, S. Jaechul, H. Seokhie. Related-Key Chosen IV Attacks on Grain-v1 and Grain-128 [C]. In Proceedings of ACISP 2008, LNCS, 2008, 5107: 321-335.

[40] L. Ding, J. Guan. Related-Key Chosen IV Attack on K2 [J]. Chinese Journal of Electronics, 2011, 20 (2): 365-369.

[41] L. Ding, J. Guan. Related Key Chosen IV Attacks on Decim v2 and Decim-128 [J]. Mathematical and Computer Modelling, 2012, 55 (1-2): 123-133.

[42] L. Ding, J. Guan. Cryptanalysis of MICKEY family of stream ciphers [J]. Security and Communication Networks, 2013, 8 (6): 936-941.

[43] L. Ding, C. H. Jin, J. Guan, Q. Y. Wang. Cryptanalysis of Loiss Stream Cipher-Revisited [J]. Journal of Applied Mathematics. Vol. 2014, http://dx.doi.org/10.1155/2014/457275, May 2014.

[44] L. Ding, C. H. Jin, J. Guan, S. W. Zhang, T. Cui, W. Zhao. New Related Key Attacks on the RAKAPOSHI Stream Cipher [C]. In Proceedings of ISPEC 2015, LNCS, 2015, 9065: 65-75.

[45] L. Ding, C. H. Jin, J. Guan. Slide attack on standard stream cipher Enocoro-80 in the related-key chosen IV setting [J]. Pervasive and Mobile Computing, 2015, 24 (2015): 224-230.

[46] M. Ciet, G. Piret, J. Quisquater. Related-key and slide attacks: Analysis, connections, and improvements. In Proceedings of 2002 IEEE International Symposium on Information Theory, pp. 315-325, IEEE Press, New York, 2002.

[47] Y. J. Li, W. H. Shen, H. F. Wang, P. P. Zhou. On the Cycle decomposition of the WG‐NLFSR [EB/OL]. Cryptology ePrint Archive, Report 2014/657, Available at http: //eprint. iacr. org/2014/657/, 2004.

[48] A. Biryukov, A. Shamir. Cryptanalytic time/memory/data tradeoffs for stream ciphers [C]. In Proceedings of ASIACRYPT 2000, LNCS, vol. 1976, pp. 1–13, 2000.

[49] T. E. Bjøstad. Cryptanalysis of Grain using Time/Memory/Data Trade offs [EB/OL]. ECRYPT Stream Cipher Project Report 2008/012, Available at http: //www. ecrypt. eu. org/stream, 2008.

[50] J. Hong, W. H. Kim. TMD‐Tradeoff and State Entropy Loss Considerations of Stream-cipher MICKEY [C]. In Proceedings of INDOCRYPT 2005, LNCS, 2005, 3797: 169–182.

[51] S. Babbage, M. Dodd. The stream cipher MICKEY (version 1) [EB/OL]. ECRYPT Stream Cipher Project Report 2005/015, Available at http: //www. ecrypt. eu. org/ stream, 2005.

[52] M. J. Mihaljević, S. Gangopadhyay, G. Paul, H. Imai. Internal state recovery of Grain‐v1 employing normality order of the filter function [J]. IET Information Security, 2012, 6 (2): 55–64.

[53] H. Dobbertin. Construction of bent functions and balanced Boolean functions with high nonlinearity [C]. In Proceedings of FSE 1994, LNCS, 1994, 1008: 61–74.

[54] P. Charpin. Normal Boolean functions [J]. Journal of Complexity, 2004, 20 (2-3): 245–265.

[55] C. Carlet. On the degree, nonlinearity, algebraic thickness and nonnormality of Boolean functions, with developments on symmetric functions [J]. IEEE Transactions on In-formation Theory, 2004, 50 (9): 2178–2185.

[56] M. J. Mihaljević, S. Gangopadhyay, G. Paul, H. Imai. Internal state recovery of keystream generator LILI‐128 based on a novel weakness of the employed Boolean function [J]. Information Processing Letters, 2012, 112 (21): 805–810.

[57] M. J. Mihaljević, S. Gangopadhyay, G. Paul, H. Imai. Generic cryptographic we-akness of k‐normal Boolean functions in certain stream ciphers and cryptanalysis of grain‐128

［J］. Periodica Mathematica Hungarica，2012，65（2）：205-227.

［58］ D. H. Wiedemann. Solving sparse linear equations over finite fields ［J］. IEEE Transactions on Information Theory，1986，32（1）：54-62.

［59］ B. Zhang，Z. Li，D. Feng，D. Lin. Near Collision Attack on the Grain v1 Stream Cipher ［C］. In Proceedings of FSE 2013，LNCS，2013，8424：518-538.

云计算中外包数据可验证存储研究进展

王剑锋

（西安电子科技大学 ISN 国家重点实验室，西安，710071）

[摘要] 作为第三次 IT 技术革命的核心，云计算为社会各个领域带来了革命性的变革。通过将计算和存储等资源以服务的形式提供给用户，它使得用户能够随时随地获取高质量网络服务，而无需考虑底层复杂硬件架构。随着云计算技术的快速发展，越来越多的个人和企业选择将数据外包存储于云服务器中，从而在享受高质量数据服务的同时降低自身数据存储和计算软硬件开销。然而，由于数据所有权与管理权分离及云服务器不完全可信等特征，如何保证数据安全成为云存储发展亟待解决的关键问题。本文主要围绕云环境中外包数据可验证存储相关问题展开论述，主要包括密文检索技术、可验证数据库外包技术及安全数据去重技术等。

[关键词] 云存储；可搜索加密；收敛加密；可验证检索；安全数据去重

Research Advance on Verifiable Storage for Outsourced Data in Cloud Computing

Wang Jianfeng

（State Key Laboratory of Integrated Service Networks，Xidian University，Xi'an，710071）

[Abstract] As the core of the third information technology revolution，cloud computing has revolutionized all areas of society. The cloud enables convenient and on-demand network access to a centralized pool of configurable computing resources，where the users can enjoy the unlimited computation resources in a pay-per-use manner. As a result，they need not be concerned about substantial capital outlays in hardware/software deployment and maintenance. With the rapid development of cloud computing and big data, it is an inevitable trend to outsource data to cloud service provider for storage. In the paradigm of data outsourcing, the resource-constrained users can simultaneously enjoy high-quality data services without maintaining local data systems by moving their data into the cloud. However, considering that the separation of ownership and control for outsourced data in the untrusted cloud server, how to ensure data security has become a vital issue to be solved in the development of cloud storage. In this chapter, we focus on the verifiable storage of outsourced data, which mainly include searchable encryption, verifiable database and secure data deduplication and so on.

［**Keywords**］Cloud storage；Searchable encryption；Convergent encryption；Verifiable search；Secure data deduplication

1 引言

  云计算是分布式计算、并行处理计算、网格计算等概念的发展和应用，它实现了人们长期以来"把计算作为一种基础设施"的梦想。以云计算为代表的新一代信息技术引起了学术界和社会各界的广泛关注。我国《"十三五"国家科技创新规划》中指出将大力发展云计算等新一代信息技术，推动云计算与大数据、移动互联网深度耦合互动发展。

  随着大数据时代的到来，全球数据量呈指数级爆炸增长之势，国际数据公司 IDC 的最新报告[75]指出，全球产生的数据将以每两年翻一番的速度递增，预计到 2020 年，数据总量将达到 44 ZB。因此，用户自身存储和计算能力无法满足海量数据处理的需求，使用第三方服务商提供的云存储服务已成为必然趋势。目前，国内外各大云服务提供商如亚马逊、谷歌、阿里巴巴、腾讯、华为等均为用户提供数据外包存储服务。然而，由于数据所有权与管理权分离及云服务器不完全可信等特征，如何保证数据安全成为云存储发展亟待解决的关键问题。

  首先，由于云服务器不完全可信，为了保护数据机密性，用户上传数据之前必须进行加密处理，这就使得高效密文数据检索成为新的挑战。一种可行的解决方案是采用可搜索加密（Searchable Encryption）技术，尽管现有可搜索加密方案能够实现基于关键词的高效密文检索。然而，大多数方案是基于诚实云服务器模型构造的，即云服务器诚实地执行全部检索操作。出于经济效益考量、技术人员操作失误及系统遭受攻击等原因，云服务器可能返回不正确或不完整的检索结果给用户。因此，如何设计可验证的密文检索方案对于提高外包数据的可用性具有重要研究意义。

其次，随着云服务器中汇聚数据量的急剧增加，不可避免地带来了巨大的数据存储和维护开销。因此，云存储面临的最严峻挑战之一就是如何高效地管理日益增长的海量数据。尽管现有数据去重（Data Deduplication）技术通过删除相同数据的冗余备份，可以达到节省存储空间的目的。然而，数据去重与传统数据加密无法兼容，即相同数据使用不同密钥加密将会得到不同密文，从而无法执行去重操作。为了解决这一矛盾，收敛加密（Convergent Encryption）技术被提出，其本质是基于数据的哈希值生成加密密钥，从而保证相同的数据加密成相同的密文。然而，现有方案未考虑恶意用户模型下数据去重面临的安全威胁。主要包括两方面安全问题，一是从事先预防的角度，在数据查重阶段，用户如何进行上传数据重复性校验；二是从事后追踪的角度，在用户下载到不正确数据后，如何追查出上传该数据的恶意用户身份。因此，如何设计可审计密文去重方案对于提高外包数据的可靠性具有重要研究价值。

总之，云存储中的上述安全问题已成为制约其发展的瓶颈。本文围绕云存储中的数据可验证性进行阐述，重点分析密文检索、可验证数据库外包及可审计密文去重技术等，为实现云环境下安全数据存储服务提供技术支撑。

2　密文检索技术

在云计算平台中，越来越多的敏感信息如 Email、个人健康记录、公司金融数据等集中存储在云服务器上。如何实现用户敏感信息的隐私保护已成为云计算亟需解决的一个关键技术问题。访问控制技术在一定程度上可以防止对数据的非法访问。然而，作为数据库的最高权限管理者，不诚实的云服务器可以很轻松地绕过访问控制策略来查看用户的数据。因此，为了防止自己的隐私数据泄露给云服务器，我们必须将隐私数据进行加密处理后存储在云平台。云安全联盟已经指出：在云上如果文件没有加密，则此文件被认为已经丢失。

尽管传统数据加密技术能够保证用户外包数据的机密性，然而，数据加密后使得在海量的密文文件中搜索特定的文件变得极为困难。对于明文信息，我们可以采用传统的搜索技术提取我们想要的数据。但是对于密文数据，服务器无法执行基于密文的高效检索，只能将整个加密数据库返回给用户，由用户自行解密并查找想要的数据，显然这种方法所需的存储和计算开销是用户无法承受的，更重要的是这与数据外包的初衷相违背。为了在保证数据机密性的同时实现高效的密文检索功能，可搜索加密技术（Searchable Encryption）于 2000 年被提出[67]。用户将自己的数据加密存储在云服务器中，同时把关键词提取出来并进行加密处理，随后生成基于密文关键词的数据索引文件；当需要搜索云端存储的密文数据时，发送一个关键词陷门信息给云服务器，由其在索引上执行检索，并返回对应的数据密文给用户，用户在本地完成解密操作并最终获得所要查询的数据文件。

可搜索加密技术分为公钥可搜索加密和对称可搜索加密两类，其本质区别在于采用何种加密体制（对称/公钥）对数据进行加密。对称可搜索加密技术（Searchable Symmetric Encryption，SSE）能够实现用户加密数据的高效检索。作为 SSE 的补充，公钥可搜索加密技术（Public Key Encryption with Keyword Search，PEKS）2004 年由 Dan Boneh 等人首次提出[85]。其与 SSE 的本质区别在于用户私钥用于生成检索陷门而公钥用于加密数据。PEKS 适用于多对一的数据检索场景（如加密邮件系统），功能更为强大。然而，采用公钥加密体制会导致方案效率低下。随着云存储服务的普及，可搜索加密的效率问题日益突显。本文将主要关注对称可搜索加密技术（如图 1 所示）。

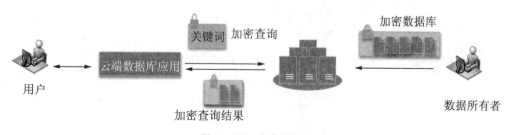

图 1　SSE 方案架构图

2.1 对称可搜索加密

2.1.1 SSE 形式化定义[18]

假定数据库 DB = $(\text{ind}_i, W_i)_{i=1}^d$ 由文档地址/关键词集对构成。对称可搜索加密 (Searchable Symmetric Encryption，SSE) 方案由一个算法和一个协议组成，即 Π = (EDBSetup, Search)，具体定义如下：

(1) $(K, \text{EDB}) \leftarrow \text{EDBSetup}(\text{DB})$：用户输入明文数据库 DB，算法输出密钥 K 和加密数据库 EDB。

(2) DB $(w) \leftarrow \text{Search}(K, w, \text{EDB})$：用户输入密钥 K 和待检索的关键词 w，生成关键词陷门信息并发送给服务器，服务器在加密数据库 EDB 上执行检索，并返回相应检索结果 DB (w) 给用户。

定义 1 (SSE 正确性)　假定安全参数为 λ，如果对于所有多项式时间攻击者 $\mathcal{A}$，存在一个可忽略函数 neg ()，使得 $\mathcal{A}$ 获胜的优势满足 $\text{Adv}_\Pi^{\text{SSE-Cor}}(\mathcal{A}) = \Pr[\text{Cor}_{\mathcal{A}}^\pi = 1] \leq \text{neg}(\lambda)$，则称 Π = (EDBSetup, Search) (从计算意义上来讲) 是正确的。

注：上述基本的 SSE 方案通过增加数据更新算法即可扩展为动态可搜索加密方案。这里我们不再一一赘述，详细定义请参见文献 [15, 68]。

SSE 方案正确性游戏

```
Game SSE-Cor_A^SSE [DB, λ]
    Init (DB):
        (K, EDB) ← EDBSetup (DB)
        return EDB
    Search (w):
        R←Search (K, w, EDB)
        if R ≠ DB (w)  b ← 1
        else   b ← 0
    Final ():
        return b
```

2.1.2 SSE 安全性定义[18]

定义 2（$\mathcal{L}$-适应性安全 SSE）　给定 SSE 方案 $\Pi = $（EDBSetup，Search），假设 $\mathcal{L}$ 是泄露函数（Leakage Function），表示攻击者允许获取的关于数据库和查询请求的相关信息。攻击者 $\mathcal{A}$ 和模拟器 S 的实验分别定义为 $\text{Real}_{\mathcal{A}}$（$\lambda$）和 $\text{Ideal}_{A,S}$（λ），具体定义如下：

（1）$\text{Real}_{\mathcal{A}}$（$\lambda$）：攻击者 $\mathcal{A}$ 选择一个数据库 DB，挑战者运行（K，EDB）$\leftarrow$ EDB-Setup（DB）并返回 EDB 给 $\mathcal{A}$。然后 $\mathcal{A}$ 重复选择查询 q。基于用户输入（K，q）和服务器输入 EDB，挑战者执行 Search 协议并且将协议执行的全部信息发送给攻击者 $\mathcal{A}$。最后，$\mathcal{A}$ 输出一个比特 b。

（2）$\text{Ideal}_{A,S}$（λ）：模拟器初始化一个空的数组 q，攻击者 $\mathcal{A}$ 选择一个数据库 DB。模拟器 S 运行 EDB $\leftarrow S(\mathcal{L}(\text{DB}))$ 生成 EDB 给 $\mathcal{A}$。然后 $\mathcal{A}$ 重复选择查询 q。模拟器记录下查询 $q[i]$，返回 $S(\mathcal{L}(\text{DB}, q))$ 给攻击者。最后，$\mathcal{A}$ 输出一个比特 b。

如果对于所有多项式概率时间（PPT）攻击者 $\mathcal{A}$，存在一个模拟器 S，使得：

$$|\Pr[\text{Real}_{\mathcal{A}}(\lambda) = 1] - \Pr[\text{Ideal}_{A,S}(\lambda) = 1]| \leq neg(\lambda)$$

那么，我们称 Π 是达到 $\mathcal{L}$-适应性安全的 SSE 方案。

注：上述安全性定义与文献［24］的定义是一致的。其本质是服务器能够获得的用户数据和查询信息是有限的，也就是说除了规定的泄露信息之外无法获得任何有用信息。攻击者的目标是区分真实的游戏和（模拟的）理想化游戏。假定攻击者能够完全控制用户，它能够根据自己选择的参数建立数据库及执行完整的检索过程。也就是说，敌手能够观察协议执行的每一步操作并获取全部信息，并且可以访问服务器的记录信息，但是因为服务器无法比攻击者获取更多关于用户查询的信息，因此，攻击者不会获得超出规定泄露信息的任何信息。通俗地讲，在真实游戏中，SSE 协议忠实执行，攻击者根据观察到的真实协议执行脚本，输出最终判断结果；而在模拟游戏中，攻击者观察模拟的脚本信息取代真实游戏中的对应信息。模拟的脚本信息是由一个多项式概率性模拟器 S（仅仅）通过访问泄露函数来生成。从安全性定义可以看出，攻击者无法区分真实游戏和模拟游戏，从而无法获取规定泄露函数之外关于数据和查询的任何有用信息。

2.1.3　SSE 安全模型

（1）Honest-but-curious Server 模型：诚实且好奇（Honest-but-curious）服务器模型是指服务器忠实地执行协议操作，并返回相应检索结果给用户，然而，试图获取额外有用信息。

（2）Malicious Server 模型：恶意服务器模型也称作半诚实且好奇（Semi-honest-but-curious）模型，指的是服务器忠实地执行部分协议操作，并返回部分或者不正确检索结果给用户。

注：通常所说的 SSE 方案是基于诚实且好奇模型来构造，然而，考虑到云服务器是不完全可信的，出于自身经济利益（节省网络带宽和计算量[19]）的驱动或者软硬件运行故障，它可能会返回给用户一些不正确/不完整的检索结果。

2.1.4　研究进展概述

2000 年，Song 等人[67]首次提出了可搜索加密的概念，并采用流密码方式对文件进行加密。用户发送相应关键词陷门给服务器，服务器通过顺序扫描的方式解密密文，如果解密成功，即关键词匹配。然而，该方案检索开销与数据记录数目呈线性关系，效率不高。Goh[34]提出了第一个基于索引结构的可搜索加密方案并给出了 SSE 的安全性定义。该方案为每个文件生成一个布隆过滤器（Bloom filter）。该方法将文件包含的关键词映射到码字存储的索引中，通过布隆过滤器的运算，就能判定密文文件是否包含某个特定关键词，从而将检索复杂度减少到和密文文件数量呈正比。Curtmola 等人[24]提出了第一个人正式的 SSE 安全定义。他们正式将泄露信息的概念引入到安全定义中，同时考虑了加密数据库安全性和查询关键词的安全性。在此基础上，他们构造了第一个亚线性检索复杂度的 SSE 方案，检索开销与匹配的文件数目呈线性关系。然而，上述方案仅仅支持单关键词检索，这就使得用户需要返回大量文件然后筛选出想要的文件，无法满足高效数据库应用需求。因此，支持多关键词检索的 SSE 方案引起人们的关注。2013 年，Cash 等人提出了第一个支持关键词布尔查询的高效密文检索方案 Oblivious Cross-Tags（OXT），OXT 方案分两步进行：首先，选取一个关键词执行单关键词检索；然后筛选出符合查询条件的结果并返回给用户。该方案同时达到了检索方式多样性和检索效率高效性。最近，基于 OXT 方案，Sun 等人[73]提出一个非交互式多关键词检索方案，该方案减少了查询过程中数据拥有者和用户之间的交互，从而无需数据拥有者在检索过程中保持在线。

2.1.5 前向安全 SSE 方案

对于可搜索加密方案，一个重要的挑战是如何实现动态性，即如何支持文件的添加和删除。Kamara，Papamanthou 和 Roeder 首次提出高效的动态可搜索加密方案[44]，这里的高效性指搜索复杂度与匹配的文档数呈亚线性关系，密文数据库大小与明文数据库大小呈线性关系，更新复杂度与更新的关键词-文档数对呈线性关系。但是，该方案中更新的文件会泄露其包含关键词的哈希值。Kamara 和 Papamanthou 通过牺牲存储空间来克服上述方案的缺点[43]。Cash 等人[17]进一步考虑 I/O 开销。一个动态的可搜索加密方案 Π = （Setup，Search，Update）包含一个算法和用户与云服务器之间的两个协议。具体算法如下：

（1）Setup（DB）算法输入数据库 DB，输出（EDB，K，σ）。这里 K 是密钥，EDB 是密文数据库，σ 是用户的状态。

（2）Search（K，q，σ；EDB）=（$\text{Search}_C(K$，q，$\sigma)$，$\text{Search}_S(\text{EDB})$）是用户与服务器之间的搜索协议。用户输入密钥 K、状态 σ 和查询 q，输出搜索令牌；服务器输入 EDB，输出搜索结果。

（3）Update（K，σ，op，in；EDB）=（$\text{Update}_C(K$，σ，op，in)，Update_S（EDB））是用户与服务器之间的更新协议。用户输入密钥 K、状态 σ、更新操作 op 和输入 in，其中 in 为更新的文档标识 ind 和关键词集 W，更新操作 op 从集合｛add，del｝中选取，分别表示文件的添加和删除；服务器输入 EDB。

然而，这些动态可搜索加密方案会受到毁灭性的自适应攻击——文件注入攻击[84]。该攻击的主要思想是敌手注入 d = $\lceil \log K \rceil$ 个文件，其中 K 是总关键词的数量，利用二进制的方式使每个文件中包含 $K/2$ 个关键词，从而使攻击者高效精确地判断用户查询的关键词。图 2 是关键词集合中关键词数量为 8 的文件注入攻击的实例。这种情况下，注入 3 个文件，每个文件中包含 4 个关键词，如图阴影部分的关键词包含在文件内。如果文件 2 被检索到，文件 1 和文件 3 未被检索，那么敌手可以准确地判断搜索的关键词为 w_2。这种攻击的有效性来源于更新的文件会泄露包含于其中的关键词信息，为了避免这种攻击，必须对文件中的关键词进行隐藏，该性质称为前向安全性。前向安全性的概念首次被 Stefanov 等人[71]提出，即如果用户搜索过关键词 w，之后更新的文件中包含 w，那么服务器无法判断更新的文件中是否包含之前搜索过的关键词。定义 3 给出正式的前向安全的定义。

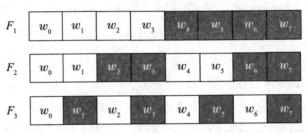

图 2　文件注入攻击实例

定义 3　一个 $\mathcal{L}$ 自适应安全的 SSE 方案是前向安全的，如果更新的泄露函数 $\mathcal{L}^{\mathrm{Updt}}$ 可以写为：

$$\mathcal{L}^{\mathrm{Updt}}(\mathrm{op},\ \mathrm{in}) = \mathcal{L}'(\mathrm{op},\ \{(\mathrm{ind}_i,\ \mu_i)\})$$

这里 $\{(\mathrm{ind}_i,\ \mu_i)\}$ 指更新的文件 ind_i 和修改的关键词的数量 μ_i，$\mathcal{L}'$ 是无状态函数，即不依赖于之前的查询。

2.1.6　由静态方案构造前向安全的 SSE 方案

在本部分中，我们将描述从静态方案构造前向安全的一般方法。该方法用于构造文献［71］中的第一个前向安全方案 SPS，主要借用了 ORAM 的思想。

在该方案中，如果要存储 N 个实体，那么用户需建立 $L = \lceil \log N \rceil$ 层加密数据库，即（EDB_0，EDB_1，…，EDB_{L-1}），其中每个数据库 EDB_i 由静态的 SSE 方案加密而来，存储 2^i 个实体。用户端保存每一层的密钥，执行搜索时，每一层都需运行搜索算法。更新操作较为复杂，主要步骤如下：当新的实体（w，ind）需要添加时，用户需要检测第一层数据库 EDB_0 是否为空，如果为空，将（w，ind）加密后放在第一层。若不为空，假设最低层为空的数据库为 EDB_i，那么取回 EDB_j 层上的所有数据，其中 $0 \leqslant j < i$，并将 EDB_j 上的数据清空，然后将取回的数据解密并利用第 i 层的密钥重新加密后放到 EDB_i 层。如图 3 所示，当 $L = 3$ 时，第一次更新的数据放在第一层；第二次更新时，将

第一层的数据下载后与需要更新的数据一起加密后放到第二层；第三次更新时，将第一层的密钥更新，然后将数据加密后放到第一层；第四次更新时，将第一层和第二层的数据下载后与需要更新的数据一起加密后放到第三层。

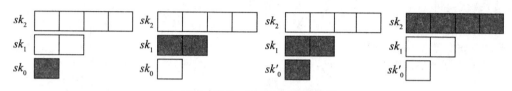

图3　当 $L=3$ 时的更新示意图

在此方案中，更新时用户需要较大的存储空间，最差的情况下需要 $O(N)$ 的存储量。而且，更新也需要较大的计算和通信开销。

2.1.7　简单的最优前向安全 SSE 方案

为了减少计算和通信开销，Bost[14]提出 $\Sigma_{o\phi o\zeta}$ 前向安全方案，其中搜索和更新算法都只需一轮的交互。主要构造思想如下：

本方案依旧采用倒排索引的构造方法，即每个关键词 w 有与之匹配的文档集（ind_0，$\cdots$，ind_{n_w}），也就是文档集中的每个文档都包含关键词 w。每个元素 ind_c 加密后存储在由 w 和 c 推导出的位置 $UT_c(w)$ 上。当用户需要添加新的包含 w 的文件 ind 时，用户首先产生一个新的地址 $UT_{n_w+1}(w)$，加密 ind 后得到 e，然后将（$UT_{n_w+1}(w)$，e）发送给服务器（这里我们称 UT 为更新令牌）。

当用户查询 w 时，他向服务器提交搜索令牌 $ST(w)$（Search Token），服务器计算后即可得到所有的更新令牌 UT，也就是获得包含 w 的所有文档标识的存储位置。一般来讲，我们希望在得到搜索令牌 $ST(w)$ 之前，所有关于 w 的更新令牌之间没有联系。在这种情况下，用户产生的搜索令牌依赖于更新的次数 n_w，而且搜索标签 $ST_c(w)$ 与更新标签 $UT_i(w)$ 不相关，其中 $i>c$。也就是说，服务器无法由 $ST_c(w)$ 计算 $ST_i(w)$，其中 $i>c$。

图4给出了搜索令牌的产生过程以及与更新令牌之间的关系。用户利用私钥 SK 通过单向限门置换 π 可以得到更新后的密钥 $ST_{i+1}(w)$。服务器可以执行反向操作，即利用公钥 PK 由 $ST_{i+1}(w)$ 计算出 $ST_i(w)$。最终，通过带密钥的哈希函数，由搜索令牌 $ST_i(w)$ 计算出更新令牌 $UT_i(w)$。

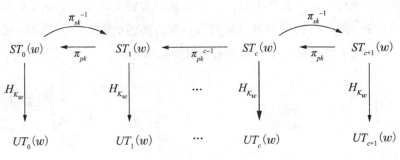

图 4 $\Sigma_{o\phi o\zeta}$ 方案示意图

Bost 的方案大幅度降低了服务器与用户之间的通信量，但是搜索令牌的产生依赖于公钥的密码原语（π）。所以，当频繁地更新时，公钥操作成为该方案主要的性能瓶颈。针对此问题，Song 等人[69]提出了利用对称的密码原语构造前向安全的可搜索加密方案 FAST（Forward privAte searchable Symmetric encrypTion）。主要的构造思想如下：

FAST 方案不像 $\Sigma_{o\phi o\zeta}$ 方案使用固定密钥产生所有的搜索令牌，在 FAST 方案中，搜索令牌 ST_c 由当前短暂密钥 k_c 和前一个搜索令牌 ST_{c-1} 计算得到。当用户需要搜索时，向服务器提交最新的搜索令牌 ST_c，从而服务器计算得到对应的更新令牌 UT_c，即可获取相应的密文 e_c，进而计算获得当前的文档标签ind_c和短暂密钥 k_c，接着得到前一搜索令牌 ST_{c-1}。由此迭代，服务器获得所有的文档标识（ind_1，ind_2，$\cdots$，ind_c）。在本方案中，只有当前搜索令牌 ST_c 推导出先前令牌（ST_{c-1}，ST_{c-2}，$\cdots$，ST_1），从而保证了前向安全性。图 5 给出了 FAST 方案的流程示意图。

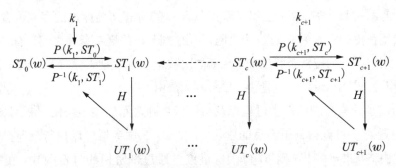

图 5 FAST 方案示意图

综上所述，为了抵抗强大的文件注入攻击，动态的可搜索加密需保证前向安全性。Stefanov 等人[71]提出的 SPS 方案保证了前向安全性，但是需要用户较大的存储空间，以及用户与服务器之间有较大的通信量。Bost[14]提出的 $\Sigma_{o\phi o\zeta}$ 方案有效解决了上述问题，然而搜索令牌的生成依赖于公钥密码原语，当更新频繁时，成为性能瓶颈。最近，Song 等人[69]基于 $\Sigma_{o\phi o\zeta}$ 方案提出基于对称密码原语的搜索令牌生成方法，提高了更新的效率。方案的性能对比如表 1 所示。其中，N 为数据库中关键词-文档对数量，K 为关键词的数量，n_w 为关键词 w 的搜索结果数量，D 为文档的数量。

表 1　前向安全可搜索加密方案比较

方案	搜索通信量	更新通信量	用户存储	密码原语
SPS	$O(\log^2 N)$	$O(\log N)$	$O(N^\alpha)$	对称
$\Sigma_{o\phi o\zeta}$	$O(n_w)$	$O(1)$	$O(K\log D)$	公钥
FAST	$O(n_w)$	$O(1)$	$O(K\log D)$	对称

2.2　保序加密方案

传统数据加密方案可以保护用户的数据隐私，但又将破坏数据之间的关系，使得明文上的一些常见操作变得不再可能。尽管全同态加密可以保证直接在密文上进行计算，但是由于其效率不高所以并不适用于实际环境。为此，Agrawal 等人[2]首次提出保序加密（Order Preserving Encryption，OPE）的基本概念。下面将给出保序加密方案的形式化定义。

定义 4（保序加密方案）　一个（有状态）保序加密方案可以描述为一个包含多项式算法的四元组 $\Pi = (\text{Gen}, \text{Enc}, \text{Query}, \text{Dec})$。

（1）$S \leftarrow \text{Gen}(1^n)$：根据安全参数，生成秘密状态 S；

（2）$(S', y) \leftarrow \text{Enc}(S, x)$：在状态 S 下，加密明文 x 为密文 y，并将状态 S 更新为状态 S'；

（3）$I_y \leftarrow \text{Query}(S, I)$：在状态 S 下，输入查询区间 I，输出查询结果的密文数据集 I_y；

（4）$x \leftarrow \mathrm{Dec}(S, y)$：在状态 S 下，解密密文 y 为明文 x。

一个加密方案是正确的当且仅当对任意有效状态 S 和明文 x 满足 $\mathrm{Dec}(\mathrm{Enc}(S, x)) = x$。如果加密方案满足：对任意的 i, j 有 $x_i \leqslant x_j \Rightarrow y_i \leqslant y_j$，则称这个方案为保序加密方案。

2.2.1 安全性定义

在密码学加密方案中，我们需要保护数据和检索区间的安全性。Boldyreva 等人[10]首次提出保序加密方案的最高安全性：IND-OCPA（Indistinguishability under Ordered Chosen Plaintext Attack），也称理想安全性，同时证明如果密文是无状态的，线性长度的保序加密方案是不可能达到理想安全性的。因此，Boldyreva 等人提出比理想安全性稍弱的安全性定义：ROPF（Random Order Preserving Function）。形式化描述如下：

定义 5（ROPF） 保序加密方案 $\Pi =$（Gen，Enc，Query，Dec），明文空间为 D，密文空间为 R，并满足 $|D| \leqslant |R|$。方案 Π 被认为是 ROPF 安全的，如果满足：对任意概率多项式攻击者 $\mathcal{A}$，有：

$$|\Pr[k \leftarrow K: \mathcal{A}^{\mathrm{Enc}(k, \cdot), \mathrm{Dec}(k, \cdot)} = 1] - \Pr[g \leftarrow \mathrm{OPF}_{D, R}: \mathcal{A}^{g(\cdot), g^{-1}(\cdot)} = 1]| \leqslant \mathrm{negl}$$

其中，$OPF_{D, R}$ 为从明文空间 D 到密文空间 R 保序函数的全体。

文献 [11] 指出 ROPF 安全性将会泄露明文至少一半的比特信息，不足以保护用户隐私数据的安全性，因此，理想安全性仍是保序加密方案应该达到的安全性。下面给出理想安全性的形式化定义：

定义 6（IND-OCPA） 如果对于所有的概率多项式时间的攻击者 $\mathcal{A}$ 存在可忽略函数 negl，满足：

$$\mathrm{Adv}_{\Pi}^{\mathrm{IND-OCPA}}(\mathcal{A}) = \left| \Pr[\mathrm{Exp}_{\mathcal{A}, \Pi}^{\mathrm{IND-OCPA}} = b] - \frac{1}{2} \right| \leqslant \mathrm{negl}$$

则保序加密方案 $\Pi =$（Gen，Enc，Query，Dec）满足理想安全性。

OCPA 不可区分实验 $\mathrm{Exp}_{\mathcal{A},\Pi}^{\mathrm{IND\text{-}OCPA}}(n)$ ：

1. 挑战者执行 Gen(1^n) 获得密钥 k ；

2. 攻击者 $\mathcal{A}$ 随机选取两个不同的明文序列 $M_0 = (m_0^1, m_0^2, \cdots, m_0^n)$ 和 $M_1 = (m_1^1, m_1^2, \cdots, m_1^n)$ ，且这两个序列有相同的排序，即：$m_0^i < m_0^j$ ，当且仅当 $m_1^i < m_1^j$ ，并将其返回给挑战者；

3. 挑战者随机选取 $b \leftarrow \{0, 1\}$ ，然后计算 $Y = \mathrm{Enc}(k, M_b)$ ，即：$(S_i, Y_i) = \mathrm{Enc}(S_{i-1}, m_b^i)$ ，返回挑战密文 Y 给攻击者 $\mathcal{A}$ ；

4. 攻击者 $\mathcal{A}$ 输出一位 b^* 。

通俗来讲，理想安全性要求密文除去明文顺序信息而不泄露明文的其他任何信息。Kolesnikow 和 Shikfa 在文献［48］中探讨了顺序泄露对加密方案的影响，奠定了理想安全性的可行性基础。但 Kerschbaum[46] 指出理想安全性不能抵抗频率攻击，在此基础上提出了抵抗频率攻击的理想安全性 IND-FAOCPA （Indistinguishability under Frequency Analyzing Ordered Chosen Plaintext Attack）。下面给出其形式化定义：

定义 7 设 n 为序列 $X = x_1 x_2 \cdots x_n$ 中的元素个数，序列 X 的随机序 $\Gamma = \gamma_1 \gamma_2 \cdots \gamma_n$ 中满足：

（1）对于任意的 i ，有 $1 \leqslant \gamma_i \leqslant n$ 且对于任意的 $i \neq j$ 有 $\gamma_i \neq \gamma_j$ ；

（2）对于任意的 i, j ，有 $\gamma_i \geqslant \gamma_j \Rightarrow x_i \geqslant x_j$ 。

定义 8（IND-FAOCPA） 如果对于所有的概率多项式时间的攻击 $\mathcal{A}$ 存在一个可忽略函数 negl ，满足：

$$\mathrm{Adv}_{\Pi}^{\mathrm{IND\text{-}FAOCPA}}(\mathcal{A}) = \left| \Pr[\mathrm{Exp}_{\mathcal{A},\Pi}^{\mathrm{IND\text{-}FAOCPA}} = b] - \frac{1}{2} \right| \leqslant \mathrm{negl}$$

则保序加密方案 $\Pi = $ （Gen，Enc，Query，Dec）满足 IND-FAOCPA 安全性。

FAOCPA 不可区分实验 $\mathrm{Exp}_{\mathcal{A},\Pi}^{\mathrm{IND\text{-}FAOCPA}}(n)$：

   1. 挑战者执行 $\mathrm{Gen}(1^n)$ 获得密钥 k；

   2. 攻击者 $\mathcal{A}$ 随机选取两个不同的明文序列 $M_0 = (m_0^1,\ m_0^2,\ \cdots,\ m_0^n)$ 和 $M_1 = (m_1^1,\ m_1^2,\ \cdots,\ m_1^n)$ 且这两个序列的随机排序中，至少有一个相同排序 Γ；

   3. 挑战者随机选取 $b \leftarrow \{0,\ 1\}$；然后计算 $Y = \mathrm{Enc}(k,\ M_b)$，即：$(S_i,\ Y_i) = \mathrm{Enc}(S_{i-1},\ m_b^i)$，返回挑战密文 Y 给攻击者 $\mathcal{A}$；

   4. 攻击者 $\mathcal{A}$ 输出一位 b^*。

2.2.2 保序加密研究进展

保序加密方案主要是指密文可以保持原有明文顺序的加密方案。保序加密方案目前主要应用于近似邻检索、范围查询、密文检索等问题中。我们可以将现有的保序加密方案分为密文保序加密方案和索引保序加密方案。

密文保序加密方案是指我们所采用的加密方案 Enc 具有保序性质，即：若明文 $x>y$ 那么密文 $\mathrm{Enc}(x) > \mathrm{Enc}(y)$，符合保序加密最原始的定义。Agrawal 等人[2]构造出第一个保序加密的基本方案（Order Presering Encryption Scheme，OPES）。OPES 方案以用户提供的目标分布在全局空间中抽取 n 个数据，并将这 n 个数据进行排序构成密钥表 T。当用户进行加密时，只需要将明文空间中的第 i 个数据 d_i 加密为 T 中的第 i 个数据，也即 $T[i] = \mathrm{Enc}(d_i)$。在解密时，只需要查询密钥表格 T。OPES 方案需要根据明文值域生成密钥表格，因此，OPES 加密方案需要输入所有数据才可以对数据进行加密。不适用于数据库的更新。同时，Agrawal 等人并没有给出保序加密方案的任何安全性定义和 OPES 方案的严格安全性分析。

Boldyreva 等人[10]于 2009 年首次基于不可区分安全性提出保序加密的最高安全性定义——理想安全性。理想安全性要求保序加密方案除去明文顺序外不泄露明文数据的其他任何信息，即：假设攻击者 $\mathcal{A}$ 提交给挑战者用两组顺序关系相同的数列，随后由挑战者 C 随机选择一组数列进行加密，当这组数据加密完成后，攻击者不能够区分挑战者选择的哪一列进行的加密。但是，Boldyreva 等人指出：如果密文是无状态的，线性长度的保序加密方案是无法达到这一安全性的。随后利用伪随机函数和超几何分布设计了一个可证明安全的保序加密算法 BCLO。该算法只达到了 ROPF 安全性。但是，该安全性随后被证明将泄露明文一半比特的信息[11]。在效率方面，BCLO 方案多次调用一个超几何分布的抽样算法，使得方案的实用性不足。

Dyer 等人[29]根据近似最大公因子原理构造一个高效的保序加密方案。准确地说，Dyer 等人保序加密方案是一个对称加密方案，主要包括密钥生成、加密、解密三个算法，如下所示：

（1）密钥生成。设明文数据空间和密文数据空间分别为 $[0, M]$ 和 $[0, N]$，λ 为安全参数且 $\lambda > 8/3\lg M$，该算法随机取一个 $(\lambda+1)-bit$ 且满足 $k > M^{8/3}$ 的数据 k 作为加密密钥。

（2）加密算法。设明文数据 $m \in [0, M]$，则该算法计算密文 c 为 $c = \mathrm{Enc}(m, k) = m \times k + r$，其中 $r \leftarrow (k^{3/4}, k-k^{3/4})$。

（3）解密算法。设 c 为一个密文数据，则该算法可以计算其对应的明文 $m = \mathrm{Dec}(c, k) = [c/k]$。

从上述方案可以看出，Dyer 等人[30]的方案是一个对称加密方案，十分高效。但是，本方案只达到窗口单项安全性（Window One-Wayness），不能达到保序加密方案的安全性要求。

索引保序加密方案是指我们采用普通的对称加密方案对数据进行加密，同时基于关键词检索的思想，对密文数据库构建具有保序性质的索引。

2013 年，Popa 等人[64]提出一种可变保序编码方案 mOPE（mutuable Order Preserving Encoding）。mOPE 是第一个达到理想安全性的保序加密方案，同时更适用于任意数据类型。与传统加密不同的是，它采用任意的确定性加密方案对明文数据加密并存储在数据库中，并基于搜索二叉树原理在插入数据库之前对其进行大小编码，编码额外存储在一列中，用于标识密文的大小顺序，如图 6 所示。根据保序索引，云服务器可以知道数据大小，对密文数据库进行检索。因此，mOPE 是一种基于索引结构的保序加密方案。在 mOPE 中，树中的每一个节点都采用一个计数器来记录每一个明文的出现次数。Kerschbaum 等人[46]指出 mOPE 方案将不能抵抗频率分析攻击。由此，提出 IND-FAOCPA 安全性的基本定义并基于密文随机化技术构造一个达到密文频率隐藏的加密方案。

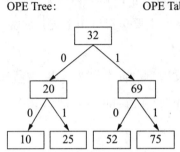

图 6　mOPE 加密方案示意图

2016 年，Roche 等人[65]基于 Buffer 树提出一种新型保序索引结构 POPE 树（Partial Order Preserving Encryption）。在 POPE 树中，我们将每一点的数据存储带分为两块：有序存储带和无序存储带。在有序存储带中存储子树的分割点，无序存储带是一个存储空间无限的缓存带，主要存储这一节点的所有密文。该方案不仅是 IND-FAOCPA 安全的，同时也只泄露明文数据的部分顺序信息。但是该方案仅是一种存储结构树，适用于存储特别多、插入特别少的数据库。

上述保序加密方案[46,64,65]虽然可以达到理想安全性，但是均需要多轮交互，依赖于网络通信环境。为此，Boneh 等人[12]在保序加密方案的基础上提出了顺序可见加密方案的基本概念。现有主要保序加密方案所能达到的安全性见表 2。

表 2　保序加密方案比较

保序加密方案	安全性	交互性
Agrawal et al. '04[2]	NONE	无交互
Boldyreva et al. '09[10,11]	ROPF	无交互
Popa et al. '13[64]	IND−OCPA	交互
Kerschbaum et al. '15[46]	IND−FAOCPA	交互
Roche et al. '16[65]	IND−FAOCPA	交互
Boneh et al. '16[12]	IND−OCPA	非交互
Dyer et al. '17[29]	Windows One-Wayness	无交互

2.2.3　顺序可见加密方案

顺序可见加密方案（Order Revealing Encryption，ORE）是指从密文可以判断出明文大小，不同的是，密文不一定保持原有明文的顺序。Boneh 等人[12]基于函数加密[13]思想利用分支函数和多线性映射构造出可以第一个可以达到理想安全性的顺序可见加密方案。但是，现有函数加密方案的构造大多基于不可区分混淆[33]思想，效率低下。同时，在方案[12]中如果比较 k-bit 数据的大小，则需要 $(k/2+1)$ 次多线性映射的计算，效率低下。由于不可区分混淆思想不尽完善，多线性映射效率低下，因此 Boneh 等人的方案还只处于理论阶段。

随后，Chenette 等人[21]只使用伪随机函数构造出一个顺序可见加密方案。相对于 Boneh 等人的方案，Chenette 等人的方案不仅是可证明安全的，而且十分高效。方案的具体构造如下所示：

（1）密钥生成。设 $F: \mathcal{K} \times ([n] \times \{0,1\}^{n-1}) \to \mathbb{Z}_M$ 为一个安全的伪随机函数。该算法以安全参数 λ 为输入，输出伪随机函数 F 的密钥 k，则密钥 $sk = k$。

（2）加密算法。设 m 的二进制表示为 $m = b_1 b_2 \cdots b_n$，加密算法加密消息为：

$$u_i = F(k, (i, b_1 b_2 \cdots b_n \| 0^{n-i})) + b_i \bmod M$$

（3）密文比较。算法以 $\mathrm{ct}_1 = (u_1, u_2, \cdots, u_n)$ 和 $\mathrm{ct}_2 = (u_1', u_2', \cdots, u_n')$（$u_1, u_2, \cdots, u_n, u_1', u_2', \cdots, u_n' \in \mathbb{Z}_M$）为输入，令 i 为使得 $u_i \neq u_i'$ 的最小正整数。如果

存在这样的 i 且满足 $u'_i = u_i + 1 \mod M$，则输出 $b = 1$，否则 $b = 0$。

相对于 Boneh 等人的方案[12]，Chenette 等人的方案只使用了伪随机函数，十分高效。但是，Chenette 等人的方案将泄露两个明文数据 m_1 与 m_2 第一个不同比特位的位置。

上述所有方案[2,10,21,29,64]在明文数据个数超过取值空间的平方根时，均没有办法保证加密方案的安全性[11]。特别是当明文数据充满整个取值空间时，我们可以对所有的密文进行排序，由此便可以得到所有密文对应的明文数据。因此，方案在实际应用中则没有安全性可言。

Seungmin 等人[49]构造了一个含陷门的保序加密方案。陷门保序加密方案是指拥有密钥的人可以获得密文对应明文的顺序信息，而没有密钥的人则无法得到对应的顺序信息，以此可以突破数据量的根号限制。最具代表性的陷门保序加密方案是由 Furukawa 等人[32]所构造的比较加密方案（Comparable Encryption，CE）。比较加密工作的基本原理是：将加密之后的密文分为密文 c 和标签 token 两部分。其中，c 为由明文加密得到的密文，上传到云服务器上，token 为比较标签保存在客户端或临时生成。当用户进行区间查询时，只需上传查询区间端点的密文以及对应的比较标签。例如，当查询区间 $[a, b]$ 时，用户只需向服务器提交：(c_a, token_a) 和 (c_b, token_b)。服务器可以进行比较查询，返回相应密文，用户解密得到所需的查询结果。在比较加密方案中，服务器一旦拥有数据 a 的检索标签 token_a，无论用户是否需要，服务器不仅可以将数据 a 和所需的数据 b 进行比较，也可以将数据 a 和数据库中其他所有数据进行比较，泄露过多顺序信息。当查询区间较多时，便会造成数据顺序信息的大规模泄露。对此，Lewi 等人[50]构造了另外一个有陷门的顺序可见加密方案，这一方案的比较标签是本数据和数据集中所有数据的比较结果。当比较数据 a，b 大小时，只需要在比较标签 token_a 中提取出 a 与 b 的比较结果给云服务器，这样可以保证泄露更少的顺序信息，由此更好地保护数据的安全性。

现有保序加密方案/顺序可见加密方案均遭受注入文件攻击（File-Injection Attacks，FIAs），从可搜索加密，我们不难知道抵抗文件注入攻击最好的办法就是使得所构造的加密方案满足前向安全性（Forward Security）。Wang 等人[79]提出一种编译框架的构造方案，它可以将现有大多数保序加密方案/顺序可见加密方案转换为前向安全的保序加密方案/顺序可见加密方案，更满足实际应用。

2.3 可验证数据库外包方案

作为外包计算的一个重要分支，外包数据库（Outsourced Database，ODB）近年来越来越吸引学术界的广泛关注。早在 2002 年，Hakan Hacigümüs 等人就隐含地引入了外包数据库的概念[38]。在外包数据库模型中，为了节省昂贵的数据库管理成本，数据拥有者将数据库在本地进行加密运算并将密文数据库外包给云服务器来管理。云服务器提供数据库访问所需的一切软硬件资源，确保在收到用户数据访问请求后，执行数据库检索并返回相应的结果给用户。这种模式下，既降低了数据拥有者的数据库维护开销，又可以为用户提供高质量的数据访问服务。

然而，外包数据库在为人们带来诸多益处的同时，也不可避免地面临着一些新的安全挑战[16,20]。首先，在云计算环境下，找到一个完全可信的云服务器几乎是不可能的。而外包数据往往包括一些不能泄露给云服务器的敏感信息。因此，一个主要安全挑战是外包数据的秘密性，即云服务器不能知道存储的数据内容。需要指出的是，传统加密技术不能本质上解决这个问题，这是因为对密文进行有意义的操作是非常困难或效率非常低下的。其次，由于云服务器是不完全可信的，出于自身经济利益（节省网络带宽和计算量[19]）的驱动或者软硬件运行故障，它可能会返回给用户一些不正确/不完整的检索结果。因此，另一个重要的安全挑战是检索结果的可验证性。也就是说，用户能够高效地对云服务器返回的检索结果进行审计。特别是在外包数据库场景下，检索结果的可验证性主要包含如下两方面内容[59]：（1）正确性：检索结果是用户上传的原始数据而没有被篡改过；（2）完整性：检索结果包含全部符合查询条件的数据记录。

近年来，数据库安全检索引起了学术界持续的关注[37,51,54,58-61,74,83,85]。现有的外包数据库检索方案根据验证方法的不同可以分为三类：

第一类方法是利用认证数据结构（如 Merkle Hash Tree，MHT）来验证检索结果的完整性[8,25,26,56,61]。其主要思想是将数据库的所有数据记录作为叶子节点，创建一棵全局的 MHT，根节点经用户签名存储在服务器上。想要验证某条数据记录时，用户通过重新计算 MHT 根节点的签名来完成。然而，基于 MHT 的方法的缺点在于验证过程需要较大的通信和计算开销。也就是说，为了完成单个数据记录的验证，服务器需要返回根节点到当前（要验证）节点路径上的所有节点的兄弟节点的哈希值给用户（$\log n$ 个哈希值）。

第二类方法是概率性完整性验证方案[66,81]。主要技巧在于数据拥有者事先将少量"间谍"数据记录插入到数据库里，然后通过分析检索结果中"间谍"数据来完成验证。如果满足某个查询条件的"间谍"数据没有返回，则用户可以认定服务器存在作弊行为。这非常类似于 Ringers 的思想[35]。但是，这种方法有两个缺点：首先，为了实现结果可验证性，"间谍"数据必须共享给所有授权用户。因此，服务器通过与某个授权用户勾结就可以获得所有"间谍"数据，从而在之后的检索中只要将所有要验证的数据记录返回，就能够轻松地达到欺骗用户的目的。其次，这种方法需要服务器返回整条数据记录，因此不支持投影查询等传统的数据库查询方式。

第三类方法是基于签名链技术[57,58,62]的验证方案。与基于 MHT 的方法相比，该类方法降低了检索验证过程的通信和计算开销。文献［57］中引入了一个聚合签名的变型（Immutable Aggregated Signature），不仅能够节省通信和验证开销，而且使得敌手在即使已经获得了一定数量签名时仍然不能计算出新的可用的聚合签名。Mykleun 等人[58]首次提出了检索结果完整性验证问题。随后，Pang 等人[61,62]分别提出了静态和动态数据库检索完整性验证方案。在他们的方案中，所有的数据记录被假定按照某个检索属性进行排序，然后，数据拥有者为每条记录创建一个包含其前后相邻数据记录信息的签名。为了遵循数据库访问控制策略，两个虚拟的边界记录被插入到可搜索属性域中。然而，这种方法很难处理检索区域不连续的情况。最近，Yuan 等人[83]提出一种新的外包数据库可验证聚合查询方案。在他们的方案中，每条数据记录被分配一个基于多项式的认证标签，该标签用于检查聚合查询结果的正确性。但是，上述方案均没有考虑当服务器有意返回空集的情形，从而均达不到完整性校验的完备性。

数据审计的另一个重要研究方向是外包数据的存储完整性验证。开创性的工作主要包括 Ateniese 等人[5]提出的可证明数据持有（Provable Data Possession，PDP）和 Jules 等人[42]提出的可证明数据恢复（Proofs of Retrievability，POR）。上述技术允许用户在不下载数据的情况下对存储于不可信服务器上的数据进行完整性审计。近来，许多学者从效率及数据动态性等方面对远程数据审计进行了扩展[30,40,76-78]。需要说明的是，外包数据存储审计和检索审计存在如下不同点：首先，数据存储审计场景中，验证者事先知道部分数据库相关信息，如数据块哈希值；而在检索审计场景下，验证者对数据库一无所知。其次，存储审计主要关注检索数据的正确性而检索审计要求同时达到数据正确性和完整性。

现有的验证方法都不能完全解决检索结果的可验证问题。尤其是在云服务器有意返回空集时，现有的方法均不能很好地解决检索结果的正确性和完整性验证问题。最大的难点在于用户无法有效地验证空集的有效性。当云服务器返回空集时，有两种可能：一种情况是云服务器是诚实的，确实没有符合条件的数据记录；另一种情况是云服务器根本没有执行查找运算。在对数据库内容不知情的情况下，用户无法区分这两种情况。因此，当检索结果为空集时，如何验证检索行为的正确性是一个非常具有挑战性且有价值的研究课题。

我们进一步研究外包数据库可验证检索问题。在对现有方案的不足进行深入分析的基础上，提出了一种能够同时满足检索结果正确性和完整性验证的方法。即使当云服务器有意返回空集作为检索结果时，我们的方法仍然能够对其检索行为进行验证，从而达到更强的安全性。

我们提出的方案的详细内容如图 7 所示。

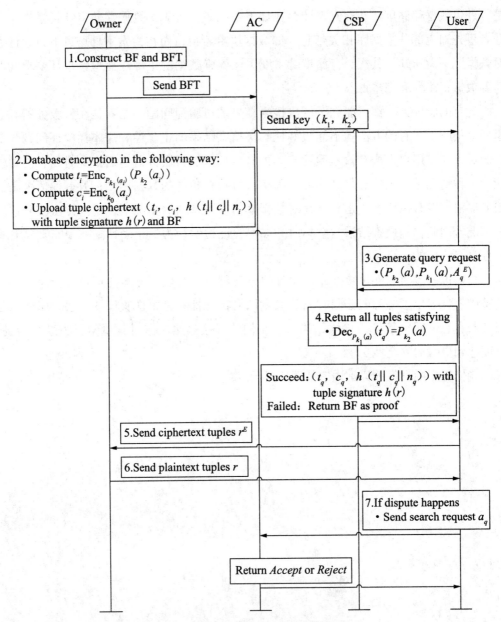

图7　外包数据库可验证检索方案概览

首先，引入相关符号：$\Pi = [\mathcal{K}(1^\lambda), \text{Enc}(sk, \cdot), \text{Dec}(sk, \cdot)]$ 和 $\Pi^0 = [\mathcal{K}^0(1^\lambda), \text{Enc}^0(sk, \cdot), \text{Dec}^0(sk, \cdot)]$ 均是达到 IND – CPA 安全的对称加密方案，其中，Π^0 的密钥空间和明文空间是相同的；$\mathcal{P}: \mathcal{K} \times \mathcal{M} \mapsto \mathcal{K}$ 是伪随机置换，这里 $|\mathcal{K}| = |\mathcal{M}|$。具体构造包括以下 4 个算法：

（1）System Setup：该算法主要初始化必要系统参数：选取合适的对称加密方案 Π，Π^0 和伪随机置换 P；初始化布隆过滤器：长度为 m 的全零数组；选取 k 个 hash 函数 h_i，使得 $h_i: \{0, 1\}^* \rightarrow \{1, 2, \cdots, m\}$，这里 $i \in \{1, 2, \cdots, k\}$。数据所有者生成系统主密钥 $\hat{k} = (k_0, k_1, k_2)$，其中 k_0 是 Π 的密钥，k_1，k_2 是 P 的密钥[1]。

数据拥有者将所有数据记录的属性值看作一个集合 $DB = \{a_1, a_2, \cdots, a_N\}$，然后将集合中所有元素插入到布隆过滤器及布隆过滤器树中。也就是说，对任意属性值 a_k，计算 BF (a_k) 并将布隆过滤器对应位置的值置为 1。

（2）Data Outsourcing：假设数据拥有者想要上传一个关系数据库 $R = (A_1, A_2, \cdots, A_n)$ 到云服务器，A_i 表示的是属性列名。数据拥有者采用类似于文献 [31] 的数据加密方式对数据库进行加密。具体来说，对于每条数据记录，数据拥有者依次对每个属性值进行加密。具体过程如下：

①对于每个属性 a_i，数据拥有者统计包含相同属性值的数据记录数目 n_i。

②数据拥有者计算属性值 a_i 的密文：$c_i = \text{Enc}_{k_0}(a_i)$。

③数据拥有者产生属性值 a_i 的检索令牌：a) 令牌生成密钥 $k_{s_i} = P_{k_1}(a_i)$；b) 中间密文 $s_i = P_{k_2}(a_i)$；c) 检索令牌为 $t_i = \text{Enc}^0_{k_{s_i}}(s_i)$。

④数据拥有者计算属性值 a_i 的哈希值 $h(t_i \| c_i \| n_i)$。进一步地，数据记录的全部属性的哈希值集合 $\{h(t_i \| c_i \| n_i)\}$ 被用来构建 Tuple-MHT，其中根节点表示该条记录的哈希值 $h(r)$。

⑤数据拥有者生成数据记录的密文 $r^E = (t_1, c_1, h(t_1 \| c_1 \| n_1)), \cdots, (t_n, c_n, h(t_n \| a_n \| n_n))$ 和签名 $S = Sign(h(r))$。然后将密文数据库和（经过数据拥有者签名的）布隆过滤器上传到云服务器，对应的布隆过滤器树上传到仲裁中心。

---

1) k_1，k_2 需要共享给授权用户，用于生成搜索令牌（Search Tag）。

（3）Data Retrieving：假设用户想要查询属性 A_q 的值等于 a 的所有数据记录，记为 $A_q = a$。检索过程执行如下步骤：

①用户生成检索请求 $T = (q, k_q, A_q^E) = (P_{k_2}(a), P_{k_1}(a), A_q^E)$ 并发送给云服务器执行检索。

②收到用户检索请求 T 后，云服务器逐条检查密文记录的第 q 项（t_q, c_q, $h(t_q \parallel a_q \parallel n_q)$）是否满足 $\mathrm{Dec}_{k_q}(t_q) = q$。若成立，则作为检索结果返回给用户。当没有符合条件的记录时，云服务器返回数据库的布隆过滤器给用户。

③用户将收到的密文记录发送给数据拥有者进行解密操作，从而获得对应的明文记录。

（4）Verifying：为了确保检索结果的完备性，用户从正确性和完整性两方面进行验证。具体算法执行如下：

①正确性指的是服务器返回的检索结果是数据拥有者上传的原始数据而没有被做过任何改变。我们分两种情形考虑：

情形一：当服务器返回空集时，根据返回的证据（布隆过滤器），用户能够验证检索结果的正确性。验证过程描述如下：

a）用户首先验证布隆过滤器签名的有效性，若不通过，则终止进程并输出 *Reject*，否则转到第 b）步。

b）用户验证等式 $\mathrm{BF}(a) \overset{?}{=} 1$，若不成立，则终止进程并输出 *Accept*，否则转到第 c）步。

c）用户发送有争议的查询请求 a 给仲裁中心，仲裁中心通过检查查询请求 a 是否属于布隆过滤器树给出仲裁结果。具体而言，仲裁中心首先检查 $\mathrm{BF}_{1,1}(a) \overset{?}{=} 0$，若成立，仲裁中心返回 *Accept*，表明云服务器是诚实的，云服务器上无符合查询请求的数据存在；否则检查其两个孩子节点 $\mathrm{BF}_{2,2}(a) \overset{?}{=} 0$ 和 $\mathrm{BF}_{2,3}(a) \overset{?}{=} 0$。验证过程递归进行，当出现某一层所有节点均满足 $\mathrm{BF}_{i,j}(a) = 0$ 时，则进程终止，返回 *Accept*；否则，仲裁中心输出结果 *Reject*，表明云服务器是恶意的，云服务器存在满足查询条件的数据记录。

情形二：当服务器返回结果不为空集时，用户执行检索结果正确性验证。也就是说，用户检查云服务器返回检索结果中的数据记录是否都是没有经过篡改的。具体算法执行如下：

a）对于检索结果中的任一记录，用户其第 q 项（$t_q \parallel c_q \parallel h(t_q \parallel c_q \parallel n_q)$）是否满足 $h(t_q \parallel c_q \parallel n_q) = h(t_q \parallel c_q \parallel \tilde{n}_q)$，其中，$\tilde{n}_q$ 是服务器返回的记录数目。若不成立，终止进程并输出 $Reject$；否则，转到第 b）步。

b）用户验证数据记录哈希值签名的正确性，若失败，终止进程并输出 $Reject$，否则，根据第 a）步计算得到的属性的哈希值 $\{h(t_q \parallel c_q \parallel \tilde{n}_q)\}$，用户重新计算（recomputing）该数据记录的哈希值 $h(\widetilde{(r)})$，并检查 $h(\widetilde{(r)}) \overset{?}{=} h(r)$，若相等，则输出 $Accept$，否则，输出 $Reject$。

通过以上步骤，用户能够确保检索结果中的每条记录都是正确的。

②完整性指的是云服务器返回的检索结果包含所有符合查询条件的数据记录。基于上述正确性的结论，每条记录都是正确的，于是，用户只需简单地比较 $n_i = \tilde{n}_i$ 就可以验证完整性。

3　安全数据去重技术

3.1　问题阐述

随着云计算的快速发展，越来越多的个人和企业用户选择将自己的数据外包到云服务器中，从而能够在享受高质量数据服务（检索、存储等）的同时免除本地数据维护的开销。外包模式是云计算服务最显著的特征及最大的优势。在外包计算模型下，资源受限的用户可以通过按需付费的方式（Pay-per-use-manner）来购买云计算服务商提供的无尽的计算和存储资源，大大减轻了用户端软硬件管理和维护的负担。

毋庸置疑的是，云计算的发展现状主要归结为信息技术产业的强力支持。当前的主流云存储服务商，包括 Dropbox、Amazon S3 及 Google Drive 等，向用户提供从简单数据备份到云存储基础设施等各种服务。随着用户上传数据的急剧增加，云服务器中存储的数据呈指数级爆炸增长之势。根据国际数据公司（IDC）的最新统计分析，全球产生和复制的数据以每两年翻一番的速度激增，到 2020 年，将达到 44 ZB（1 ZB = 2^{30} TB）。这就不可避免地带来了巨大的数据存储开销，包括软硬件存储设备和存储系统能源开销等。因此，云存储面临的最严峻的挑战之一就是如何高效地管理日益增长的海量数据。重复数据删除技术（简称数据去重技术）是一种非常重要的大规模数据管理和存储优化方法。具体而言，传统的数据去重技术包括如下步骤：当一个文件已经存储于云服务器上，后续用户发起上传请求时，云服务器返回一个指向该数据文件的指针而不再执行数据存储操作，相同数据文件只保留一个物理副本，从而有效降低用户端数据上传时的通信开销和服务器端数据存储的空间开销。然而，为了保护数据的机密性，用户数据在上传到云服务器上之前必须在本地进行加密处理，这就使得密文数据去重技术面临新的挑战：

（1）数据去重技术与传统的数据加密技术不兼容。传统的加密体制下用户使用不同的密钥对数据进行加密，即使完全相同的数据文件也会因为加密密钥的不同而产生不同的数据密文，这使得密文环境下跨用户密文数据去重无法实现。

（2）数据去重要求不同用户共享同一加密密钥在实际中不可行。个人数据保护原则上禁止泄露数据文件的持有者，这使得用户间加密密钥分发几乎不可能。

为了解决数据加密和数据去重的矛盾，一个可行的解决途径是采用收敛加密（Convergent Encryption，CE）。收敛加密[27]是传统对称加密算法的一个变形，其加密密钥被定义为数据文件的哈希值，这一特性使得其具备加密相同的数据文件必将得到同一个密文的独特优点，从而被广泛应用于构造安全的数据去重系统中[4,23,80]。Bellare 等人在 EuroCrypt 2013 上提出了消息锁定加密（Message-Locked Encryption，MLE）的概念[7]，它可以看作是对收敛加密的概括性描述并给出了一个更严谨的安全定义和安全模型，即文件标签一致性安全以及不可预测消息空间的收敛加密形式化安全定义。

3.2　收敛加密

收敛加密（Convergent Encryption，CE）由 Douceur 等人[27]提出，从本质上讲是一种特殊的对称加密方案，它使用消息的哈希值作为加密密钥，从而可以保证不同用户加密相同消息总能得到相同密文。基于上述良好性质，收敛加密已被广泛应用于安全数据去重等研究中。收敛加密方案形式化定义如下：

定义 9 收敛加密方案 CE = （CE. KeyGen，CE. Enc，CE. Dec，CE. Tag）由以下 4 个算法组成：

（1）CE. KeyGen(M) →K：密钥生成算法生成消息 M 的收敛密钥 $K = H(M)$。其中，$H(\cdot)$ 表示密码学哈希函数。

（2）CE. Enc(K, M) →C：确定性对称加密算法输入收敛密钥 K 和消息 M，输出密文 C。

（3）CE. Dec(K, C) →M：对称解密算法输入密文 C 和收敛密钥 K，输出对应明文 M。

（4）CE. Tag(C) →T_M：标签生成算法输入密文 C，计算 $TM = H(C)$。

Bellare 等人[7] 在 EuroCrypt 2013 上提出了消息锁定加密（Message-Locked Encryption，MLE）的概念。MLE 可以看作是对 CE 的一般化描述。进一步地，Bellare 等人给出了 MLE 的安全性定义，即 PRV-CDA。对于具有较高最小熵且分布不可预测消息来说，任何人无法对一个"合法"消息和等长随机消息的密文进行区分。

定义 10（消息锁定加密[6]） 消息锁定加密方案 MLE = （KeyGen，Enc，Dec，CE，TagGen）由 4 个算法组成，具体构造如下：

（1）KeyGen(M, P) →K：随机密钥生成算法，输入公开参数 P 和待加密消息 M，输出密钥 K。

（2）Enc(K, M, P) →C：随机化加密算法，输入密钥 K、待加密消息 M 和公开参数 P，输出密文 C。

（3）Dec(K, C, P) →M：确定性解密算法，输入密钥 K、密文 C 和公开参数 P，输出明文消息 M。

（4）TagGen(C, P) →T：确定性标签生成算法，输入密文 C 和公开参数 P，输出消息标签 T。

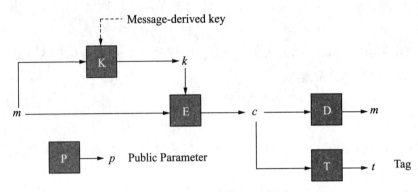

图 8　消息锁定加密方案

3.3　密文数据去重分类

根据不同的划分策略，数据去重可以划分为不同类型。针对去重客体的不同，我们将去重划分为以下两类：

（1）文件级去重（File-level Deduplication）：指的是通过检查并判断是否存在两个完全相同的文件来执行去重操作。对于相同的数据文件，仅仅保留一个备份，删除其他备份并分配一个指向该文件的链接给用户。不同用户通过指向相同数据的链接即可下载对应文件。然而，这种方法的缺点是不支持细粒度去重，尤其是当文件修改一小部分数据时，采用文件级去重的去重效果会变得很差。

（2）数据块级去重（Block-level Deduplication）：每个数据文件被划分成多个（等长或变长的）数据块，数据去重操作在数据块上执行。数据块级去重不仅对同一个文件执行去重，同时删除不同文件的相同数据块的多余备份。相比于文件级去重，数据块级去重大幅度提升去重效率，同时去重和数据恢复开销也相应增加。

另一方面，根据去重主体不同，密文去重分为服务器端去重和客户端去重两种类型。具体如下：

（1）服务器端去重（Server-side Deduplication）：所有用户采用收敛加密对数据进行加密，并上传密文至服务器。为了节省自身存储开销，服务器执行去重操作，而用户不关心去重操作是否发生。这种方法虽然可以减少服务器端存储开销，但是用户数据传输开销较大，即无论文件是否存在，每个用户均需要上传密文。需要指出的是，通信开销在外包数据存储服务中占很大比重。例如，传输 1GB 数据到云服务器的费用和等量数据一个月的存储费用是相当的[3]。

（2）客户端去重（Client-side Deduplication）：去重操作发生在数据上传之前，用户首先发送文件标签到服务器并检查该文件是否以存储在服务器端。只有当该文件没有被存储时，用户才会上传文件密文。这种方法既节省服务器端存储开销，又降低了用户通信开销。需要注意的是，攻击者可以发起侧信道攻击，从而获取服务器存储文件信息[41]。

3.4 相关研究进展

随着大数据时代的到来，安全数据去重技术引起了学术界的高度关注。近期，大量关于密文数据去重的研究相继被提出[1,7,27,36,45,52,53,70,72]。早在 2002 年，Douceur 等人[27]就提出了收敛加密的概念，其本质是密钥为加密消息哈希值的一种特殊的对称加密方案，由于收敛加密使得不同用户加密相同明文消息必将得到相同密文这一独特优势，收敛加密被广泛应用于构造安全的数据去重系统[4,80]。Bellare 等人[7]于 Crypto 2013 上对收敛加密给出了一个更严谨的安全定义和安全模型，在此基础上提出了一种新的密码学原语——消息锁定加密（Message-Locked Encryption，MLE）。Stanek 等人[70]提出一种基于文件分级的去重加密方案，根据文件的用户数量多少提供不同等级的安全防护，从而达到了外包数据存储效率和安全性的细粒度折中。然而，仅仅从拥有者数量来定义文件的保密级别也缺乏严谨性。为了提高数据安全性，李进等人[53]提出一种基于用户策略的细粒度去重机制。在他们的方案中，每个用户仅仅能够对与其策略匹配的文件进行去重检测。

Halevi 等人[39]首次引入了可证明所有权（Proof of Ownership，PoW）的概念。这一技术用于提供用户端去重场景下的数据隐私和机密性。即用户能够向服务器证明自己真的拥有某个文件而无须上传整个文件。PoW 和 PDP 的本质都是为了实现数据完整性校验，所不同的是，PDP 中是云服务器向用户证明文件的完整性，而 PoW 中是用户向云服务器证明文件的完整性（示证者和验证者身份互换）。基于 Merkle 哈希树（Merkle Hash Tree，MHT），文献［39］给出 3 个具体的 PoW 构造。具体而言，一个 PoW 协议就是一个服务器和用户之前进行的挑战/响应机制。服务器每次要求用户返回所请求的 MHT 叶子节点子集的有效的验证对象（全部叶子节点构成整个文件）。利用 PoW 协议，恶意用户欺骗攻击能够被防止。即，仅仅知道文件哈希签名的用户无法使得服务器相信其真的拥有该文件。Pietro 等人[63]提出一个高效的 PoW 方案，每次挑战是一个伪随机生成器的种子，所需要的响应是对应位置的数据块的值。当一个文件上传到云服务器上之后，云服务器计算一系列关于该文件的挑战并存储起来以备文件检测之用。Blasco 等人[9]基于布隆过滤器（Bloom Filter）设计了一种新的 PoW 方案，该方案在服务器端和客户端均有较高的效率。

需要指出的是，我们关注的是基于客户端的跨用户密文去重方法。尽管能够节省数据存储和通信传输开销，密文去重也面临着许多安全威胁[41,45,82]。

3.4.1 密钥穷举攻击

尽管 MLE 能够用于保证数据去重方案中的数据机密性，但是，它容易遭受暴力破解攻击（Brute-force Attack）。具体而言，假设消息明文空间是一个有限集合 $S = \{M_1, \cdots, M_n\}$，任何攻击者能够通过密钥穷举方式来获取明文信息。这是因为 MLE 方案的密钥生成过程是一个确定性算法，密钥空间与明文空间相同。为了防止这一攻击，Bellare 等人设计了一种新的去重系统 DupLESS。通过引入一个额外的密钥服务器来协助用户生成收敛密钥。其本质是在收敛密钥生成过程中引入了密钥服务器的私钥，从而扩大了收敛密钥空间。进一步地，为了防止在线暴力破解攻击，DupLESS 系统引入用户访问限制策略，即限制规定时间内用户查询次数。注意到 DupLESS 系统的安全性依赖于密钥服务器。Duan 等人[28]提出了一个分布式版本的 DupLESS 系统，该方案中用户通过与其他用户交互来生成收敛密钥。然而，该方案依赖一个可信的服务器为用户分发私钥，其作用类似于 DupLESS 系统中的密钥服务器。因此，该方案仍然会遭受在线穷举猜测攻击。最近，苗美霞等人[55]提出一个基于 (n, n) 门限盲签名的多服务器版本的 DupLESS 系统，多个密钥服务器协助用户生成收敛密钥，只有控制全部密钥服务器，攻击者才能执行离线猜测攻击，有效减少了服务器单点故障风险。

3.4.2 副本伪造攻击

副本伪造攻击（Duplicate Faking Attack）指的是由于存储的文件被替换，合法用户将无法检索到其原始数据。具体而言，假设 Alice 和 Bob 拥有两个不同的文件 F_1 和 F_2，恶意用户 Alice 上传一个修改过的密文 $C_1 = E（H（F_2），F_1）$ 和文件标签 $T_1 = H(E(H(F_2)，F_2))$ 到服务器。随后当用户 Bob 想要上传正确的密文 C_2 时，服务器对比发现文件标签已经存在，从而错误地认为文件已经存储在服务器上。结果导致 Bob 以后无法从服务器上下载正确文件。可以看出，服务器不允许获取文件哈希值，从而无法校验标签和文件的一致性。

为了解决这一问题，Bellare 等人[6]提出了一种交互式随机化收敛加密方案（Interactive Randomized Convergent Encryption，IRCE）。IRCE 使用户能够检查云服务器上存储的是否是正确的密文，这一过程通过用户与云服务器在文件上传和下载阶段进行交互来完成。然而，当一个不正确的文件被检测到时，用户无法判断云服务器存储的其他文件的有效性。然而，考虑到所有用户都有可能是恶意的，由于云服务器不能访问明文文件，进而无法检查密文和文件标签的一致性。当不正确的密文文件出现时，云服务器无法确定哪一个用户是不诚实的。因此，当副本伪造攻击发生时，如何对恶意用户身份进行追踪并标记全部由他上传的密文，是一个具有挑战性且值得研究的问题。

3.5　用户身份可追踪的数据去重方案

我们首次将用户追踪技术引入到安全数据去重系统中，并提出了一个具体的去重方案 TrDup，来解决上述恶意用户追踪问题。具体来说，我们利用可追踪签名技术（Traceable Signature）[22,47]在用户上传文件时生成一个匿名签名。一旦发生副本伪造攻击，追踪代理者（Tracing Agent）在收到群管理员发送的追踪令牌（Tracing Token）后，能够揭露恶意用户的身份及其上传的所有文件而不会泄露其他合法用户的身份信息。

如图 9 所示，TrDup 方案包含：数据用户、群管理员、云服务器和追踪代理者四类实体：

（1）数据用户，将个人数据外包存储到云服务器上，数据文件上传之前要执行去重检测，只有当服务器上没有相同文件备份时，用户才需要执行真正的文件上传操作；

（2）群管理员，其主要任务是管理用户，当用户发生恶意行为时，群管理员发送该用户的追踪令牌给追踪代理者执行用户追踪操作；

（3）云服务器，利用其海量的计算和存储资源，为用户提供数据存储和共享服务，需要注意的是，我们不考虑云服务器与攻击者合谋的情况；

（4）追踪代理者，收到群管理员发送的追踪令牌后，负责追查恶意用户上传的所有文件。

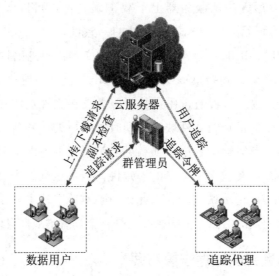

图 9　可追踪密文去重系统架构图

我们提出的 TrDup 方案是基于可追踪签名和可证明所有权技术构造的，不但能够抵抗副本伪造攻击，而且能够追踪出恶意用户的身份信息及其上传的所有数据文件。具体方案包括以下 5 个算法：

（1）Setup：设 $\mathbb{G}_1$，$\mathbb{G}_2$ 和 $\mathbb{G}_T$ 均为阶为 p 的乘法循环群，双线性映射 $e:\mathbb{G}_1\times\mathbb{G}_2\rightarrow\mathbb{G}_T$，$g_1$，$g_2$ 分别为群 $\mathbb{G}_1$，$\mathbb{G}_2$ 的生成元，且 $H:\{0,1\}^*\rightarrow\mathbb{Z}_p$，$H_1:\{0,1\}^B\rightarrow\{0,1\}^l$ 为两个密码哈希函数，这里 B 和 l 分别代表数据块和令牌的长度。令 $P:\{0,1\}^l\times\{0,1\}^*\rightarrow\{0,1\}^\kappa$ 为一个伪随机函数。具体算法执行如下：

①群管理员随机选择 γ，ξ_1，$\xi_2\xleftarrow{R}\mathbb{Z}_p^*$，$m\xleftarrow{R}\mathbb{G}_1$，$h\xleftarrow{R}\mathbb{G}_1\setminus\{1_{\mathbb{G}_1}\}$，$\omega\xleftarrow{R}\mathbb{G}_2\setminus\{1_{\mathbb{G}_2}\}$ 并计算 $n=g_2^\gamma$，$u=h^{\xi_1^{-1}}$，$v=h^{\xi_2^{-1}}$。群管理员公布系统的公钥为 $PK=\{m,n,\omega,u,v,h\}$，其主密钥为 $MSK=\{\gamma,\xi_1,\xi_2\}$。需要指出的是，$u$，$v$，$h$ 均为群 $\mathbb{G}_1$ 的生成元，ω

是群 $\mathbb{G}_2$ 的生成元。

②用户 U_i 想要加入系统时，首先随机选择 $x_i \in \mathbb{Z}_p^*$ 作为自己的私钥，记为 $usk_i = x_i$，然后计算并发送 $g_1^{x_i}$ 给群管理员。收到用户请求后，群管理员随机选择 $t_i \in \mathbb{Z}_p^*$，然后计算 $A_i = (g_1^{x_i} \cdot m)^{\frac{1}{r_{t_i}}}$ 并添加 $L_i = (g_1^{x_i}, A_i, t_i)$ 到用户列表，最后，群管理员发送注册证明 (i, A_i, t_i) 给 U_i。U_i 验证等式 $e(A_i, g_2^{t_i} \cdot n) = e(g_1^{x_i} \cdot m, g_2)$ 成立，表明服务器返回的注册证明是正确的，完成用户注册。

（2）File Encryption：假设用户 U_i 想要上传一个文件 $\mathcal{F}$，U_i 要对文件进行本地加密操作，为了保证数据去重，本方案中采用随机化收敛加密对文件进行加密，同时引入可证明所有权技术，帮助用户向云服务器提供文件所有权证明。具体运算为：首先，U_i 随机选择一个密钥 K，然后计算文件密文 $C_1 = \mathrm{Enc}(K, \mathcal{F})$，文件密钥 $K_{\mathcal{F}} = H(\mathcal{F})$，$C_2 = K \oplus K_{\mathcal{F}}$，文件标签 $T_{\mathcal{F}} = \mathcal{H}(K_{\mathcal{F}})$。进一步地，$U_i$ 初始化一个布隆过滤器 $\mathrm{BF}_{\mathcal{F}}$ 并将文件 $\mathcal{F}$ 分割为等长的数据块 $\{B_i\}$。对每一个数据块 B_i，U_i 执行如下运算：

① U_i 计算块标签 $T_{B_i} = H_1(B_i)$ 和一个伪随机值 $E_{B_i} = P(T_{B_i}, i)$；

② U_i 将 E_{B_i} 存储到文件 $\mathcal{F}$ 的布隆过滤器 $\mathrm{BF}_{\mathcal{F}}$ 中，它用来为提供用户文件所有权证明。

最后，U_i 生成最终文件密文 $C_{\mathcal{F}} = (C_1, C_2, T_{\mathcal{F}}, \mathrm{BF}_{\mathcal{F}})$。

（3）Sign：文件加密之后，用户 U_i 将对密文 $C_{\mathcal{F}}$ 进行签名操作，为了保护用户隐私及有效的用户身份追踪，这里我们采用一种特殊的群签名方案，即可追踪签名技术。具体签名过程包括如下运算：

① U_i 随机选择 $r_1, r_2, r_3 \xleftarrow{R} \mathbb{Z}_p$，然后计算 $d_1 = t_i \cdot r_1$，$d_2 = t_i \cdot r_2$，$T_1 = u^{r_1}$，$T_2 = v^{r_2}$，$T_3 = A_i \cdot h^{r_1 + r_2}$，$T_4 = \omega^{r_3}$，$T_5 = e(g_1, T_4)^{x_i}$；

② U_i 随机选择 $b_{r_1}, b_{r_2}, b_{d_1}, b_{d_2}, b_{t_i}, b_{x_i} \in \mathbb{Z}_p$，然后计算 $B_1 = u^{b_{r_1}}$，$B_2 = v^{b_{r_2}}$，$B_3 = T_1^{b_{t_i}} \cdot u^{-b_{d_1}}$，$B_4 = T_2^{b_{t_i}} \cdot v^{-b_{d_2}}$，$B_5 = e(g_1, T_4)^{b_{x_i}}$，$B_6 = e(T_3, g_2)^{b_{t_i}} \cdot e(h, g_2)^{-b_{d_1} - b_{d_2}} \cdot e(h, n)^{-b_{r_1} - B_{r_2}} \cdot e(g_1, g_2)^{-b_{x_i}}$；

③ U_i 计算一个挑战 $c = H(C_{\mathcal{F}}, T_1, \cdots, T_5, B_1, \cdots, B_6)$；

④基于前述的参数，U_i 执行如下计算：

$$s_{r_1} = b_{r_1} + cr_1, \quad s_{r_2} = b_{r_2} + cr_2$$

$$s_{d_1} = b_{d_1} + cd_1 , \quad s_{d_2} = b_{d_2} + cd_2$$

$$s_{x_i} = b_{x_i} + cx_i , \quad s_{t_i} = b_{t_i} + ct_i$$

⑤根据步骤①~④计算的参数，U_i 生成文件 $\mathcal{F}$ 的签名：

$$\sigma = (T_1 , \cdots , T_5 , c , s_{r_1} , s_{r_2} , s_{d_1} , s_{d_2} , s_{x_i} , s_{t_i})$$

（4）File Upload：用户想要上传文件前，首先上传文件标签进行去重检测。如果文件已经存储在云服务器上，则无须再进行上传操作，取而代之的是，云服务器分配一个指向文件的指针给用户。这就大大减轻了用户端的通信开销和服务器端的存储开销。具体算法如下：用户发送文件标签 $T_{\mathcal{F}}$ 给云服务器，收到用户上传请求后，云服务器执行如下运算：

情形一：云服务器上无相同文件副本。用户发送文件密文 $C_{\mathcal{F}}$ 及对应签名 σ 给云服务器。云服务器执行如下签名验证运算，从而确保文件完整性：

①云服务器计算如下：

$$\widetilde{B}_1 = u^{s_{r_1}} \cdot T_1^{-c} , \quad \widetilde{B}_2 = v^{s_{r_2}} \cdot T_2^{-c} , \quad \widetilde{B}_3 = T_1^{s_{t_i}} \cdot u^{-s_{d_1}} ,$$

$$\widetilde{B}_4 = T_2^{s_{t_i}} \cdot v^{-s_{d_2}} , \quad \widetilde{B}_5 = e(g_1 , T_4)^{s_{x_i}} \cdot T_5^{-c} ,$$

$$\widetilde{B}_6 = e(T_3 , g_2)^{s_{t_i}} \cdot e(h , g_2)^{-s_{d_1}-s_{d_2}} \cdot e(h , n)^{-s_{r_1}-s_{r_2}} \cdot e(g_1 , g_2)^{-s_{x_i}}$$

$$\cdot e(T_3 , n)^c \cdot e(m , g_2)^{-c} 。$$

②云服务器验证等式 $c \overset{?}{=} H(C_{\mathcal{F}} , T_1 , \cdots , T_5 , \widetilde{B}_1 , \cdots , \widetilde{B}_6)$。若成立，则存储密文 $C_{\mathcal{F}}$ 及其签名 σ 并返回对应文件链接（File Link）给用户。

情形二：云服务器上已存储相同文件副本。在这种情况下，用户和云服务器要进行双向认证，即用户向云服务器证明其拥有完整的文件密文，而云服务器也要提供存储的密文信息给用户，由用户验证其正确性。首先，用户执行可证明所有权协议（Proof of Ownership），从而确定要上传的文件"真实地"存储在云服务器上。具体而言，云服务器随机选择 κ 个数据块 $B_{k_1} , \cdots , B_{k_\kappa}$ 并发送数据块地址集 $T = \{ k_1 , \cdots , k_\kappa \}$ 给用户进行挑战。用户计算相应的令牌 $T_j = H_1(B_{k_j})$ 并返回给云服务器。最后，云服务器计算 $E_{B_{k_j}} = P(T_j , k_j)$ 并判断其是否属于布隆过滤器 $\mathrm{BF}_{\mathcal{F}}$。若成立，则返回一个文件指针给用户，否则，终止文件上传。

在通过 PoW 检测之后，云服务器计算 $h = H(C_1)$ 并发送 h 和 C_2 给用户。用户通过计算 $K' = C_2 \oplus K_{\mathscr{F}}$ 来重构文件加密密钥，进而通过计算 $H(\text{Enc}(K', \mathscr{F})) \overset{?}{=} h$ 来判断服务器上存储的文件是否正确。若等式成立，用户不再执行文件上传操作，取而代之的是被分配一个指向文件的链接（用来访问密文），否则，用户发送 $\mathscr{F}$ 给群管理员对该文件上传者进行追踪。

（5）User Trace：群管理员通过检查密文的正确性来判断恶意用户。需要注意的是，提交追踪请求的用户也可能是不诚实的。群管理员执行如下步骤：

①群管理员首先计算文件标签 $T' = H(H(\mathscr{F}))$ 并从云服务器上取回相应的密文 $C_{\mathscr{F}} = (C_1, C_2, T_{\mathscr{F}})$。

②群管理员恢复文件加密密钥 $K' = C_2 \oplus H(\mathscr{F})$，然后解密密文获取文件 $\mathscr{F}' = \text{Dec}(K', C_1)$ 并检查等式 $H(\mathscr{F}') \overset{?}{=} H(\mathscr{F})$ 是否成立。若相等，则说明服务器存储的文件是正确的；否则，群管理员将打开签名以揭露文件上传用户的身份。具体步骤如下：

a）群管理员利用自己的私钥 (ξ_1, ξ_2) 计算 $\widetilde{A} = T_3/(T_1^{\xi_1} \cdot T_2^{\xi_2})$ 并从用户列表中找出对应条目 $L_i = (g_1^{x_i}, A_i, t_i)$；

b）群管理员将 $g_1^{x_i}$ 发送给追踪代理者对该用户上传的所有文件进行追踪，即找到所有满足 $e(g_1^{x_k}, T_4) = T_5$ 的签名并返回给群管理员；

c）作为惩罚，群管理员替换不正当密文并删除该用户的所有数据链接。

注：尽管为了实现恶意行为追踪，用户不得不将要上传文件的哈希值暴露给群管理员，但是考虑到云服务器对所有用户来说是可信的，这并不会危害方案安全性。作为一个补充机制，当群用户确认云服务器上存储的文件是正确的，则断定发起追踪请求的用户是不诚实的，该用户将被移出系统。否则，群管理员将恢复所有密文指针通过打开签名。需要说明的是，我们可以同时使用多个追踪代理者对恶意用户的签名进行追踪，提高系统整体效率。

（6）File Retrieve：文件下载过程比较简单，首先用户发送文件链接给云服务器，云服务器执行检索并返回相应的数据密文 $C_{\mathscr{F}}$ 给用户。最后，用户利用自己的收敛密钥 $K_{\mathscr{F}}$ 解密获得明文 $\mathscr{F}$。

4 结论

本文围绕数据可验证存储问题展开叙述。在对最新研究工作总结的基础上，给出了我们所做的部分工作，这些工作对云计算中数据库外包的发展起到促进作用。然而，随着云计算和大数据技术的深度融合，将会出现更多新的安全问题。因此，我们对本文的工作进行简要的展望：

（1）在数据库可审计检索方面，研究用户端计算开销的优化问题。云计算环境下，通常认为用户端计算和存储资源均非常有限。如何设计支持批处理的可验证检索方案是一个值得研究的课题。

（2）在用户可追踪数据去重方面，研究动态群组场景下，如何实现支持用户安全撤销的安全数据去重是一个很有意义的研究点。

（3）在动态数据检索方面，研究支持前/后向安全的对称可搜索加密方案，设计支持数据安全更新的动态可搜索加密方案是未来重要的研究方向。

参考文献

［1］Martín Abadi, Dan Boneh, Ilya Mironov, Ananth Raghunathan, Gil Segev. Message-locked encryption for lock-dependent messages. *Proceedings of the 33rd Annual Cryptology Conference on Advances in Cryptology*, *CRYPTO*' 13, pages 374 – 391, Santa Barbara, CA, USA, 2013. Springer.

［2］Rakesh Agrawal, Jerry Kiernan, Ramakrishnan Srikant, Yirong Xu. Order-preserving encryption for numeric data. *Proceedings of the ACM SIGMOD International Conference on Management of Data* (*SIGMOD*), Paris, France, pages 563–574, 2004.

［3］Amazon. S3. http：//aws. amazon. com/s3/pricing/.

［4］Paul Anderson, Le Zhang. Fast and secure laptop backups with encrypted de-duplication. *Proceedings of the 24th Large Installation System Administration Conference*, *LISA*' 10, San Jose, CA, USA, 2010. USENIX Association.

［5］ Giuseppe Ateniese, Randal C. Burns, Reza Curtmola, Joseph Herring, Lea Kissner, Zachary N. J. Peterson, and Dawn Xiaodong Song. Provable data possession at untrusted stores. *Proceedings of the 14th ACM Conference on Computer and Communications Security, CCS' 07*, pages 598-609, Alexandria, Virginia, USA, 2007. ACM.

［6］ Mihir Bellare, Sriram Keelveedhi. Interactive message-locked encryption and secure deduplication. *Preceedings of the 18th IACR International Conference on Practice and Theory in Public-Key Cryptography, PKC' 15*, pages 516 - 538, Gaithersburg, MD, USA, 2015. Springer.

［7］ Mihir Bellare, Sriram Keelveedhi, Thomas Ristenpart. Message-locked encryption and secure deduplication. *Advances in Cryptology-EUROCRYPT 2013*, pages 296-312. Springer, Athens, Greece, 2013.

［8］ Elisa Bertino, Barbara Carminati, Elena Ferrari, Bhavani M. Thuraisingham, Amar Gupta. Selective and authentic third-party distribution of XML documents. *IEEE Trans. Knowl. Data Eng.*, 16 (10): 1263-1278, 2004.

［9］ Jorge Blasco, Roberto Di Pietro, Agustín Orfila, Alessandro Sorniotti. A tunable proof of ownership scheme for deduplication using bloom filters. *Proceedings of IEEE Conference on Communications and Network Security, CNS' 14*, pages 481-489, San Francisco, CA, USA, 2014. IEEE.

［10］ Alexandra Boldyreva, Nathan Chenette, Younho Lee, Adam O' Neill. Order-preserving symmetric encryption. *Proceedings of the International Conference on Theory and Applications of Cryptographic Techniques (EUROCRYPT' 09)*, pages 224-241, 2009.

［11］ Alexandra Boldyreva, Nathan Chenette, Adam O' Neill. Order-preserving encryption revisited: Improved security analysis and alternative solutions. *Proceedings of the International Conference on Cryptology (CRYPTO) Santa Barbara, USA*, pages 578 - 595, 2011.

［12］ Dan Boneh, Kevin Lewi, Mariana Raykova, Amit Sahai, Mark Zhandry, Joe Zimmerman. Semantically secure order-revealing encryption: Multi-input functional encryption without obfuscation. *Proceedings of the International Conference on Theory and Applications of*

Cryptographic Techniques (*EUROCRYPT*), *Sofia*, *Bulgaria*, pages 563-594, 2015.

[13] Dan Boneh, Amit Sahai, Brent Waters. Functional encryption: Definitions and challenges. *Proceedings of the International Conference on Theory of Cryptography* (*TCC*), *RI*, *USA*, pages 253-273, 2011.

[14] Raphael Bost. ∑ οφος: Forward secure searchable encryption. *Proceedings of the* 2016 *ACM SIGSAC Conference on Computer and Communications Security*, *Vienna*, *Austria*, *October 24-28*, *2016*, pages 1143-1154, 2016.

[15] Raphaël Bost, Brice Minaud, Olga Ohrimenko. Forward and backward private searchable encryption from constrained cryptographic primitives. *Proceedings of the 2017 ACM SIGSAC Conference on Computer and Communications Security*, *CCS' 17*, pages 146 5-1 482. ACM, 2017.

[16] Rajkumar Buyya, Chee Shin Yeo, Srikumar Venugopal, James Broberg, Ivona Brandic. Cloud computing and emerging IT platforms: Vision, hype, and reality for delivering computing as the 5th utility. *Future Generation Comp. Syst.*, 25 (6): 599-616, 2009.

[17] David Cash, Joseph Jaeger, Stanislaw Jarecki, Charanjit S. Jutla, Hugo Krawczyk, Marcel-Catalin Rosu, Michael Steiner. Dynamic searchable encryption in very-large databases: Data structures and implementation. *21st Annual Network and Distributed System Security Symposium*, *NDSS 2014*, *San Diego*, *California*, *USA*, *February 23-26*, 2014, 2014.

[18] David Cash, Stanislaw Jarecki, Charanjit S. Jutla, Hugo Krawczyk, Marcel-Catalin Rosu, Michael Steiner. Highly-scalable searchable symmetric encryption with support for boolean queries. In *CRYPTO 2013*, volume 8042 *of LNCS*, pages 353 – 373. Springer, 2013.

[19] Qi Chai, Guang Gong. Verifiable symmetric searchable encryption for semi-honest-but-curious cloud servers. *Proceedings of IEEE International Conference on Communications*, *ICC' 12*, pages 917-922, Ottawa, ON, Canada, 2012. IEEE.

[20] Xiaofeng Chen, Jin Li, Jianfeng Ma, Qiang Tang, Wenjing Lou. New algorithms for secure outsourcing of modular exponentiations. *IEEE Trans. Parallel Distrib. Syst.*, 25 (9): 2386-2396, 2014.

[21] Nathan Chenette, Kevin Lewi, Stephen A. Weis, David J. Wu. Practical order-revealing encryption with limited leakage. *Proceedings of the International Conference on Fast Software Encryption*, *FSE' 16*, pages 474–493, 2016.

[22] Seung Geol Choi, Kunsoo Park, Moti Yung. Short traceable signatures based on bilinear pairings. *Proceedings of 1st International Workshop on Security Advances in Information and Computer Security*, *IWSEC' 06*, pages 88–103, Kyoto, Japan, 2006. Springer.

[23] Landon P. Cox, Christopher D. Murray, Brian D. Noble. Pastiche: Making backup cheap and easy. *Proceedings of the 5th Symposium on Operating System Design and Implementation OSDI' 02*, Boston, 2002. USENIX.

[24] Reza Curtmola, Juan A. Garay, Seny Kamara, Rafail Ostrovsky. Searchable symmetric encryption: improved definitions and efficient constructions. *Proceedings of the 13th ACM Conference on Computer and Communications Security*, *CCS' 06*, pages 79–88, 2006.

[25] Premkumar T. Devanbu, Michael Gertz, Charles U. Martel, Stuart G. Stubblebine. Authentic third-party data publication. *Procdings of IFIP TC11/ WG11. 3 Fourteenth Annual Working Conference on Database Security*, *DBSec' 00*, pages 101–112, Schoorl, The Netherlands, 2000.

[26] Premkumar T. Devanbu, Michael Gertz, Charles U. Martel, StuartG. Stubblebine. Authentic data publication over the internet. *Journal of Computer Security*, 11 (3): 291–314, 2003.

[27] John R Douceur, Atul Adya, William J Bolosky, Dan Simon, Marvin Theimer. Reclaiming space from duplicate files in a serverless distributed file system. *Proceedings of the 22nd International Conference on Distributed Computing Systems ICDCS' 02*, pages 617–624, Vienna, 2002. IEEE.

[28] Yitao Duan. Distributed key generation for encrypted deduplication: Achieving the strongest privacy. *Proceedings of the 6th edition of the ACM Workshop on Cloud Computing Security*, *CCSW '14*, pages 57–68. ACM, 2014.

[29] James Dyer, Martin Dyer, Jie Xu. Order-preserving encryption using approximate integer common divisors. *Proceedings of the European Symposium Workshops on Research in*

Computer Security (ESORICS), Oslo, Norway, pages 257–274, 2017.

[30] C. Christopher Erway, Alptekin Küpçü, Charalampos Papamanthou, Roberto Tamassia. Dynamic provable data possession. *Proceedings of the 16th ACM Conference on Computer and Communications Security*, *CCS'09*, pages 213–222, Chicago, Illinois, USA, 2009. ACM.

[31] Sergei Evdokimov, Oliver Günther. Encryption techniques for secure database outsourcing. *Proceedings of the 12th European Symposium On Research In Computer Security Computer Security*, *ESORICS'07*, pages 327–342, Dresden, Germany, 2007. Springer.

[32] Sanjam Garg, Craig Gentry, Shai Halevi, Mariana Raykova, Amit Sahai, Brent Waters. Candidate indistinguishability obfuscation and functional encryption for all circuits. *SIAM Journal on Computing*, 45 (3): 882–929, 2016.

[33] Eu-Jin Goh. Secure indexes. *IACR Cryptology ePrint Archive*, 2003: 216, 2003.

[34] Philippe Golle, Ilya Mironov. Uncheatable distributed computations. *Proceedings of The Cryptographer's Track at RSA Conference* 2001, *CT–RSA'01*, pages 425–440, San Francisco, CA, USA, 2001. Springer.

[35] Lorena González-Manzano, Agustín Orfila. An efficient confidentiality-preserving proof of ownership for deduplication. *J. Network and Computer Applications*, 50: 49–59, 2015.

[36] Hakan Hacigümüs, Balakrishna R. Iyer, Chen Li, Sharad Mehrotra. Executing SQL over encrypted data in the database-service-provider model. *Proceedings of the* 2002 *ACM SIGMOD International Conference on Management of Data*, *SIGMOD'02*, pages 216–227, Madison, Wisconsin, 2002. ACM.

[37] Hakan Hacigümüs, Sharad Mehrotra, Balakrishna R. Iyer. Providing database as a service. *Proceedings of the 18th International Conference on Data Engineering*, *ICDE'02*, pages 29–38, San Jose, CA, USA, 2002. IEEE.

[38] Shai Halevi, Danny Harnik, Benny Pinkas, Alexandra Shulman-Peleg. Proofs of ownership in remote storage systems. *Proceedings of the 18th ACM Conference on Computer and Communications Security*, *CCS'11*, pages 491–500, Chicago, Illinois, USA, 2011. ACM.

[39] Zhuo Hao, Sheng Zhong, Nenghai Yu. A privacy-preserving remote data integrity checking protocol with data dynamics and public verifiability. *IEEE Trans. Knowl. Data Eng.*,

23 (9): 1432-1437, 2011.

[40] Danny Harnik, Benny Pinkas, Alexandra Shulman-Peleg. Side channels in cloud services: Deduplication in cloud storage. *IEEE Security & Privacy*, 8 (6): 40-47, 2010.

[41] Ari Juels, Burton S. Kaliski Jr. Pors: Proofs of retrievability for large files. *Proceedings of the 14th ACM Conference on Computer and Communications Security*, *CCS' 07*, pages 584-597, Alexandria, Virginia, USA, 2007. ACM. 34

[42] Seny Kamara, Charalampos Papamanthou. Parallel and dynamic searchable symmetric encryption. *Financial Cryptography and Data Security-17th International Conference*, *FC* 2013, *Okinawa*, *Japan*, *April 1-5*, 2013, *Revised Selected Papers*, pages 258-274, 2013.

[43] Seny Kamara, Charalampos Papamanthou, Tom Roeder. Dynamic searchable symmetric encryption. *ACM Conference on Computer and Communications Security*, *CCS' 12*, *Raleigh*, *NC*, *USA*, *October 2012*, *16-18*, pages 965-976, 2012.

[44] Sriram Keelveedhi, Mihir Bellare, Thomas Ristenpart. Dupless: Server-aided encryption for deduplicated storage. *Proceedings of the 22th USENIX Security Symposium*, pages 179-194. USENIX Association, 2013.

[45] Florian Kerschbaum. Frequency-hiding order-preserving encryption. *Proceedings of the ACM SIGSAC Conference on Computer and Communications Security (CCS)*, *Denver*, *USA*, pages 656-667, 2015.

[46] Aggelos Kiayias, Yiannis Tsiounis, Moti Yung. Traceable signatures. *Advances in Cryptology*, *EUROCRYPT04*, pages 571-589, Interlaken, Switzerland, 2004. Springer.

[47] Vladimir Kolesnikov, Abdullatif Shikfa. On the limits of privacy provided by order-preserving encryption. *Bell Labs Technical Journal*, 17 (3): 135-146, 2012.

[48] Seungmin Lee, Tae-Jun Park, Donghyeok Lee, Taekyong Nam, Sehun Kim. Chaotic order preserving encryption for efficient and secure queries on databases. *IEICE Transactions on Information and Systems*, 92 (11): 2207-2217, 2009.

[49] Kevin Lewi, David J. Wu. Order-revealing encryption: New constructions, applications, and lower bounds. *Proceedings of the ACM SIGSAC Conference on Computer and Communications Security (CCS)*, *Vienna*, *Austria*, *pages*1167-1178, 2016.

［50］Feifei Li, Marios Hadjieleftheriou, George Kollios, Leonid Reyzin. Dynamic authenticated index structures for outsourced databases. *Proceedings of the ACM SIGMOD International Conference on Management of Data*, *SIGMOD' 06*, pages 121-132, Chicago, Illinois, USA, 2006. ACM.

［51］Jin Li, Xiaofeng Chen, Mingqiang Li, Jingwei Li, Patrick P. C. Lee, Wenjing Lou. Secure deduplication with efficient and reliable convergent key management. *IEEE Trans. Parallel Distrib. Syst.*, 25 (6): 1615-1625, 2014.

［52］Jin Li, Yan Kit Li, Xiaofeng Chen, Patrick P. C. Lee, Wenjing Lou. A hybrid cloud approach for secure authorized deduplication. *IEEE Trans. Parallel Distrib. Syst.*, 26 (5): 1206-1216, 2015.

［53］Di Ma, Robert H. Deng, HweeHwa Pang, Jianying Zhou. Authenticating query results in data publishing. *Proceedings of the 7th International Conference on Information and Communications Security*, *ICICS' 05*, pages 376-388, Beijing, China, 2005. Springer.

［54］Meixia Miao, Jianfeng Wang, Hui Li, Xiaofeng Chen. Secure multi-server-aided data deduplication in cloud computing. *Pervasive and Mobile Computing*, 24: 129-137, 2015.

［55］Kyriakos Mouratidis, Dimitris Sacharidis, HweeHwa Pang. Partially materialized digest scheme: An efficient verification method for outsourced databases. *VLDB J.*, 18 (1): 363-381, 2009.

［56］Einar Mykletun, Maithili Narasimha, Gene Tsudik. Signature bouquets: Immutability for aggregated/condensed signatures. *Proceedings of the 9th European Symposium on Research Computer Security*, *ESORICS' 04*, pages 160-176, Sophia Antipolis, France, 2004. Springer.

［57］Einar Mykletun, Maithili Narasimha, Gene Tsudik. Authentication and integrity in outsourced databases. *ACM Transactions on Storage*, 2 (2): 107-138, 2006.

［58］Maithili Narasimha, Gene Tsudik. Authentication of outsourced databases using signature aggregation and chaining. *Proceedings of the 11th International Conference on Database Systems for Advanced Applications*, *DASFAA' 06*, pages 420-436, Singapore, 2006. Springer.

［59］HweeHwa Pang, Arpit Jain, Krithi Ramamritham, Kian-Lee Tan. Verifying completeness of relational query results in data publishing. *Proceedings of the ACM SIGMOD International Conference on Management of Data*, *ICDE' 05*, pages 407-418, Baltimore, Maryland, USA, 2005. ACM.

[60] HweeHwa Pang, Kian-Lee Tan. Authenticating query results in edge computing. *Proceedings of the 20th International Conference on Data Engineering*, *ICDE' 04*, pages 560-571, Boston, MA, USA, 2004. IEEE.

[61] HweeHwa Pang, Jilian Zhang, Kyriakos Mouratidis. Scalable verification for outsourced dynamic databases. *PVLDB*, 2 (1): 802-813, 2009.

[62] Roberto Di Pietro, Alessandro Sorniotti. Boosting efficiency and security in proof of ownership for deduplication. *Proceedings of the 7th ACM Symposium on Information*, *Compuer and Communications Security*, *ASIACCS' 12*, pages 81-82, Seoul, Korea, 2012. ACM.

[63] Raluca A. Popa, Frank H. Li, Nickolai Zeldovich. An ideal-security protocol for order-preserving encoding. *Proceedings of the Symposium on Security and Privacy (SP) Berkeley*, *USA*, pages 463-477, 2013.

[64] Daniel S. Roche, Daniel Apon, Seung Geol Choi, Arkady Yerukhimovich. POPE: partial order preserving encoding. *Proceedings of the ACM SIGSAC Conference on Computer and Communications Security (CCS)*, *Vienna*, *Austria*, pages 1131-1142, 2016.

[65] Radu Sion. Query execution assurance for outsourced databases. *Proceedings of the 31st International Conference on Very Large Data Bases*, *VLDB' 05*, pages 601 - 612, Trondheim, Norway, 2005. ACM.

[66] Dawn Xiaodong Song, David A. Wagner, Adrian Perrig. Practical techniques for searches on encrypted data. *2000 IEEE Symposium on Security and Privacy*, *SP' 00*, pages 44-55. Springer, 2000.

[67] X. Song, C. Dong, D. Yuan, Q. Xu, M. Zhao. Forward private searchable symmetric encryption with optimized i/o efficiency. *IEEE Transactions on Dependable and Secure Computing*, pages 1-1, 2018.

[68] Xiangfu Song, Changyu Dong, Dandan Yuan, Qiuliang Xu, Minghao Zhao. Forward private searchable symmetric encryption with optimized i/o efficiency. *IEEE Transactions*

on Dependable and Secure Computing, 2018.

［69］Jan Stanek, Alessandro Sorniotti, Elli Androulaki, Lukas Kencl. A secure data deduplication scheme for cloud storage. *Proceedings of the* 18*th International Conference on Financial Cryptography and Data Security*, *FC'14*, pages 99–118, Christ Church, Barbados, 2014. Springer.

［70］Emil Stefanov, Charalampos Papamanthou, Elaine Shi. Practical dynamic searchable encryption with small leakage. *21st Annual Network and Distributed System Security Symposium*, *NDSS* 2014, *San Diego*, *California*, *USA*, *February 23-26*, *2014*, 2014.

［71］Mark W. Storer, Kevin M. Greenan, Darrell D. E. Long, EthanL. Miller. Secure data deduplication. *Proceedings of the* 2008 *ACM Workshop On Storage Security And Survivability*, *StorageSS'08*, pages 1–10, Alexandria, VA, USA, 2008.

［72］Shifeng Sun, Joseph K. Liu, Amin Sakzad, Ron Steinfeld, Tsz Hon Yuen. An efficient non-interactive multiclient searchable encryption with support for boolean queries. *Proceedings of the 21st European Symposium on Research in Computer Security*, *ESORICS'16*, volume 9878 of *LNCS*, pages 154–172. Springer, 2016.

［73］Brian Thompson, Stuart Haber, William G. Horne, Tomas Sander, Danfeng Yao. Privacy-preserving computation and verification of aggregate queries on outsourced databases. *Proceedings of the* 9*th International Symposium on Privacy Enhancing Technologies*, *PETS'09*, pages 185–201, Seattle, WA, USA, 2009. Springer.

［74］Vernon Turner, John F Gantz, David Reinsel, Stephen Minton. The digital universe of opportunities: Rich data and the increasing value of the internet of things. *IDC Analyze the Future*, 16, 2014.

［75］Cong Wang, Sherman S. M. Chow, Qian Wang, Kui Ren, Wenjing Lou. Privacy-preserving public auditing for secure cloud storage. *IEEE Trans. Computers*, 62（2）: 362 – 375, 2013.

［76］Cong Wang, Qian Wang, Kui Ren, Wenjing Lou. Privacy-preserving public auditing for data storage security in cloud computing. *Proceedings of the 29th IEEE International Conference on Computer Communications*, *INFOCOM'10*, pages 525–533, San Diego, CA,

USA，2010. IEEE.

［77］ Qian Wang，Cong Wang，Kui Ren，Wenjing Lou，Jin Li. Enabling public audit-ability and data dynamics for storage security in cloud computing. *IEEE Trans. Parallel Distrib. Syst.*，22（5）：847-859，2011.

［78］ Xingchen Wang，Yunlei Zhao. Order-revealing encryption：File-injection attack and forward security. *IACR Cryptology ePrint Archive*，2018：414，2018.

［79］ Zooko Wilcox-O'Hearn，Brian Warner. Tahoe：The leastauthority filesystem. *Proceedings of the 2008 ACM Workshop On Storage Security and Survivability，StorageSS'08）*，pages 21-26，Alexandria，Virginia，USA，2008. ACM.

［80］ Min Xie，Haixun Wang，Jian Yin，Xiaofeng Meng. Integrity auditing of outsourc ed data. *Proceedings of the 33rd International Conference on Very Large Data Bases，VLDB'07*，pages 782-793，Vienna，Austria，2007. ACM.

［81］ Jia Xu，Ee-Chien Chang，Jianying Zhou. Weak leakage-resilient client-side dedu-plication of encrypted data in cloud storage. *Proceedings of the 8th ACM Symposium on Informa-tion，Computer and Communications Security，ASIA CCS'13*，pages 195-206. ACM，2013.

［82］ Jiawei Yuan，Shucheng Yu. Flexible and publicly verifiable aggregation query for outsourced databases in cloud. （Proceedings of IEEE Conference on Communications and Net-work Security，CNS'*13*），pages 520-524，National Harbor，MD，USA，2013. IEEE.

［83］ Yupeng Zhang，Jonathan Katz，Charalampos Papamanthou. All your queries are belong to us：The Power of file-injection attacks on searchable encryption. *25th USENIX Security Symposium，USENIX Security 16，Austin，TX，USA，August 10-12，2016.*，pages 707-720，2016.

［84］ Yan Zhu，Gail-Joon Ahn，Hongxin Hu，Stephen S. Yau，Ho G. An，Changjun Hu. Dynamic audit services for outsourced storages in clouds. *IEEE Trans. Services Computing*，6（2）：227-238，2013.

［85］ Dan Boneh，Giovanni Di Crescenzo，Rafail Ostrovsky，Giuseppe Persiano. Public Key Encryption with Keyword Search. Eurocrypt'04，volume of 3027 LNCS，pages 506-522，Springer，2004.

量子保密查询

——一种新型实用量子密码协议

刘斌

（重庆大学，重庆，400044）

[**摘要**] 对称保密信息获取是一种重要的信息查询问题，它能够同时保护用户和数据库双方的隐私。具体而言，在对数据的查询过程中，用户仅能得到他所查询的特定条目，无法获得数据库的其他信息；同时数据库也无法知道用户查询了哪些条目。经典的此类协议往往是基于公钥密码体制的，因此只能提供计算安全性。量子技术的引入不但能够提高此类问题的安全性，还可以有效降低计算复杂度和通信复杂度。量子版本的对称保密信息获取协议通常被称为量子保密查询。其中，利用量子密钥分发技术实现的量子保密查询以实现难度低、能够更好地保护用户隐私等特点引起了学者们的广泛关注。本文将对量子保密查询，特别是基于量子密钥分发的量子保密查询这一密码学领域的新进展进行综述性汇报。

[**关键词**] 对称保密信息获取；量子保密查询；量子密钥分发

Quantum Private Query

——A new type of practical quantum cryptographic protocol

Liu Bin

（Chongqing University，Chongqing，400044）

[**Abstract**] Symmetrically private information retrieval is a kind of cryptographic protocols to protect both the database's and the user's privacies in their communication. For instance, a user wants to buy one item from the database. The aim of symmetrically private information retrieval is to ensure that the user can get only one item from the database, and simultaneously, the database cannot know which one was taken by the user. In classical cryptography, the above task is usually achieved based on the public-key system, therefore, they can only achieve computational security. Quantum technology can not only improve the security of the symmetrically private information retrieval problem, but also reduce both the communication complexity and the computation complexity. The quantum version of symmetrically private information retrieval problem is called quantum private query. The quantum-key-distribution-based quantum private query has the advantages of low implementation difficulty, better performance on user's security and so on. Therefore, more and more scholar start their researches on it. In this paper, we give a summary report on the quantum private query, especially the practical process of the quantum-key-distribution-based quantum private query.

[**Keywords**] Symmetrically private information retrieval; Quantum private query; Quantumkey distribution

1 介绍

在信息时代，信息是一种重要的资源，对信息的查询、处理和交易无时无刻不在发生。有一类特殊的信息获取问题需要在数据查询过程中同时保护数据库和用户双方的隐私。假设 Bob 有一个包含 N 个条目的秘密数据库，其中每个条目都是一条有价值且敏感的消息，他会将这些消息售予他人；而用户（假设为 Alice）想从 Bob 那里购买一个条目，而且她知道数据库中这个条目的地址。而在交易过程中，Alice 不希望 Bob 知道自己查询了哪个条目；同时 Bob 也不希望 Alice 获得更多的数据库信息。以上问题就是对称信息获取（Symmetrically Private Information Retrieval, SPIR）[1]问题。理想的 SPIR 协议既要保证用户隐私性，确保 Bob 不能知道哪个条目被 Alice 查询；同时还要保证数据库安全性，防止 Alice 获得任何其他条目。密码学中的 N 对 1 不经意传输（Oblivious Transfer, OT）[2]与 SPIR 问题极为相似。然而在具体应用中二者的侧重点也有不同，OT 侧重于安全性的考虑，SPIR 则侧重于实现更低的通信复杂度。在实际应用中为了实现低通信复杂度，在 SPIR 方案中通常使用多个数据库。然而经典的 SPIR 协议大多是基于公钥密码体制设计的，只能实现计算安全性，大部分协议无法抵抗量子计算的威胁。

量子力学一方面给密码学带来挑战，而另一方面它有可能为我们的通信带来信息论安全性，这在设计量子密钥分发（Quantum Key Distribution，QKD）协议时已被证明。于是，人们开始设计量子 SPIR 或量子 OT 协议以追求更高的安全性。作为一种新型的协议，量子保密查询（Quantum Private Query，QPQ）处理与 SPIR 或 OT 类似的问题，但其安全性要求进行了放松：对于用户隐私的保护是一种欺骗敏感（Cheating Sensitive）[3]的形式，也就是说，通过攻击数据库有可能会知道用户在传输后访问的地址，但是这样的攻击有一定概率会被用户发现；在数据库安全性方面，用户通过攻击可以获得更多的查询条目，但是他可以获得的条目的总数是严格限制的。

进行上述安全性要求放松的原因是，无条件安全的两方安全计算方案也不存在[4]。也就是说，无法满足实现 OT 的理想条件。然而，上述宽松的安全性要求使得 QPQ 成为可能。关于 QPQ 自身的安全性，应强调以下两个事实：（1）QPQ 的安全性虽然理论上不够理想，但在实际应用中是合理的。例如，数据库不会尝试获取用户访问的地址以维持良好的信誉，并且数据库不担心用户的攻击，因为他可以根据用户可以获得的消息数量的上限估计他的消息的合适价格。（2）还应该强调的是，QPQ 的安全性建立在物理定律之上，这与基于数学困难问题的经典密码有所不同。这也为将来抵御量子计算机攻击提供了更多的选项。

2008 年，Giovannetti 等人提出了第一个量子保密查询协议[5,6]，其中整个数据库被编码为一个幺正操作，称为 Oracle，并在两个即将到来的查询状态中执行。与以往的 SPIR 方案相比，该 QPQ 协议在通信复杂度和运行时计算复杂度上都呈指数级降低。随后，Martini 等[7]和 Wang 等[8]报道了原理验证实验。2011 年，Olejnik 设计了只需要一个查询状态的 QPQ 协议[9]，然而该协议仅证明了用户隐私的安全性，只能称之为保密信息获取（Private Information Retrieval，PIR）协议。我们称以上这种协议为基于 Oracle 的 QPQ。

虽然基于 Oracle 的 QPQ 协议在理论上具有明显的优势，但由于以下两个原因，它们很难实现。一方面，在涉及大型数据库时，么正操作的维度会非常高。另一方面，如果考虑到实际量子信道中信号丢失现象（数据库可以直接测量接收到的查询状态，获得用户的隐私，但是声称这些量子信号丢失），则协议不再安全。为了解决这个问题，Jakobi 等人给出了一个基于量子不经意密钥传输（Quantum Oblivious Key Transfer，QOKT）的新型 QPQ 协议[10]。该协议涉及的量子态和测量基与 BB84 QKD 协议中的相同，并且可以容忍信道损失，这使得在现有技术中实现成为可能。在此之后，人们对这个问题倍加关注，并提出了很多类似的协议。我们称这种协议为基于 QOKT 的量子保密查询协议（QOKT-PQ）。

本文将对 QOKT-PQ 的研究进展进行前沿报道。

2　主要协议及其改进

在本章中，我们介绍最先提出的部分 QOKT-PQ 协议，包括 Jakobi 等人的协议（J 协议）及其两个改进。需要指出的是，在大多数 QOKT-PQ 协议中有两个假设：（1）如果数据库采取了窃取用户隐私的操作，该操作导致用户从数据库得到错误的信息，数据库的攻击就会被发现，因为用户可以多次查询或者从别的数据查询来对比结果；（2）数据库中的每个条目只包含 1 位，对于多位构成条目的情况，保密查询的任务可以通过多次执行协议来实现。而协议的过程基本都可以分为 3 个阶段。

2.1　J 协议

本节主要介绍 J 协议。假设数据库总共有 N 个条目，J 协议的过程包括以下 3 个阶段。

（1）初始不经意密钥分发

a）数据库（Bob）向用户（Alice）发送光子序列，其中每个光子随机地从四个状态中选择 $\{|0\rangle, |1\rangle, |+\rangle, |-\rangle\}$。这里，$|0\rangle$ 和 $|1\rangle$ 表示0，$|+\rangle$ 和 $|-\rangle$ 表示1。

b）对于接收到的每个光子，Alice 随机选择 $\{|0\rangle, |1\rangle\}$ 和 $\{|+\rangle, |-\rangle\}$ 中的一组基进行测量。然后她宣布哪些光子没有被探测器接收到。

c）对于 Alice 接收到的每个光子，Bob 声明一对量子态，其中一个为该光子的正

确的制备态，另一个为另一组基下的一个随机量子态，如 $\{|0\rangle, |+\rangle\}$, $\{|0\rangle, |-\rangle\}$, $\{|1\rangle, |+\rangle\}$ 或 $\{|1\rangle, |-\rangle\}$。例如，如果光子的状态是 $|0\rangle$，Bob 可能会随机声明 $\{|0\rangle, |+\rangle\}$ 或 $\{|0\rangle, |-\rangle\}$。

d）Alice 根据她的测量结果和 Bob 的声明，推断出每个 Bob 发送光子所代表的经典比特。例如，当 Alice 通过选择基 $\{|+\rangle, |-\rangle\}$ 获得 $|-\rangle$，Bob 的声明是 $\{|0\rangle, |+\rangle\}$，时，她知道光子的状态为 $|0\rangle$，对应的比特为 0。不难看出，Alice 以概率 $p = 1/4$ 获得确定的结果（即明确知道该比特），而以概率 3/4 获得不确定的结果。通过这种方式，对于 Alice 收到的每个光子，Alice 和 Bob 将比特记录下来。这里我们假设有足够的光子被传输，并且它们获得长度为 kN 的初始不经意密钥（这里 k 是一个整数，其值将在稍后给出），其中 Bob 知道每个比特，而 Alice 仅以 1/4 的概率知道；但 Bob 不知道 Alice 获得了哪些比特。

（2）经典后处理

Alice 和 Bob 将初始不经意密钥分成长度为 N 的 k 个子串，并将这些子串按位异或，以便将 Alice 的已知比特数量减少到大约 1。这个过程称为蒸馏（见图 1）。通过蒸馏过程得到的比特串就是最终不经意密钥。不难看出，最终不经意密钥中 Alice 的已知比特的平均数量为 $\bar{n} = Np^k$。需要注意的是，Alice 最终可能获得 0 个密钥位，这种情况以概率 $P_0 = [1 - p^k]^N \approx e^{-\bar{n}}$ 发生，并暗示密钥分发任务失败。在这种情况下，Alice 将通知 Bob 这个事实，并要求 Bob 重复上述步骤以建立新密钥。通过选择合适的 k，Alice 和 Bob 可以使 $\bar{n}$ 略大于 1，并且 P_0 非常小（见表 1）。

0	?	1	?	?	1	?	0

+

?	?	1	0	?	0	1	?

?	?	0	?	?	1	?	?

注：问号象征 Alice 的未知位。总的比特串中已知位的比例明显低于初始字符串中的比例。

图 1　初始不经意密钥蒸馏示意图

表1　不同 N 的参数

N	10^3	5×10^3	10^4	5×10^4	10^5	10^6
k	4	5	6	7	7	9
P_0	0.020	0.008	0.087	0.047	0.002	0.022
$\bar{n}$	3.91	4.88	2.44	3.05	6.10	3.81

（3）保密查询

不失一般性，假设 Alice 知道最终密钥中的第 j 位，并想要检索 Bob 数据库中的第 i 项。Alice 声明一个移位值 $s=j-i$。然后 Alice 和 Bob 同时将手中的最终不经意密钥移动 s 位。然后 Bob 用手中的密钥加密他的数据库（显然 Alice 的已知密钥将用于加密她想要的条目），并将整个加密数据库发送给 Alice。Alice 用她已知的密钥位来解密她想要的条目。

实际上，J 协议利用了 SARG04 QKD 协议[11] 的变体来建立初始不经意密钥。在 QKD 中，只有 Alice 获得确定性结果的比特被记录为密钥，而这里由 Alice 成功接收的光子携带的所有比特构成密钥。J 协议有一个潜在的优点，就是实用性强。一方面，不管 Bob 的数据库有多大，它都利用了 BB84 QKD 中的状态和测量结果，这一点很容易用现有技术实现。另一方面，J 协议完全是容错的。如果 Alice 假装没有收到某个光子，那么她就无法获得有关该密钥的更多信息。这是因为在 2.1（1）的步骤 b）中对光子进行测量之后，Alice 仍然没有关于她测量结果的确切性的信息。

另一方面，J 协议对用户隐私的保护更好。在基于 Oracle 的 QPQ 协议中[5-9]，如果数据库不计后果地窃取用户隐私，总能成功或者以很大的概率成功；而在 J 协议中，即使数据库不计后果地想要窃取用户隐私，他也得不到用户的确切隐私，只能得到一些概率上的信息。同时，这种攻击也是欺骗敏感的：如果数据库试图获得用户的隐私，即用户查询条目的索引，他将失去用户的密钥位的比特值。这意味着他可能会对用户的查询给出错误的答案。即数据库的攻击将被用户以非零概率发现。此外，J 协议也能很好地保护数据安全。用户可以在 2.1（1）的步骤 c）中存储接收到的光子，并在步骤 c）中通知 Bob 之后，对其进行明确的状态判别（USD）测量。在个体攻击中，Alice 获得关键位的概率增加到大约 0.29，仅略高于步骤 b）中的诚实测量的 0.25，并且对数据库的安全性的影响有限。在联合攻击的情况下，Alice 试图根据 Bob 的声明来区分所有 k 个光子的全部状态，Alice 非法获得的额外条目的数量也是有限的[10]。此外，还应注意以下两点：（1）对于获得不确定结果的密钥比特，Alice 也可以获得关于相应密钥位的部分信息。但是这些信息在后期处理阶段可以被蒸馏到可忽略的水平。（2）Alice 可能获得多于 1 位密钥的威胁并不严重，因为 Alice 可能对她获得的额外条目不感兴趣（注意这些额外条目的索引根本不在 Alice 的控制之下）。

2.2 两个改进的协议

2.2.1 更为灵活的协议

在 J 协议中，在数据库大小 N 不同的情况下，k 的值将被动地确定，并且平均获得的条目数量 $\bar{n}$ 和失败概率 P_0。事实上，用户可能更乐意为不同的 N 获得固定的 $\bar{n}$ 值，并且固定的 k 也会被要求与后期处理兼容（如，如果使用某个错误修正代码，k 应该等于代码长度）。此外，有时在 J 协议中，$\bar{n}$ 和 P_0 的值不能同时令人满意。例如，当 $N = 10^5$ 时，建议 $k = 7$，然后 $\bar{n} = 6.10$，这意味着用户平均将得到 6 条数据库信息，而理想值仅仅是 1。如果用户选择 $k = 8$ 来获得更小的 $\bar{n}$（即 $\bar{n} = 1.53$），那么失败概率又变得太高了（$P_0 = 0.217$）。

为了解决上述问题，Gao 等人在 J 协议中引入了一个新的参数 θ，使其非常灵活（详细协议过程及安全性分析见附录 A）[12]。具体而言，Bob 的载体状态 $\{|0\rangle, |1\rangle, |+\rangle, |-\rangle\}$ 替换为 $\{|0\rangle, |1\rangle, |0'\rangle, |1'\rangle\}$，其中 $|0'\rangle = \cos\theta|0\rangle + \sin\theta|1\rangle$，$|1'\rangle = \sin\theta|0\rangle - \cos\theta|1\rangle$，并且 Alice 的测量基变为了 $\{|0\rangle, |1\rangle\}$ 和 $\{|0'\rangle, |1'\rangle\}$。在 Bob 声明的帮助下，Alice 根据她的测量结果区分是 $\{|0\rangle, |0'\rangle\}$ 还是 $\{|1\rangle, |1'\rangle\}$，这与 B92 QKD 协议类似[13]。

在改进的协议中，$\bar{n} = Np^k$，$P_0 = (1 - p^k)^N$，其中 $p = (\sin^2\theta)/2$ 是 Alice 获得确定结果的概率。显然，通过调整 θ 的值，可以很容易地在任意 N 的情况下同时获得令人满意的 $\bar{n}$ 和 P_0（表 2 给出了对于不同的 N，同时获得 $\bar{n} = 3$ 和 $P_0 \approx 0.05$ 的例子）。更重要的是，它为后期处理带来了极大的便利，特别是纠错，因为 $\bar{n}$ 和 k 都可以取任意 N 对应的任意的固定值。另外，通过选择一个小的 θ，k 也变得很小，因此通信的复杂度将明显降低。由于上述优点，Chan 等人[14]在部署的光纤上演示了这种改进的协议，并且已经在该领域中的相关进展中被采用。

表 2 对于不同的 N，可以选择参数使得 $\bar{n} = 3$ 和 $\boldsymbol{P_0 \approx 0.05}$

N	10^3	5×10^3	10^4	5×10^4	10^5	10^6
k	2	2	3	3	3	4
θ	0.337	0.223	0.375	0.284	0.252	0.293

2.2.2 更为高效的蒸馏方案

J 协议中的蒸馏过程是一种 $kN \to N$ 方法，即它将长度为 kN 的初始密钥转换为 N 位最终密钥。假设 kN 位的初始不经意密钥被表示为：$O^R = O_1^R O_2^R O_3^R \cdots O_{kN}^R$，$N$ 位最终密钥为 $O^F = O_1^F O_2^F O_3^F \cdots O_N^F$。在这种方法中，$O^R$ 和 O^F 之间的关系可以描述为：

$$O_i^F = \oplus_{j=0}^{k-1} O_{i+jN}^R, \ 1 \leqslant i \leqslant N \tag{1}$$

其中 $\oplus$ 表示以 2 为模的加法。不难看出，要获得每个最终密钥的 k 位都需要初始密钥位。因此，通信效率低。

为了提高效率，Rao 和 Jakobi 提出了两种新的蒸馏方案，即 $N \to N$ 方法和 $rM \to N$ 方法[15]。在 $N \to N$ 方法中，只需要一个 N 位的初始密钥，即 $O^R = O_1^R O_2^R O_3^R \cdots O_N^R$，得到一个 N 位的最终密钥 $O^F = O_1^F O_2^F O_3^F \cdots O_N^F$，蒸馏过程为：

$$O_i^F = \oplus_{j=i}^{i+k-1 \bmod N} O_j^R, \ 1 \leqslant i \leqslant N \tag{2}$$

显然，每一个原始的密钥位都被重复使用 $k-1$ 次，即它有助于 k 个最终密钥位。同样，在 $rM \to N$ 方法中，每个初始密钥位被重复使用多次，因此 rM 初始密钥位足以获得 N 位最终密钥（$rM \ll N$）。这里我们不详细重写这个方法。总之，采用了新的改进蒸馏方法，协议的通信复杂度将大大降低。

虽然 J 协议及其改进在实用性方面具有吸引力，但在可用性、理论安全性和实际安全性等方面仍存在不少重要问题。接下来，我们将对这些问题的研究进展进行总结。

3 实用性的研究进展

3.1 纠错

除了 QKD 之外，多数其他量子密码协议往往需要制备纠缠态或者对量子态进行存储等现阶段难以实现的技术。而 QOKT-PQ 协议使用与 BB84 协议相同的量子态和量子测量，具有在当前技术条件下实际实现的潜力。实际上，J 协议在实际应用中也存在一些问题，很多学者针对这些问题给出了改进策略。其中关键的一点是，J 协议没有给出实际条件下不经意密钥的纠错方案。

众所周知，在实际应用中，信道噪声会导致用户和数据库之间共享密钥的错误。最终密钥中有一个错误位，意味着用户会支付钱，却从数据库那里得到错误的内容，这显然对用户不公平。此外，当用户发现购买的内容是错误的，会认为数据库是在欺骗，因此数据库的信誉也会受到不利影响。因此，就像 QKD 一样，QPQ 过程也需要纠错。然而，对不经意密钥执行错误校正与 QKD 非常不同。困难在于，为了纠正错误，数据库必须向用户声明关于密钥的附加信息，从而使用户有机会非法获取比预期更多的密钥。Gao 等人在 2015 年提出了 QOKT-PQ 的纠错方案，其中采用了一种叫做"移位和加法（Shift and addition，SA）"的技术来克服这一困难[16]。

现在，为了粗略地描述 Gao 等人后期处理的纠错，我们以 $N = 10^5$，$k=7$，$p=0.25$，$\bar{n}=6.10$，$P_0=0.002$ 为例。为了简单起见，考虑将在 $kN \rightarrow N$ 蒸馏方法中产生最终密钥位 O_i^F 的 7 个初始密钥位 $\{O_{i+jN}^R, j = 0, 1, 2, \cdots, 6\}$。为了纠正潜在的错误，Bob 首先准备一个四位的随机消息 M，其奇偶性将被定义为最终密钥位 O_i^F，并用 [7，4，3] 汉明码将其编码成 7 位的代码 C。然后，他通过一次性密钥将上述 7 个初始密钥位的密码进行加密，并将密文发送给 Alice。对于诚实的 Alice，只有当她知道所有初始密钥位时，才能正确地获得 M 和 O_i^F（即使在 7 个初始密钥位中有错误，因为使用了纠错码），就像在 J 协议中一样。但对于不诚实的 Alice，如果她放弃纠错功能，只要她知道 7 位中不少于 4 位，她就可以推断 M 和 O_i^F。因此，诚实的 Alice 获得最终密钥的概率与不诚实的 Alice 获得最终密钥的概率之间存在巨大差距。不难看出，不诚实的 Alice 所知道的最终密钥位的平

均数量为 $\bar{n}_d = N \sum_{t=4,5,6,7} \binom{7}{t} p^t (1-p)^{7-t} = 7055.66$，远大于 $\bar{n}$。

利用 SA 技术可以大幅减少不诚实的 Alice 获取的密钥位，同时保持了一个可容忍的失败概率。具体而言，使用上述方法，Alice 和 Bob 首先共享长度为 N 的上述密钥密钥（称为中间密钥），其中不诚实的 Alice 在每个密钥中平均知道 7055.66 位。然后，Alice 和 Bob 将每个中间密钥移入由 Alice 选择的移位值 s_i，最后逐位添加这些移位的中间密钥，以获得最终密钥。注意，允许 Alice 为每个中间密钥选择一个移位，这确保了她至少知道 1 个最终密钥位，不管有多少个中间密钥被使用。仿真结果表明，中间密钥的个数为 6 是合适的，而 Alice 所知道的最终密钥位的平均数量为 5[16]。

假设由信道噪声造成的错误率为 3%，即任何初始密钥位的出错率是 3%。结果表明，在上面的例子中，如果在没有纠错的情况下使用一般 $kN \to N$ 蒸馏，则最终密钥中的错误率将是 17.58%。在进行上述纠错的后期处理中，错误率将降低至 0.08%。同时，$\bar{n}$ 和 P_0 都有一个令人满意的值（即不诚实的 Alice 的 $\bar{n}=5$，$P_0=0.013$）。

注意，在实际应用中，两个用户将根据信道噪声的强度选择合适的纠错码。为了与该代码兼容，参数 k 应该等于该方案中的代码长度。在这种情况下，灵活的协议[12]应该是必要的，因为 k 的值是由 N 在 J 协议中被动地确定的。

综上所述，虽然在上述方案中应该传输更多的光子，但这是对抗信道噪声的一种非常有效的方式，同时还可以保护用户的隐私。现在，QOKT-PQ 配备了纠错方案，变得非常实用。

需要指出的是，Chan 等人在实现了 Gao 等[14]提出的改进的 J 协议的实验演示时也提出了一个纠错方案。在他们的分析中，他们更关注的是对 Alice 隐私的影响而不是 Bob 的。也就是说，他们指出纠错码有助于检查 Bob 是否在欺骗，而如何减少由于使用纠错码而获得的额外密钥位的方法没有明确给出。

3.2 理想的数据库安全性和零失败率

在 J 协议中，根据 $kN \to N$ 蒸馏方法，Alice 的已知密钥位的平均数量 $\bar{n}=Np^k$，并且失败率 $P_0 = [1-p^k]^N \approx e^{-\bar{n}}$。显然，在数据库安全性和失败率之间存在权衡。具体而言，获得更好的数据库安全性（即更小的 $\bar{n}$）必须以更高的失败率为代价，反之亦然。尽管在 Gao 等人的灵活协议中（见 2.2.1）[12] $\bar{n}$ 和 P_0 可以同时是可容忍的值，但这种权衡仍然存在。由于这种权衡，$\bar{n}$ 和 P_0 永远不能达到理想值，即 $\bar{n} = 1$ 和 $P_0 = 0$。当使用改进的蒸馏方法，即 $N \to N$ 方法和 $rM \to N$ 方法[15]时，存在类似的问题。如何消除这种权衡并获得理想的数据库安全性和失败率成为一个有趣的问题。

实际上，权衡是 QOKT-PQ 必要过程的必要部分，即蒸馏。因此，为了消除它，我们应该设计新的方案，在不需要蒸馏的情况下，或者新的蒸馏方法，这与以前完全不同。幸运的是，Liu 等人提出了基于循环差分相移（Round-Robin Differential-Phase-Shift，RRDPS）QKD 的 QOKT-PQ 协议（详细过程及安全性证明见附录 B）[17]。在此 RRDPS-QPQ 协议中，不再需要蒸馏过程，因此可以实现以下功能：一方面，如果信道噪声和设备的不完善问题被忽略，那么上述的权衡就消失了，它提供了理想的数据库安全性和零失败概率（Ideal Database Security and Zero Failure，IDS-ZF）。另一方面，只需要 N 个信号进行传输，因此与 J 协议相比，通信的复杂性大大降低。然而，Liu 等人的协议也存在一个明显的缺点，即对于大型数据库来说难以实现。详细地说，在这个协议中需要一列 $N+1$ 个相干脉冲序列，并且当 N 很大时，协议的实现将变得太复杂以致不能实现高速和良好的稳定性。

最近，Wei 等人提出了一种改进的 RRDPS-QPQ 协议，其中使用了一种被称为低移位和加法（LSA）的新技术，上述缺点消失了[18]。受此改进协议的启发，他们还提供了一个具有 IDS-ZF 特性的通用 QOKT-PQ 模型。具体过程如下：

（1）量子不经意密钥分配。Alice 和 Bob 通过某些协议（如 J 协议中的 SARG04）共享一个具有大约 $kN/(1 - (1 - p)^l)$ 位的初始不经意密钥，其中 p 是 Alice 知道每个位的概率（J 协议中的 $p = 0.25$），并且 k 是安全参数。

（2）块筛选。Alice 和 Bob 将初始密钥分成 l 位块。Alice 宣布哪些块是她完全不知道的，然后他们丢弃这些块。丢弃块的比例应该大约为 $p_d = (1-p)^l$，因此，剩余的初始密钥将包含 kN 位（即，kN/l 个块）。注意，现在 Alice 至少知道了初始密钥的每个块中的一位。

（3）低移位和加法。Alice 和 Bob 将初始密钥分成长度为 N 的 k 个子串。根据她想要的数据库条目，Alice 声明每个子字符串在 $\{-(l-1), -(l-2), \cdots, l-2, l-1\}$ 的移位。然后他们逐位添加这些移位的子串，以获得最终密钥。

（4）检索。Bob 以一次性的方式向 Alice 发送用最终密钥加密的数据库。显然，Alice 可以通过最终密钥中的已知位获取想要的数据库条目。

结果表明，通过选择一个合适的 k，Alice 在 LSA 之后的最后一个密钥中只知道 1 位，这对应于她想要的条目。也就是说，$\bar{n}$ 和 P_0 之间的权衡被完全消除，并且使用此模型，所有先前的 QOKT-PQ 协议都可以实现 IDS-ZF 功能。

实际上，正是 LSA 技术将具有吸引力的 IDS-ZF 功能带入到 QOKT-PQ 协议中。由于它们在 QOKT-PQ 协议中的重要性，故总结了如下在蒸馏过程中遇到的 3 种技术。

（1）按位加法。该技术用于 J 协议中的 $kN \rightarrow N$ 蒸馏方法（见 2.1）。通过压缩初始不经意密钥，它可以减少 Alice 已知的密钥位的平均数量（即 $\bar{n}$），但是不可避免地会导致一定的失败率（即 P_0）。也就是说，$\bar{n}$ 和 P_0 之间的权衡在按位加法后自然存在。

（2）移位和加法（SA）。这一技术被用于 Gao 等人的纠错方案（见 3.1）。SA 的特点是，除了减少 Alice 的已知位数量之外，不会导致失败率。因此，如果 Alice 不诚实（类似于纠错），那么 SA 在 Alice 可以获得比预期更多的密钥位的情况中起着重要的作用。也就是说，如果 Alice 不诚实，那么 SA 可以减少 Alice 所知道的密钥的平均数量，与此同时，如果她诚实的话，SA 不会引入任何失败率。同样，如果用户在 $kN \rightarrow N$ 蒸馏方法中直接采用这种技术（即，在他们计算 J 协议中状态 2 中的 k 个子串的按位相加之前，Alice 允许为每个子串选择一个移位），失败将从不发生。尽管如此，它只能部分消除 $\bar{n}$ 和 P_0 之间的折中，因为 $\bar{n}$ 很难被压缩到理想值 1（因为 Alice 可以通过选择合适的移位来尽可能地保留更多的位）；因此需要更多的子字符串。参见文献［23］。

（3）低移位和加法（LSA）。该技术用于具有 IDS-ZF 功能的通用 QOKT-PQ 模型。它与 SA 具有类似的功能，但是当 Alice 想要保留更多密钥位时，Alice 的能力将会受到很大限制，因为一般来说，只有 $l \ll N$。换句话说，它比 SA 更快地减少 $\bar{n}$。使用 LSA 很容易将 $\bar{n}$ 压缩到 1（即，表示通信复杂度的参数 k 不必太大，参见文献［25］）。因此，LSA 可以完全消除 $\bar{n}$ 和 P_0 之间的权衡，并配备具有 IDS-ZF 功能的 QOKT-PQ 协议。应该强调的是，使用 LSA 有一个先决条件，就是 Alice 必须知道初始密钥中每个长度为 l 的块中的至少 1 位。

顺便说一下，具有 IDS-ZF 功能的 QOKT-PQ 协议具有一个有趣的优点，就是它们很容易与纠错相结合，因为不诚实的 Alice 不能使用纠错过程来非法获取更多的密钥位

（如在 3.1 中那样）。例如，Alice 正在查询 Bob 数据库中的第 i 个条目，他们想要利用 [7，4，3] 汉明码来纠正错误。通过上述 Wei 等人的模型，Alice 和 Bob 首先共享长度为 N 的 7 个中间密钥，其中每个中间密钥 Alice 只知道 1 位（即，第 i 位）。然后 Bob 使用每个 7 位组（由每个密钥中相应位组成）来加密一个随机消息的代码，并将它们发送给 Alice（这里每个消息的奇偶校验位被视为最终密钥位）。最后，Alice 用她已知的 7 个密钥位对加密的消息进行解密，获得最终密钥中的第 i 位。由于 Alice 知道每个中间密钥的 1 位，所以她不能像通用 QOKT-PQ 协议的纠错方案那样从纠错码引入的冗余中获得更多的密钥位[16]。

3.3 块查询

如 2.1 所述，在 QOKT-PQ 协议中，为了简单起见，通常假设 Bob 数据库中的每个条目都只有一位。实际上，一条有意义的消息通常包含多个位。例如，它是 a_1，a_2，$\cdots$，a_m 形式的 m 位块。为了从 Bob 的数据库查询这样的消息，Alice 必须查询 m 次以获得每一位 $a_i (1 \leqslant i \leqslant m)$。在这种情况下，一个潜在的隐患就会出现，即，一旦 Bob 获得她在任何 m 个查询中的一个查询的地址，Bob 就可以获得 Alice 的隐私（即她访问的地址）（显然，任何 a_i 的地址都意味着 Alice 正在查询的消息）。当检索的信息变得更长时，这种隐患会增加。因此，需要设计用于块的保密查询协议，通过其中一个查询就可以获得整个消息。

2014 年，Wei 等人提出了一个用于块的 QOKT-PQ 协议，其中密钥分发过程是一个多级 BB84 协议的变体[19]。假设 B_1 和 B_2 是 d 级量子系统的两个共轭基（$d = 2^m$）。Alice 以一定概率将载体状态发送给 Bob，其中每个载体状态都处于 B_1 或者是 B_2 的基本状态。然后 Bob 在 B_1 和 B_2 中随机测量这些状态，并声明所有的基。最后 Bob 的测量结果组成了初始密钥。不难看出，Alice 只知道一半密钥 dits（一个 dit 表示 m 位），因为当 Bob 使用与她不同的基时，她不知道结果。因此，Alice 和 Bob 共享了一个初始不经意密钥，可以用于 Alice 在蒸馏和加密后访问她想要的消息，类似于 J 协议中的消息。注意，为了保证安全性，引入了不平衡状态技术，并在该协议中增加了一些窃听检测步骤。

4 理论安全性的研究进展

4.1 高效蒸馏方案的安全性

在 2.2.2 中，我们为 QOKT-PQ 方案引入了两种高效蒸馏方案。采用这样的方案可以大大降低通信复杂性，但同时 Bob 的数据库将不可避免地面临额外的信息泄露。采用 $N \to N$ 方法[15]，其中由 N 位初始密钥 $O^R = O_1^R O_2^R O_3^R \cdots O_N^R$ 生成的 N 位最终密钥 $O^F = O_1^F O_2^F O_3^F \cdots O_N^F$ 遵循在等式（2）中描述的蒸馏过程。如果 Alice 在初始密钥中获得 O_i^R 和 O_{i+k}^R（概率为 1/16）的值，那么她知道最终密钥 O_i^F 和 O_{i+1}^F 的奇偶性。这种情况在 $kN \to N$ 方法中不会发生。

上述问题似乎并不严重，因为泄露的信息永远不会是完整的信息。但是，这种额外的信息泄露问题是客观存在的，并且非常值得关注。在这种情况下，迫切需要一个适当的标准来量化额外信息泄露的严重程度。2015 年，Gao 等人在文献［16］中提出了这种标准，其中信息泄露的严重程度是由不诚实的 Alice 窃取整个数据库的平均查询次数量化的。在这个标准下，Gao 等人分析了高效蒸馏方案信息泄露的严重程度。

对于 $N \to N$ 方法，Gao 等人对不同的参数进行了模拟，以检查不诚实的 Alice 获得整个数据库平均需要多少个查询。模拟的细节如下：（1）选择 $\{N = 225$，$k = 3$，$p = 0.25\}$，$\{N = 1024$，$k = 4$，$p = 0.25\}$，$\{N = 10^4$，$k = 6$，$p = 0.25\}$。这里 N 是数据库的大小，k 是安全参数，是为使得在最终密钥 $c = Np^k$ 中 Alice 的已知位的数量大于 1 并且失败率足够小[10]，p 等于 0.25。（2）第一次查询是合法进行的。在 $N \to N$ 蒸馏方案之后，Alice 和 Bob 分别从分布式 N 位初始密钥生成 N 位最终密钥。然后，Alice 根据数据库中她期待项目的位置以及最终密钥中她已知的位来声明一个移位 s。最后，Bob 用移位键对数据库进行加密并将密文发送给 Alice。（3）对于以后的查询，与第一次查询的唯一区别是移位值 s 的选择。Alice 根据之前的查询过程中得到的数据库信息，以及当前最终密钥中已知的信息，计算出一个最优 s，使得在本次查询之后，她可以得到的数据库信息最多。仿真结果令人惊叹（见表 3）[16]。例如，要窃取 10^4 个项目的整个数据库，如果采用 $N \to N$ 蒸馏方案，不诚实的 Alice 平均只需要 53.4 轮查询。相反，如

果采用 $kN \rightarrow N$ 蒸馏方案，这个数字大于 4096。

表3　在 Gao 等人标准下的 $kN \rightarrow N$ 蒸馏方案和 $N \rightarrow N$ 蒸馏方案

N	225	1024	10^4
k	3	4	6
$kN \rightarrow N$	>64	>256	>4096
$N \rightarrow N$	≈ 18.6	≈ 30.4	≈ 53.4

而对于 $rM \rightarrow N$ 方法，Gao 等人已经证明了不诚实的 Alice 只需要少于 rM 轮查询就可以窃取整个数据库。当数据库变得更大时，$rM \rightarrow N$ 蒸馏方案的安全问题变得更加严重。

在 Gao 等人提出的标准的帮助下，我们发现 $N \rightarrow N$ 方法和 $rM \rightarrow N$ 方法都存在严重的安全漏洞，而 $kN \rightarrow N$ 方法是目前唯一一种用于 QOKT-PQ 协议的安全蒸馏方案[16]。如表3所示，该标准是检验蒸馏方案安全性的重要方法，因此我们认为未来人们设计的高效蒸馏的新方案也应该通过该标准。

4.2　针对联合测量攻击的安全性

如上所述，QOKT-PQ 协议有许多优点，如实施难度低、用户隐私性好、容忍度较低等。然而，大多数 QOKT-PQ 协议都有一个共同的缺点，即如果用户强大到能够有效存储量子态并执行联合测量，那么数据库的安全性受到严重威胁。以 J 协议[10] 为例，当涉及一个 10^4 位数据库时，参数 k 总是设为 6，Alice 平均可以得到 2.44（$10^4 \times 0.25^6$）个数据库项。最优单个攻击可以帮助 Alice 平均得到 5.95（$10^4 \times 0.29^6$）个项目。然而，如果 Alice 可以将接收到的量子信号存储起来，并将对最终密钥有用的 6 个项目进行组合，那么就会得到大约 500 个条目。虽然这种攻击是不可能用今天的技术来实现的，但这种安全缺陷对于以安全性著称的量子密码协议来讲是不可容忍的。因此，对于 QOKT-PQ 协议，针对联合测量攻击的漏洞是要解决的主要问题。

2016 年，Wei 等人提出了一种双向 QOKT-PQ 协议[24]，该协议对联合测量攻击具有更好的性能。初始不经意密钥分发阶段如下：

（1）Bob 向 Alice 发送 BB84 量子态序列，每个 BB84 量子态是随机从 $\{|0\rangle$，

$|1\rangle$，$|+\rangle$，$|-\rangle$ 中选择的一个。

（2）对于每个接收到的量子态，Alice 选择概率为 p 的 SIFT 量子态，或者是概率为 $1-p$ 的 CTRL 量子态。对于 SIFT 量子态，Alice 在 Z 基 $\{|0\rangle$，$|1\rangle\}$ 上测量它们，并将它们重新发送给 Bob。对于 CTRL 量子态，Alice 直接反射它们而不进行测量。对于 Alice 没有成功收到的量子态，她声明这个事实。

（3）Bob 用他制备该量子态时相同的基测量每个接收到的量子态。然后他声明哪些量子态没有成功接收。然后，Alice 和 Bob 共同丢弃双方没有收到的量子态的记录。

（4）Bob 声明一个随机选择的其余量子态的子集，并向 Alice 发送结果。Alice 声明该子集中的量子态记录，包括每个量子态的类型，即 SIFT 1 或 CTRL 1，以及 SIFT 量子态的测量结果。注意，Alice 声明的 SIFT 量子态应该满足所占比例大约为 p。

（5）Bob 声明哪些量子是在 X 基 $\{|+\rangle$，$|-\rangle\}$ 中制备的，Alice 和 Bob 都丢弃这些量子态的记录。其余的都是在 Z 基中制备的。关于它们中的大约 p 部分已经被 Alice 以 Z 为基进行了测量，其余的 $1-p$ 部分已被 Alice 直接反射回来。显然，它们共享一个明显的初始密钥，其中 Bob 知道所有比特，而 Alice 知道每个比特的概率为 p。

后期处理阶段和保密查询阶段与 J 协议的阶段相似。

与其他 QOKT-PQ 协议相比，该协议在抵御联合攻击方面具有更好的性能。首先，在这个协议中，Alice 必须将接收到的量子态发送回 Bob，然后才知道其中哪些对相同的最终密钥位有贡献，因此，她不能像其他 QOKT-PQ 协议那样执行联合测量攻击。此外，由于先前协议中的联合测量攻击通常可以逃避检测，因此不诚实的 Alice 被认为是"诚实的"，即使她通过这次攻击从数据库中获得更多项目时也是如此。在本协议中，任何试图通过 Alice 或 Bob 执行联合测量攻击的尝试都将以非零的概率被检测到，这保证了该协议的更高安全性。

5　实用安全性的研究进展

5.1　不完全源下的安全性

Wei 等人分析了 RRDPS-QPQ 协议[17]的安全性，在使用弱相干光源的条件下，提

出了一种改进的版本来对抗 Alice 的潜在攻击[18]。而在更为通用的 QOKT-PQ 协议（例如基于 SARG04 的协议）中，以不完善的源来抵御攻击的方法就像 QKD 中的 PNS 攻击一样，尚未明确提出。然而，不难发现使用 SA 或 LSA 技术是解决这个问题的有效方法。在更糟的情况下，Alice 声明她只有在收到两个光子的脉冲时才检测到一个光子。在这种攻击中，Alice 可以使用两个基分别测量两个光子，并且得到密钥位的概率是1/2 而不是 1/4。例如，如果载体状态是 $|0\rangle$，Bob 的声明状态是 $\{|0\rangle, |+\rangle\}$，Alice 只有在用基 $\{|+\rangle, |-\rangle\}$ 测量获得了 $|-\rangle$ 时才会得到密钥位。结果，不诚实的 Alice 将获得比诚实的 Alice（25%）更多的初始密钥位（50%）。显然，就像在纠错过程中一样（见 3.1），这个问题可以通过 SA 技术来解决，SA 技术可以减少不诚实 Alice 已知比特的数量，同时也不会增加诚实的 Alice 的失败率。具体而言，Alice 和 Bob 使用 $kN\rightarrow N$ 蒸馏获得多个中间密钥，然后执行 SA 以获得最终密钥。另外，Wei 等人的具有 IDS-ZF 功能的通用模型[18]也可以解决上述问题，其中选择 LSA 技术来减少不诚实的 Alice 的已知位。当然，在两种方法中都应该进行更多的模拟来确定参数（例如 k 和 l）。

5.2 测量设备无关的（MDI）不经意协议

事实上，QOKT-PQ 的量子过程与 QKD 的量子过程非常相似。因此，QKD 中出现的实际安全漏洞也可能存在于 QOKT-PQ 的实际系统中，如侧信道攻击。强光攻击是 QKD 中探测器不完善造成的最严重的安全漏洞之一，这个问题在 QOKT-PQ 中同样严重。具体而言，利用探测器的不完善性，不诚实的 Bob 可以获得关于 Alice 测量的所有信息。具体方法是 Bob 通过发送亮光而不是弱相干到 Alice 的探测器。如果 Bob 实施强光攻击，Alice 只有在其测量基与 Bob 一致时才能得到有效的测量结果，而 Alice 未得到有效结果的部分，即 Bob 与 Alice 所选择的基不一致的那部分将归因于信道损失。因此，Bob 可以完全控制 Alice 的初始密钥。例如，如果在 J 协议中 Alice 的测量结果是 $|1\rangle$，Bob 可以通过声明 $\{|0\rangle, |+\rangle\}$，（$\{|1\rangle, |+\rangle\}$）来使 Alice 得到一个确定的（不确定的）结果。利用上述攻击策略，Bob 能够根据 Alice 声明的 s 值知道 Alice 感兴趣的项目。

为了解决这个问题，Zhao 等人提出了一种测量设备无关的量子保密查询协议[20]。如文献［21］中所分析的，测量设备无关的（Measurement-Device-Independent，MDI）

QKD 具有抵抗所有探测器端侧信道攻击的优点，包括强光攻击。在这个 MDI-QKD 中，Alice 和 Bob 分别从一组单光子纯态（例如一组 BB84 状态）中准备一个随机状态，并将它们发送到一个以 Bell 态为基底的测量设备中。由于 Zhao 等人的协议采用了类似的编码策略，因此它对探测器端的侧信道攻击也是免疫的。具体而言，由于本协议只采用一种测量基底（即 Bell 基），并且测量结果是完全公开，因此测量过程本身并没有什么秘密，强光攻击在这里毫无用处。与 Lo 等人的 QKD 协议不同，Zhao 等采用了一组灵活的编码状态，这使得它们的协议更适合于实际应用。

对于基于纠缠态的 QOKT-PQ 协议，如文献［22］中的协议，Bob 制备的纠缠态可靠性也是一个实际的安全问题。为了解决这个问题，Maitra 等人提出了一种通过本地 CHSH 测试来检查已制备状态的可靠性的方法，这可以确保 Bob 按照协议所描述的那样，准备完全纠缠态[23]。

6　其他协议

许多研究人员对 QPQ 的实用性做出了贡献。Wang 等人在 2011 年对基于 Oracle 的 QPQ 进行了核磁共振的实验[25]。2012 年，Shen 等人还提出了将 J 协议中的初始密钥长度从 kN 减少到 N [26] 的想法。但是，就像文献［15］中的两种高效蒸馏方案一样，Shen 的方案也可能存在安全漏洞。严格地说，Alice 关于最终密钥的信息应该是 1 位或更多位。但是，如果一个 n 位的初始密钥产生的 n 位最终密钥是 Alice 所知道的 1/4，那么它对 Alice 的不确定性没有改变，仍然是 $3N/4$，并且它不再是信息论安全的了。Chan 等人研究了 QPQ 在现实环境中的表现[14]。杨等人在 QOKT-PQ 方面也做了很多工作，例如实现 QOKT-PQ [27-30] 的不同方法、QOKT-PQ 的传统后期处理方案[31]和抵制联合测量攻击的策略[32]。随后，越来越多的学者加入 QPQ[33-38] 的研究，他们的优秀成果共同推动了 QPQ 的实际应用。

7　总结

OT 是密码学的重要基础。许多安全多方计算协议，如比特承诺，可以基于 OT 设计。QPQ 是 1-out-of-N OT 的量子版本，与传统的 OT 相比，安全性要求有所宽松。因为根据无条件安全的双方安全计算方案的不可能性定理[39]，QPQ 的这种安全放松是必要的。对于传统的 OT 协议，只能实现计算安全性。即一个不诚实的参与者可以完全打破任何传统的 OT 协议，只要他/她的计算能力是无限的。而对于安全需求放宽的 QPQ 协议而言，信息论安全是可实现的。因此，研究 QPQ 对提高安全性既有趣又重要。

较早提出的 QPQ 是基于量子计算的，不仅提高了传统 OT 的安全性，而且降低了通信复杂度和计算复杂度。然而，这种类型的 QPQ 对于大型数据库而言并不实用。之后，QOKT-PQ 进一步降低了 QPQ 的实施难度。参与者只需要用于 QKD（如 BB84）的量子通信系统就可以实现 QOKT-PQ 协议。此外，QOKT-PQ 被认为具有在现有量子通信网络中实际应用的潜力。通过以上提到的工作，现在 QOKT-PQ 已经具备了实际应用的理论前提。这意味着在过去的 30 年中，除了 QKD 之外，另一种量子密码协议正在逐步实用化。此外，QOKT-PQ 的实用性进展也证明了量子密码学不仅仅是 QKD，而且为现有的量子网络提供了另一种实际应用。

正如我们所知道的，对于安全的计算协议，不诚实的参与者的攻击通常比外部攻击者的攻击更加强大。因此，这些协议的大多数安全分析都集中在参与者攻击上，而忽略了外部攻击。QPQ 也存在同样的情况。通常在 QPQ 协议中，如果 Alice 发现她有错误的数据，Bob 将被指控作弊，即试图窃取 Alice 的隐私。但是，Alice 数据中的错误也可能由试图窃取参与者的隐私或仅仅想要诬陷 Bob 的外部对手引入。因此，Bob 很容易被冤枉。另一方面，一旦不诚实的 Bob 被发现作弊，他可以将由他的攻击造成的错误归因于不存在的外部对手，以此来逃避 Alice 的指控。

我们认为上述问题不仅存在于 QPQ 中，而且存在于大多数对欺骗敏感的密码协议中，如量子比特承诺和量子抛硬币。至于 QOKT-PQ 协议，我们建议引入一个额外的外部攻击检测过程。例如在 J 协议中，在后期处理阶段开始时，Bob 在初始密钥中随机选择一些位置，并要求 Alice 公布她在这些位置的测量基准和相应光子的测量结果。然后，如果错误率高于规定的阈值，则放弃该次协议，否则，他们可以采用纠错策略，例如文献［16］中的纠错策略来纠正其余初始密钥中的错误。这样，外部对手就无法陷害 Bob，不诚实的 Bob 也不能为他的不诚实行为辩解。

至于如何选择合适的误差阈值，这是非常复杂的。这个阈值主要取决于两个方面。

一个是错误率的上限，以生成一个安全的初始密钥来对付外部对手；另一个是纠错方案的纠错能力。这个问题的一个解决方案是 Alice 和 Bob 在 QOKT-PQ 协议之前通过 QKD 预先共享密钥，并且加密 Bob 发送给 Alice 的每个光子的状态。因此，未掌握密钥的外部对手对参与者的隐私一无所知。误差阈值只与纠错方案有关。

QPQ 的任务也与 SPIR 的任务相似。同时，与 SPIR 相比，QPQ 的安全性要求有所放松。例如，SPIR 要求 Alice 只能得到她感兴趣的确切条目，而不能得到任何其他条目；而在 QPQ 中，Alice 可以获得多于一条的条目。而在 SPIR 中，Bob 无法获得关于 Alice 隐私的任何信息，而 QPQ 在 Bob 试图窃取 Alice 的隐私时是欺骗敏感的。关于 Alice 的隐私，QOKT-PQ 比基于 Oracle 的 QPQ 表现得更好，因为 Bob 可以完全获得 Alice 的隐私，后者的概率很高（Giovannetti 等人的协议[5,6]为 100%，Olejnik 的为 50%[9]），而前者不会透露任何关于 Alice 隐私的明确信息。从这个意义上说，与基于 Oracle 的 QPQ 相比，QOKT-PQ 提高了用户隐私的安全性。

我们认为 QPQ 的进一步研究主要集中在两个方面，即更好的实用性和更严格的安全分析和证明。为了实用性，Wei 等人提出的双向协议是为了抵制联合测量攻击，这是一个比较复杂且不容易实现的问题。问题是，是否存在一种更简单、更实用的方法来处理联合测量攻击的威胁。另一个实用性问题是，几乎所有关于 QOKT-PQ 的实际问题都是单独解决的。所有这些计划和策略能否结合起来解决所有问题？当我们试图设计一种具有噪声信道鲁棒性的 QOKT-PQ 协议时，有必要找出并解决可能出现的问题，并能很好地抵抗联合测量攻击。最后一个实用性问题是关于减少块查询的实现难度。我们可以在没有 d 维系统的情况下实现对块的查询吗？

至于安全性，只有 Giovannetti 等人的协议[5,6]被严格证明是安全的。对于 QOKT-PQ 协议，其中只有一小部分具有安全性证明，但仅适用于无噪声信道。对于大多数 QOKT-PQ 协议，只分析了针对特定攻击的安全性。因此，对于噪声信道的 QOKT-PQ 协议的安全性，特别是在外部攻击时，需要重新分析。我们认为这项工作将是一个具有挑战性和全新的研究领域。

QKD 是近 30 年来唯一一种实用的量子加密协议，直到 QOKT-PQ 被提出。此外，我们还需要进一步探索 QKD 和 QOKT-PQ 之外的更多实用的量子密码协议。一方面，它可以提高安全性或降低某些特定传统协议的复杂度。另一方面，现有的量子网络将会变得多用途，而且效率更高。需要注意的一点是，量子密码学有其自身的特点，所以当我们试图用量子方法解决同样的问题时，我们不应该总是复制传统模型。正如 QPQ 一样，通过适当放宽 OT 和 SPIR 的安全性要求，我们可以通过量子模型获得更高的安全性和更低的通信复杂度。

附录 A　基于量子密钥分配的灵活的量子保密查询

A.1　协议步骤

（1）Bob 制备一串光子，每个光子的状态随机处于 $\{|0\rangle, |1\rangle, |0'\rangle, |1'\rangle\}$ 四态之一，然后将光子序列发送给 Alice。这里：

$$|0'\rangle = \cos\theta |0\rangle + \sin\theta |1\rangle, \tag{3}$$
$$|1'\rangle = \sin\theta |0\rangle - \cos\theta |1\rangle$$

$|0\rangle$ 和 $|1\rangle$ 代表比特 0，而 $|0'\rangle$ 和 $|1'\rangle$ 代表比特 1。参数 θ 可以根据具体情况在 $(0, \pi/2)$ 上连续地选取。

（2）Alice 随机用 $B = \{|0\rangle, |1\rangle\}$ 基或 $B' = \{|0'\rangle, |1'\rangle\}$ 基测量收到的每个光子。显然通过这种测量 Alice 得不到 Bob 发送比特的任何信息。

（3）Alice 声明在哪些时隙检测到了光子。其他没有检测到的光子所携带的信息将作废。注意这一步中 Alice 不能通过撒谎（例如她测到了不希望的结果，就说没测到光子）来欺骗。这是因为截至此时 Alice 还没有得到 Bob 所发比特的任何信息，说谎不能带来任何好处。因此，本协议与 J 协议一样，是完全容忍信道损失的。

（4）对 Alice 成功测到的每一个光子，Bob 声明一个比特 0 或 1，其中 0 代表对应光子本来处于 $|0\rangle$ 或 $|0'\rangle$，而 1 代表光子处于 $|1\rangle$ 或 $|1'\rangle$。

（5）Alice 解码第（2）步中的测量结果。根据测量结果和 Bob 的声明，Alice 可以以一定概率获得 Bob 发送的相应比特。此过程与 B92 协议类似。举例来说，如果 Bob 声明的是 0 而 Alice 测量结果为 $|1\rangle$（$|1'\rangle$），她就知道光子在测量前一定处于 $|0'\rangle$（$|0\rangle$）态，进一步知道 Bob 发送的比特为 1(0)。因此，有了 Bob 在第（4）步的声明之后，Alice 的测量将以概率 $p = (\sin^2\theta)/2$ 产生确定性结果，以概率 $1 - p$ 产生不确定性

结果。但不管是确定性的还是不确定性的，*Alice* 都将这些结果记录下来。这样，Alice 和 Bob就共享了一个生密钥 K^r，Bob 完全知道此密钥，而 Alice 知道其中的一部分比特［所占比例为 $p = (\sin^2\theta)/2$］。

（6）Alice 和 Bob 对所得的生密钥进行后处理，使得 Alice 所知道的比特数降低到 1 个或稍高一点。不失一般性，假设生密钥的长度为 kN。这里自然数 k 是一个参数，我们后面会讨论它。Alice 和 Bob 把生密钥分成长度为 N 的 k 个子串，然后将这些子串逐位模二加和，得到最终的长度为 N 的密钥 K。这个过程与 J 协议相同。至此，Bob 知道整个密钥 K，而 Alice 只知道其中的几个比特。但此步后 Alice 也可能没有 K 的任何信息了，这种情况下就需要重启协议。如后面将要分析的那样，如果参数选择合适，这种情况出现的概率将会很小。

（7）Bob 用 K 加密数据库并使 Alice 根据所知的密钥比特获得想要的条目。具体地，假设 Alice 知道密钥的第 j 个比特 K_j，且希望得到数据库中的第 i 个条目（比特）X_i。她声明数字 $s = j - i$。然后 Bob 将 K 移位 s，用移位后的密钥 K' 使用一次一密的方式来加密数据库。这样 X_i 就由 K_j 来加密，于是 Alice 可以从加密过的数据库正确得到该条目。

A.2 协议特性

不难发现，我们的协议实际上是 J 协议的推广。当 $\theta = \pi/4$ 时我们的协议就变成了 J 协议，这时候载体状态即为 $\{|0\rangle, |1\rangle, |+\rangle = 1/\sqrt{2}(|0\rangle + |1\rangle), |-\rangle = 1/\sqrt{2}(|0\rangle - |1\rangle)\}$。因此，J 协议的特性在上述协议中仍然适用。此外，因为 θ 可以在 $(0, \pi/2)$ 上连续选取，上述协议更加灵活，甚至在通信复杂度和安全性方面有一定的优势。下面我们通过与 J 协议相比来讨论该协议的特点。

一方面，上述协议在以下方面与 J 协议具有相同的特性：

（1）与基于 BB84 的 QPQ 协议不同，该协议可以抵抗 Alice 的量子存储攻击。即使 Alice 先存储收到的光子，然后等 Bob 在 A.1 中第（4）步声明以后再测量，她也不能得到这个比特。这是因为她还得面临非正交态的区分问题。

（2）该协议可以容忍噪声。如上所述，Alice 没有必要在是否测到光子的问题上说谎，特别是说自己没有收到某个实际上已经测到的光子。这是因为在 Bob 声明之前

Alice 得不到相应比特的任何信息。注意这里当 Bob 声明之后，Alice 的测量就和 B92 协议类似了。我们也可以直接用 B92 协议来做 QPQ，即载体状态随机处于 $|0\rangle$ 或 $|0'\rangle$ 两个态，这时候 Bob 的声明就不再需要。但这种情况下 Alice 通过测量将获得发送比特的部分信息。例如为了得到生密钥中的更多比特，Alice 可以谎称她测得不确定结果的光子丢失掉了。因此基于 B92 的 QPQ 协议不能很好地容忍信道损失。

（3）该协议具有很高的实用性，可以很容易地推广到大数据库情形。这是因为 Alice 和 Bob 只需要执行简单的 QKD 协议，不需要高维的 oracle 操作。

另一方面，该协议还具有一些特殊的优势。例如，它在实际应用中更具灵活性，并且能够大大节省量子和经典通信。此外，该协议在安全性方面也具有一定的优势。下面我们具体来介绍这些特点。

与 J 协议中类似，在 A.1 中第（6）步将子串取逐位模二加和之后，Alice 将平均获得最终密钥 K 中的 $\bar{n} = Np^k$ $(p = (\sin^2\theta)/2)$ 位。这里 n 服从泊松分布。而 Alice 得不到任何信息必须重启协议的概率为 $P_0 = (1 - p^k)^N$。现在我们来看当 $\theta < \pi/4$ 时的情况。不失一般性，假设 $p = (\sin^2\theta)/2 = 0.15$。此时通过选择合适的 k 值可以保证 $\bar{n} << N$ 并且 P_0 比较小（见表4）。可以看出该协议比 J 协议需要的子串数量 k 更少，这也就意味着传输的光子数量会大大降低。例如当 $N = 50000$ 时，要想达到类似的 $\bar{n}$ 和 P_0 值，该协议只需要 5 个子串，而 J 协议需要 7 个。这样至少省了 $2N = 10^5$ 个光子的传输（不包含信道中可能的损失）。实际上当数据库不太大时，该协议总是可以在 $k = 1$ 的情况下完成（见表5和表6）。相比于 J 协议，这在性能方面是一个很大的提升。而且需要注意的是，$k = 1$ 时并不损失 QPQ 协议的欺骗敏感性质，我们将在 A.3 中深入讨论这一点。

表4　当数据库大小 N 不同时，k、P_0 和 $\bar{n}$ 的可能取值（$p = 0.15$）

N	10^3	5×10^3	10^4	5×10^4	10^5	10^6
k	3	4	4	5	5	6
$\bar{n}$	3.38	2.53	5.06	3.79	7.59	11.39
P_0	0.034	0.080	0.006	0.022	5×10^{-4}	10^{-5}

表5 对不同的 θ，选取合适的 N 使得 $k=1$ 且 $\bar{n}=3$

N	12	50	100	200	500	1000	5000
p	0.25	0.06	0.03	0.015	0.006	0.003	6×10^{-4}
P_0	0.032	0.045	0.048	0.049	0.049	0.050	0.050
θ	0.785 $\left(\dfrac{\pi}{4}\right)$	0.354	0.247	0.174	0.110	0.078	0.035

表6 对不同的 N，选取合适的 θ 使得 $k=1$ 且 $\bar{n}=5$

N	20	50	100	200	500	1000	5000
p	0.25	0.1	0.05	0.025	0.01	0.005	0.001
P_0	0.003	0.005	0.005	0.006	0.006	0.006	0.006
θ	0.785 $\left(\dfrac{\pi}{4}\right)$	0.464	0.322	0.226	0.142	0.100	0.045

此外在该协议中，对任意的数据库大小 N，Alice 可获得的密钥比特数 $\bar{n}$ 可以被定位在用户希望的任意值。我们先回顾一下 J 协议的情况：当 $N=50000$ 时 J 协议中我们只能取 $k=7$ 和 $\bar{n}=3.05$。这是因为如果取 $k=6$ 则 $\bar{n}$ 为 12.21，而取 $k=8$ 则 $\bar{n}$ 为 0.76（$P_0=0.466$）。这样的 $\bar{n}$ 值过大或过小，均不适合 QPQ 的目标。对于其他的 N 值也有类似的结果。但在本协议中，这种情况将不再存在。通过选择不同的 θ 值，对任意的 N 都可以将 $\bar{n}$ 定位在一个希望的值上。表5 和表6 分别是 $k=1$ 而 $\bar{n}$ 为 3 和 5 的情况。

可以看出，在上述协议中如果我们希望 $k=1$，即追求最小的通信复杂度，则对大的 N 必须选择很小的 θ。这可能会使得其具体实现在技术上遇到困难。因此当 N 大时，往往需要 $k>1$。这种情况下我们仍然可以通过选择合适的 θ 和 k，使得对任意的 N 都可将 $\bar{n}$ 定位在希望的值上。例如即使从实验角度考虑，要求 $\theta>0.2$，我们仍可以通过调整 k 使得对任意 N 均可获得 $\bar{n}=3$（见表7）。

表7 对不同的 N，选取合适的 θ（>0.2）使得 $\bar{n}=3$ 且 $P_0 \approx 0.05$

N	10^3	5×10^3	10^4	5×10^4	10^5	10^6
k	2	2	3	3	3	4
θ	0.337	0.223	0.375	0.284	0.252	0.293

　　图2是定位 $\bar{n} = 3$ 时该协议灵活性的演示图。通过图2可以看出，可以简单地通过选择较小的 θ（只要现有技术条件下容易实现即可）和合适的 k，对任意的 N 均可使 $\bar{n} = 3$。

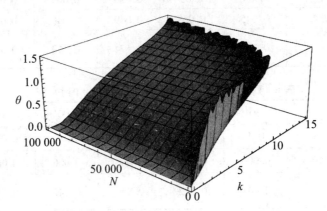

注：如果追求其他的 $\bar{n}$ 值，也有类似的结果。

图 2　对任意的 N 如何获得 $\bar{n} = 3$

　　实际上，除了上面 $\bar{n} = 3$ 的例子，$\bar{n}$ 可以被设置为小于 N 的任意期望值。有时候我们可能会希望 Alice 可以得到稍多一点密钥比特。一方面正如文献［10］中所指出的那样，Alice 可以用一些密钥比特来得到数据库中的某些其他条目，并用它们来检测 Bob 可能的窃听。另一方面两个用户也可以像 BB84 中那样公开比较一些密钥比特来检测密钥的错误率。显然在实际系统中 Alice 的最终密钥比特可能会与 Bob 不同，这可能由外部攻击者的攻击或信道噪声所引起。目前我们还没有有效方法通过纠错和保密放大来使这样的 QKD 协议中的密钥达到很高的正确性（这是因为 Alice 只知道其中一部分密钥比特，而 Bob 不知道 Alice 知道哪些比特）。虽然以上比较不能保证 Alice 的最终密钥比特确定与 Bob 的对应比特相同，但错误率仍然可以在一定程度上反映此密钥比特的传输正确性。例如，如果错误率是 1/10，则 Alice 知道她最后要用的哪个密钥比特以较高概率是正确传输的。相反，如果错误率高于一定的阈值，她就扔掉这次密钥分配的结果。图3表明，对任意固定的 N 都可以通过调整 θ 和 k 以获得不同的 $\bar{n}$。

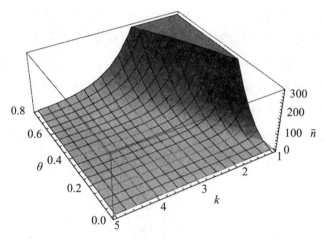

图 3　当 $N = 10000$ 时任意 $\bar{n} << N$ 都可以实现

此外，上述协议还能节省经典通信。这里对每个量子比特 Bob 只需要在 A.1 中第 (4) 步发送 1 个比特给 Alice，而在 J 协议中需要 2 个比特。还有一点需要指出的是，上述协议在安全性方面也展现出一些优势，具体将在 A.3 中讨论。

A.3　安全性分析

现在考虑上述协议的安全性。因为它本质上是 J 协议的推广（J 协议中 $\theta = \pi/4$），文献［10］中的分析可以直接借鉴。不难想象我们的协议能同时保证数据库的安全和用户的隐私。下面我们重点说明在上述协议中当 $\theta \neq \pi/4$ 时，其安全程度会发生什么样的变化。

A.3.1　数据库安全性

如果 Alice 不诚实，她想获得 Bob 数据库中的更多条目，那么她需要生密钥 K' 中的更多比特。为了达到这个目的，Alice 可以存储从 Bob 收到的量子比特，并在 A.1 中第 (4) 步 Bob 的声明之后采用更有效的测量方式。

我们先考虑 Alice 的一种简单的测量方式，即对每个量子比特采用独立测量。例如，如果 Bob 声明某个量子比特处于 $\{|0\rangle, |0'\rangle\}$ 之一，则 Alice 实施最后明确态区分（Unambiguous State Discrimination，USD）测量来判断它到底处于哪个态。USD 测量的

成功概率的上界为 $1 - F(\rho_0, \rho_1)$，其中 $F(\rho_0, \rho_1)$ 是要区分的两个态的保真度。而在我们的协议中，这个区分成功的概率为 $p^{\mathrm{USD}} = 1 - \langle 0|0'\rangle = 1 - \cos\theta$。可以看出，Alice 通过 USD 测量后并不比合法的投影测量 [投影测量时 $p = (\sin^2\theta)/2$] 有明显优势，尤其是 θ 比较小的时候（见图 4）。例如当 $\theta = 0.284$，$N = 50000$ 而 $k = 3$ 时（见图 5），Alice 通过 USD 测量可以得到密钥中的 $\bar{n}^{\mathrm{USD}} = 50000 \times (1 - \cos 0.284)^3 = 3.21$ 比特，它只比投影测量中的 $\bar{n} = 50000 \times [(\sin 0.284)^2/2]^3 = 3.02$ 稍高一点。从这个角度来说，我们的协议比 J 协议有所提高，因为 J 协议中同样的情况下如果希望 $\bar{n} = 3$，则 $\bar{n}^{\mathrm{USD}} = 9.3$。

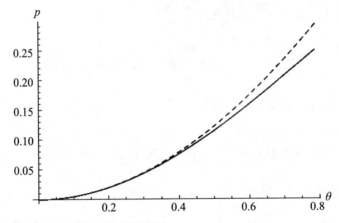

注：虚线代表 USD 测量而实线代表投影测量。

图 4　Alice 用 USD 测量和投影测量成功概率的比较

Alice 还可以通过对对应于同一个最终密钥比特的 k 个量子比特做联合测量。这样 Alice 能够直接获得此比特的信息，而不需要确定区分生密钥中每个响应比特的确切值。这种情况下，有两种测量可供 Alice 选择。一种是 Helstrom 最小错误概率测量，它能够在区分两个量子态时获得最大信息量。为了区分比较相近的两个量子态 ρ_0 和 ρ_1，得到正确结果的概率上界为 $p_{\mathrm{guess}} = 1/2 + 1/2 D(\rho_0, \rho_1)$，其中 $D(\rho_0, \rho_1)$ 是 ρ_0 和 ρ_1 之间的迹距离。在我们的协议中，Alice 正确猜得最终密钥比特的概率最高为 $p_{\mathrm{guess}} = 1/2 + 1/2 \sin^k\theta$。显然当 θ 小的时候，这个概率接近 $1/2$（相当于随机猜测）。另一种是联合 USD 测量。这时可以计算出成功区分两个分别代表着最终密钥比特为 0 和 1 的两个 k 量子比特混合态的概率，它们随着 k 的增大而迅速减小（见图 5）。图 5 中画出了 θ 取不同值时 Alice 可以通过联合 USD 测量得到最终密钥比特的概率，可以看出当 θ 比较小时 Alice 通过联合 USD 测量所获得的优势显著降低。

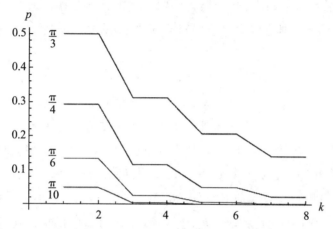

注：其中标注 $\theta = \pi/4$ 的那条线代表 J 协议的结果。可以看出，当 θ 较小时 Alice 将获得更少的最终密钥比特，这意味着在这种攻击下我们的协议中数据库的安全性更好。

图 5　当 θ 取不同值时 Alice 通过联合 USD 测量成功获得最终密钥比特的概率

总之，如果选择 $\theta < \pi/4$，则我们的协议与 J 协议相比在数据库安全性方面更具优势。

A.3.2　用户隐私性

在 QPQ 协议中，用户隐私的保护往往以欺骗敏感的方式来体现。也就是说，如果 Bob 试图得到 Alice 的查询条目位置，则他必然会有被 Alice 发现的危险。在 GLM 协议中不诚实的 Bob 将不可避免地发送 Alice 不希望得到的答案给 Alice，进而以一定概率被发现。而在 O 协议和 J 协议中，不诚实的 Bob 可能会发送错误答案给 Alice，这也可能会被 Alice 在之后的某个时间所发现。

我们的协议对用户隐私保护来说也是欺骗敏感的，因为 Bob 不能在得到查询位置的同时还能确保给出正确的答案。如果不诚实的 Bob 通过发送假的量子态或者执行特殊的测量可以同时获得 Alice 是否获得此比特的信息和此密钥比特的值，则他就知道了 Alice 所选择的测量基。而这与不可超光速通信的结论相违背。因此，我们的协议中用户的隐私性由不可超光速通信原理来保证。

下面我们分析 Bob 能够获得 Alice 确定得到了某个生密钥比特信息的概率，并讨论此概率与 θ 取值的关系。与文献 [10] 类似，Bob 要想以最大概率得到 Alice 在某个比特是否得到了确定性结果，则他需要发送 $|0''\rangle$（$|1''\rangle$）并在 A.1 中第（4）步声明 1（0）。这里：

$$|0''\rangle = \cos(\theta/2)|0\rangle + \sin(\theta/2)|1\rangle,$$
$$|1''\rangle = \sin(\theta/2)|0\rangle - \cos(\theta/2)|1\rangle \tag{4}$$

因此 Bob 知道 Alice 在这个量子比特上得到确定性结果的概率为 $p_c = \cos^2(\theta/2)$。如果 Bob 希望 Alice 在某个量子比特上获得不确定性结果，则他只需要发送 $|0''\rangle$（$|1''\rangle$）而声明 0（1）。在这种情况下，Alice 得到确定性结果的概率为 $p_i = 1 - p_c = \sin^2(\theta/2)$。图 6 刻画了 p_c 和 θ 取值之间的关系。可以看出，θ 越小，就意味着 Bob 准确预测 Alice 确定获得某个比特的概率就越大。如上面分析的那样，我们一般希望 θ 取（0，$\pi/4$）之间的一个较小值，这样可以节省通信复杂度，并且有更高的数据库安全性。此时 Bob 通常可以以相对更高的概率猜测到 Alice 查询的位置，但这并不降低协议对 Alice 隐私的保护，因为 Bob 的这种欺骗仍然是欺骗敏感的。也就是说，当 Bob 尽力获得 Alice 测量结果的确定性时，他必将损失这个密钥比特的值的信息，这一点与 J 协议中的情形是一样的。举例来说，虽然 Bob 在上面的攻击中可以以最大概率猜测到 Alice 的查询位置，但他将完全不知道相应密钥比特的取值信息。这种情况下 Bob 不可能确定性地给 Alice 一个正确结果。这一点由不可超光速通信原理来保证。

如前所述，在我们的协议中用户一般可以选择一个合适的 θ 值使得 $k = 1$，这意味着最优的通信复杂度。回忆 A.1 中第（6）步的过程，当 k 比较小的时候 Bob 更容易猜测到 Alice 在某个比特上的确定性信息。但这并不会妨害协议的安全性，因为 Bob 将损失这个密钥比特的值。当然，如果追求 Bob 猜到 Alice 查询位置的概率更小，那么也可以选择一个较大的 θ，如 $\theta > \pi/4$，这样就可以使得 p_c 较小（见图 6）。这也体现出我们协议的灵活性。

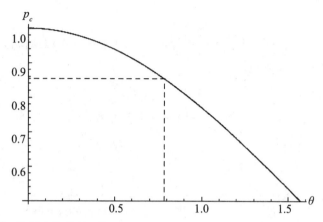

注：虚线表示 J 协议中的情况，即 $\theta = \pi/4$。

图 6 Bob 攻击时概率 p_c 与 θ 取值之间的关系

附录 B　基于单光子多脉冲态的量子保密查询协议

B.1　协议过程

利用单光子多脉冲信息编码方式，我们设计了一个非常适用于 QPQ 协议的非对称密钥分发方案。下面我们将提出一个针对 N 条目的数据库的 QPQ 协议（本节中记为协议 I），其过程如下：

（1）根据 1 个 $N+1$ 比特的二进制串 S，Bob 制备 1 个单光子 $N+1$ 脉冲的量子态 $|\Psi_S\rangle$，

$$S = s_0,\ s_1,\ s_2,\ \cdots,\ s_N \tag{5}$$

$$|\Psi_S\rangle = \frac{1}{\sqrt{N+1}} \sum_{k=0}^{N} (-1)^{s_k} |k\rangle \tag{6}$$

这里 s_k 随机地为 0 或 1，$k = 0,\ 1,\ 2,\ \cdots,\ N$，用以代表同一量子态的不同脉冲。然后他将 $|\Psi_S\rangle$ 发给 Alice。

（2）对每一个上述的量子态 $|\Psi_S\rangle$，Alice 生成一个随机比特 $r \in \{1,\ 2,\ \cdots N\}$，并且用图 7 中的线路将其分束、排序并干涉，从而得到如下数值之一：

$$s_j \oplus s_{j \boxplus r} \tag{7}$$

这里，$j = 0$，1，2，$\cdots$，N，$\oplus$ 代表异或和，$\boxplus$ 代表模 $N+1$ 加和。为了便于描述，我们假设 Alice 得到的数值为：

$$s_t \oplus s_{t \boxplus r} \tag{8}$$

即，对于量子态 $|\Psi_S\rangle$，Alice 得到了第 $t + 1$ 组脉冲的干涉结果。

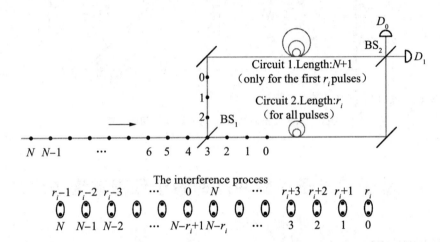

注：在 Alice 将量子态分成两束之后，她根据 r 分别搭建如图的两组延时线圈：线圈 1（图中的 Circuit 1）长度为 $N+1$ 个脉冲长度，但仅对前 r 个脉冲作用，即剩余的脉冲将不通过线圈 1；线圈 2（图中的 Circuit 2）长度为 r，且所有该路的脉冲都会经过线圈 2。这样，Alice 就可以得到如图下方所示的干涉结果了。

图 7　Alice 对量子态 $|\Psi_S\rangle$ 的信息提取过程

（3）Alice 公布 t，然后他们的最终密钥为：

$$s_t \oplus s_0,\ s_t \oplus s_1,\ \cdots,\ s_t \oplus s_{t-1},\ s_t \oplus s_{t+1},\ \cdots,\ s_t \oplus s_{N-1},\ s_t \oplus s_N \tag{9}$$

这里 Alice 知道其中 $s_t \oplus s_{t \boxplus r}$ 的值。

（4）根据这 N 比特密钥中自己知道的那 1 比特的位置以及自己想要查询的数据库条目，Alice 声明一个对密钥的移位。例如，如果 Alice 知道密钥的第 j 个比特并且想要查询数据库的第 i 个条目，她声明 $s = j - i$，然后 Bob 根据 s 移位自己的密钥。

（5）Bob 根据 Alice 声明的数值对自己的密钥进行移位。然后用移位后的密钥加密自己的整个数据库，并将加密后的数据库发给 Alice。

Alice 利用移位后的非对称密钥解密自己想要的那个条目。

可以发现，在协议 I 所生成的非对称密钥中，Alice 总是确切地知道其中的 1 比特信息。所以，这个协议总会成功且 Bob 也不需要向诚实的 Alice 泄露更多关于自己数据库的信息。

此外，为了验证 Bob 是否诚实，Alice 可以定期从别的数据库检测自己从 Bob 数据库所查询到的数据的有效性，或者她可以重复查询同一条数据并比较查询结果。另外一种保障方法类似于第一个 QPQ 协议，Alice 和 Bob 可以在一次查询过程中进行两次协议 I 的过程，我们记为协议 II。协议 II 允许 Alice 对同一条数据进行两次查询已验证 Bob 是否诚实。事实上，以上两种检测方式都基于以下事实：如果 Bob 得到了 Alice 查询位置的信息，他就无法给出正确的数据库条目。协议 II 显得更"主动"一些，因为 Alice 可以立即发现 Bob 的欺骗，但同时，协议 II 也会向不诚实 Alice 泄露更多的数据库信息。

下面我们来分析协议 I 的正确性。Bob 制备的信号初态如公式（6）所示。当该信号通过 Alice 的分束器 BS_1 后，信号的状态变为：

$$\frac{1}{\sqrt{2(N+1)}}\Big[\sum_{k=0}^{N}(-1)^{s_k}|k\rangle|0\rangle + i\sum_{k=0}^{N}(-1)^{s_k}|k\rangle|1\rangle\Big] \tag{10}$$

这里 $|0\rangle$ 代表光子在透射路径，$|1\rangle$ 代表光子在反射路径。在通过两个延迟线圈以及反射镜后，信号的量子态变为：

$$\frac{i}{\sqrt{2(N+1)}}\Big[\sum_{k=0}^{N}(-1)^{s_k}|k\rangle|0\rangle + i\sum_{k=0}^{N}(-1)^{s_{k\boxplus r}}|k\rangle|1\rangle\Big] \tag{11}$$

当这两路移位后的脉冲通过第二个分束器 BS_2 之后，量子态变为：

$$\frac{i}{2\sqrt{(N+1)}}\sum_{k=0}^{N}[(-1)^{s_k}-(-1)^{s_{k\boxplus r}}]|k\rangle|1'\rangle + i\sum_{k=0}^{N}[(-1)^{s_k}+(-1)^{s_{k\boxplus r}}]|k\rangle|0'\rangle$$

$$\tag{12}$$

这里，$|0'\rangle$ 代表光子在通向探测器 D_0 的路径（即透射-反射路径和反射-透射路径），$|1'\rangle$ 代表光子在通向探测器 D_1 的路径（即透射-透射路径和反射-反射路径）。我们可以看到，如果 $s_k = s_{k(r}$，那么 Alice 可能会在 D_0 探测到光子，但绝不会在 D_1 探测到光子；对应地，如果 $s_k \neq s_{k(r}$，那么 Alice 可能会在 D_1 探测到光子，但绝不会在 D_0 探测

到光子。因此，一旦 Alice 探测到了第 $t+1$ 组脉冲的干涉结果，她就会知道 $s_t \oplus s_{t(r}$ 的值。

B.2 安全性分析

B.2.1 数据库安全性

很难想出一个 Alice 针对 Bob 数据库的具体的攻击策略。这里我们根据 Holevo 界给出 Alice 能够得到 Bob 数据库信息的上界。即：

$$H(A：\text{Database}) \leqslant H(A：S) \leqslant S\left(\frac{1}{2^{N+1}}\sum_{k=1}^{2^{N+1}}|\Psi_k\rangle\langle\Psi_k|\right) - \frac{1}{2^{N+1}}\sum_{k=1}^{2^{N+1}}S(|\Psi_k\rangle\langle\Psi_k|) \tag{13}$$

这里，$S(\rho)$ 表示量子态 ρ 的冯诺依曼熵，$H(A：\text{Database})$ 表示 Alice 能够获得的 Bob 数据库的信息量，$H(A：S)$ 表示 Alice 能够获得的关于 Bob 的 $N+1$ 二进制比特串 S 的信息量，$|\Psi_k\rangle$ 表示公式（6）中量子态的 2^{N+1} 中不同的情况。经过计算，我们可以得到：

$$S\left(\frac{1}{2^{N+1}}\sum_{k=1}^{2^{N+1}}|\Psi_k\rangle\langle\Psi_k|\right) = S(I_{N+1}) = \log(N+1) \tag{14}$$

$$S(|\Psi_k\rangle\langle\Psi_k|) = 0 \tag{15}$$

因此：

$$H(A：\text{Database}) \leqslant H(A：S) \leqslant \log(N+1) \tag{16}$$

［很明显，对于协议 II′，$H(A：\text{Database}) \leqslant 2\log(N+1)$］至此，我们已经给出了一个基于 QKD 的 QPQ 协议中，不诚实 Alice 可获得 Bob 数据库信息量的理论上界。

B.2.2 用户的隐私

正如之前所有 QPQ 协议一样，我们的协议中对用户隐私的保护也是基于：如果 Bob 得到了 Alice 查询位置的有效信息，那么他就可能会给 Alice 一个错误的条目，Alice 就可以通过这个错误的条目发现 Bob 的欺骗了。

我们首先考虑 Bob 发给 Alice 纯态的情况。假设 Bob 发给 Alice 的单光子多脉冲态为如下形式：

$$|\Psi_A\rangle = \sum_{k=0}^{N} a_k|k\rangle \tag{17}$$

这里，$\sum_k |a_k|^2 = 1$（如果 Bob 发给 Alice 的信号中含有多个光子，Alice 可以通过其干涉线路发现）。当信号通过两个分束器后，量子态变为：

$$\frac{1}{2}\sum_{k=0}^{N}\left[(a_k + a_{k\boxplus r})|k\rangle|0'\rangle + i(a_k - a_{k\boxplus r})|k\rangle|1'\rangle\right] \quad (18)$$

这样，如果 Alice 选择了 r，那么她得到第（$k+1$）组脉冲干涉结果的概率为：

$$\frac{1}{2}(|a_k|^2 + |a_{k\boxplus r}|^2) \quad (19)$$

那么，不同的 r 和 k 的联合概率分布为：

$$\left[\frac{1}{2N}(|a_k|^2 + |a_{k\boxplus r}|^2)\right]_{r,k} \quad (20)$$

这里 $r = 1, 2, \cdots, N$，$k = 0, 1, 2, \cdots, N$。这样，R（不同 r 的事件空间）和 K（不同 k 的事件空间）的互信息为：

$$H(R:K) = H(R) + H(K) - H(K, R) \quad (21)$$

这样，Bob 不诚实行为（即制备 $|\Psi_A\rangle$ 而不是 $|\Psi_S\rangle$）被 Alice 发现的最小概率为：

$$P_{\min} = \sum_{k=0}^{N}\min\left\{\frac{|a_k + a_{k\boxplus r}|^2}{4N}, \frac{|a_k - a_{k\boxplus r}|^2}{4N}\right\} \quad (22)$$

很容易能够得到，如果 $H(R:K) > 0$，那么 $P_{\min} > 0$。也就是说，我们的协议是欺骗敏感的。更进一步，我们认为 Bob 能够得到 Alice 隐私的信息量与其不诚实行为被发现的最小概率之间满足如下不等式：

$$H(R:K) < 1.11 \times \log N \times P_{\min} \quad (23)$$

下面将介绍我们是如何得到该结论的。

考虑公式（20），为了得到更小的错误概率，Bob 应该选择同模的 a_k。不失一般性，我们假设所有 a_k 均为实数。进一步，为了方便计算，我们假设所有 a_k 均为非负实数。那么公式（20）就可以简化为：

$$P_{\min} = \frac{1}{2} - \frac{\displaystyle\sum_{k=0}^{N}\sum_{r=1}^{N}a_k a_{k\boxplus r}}{2N} \quad (24)$$

根据公式（20）和公式（21），我们可以得到：

$$H(B:R) = \log N + H\left(\left\{\frac{1+(N-1)|a_k|^2}{2N}\right\}_k\right) - H\left(\left\{\frac{(|a_k|^2+|a_{k\oplus r}|^2)}{2N}\right\}_{k,r}\right)$$

$$= \log N - \sum_{k=0}^{N}\left[\frac{1-(N-1)|a_k|^2}{2N}\log\frac{1-(N-1)|a_k|^2}{2N}\right]$$

$$+ \sum_{k=0}^{N}\sum_{r=1}^{N}\left[\frac{(|a_k|^2+|a_{k\oplus r}|^2)}{2N}\log\frac{(|a_k|^2+|a_{k\oplus r}|^2)}{2N}\right] \tag{25}$$

现在我们考虑以 $a_k \in [0, 1]$ 为自变量的比例函数，

$$F(A) = \frac{P_{\min} \times \log N}{H(R:K)} \tag{26}$$

这里 $A = \{a_0, a_1, \cdots, a_N\}$，$a_i \geqslant 0$，$\sum_i a_i^2 = 1$。

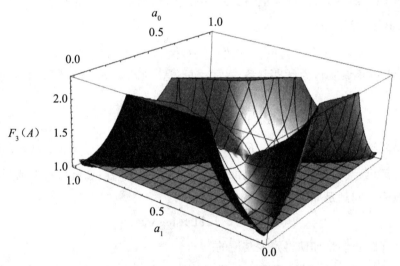

注：图中的平面表示值为 1，我们可以看到，$F_2(A)$ 的绝大部分图像都在该平面之上，并且该图关于平面 $a_0 = a_1$ 对称。

图 8　函数 $F(A)$ 的三维视图

为了获得该问题的可视化的结论，我们画出了 $F(A)$ 的二维情况，记为 $F_2(A)$，如图 8 所示。$F_2(A)$ 的定义域分为 3 个子集：$A_0 = \{(a_0, a_1, a_2) \mid a_1 \leqslant a_0, a_2 \leqslant a_0\}$、$A_1 = \{(a_0, a_1, a_2) \mid a_0 \leqslant a_1, a_2 \leqslant a_1\}$ 和 $A_2 = \{(a_0, a_1, a_2) \mid a_1 \leqslant a_2, a_0 \leqslant a_2\}$，并

且最小值均在每个定义域的中线上。例如在 A_2 中，$F_2(A)$ 的最小值在直线 $a_0 = a_1 (= \sqrt{1 - a_2^2} / \sqrt{2})$ 上取到，该直线也是图像的对称轴。

利用 $F(A)$，并且通过超过 3 000 000 次计算机模拟的结果，我们确认了 $H(R:K) < 1.11 \times \log N \times P_{min}$ 这一结论。部分模拟结果［即在不同的 N 时计算 $F(A)$ 的最小值］见表 8。可以发现，随着 N 的增大，$F(A)$ 的最小值也越来越大。所以，我们认为 $F(A)$ 的最小值为 0.9049，这样 $H(R:K) < 1.11 \times \log N \times P_{min}$ 成立。

表8 对于每个不同的 N，$F(A)$ 最小值的模拟结果（模拟实例个数为 200 000）

N	2	3	4	5	7
min $[F(A)]$	0.9049	0.9308	0.9450	0.9540	0.9604
N	10	20	100	1000	10000
min $[F(A)]$	0.9741	0.9857	0.9967	0.9996	1.0003

此外，我们也对部分结论进行了证明。对于高维的情况，由于函数在每个自定义域 $A_m = \{(a_0, a_1, \cdots, a_N) \mid a_j \leqslant a_m, \forall j\}$ 内的对称性和凹性，我们认为最小值仍然在它的对称超平面内取到（这里对称性是明显的，凹性我们未能给出证明，但经过超过 1 000 000 次的计算机模拟显示是正确的）。考虑函数 $F(A)$ 的对称超平面，记为 $F'_{S-HP}(A)$，

$$F'_{S-HP}(A) = \frac{1.11 \times \log N \times P'_{min}}{H'(A : \text{Database})} \tag{27}$$

这里：

$$P'_{min} = \frac{1}{2} - \frac{a_m \sqrt{1 - a_m^2}}{N} - \frac{N-1}{2N}(1 - a_m^2), \tag{28}$$

并且

$$H'(A：\text{Database}) = \log N - \frac{1 + (N-1)a_m^2}{2N} \log \frac{1 + (N-1)a_m^2}{2N}$$

$$- \frac{1}{2}\left[1 + \frac{N-1}{N}(1 - a_m^2)\right] \log \frac{1}{2N}\left[1 + \frac{N-1}{N}(1 - a_m^2)\right]$$

$$+ \left(a_m^2 + \frac{1 - a_m^2}{N}\right) \log \frac{1}{2N}\left(a_m^2 + \frac{1 - a_m^2}{N}\right) \quad (29)$$

$$+ \frac{(N-1) \times (1 - a_m^2)}{N} \log \frac{1 - a_m^2}{N^2}$$

对于当 $N \to +\infty$ 时 $a_m > 0$ 的情况，

$$\lim_{N \to +\infty} F'_{\text{S-HP}}(A) = \lim_{N \to +\infty} \frac{1.11 \times \frac{a_m^2}{2} \log N + \delta(\log N)}{\frac{a_m^2}{2} \log N + \delta(\log N)} > 1 \quad (30)$$

当 a_m^2 与 $1/N$ 是同阶无穷小时，

$$\lim_{N \to +\infty} H'(R：K) = 0 \quad (31)$$

但是，对于其他情况，我们没能给出证明。

通过以上的模拟与结论，我们认为：

$$H(R：K) < 1.11 \times \log N \times P_{\min}, \quad (32)$$

或者更为紧致的，

$$H(R：K) < \log(N+1) \times P_{\min} \quad (33)$$

下面我们考虑 Bob 发给 Alice 纠缠态一部分的情况。为了给 Alice 一个正确的条目，Bob 必须知道每个不同的相位差 $s_i \oplus s_j$，因为 r 是 Alice 随机产生的，所以 j 可能是除了 t 之外的任意值。因此，Bob 发送的量子态必须是如下形式：

$$\sum_{i=1}^{2^N} \lambda_i |\Lambda_i\rangle_B |\Psi_{S_i}\rangle_A \quad (34)$$

这里 $\sum_i |\lambda_i|^2 = 1$，

$$|\Psi_{S_i}\rangle = \frac{1}{\sqrt{N+1}}\left[|0\rangle + \sum_{k=1}^{N} (-1)^{S_{i,k}} |k\rangle\right] \quad (35)$$

当 $i \neq j$ 时，$\langle \Psi_{S_i} | \Psi_{S_j} \rangle \neq 1$，$\langle \Lambda_i | \Lambda_j \rangle = \sigma_{ij}$。在公式（35）中，每个 i 对应 2^N 个不同的量子态 $|\Psi_{S_i}\rangle$ 之一。值得注意的是，忽略全局相位，$|\Psi_{S_i}\rangle$ 与下面的态等价：

$$|\Psi'_{S_i}\rangle = \frac{1}{\sqrt{N+1}} \big[\, |-0\rangle + \sum_{k=1}^{N} (-1)^{S_{i,\,k \oplus 1}} |k\rangle \big] \qquad (36)$$

然后 Bob 将系统 A 发给 Alice，自己保留系统 B。在 Alice 测量之后，Bob 可以在 $\{|\Lambda_i\rangle\}_{i=1}^{N}$ 基矢下测量系统 B。这样 Bob 就可以得到 Alice 测量的 S_i，并给 Alice 正确的数据。但是，他不会得到 Alice 查询位置的任何信息。当然，他也可以对系统 B 进行其他测量来探测 Alice 的查询位置，但是他将不能得到 S_i 的准确信息。因此，他不能准确地将 Alice 所查询的条目发给她。因此，我们的协议同样是欺骗敏感的。

例如，Bob 可以制备如下量子态：

$$\frac{\sum\limits_{S_0,\,S_1,\,\cdots,\,S_N} |S_0\rangle_0 |S_1\rangle_1 \cdots |S_N\rangle_N \big[\sum\limits_{k=0}^{N} (-1)^{S_k} |k\rangle_A \big]}{\sqrt{(N+1) \times 2^N}} \qquad (37)$$

Bob 保留前 $N+1$ 个系统 $\{0, 1, \cdots, N\}$，发送系统 A 给 Alice。当 Alice 测量并公布部分测量结果 t 时［协议 I 的第（2）、（3）步］，在 Bob 看来整个系统塌缩成一个混合态，它的一个系综如下：

$$\big\{ \frac{1}{2}, \ |\varphi^+\rangle_{t,\,t \boxplus r} \bigotimes\limits_{i \neq t,\,i \neq t \boxplus r} |+\rangle_i \otimes |t0'\rangle_A; \ \frac{1}{2}, \ |\psi^+\rangle_{t,\,t(r} \bigotimes\limits_{i \neq t,\,i \neq t \boxplus r} |+\rangle_i \otimes |t1'\rangle_A \big\} \qquad (38)$$

这里：

$$|\varphi^+\rangle = \frac{1}{\sqrt{2}} (|00\rangle + |11\rangle), \quad |\psi^+\rangle = \frac{1}{\sqrt{2}} (|01\rangle + |10\rangle) \qquad (39)$$

如果 Bob 用 Z 基测量前 $N+1$ 个系统，那么他能给 Alice 正确的条目。他也可以用 X 基测量它们，当在系统 $t \boxplus r$ 得到结果 $|-\rangle$ 时（以 1/2 的概率），他可以获得 Alice 的隐私。但是这样，他就完全失去了密钥中这一位比特的信息。Alice 就可以以 1/2 的概率发现 Bob 的攻击。

参考文献

［1］Gertner Y, Ishai Y, Kushilevitz E, et al. Protecting data privacy in private information retrieval schemes. J Comput Syst Sci, 2000, 60: 592-629.

［2］Rabin M O. How to exchange secrets by oblivious transfer. Technical Report TR-81, Aiken Computation Laboratory, Harvard University, 1981.

［3］Hardy L , Kent A. Cheat Sensitive Quantum Bit Commitment, Phys. Rev. Lett. 92, 157901 (2004).

［4］Lo H K, Chau H F. Is quantum bit commitment really possible? Phys Rev Lett, 1997, 78: 3410-3413.

［5］V. Giovannetti, S. Lloyd, L. Maccone, Quantum private queries, Physical Review Letters, 2008, 100: 230502.

［6］V. Giovannetti, S. Lloyd, L. Maccone, Quantum Private Queries: Security Analysis, Ieee Transactions on Information Theory, 2010, 56: 3465-3477.

［7］F. De Martini, V. Giovannetti, S. Lloyd, L. Maccone, E. Nagali, L. Sansoni, et al. Experimental quantum private queries with linear optics, Physical Review A, 2009, 80: 010302.

［8］C. Wang, L. Hao, L. J. Zhao, Implementation of Quantum Private Queries Using Nuclear Magnetic Resonance, Chinese Physics Letters, 2011, 28: 080302.

［9］L. Olejnik. Secure quantum private information retrieval using phase-encoded queries, Physical Review A, 2011, 84: 022313.

［10］M. Jakobi, C. Simon, N. Gisin, J. D. Bancal, C. Branciard, N. Walenta, et al., Practical private database queries based on a quantum-key-distribution protocol, Physical Review A, 2011, 83: 022301.

［11］V. Scarani, A. Acin, G. Ribordy, N. Gisin. Quantum cryptography protocols robust against photon number splitting attacks for weak laser pulse implementations, Physical Review Letters, 2004, 92: 057901.

［12］F. Gao, B. Liu, Q. Y. Wen, H. Chen, Flexible quantum private queries based on quantum key distribution, Optics Express, 2012, 20: 17411-17420.

［13］C. H. Bennett. Quantum cryptography using any two nonorthogonal states, Physical Review Letters, 1992, 68: 3121-3124.

［14］P. Chan, I. Lucio-Martinez, X. F. Mo, C. Simon, W. Tittel, Performing private database queries in a real-world environment using a quantum protocol, Scientific Reports, 2014, 4: 5233.

［15］M. V. P. Rao, M. Jakobi. Towards communication-efficient quantum oblivious key distribution, Physical Review A, 2013, 87: 012331.

［16］F. Gao, B. Liu, W. Huang, Q. Y. Wen, Postprocessing of the Oblivious Key in Quantum Private Query, IEEE Journal of Selected Topics in Quantum Electronics, 2015, 21: 6600111.

［17］B. Liu, F. Gao, W. Huang, Q. Y. Wen. QKD-based quantum private query without a failure probability, Science China-Physics Mechanics & Astronomy, 2015, 58: 100301.

［18］C. Y. Wei, X. Q. Cai, B. Liu, T. Y. Wang, F. Gao. A generic construction of quantum oblivious-key-transfer-based private query with ideal database security and zero failure, IEEE Transactions on Computers, p. DOI 10. 1109/TC. 2017. 2721404, 2017.

［19］C. Y. Wei, F. Gao, Q. Y. Wen, T. Y. Wang, Practical quantum private query of blocks based on unbalanced-state Bennett-Brassard-1984 quantum-key-distribution protocol, Scientific Reports, 2014: 7537.

［20］L. Y. Zhao, Z. Q. Yin, W. Chen, et al. Loss-tolerant measurement-device-independent quantum private queries, Scientific Reports, 2017: 39733.

［21］H. -K. Lo, M. Curty, B. Qi, Measurement-device-independent quantum key distribution. Physical Review Letters 108, 2012: 130503.

［22］Y. G. Yang, S. J. Sun, P. Xu, et al. Flexible protocol for quantum private query based on B92 protocol, Quantum Information Processing 13, 2014: 805-813.

［23］A. Maitra, G. Paul, S. Roy. Device-independent quantum private query, Physical Review A 95, 2017: 042344.

[24] Wei C, Wang TY, Gao F. Practical quantum private query with better performance in resisting joint-measurement attack. Physical Review A, 93, 042318, 2016.

[25] Wang C, Hao, L, Zhao, L-J. Implementation of Quantum Private Queries Using Nuclear Magnetic Resonance. Chinese Physics Letters, 2011, 28 (8): 080302.

[26] Shen D S, Zhu, X C, Ma, W P, et al. Improvement on private database queries based on the quantum key distribution. Journal of Optoelectronics and Advanced Materials, 2012, 14 (5-6): 504-510.

[27] Yang Y-G, Sun, S-J, Tian, J, et al. Secure quantum private query with real-time security check. Optik, 2014, 125 (19): 5538-5541.

[28] Yang Y-G, Sun, S-J, Xu, P, et al. Flexible protocol for quantum private query based on B92 protocol. Quantum Information Processing, 2014, 13 (3): 805-813.

[29] Yu F, Qiu, D. CODING-BASED QUANTUM PRIVATE DATABASE QUERY USI NG ENTANGLEMENT. Quantum Information & Computation, 2014, 14 (1-2): 91-106.

[30] Lai H, Orgun, M A, Pieprzyk, J, et al. Controllable quantum private queries using an entangled Fibonacci-sequence spiral source. Physics Letters A, 2015, 379 (40-41): 2561-2568.

[31] Shi W-X, Liu, X-T, Wang, J, et al. Multi-Bit Quantum Private Query. Communications in Theoretical Physics, 2015, 64 (3): 299-304.

[32] Sun S-J, Yang, Y-G, Zhang, M-O. Relativistic quantum private database queries. Quantum Information Processing, 2015, 14 (4): 1443-1450.

[33] Yang Y-G, Zhang, M-O, Yang, R. Private database queries using one quantum state. Quantum Information Processing, 2015, 14 (3): 1017-1024.

[34] Yang Y-G, Liu, Z-C, Chen, X-B, et al. Novel classical post-processing for quantum key distribution-based quantum private query. Quantum Information Processing, 2016, 15 (9): 3833-3840.

[35] Yang Y-G, Liu, Z-C, Li, J, et al. Quantum private query with perfect user privacy against a joint-measurement attack. Physics Letters A, 2016, 380 (48): 4033-4038.

[36] Chang Y, Zhang, S, Han, G, et al. Quantum Private Query Protocol Based on

Two Non-Orthogonal States. Entropy, 2016, 18 (5): 163.

[37] Li J, Yang, Y-G, Chen, X-B, et al. Practical Quantum Private Database Queries Based on Passive Round-Robin Differential Phase-shift Quantum Key Distribution. Scientific Reports, 2016, 6, 31738.

[38] Wang T-Y, Wang, S-Y, Ma, J-F. Robust Quantum Private Queries. International Journal of Theoretical Physics, 2016, 55 (7): 3309-3317.

[39] Xu S-W, Sun, Y, Lin, S. Quantum private query based on single-photon interference. Quantum Information Processing, 2016, 15 (8): 3301-3310.

[40] H. K. Lo, Insecurity of quantum secure computations, Physical Review A, 1997, 56: 1154-1162.

格上抗量子密码发展研究[1]

张江

（密码科学技术国家重点实验室）

[**摘要**] 量子计算技术的快速发展给传统密码技术带来了前所未有的挑战，各国政府及研究机构已陆续发起了设计能够抵抗量子计算机攻击密码算法的重大研究计划，其中基于格的抗量子密码是最重要的研究方向之一。本文将首先介绍抗量子密码的概念和背景，进而介绍格上抗量子密码的相关基础知识和国内外发展现状。最后，本文将介绍我们在格上抗量子密码研究领域的进展。

[**关键词**] 抗量子密码；格；可证明安全；公钥加密；数字签名

Post-Quantum Cryptography from Lattices

Zhang Jiang

（State Key Laboratory of Cryptology）

[**Abstract**] As the traditional cryptographic technologies face great challenges from the fast development of quantum technologies, the governments and research communities over the world have launched many great plans to develop post-quantum cryptography for resisting the possible attacks from the adversaries armed with quantum computers. Lattice-based cryptography is one of the main research directions in post-qauntum cryptography. In this paper, we will first give some backgrounds on post-quantum cryptography, and then recall the current state of the

---

1) 基金项目：国家重点研发计划（2017YFB0802005）；国家自然科学基金（61602046、U1536205）；中国科协青年人才托举工程（2016QNRC001）。

lattice-based cryptography. Finally, we will briefly introduce our work in this area.

[**Keywords**] Post-quantum cryptography; Lattices; Provable security; Public-key encryption; Digital signature

1 引言

1.1 抗量子密码的概念

1984 年，Goldwasser 和 Micali[1]首先将可证明安全的方法用于概率加密方案的设计和安全分析。虽然可证明安全的思想发源于公钥加密，但却迅速被用于研究其他的密码目标，如对称密码[2,3]，伪随机性[4,5]和数字签名[6]等。经过几十年的发展，可证明安全不仅被认为是理论密码学必须要提供的最富有创造性和价值的贡献之一[7]，而且被标准组织和密码算法实现者当作密码方案的固有属性之一[8]。值得注意的是，可证明安全并不是无条件安全，即可证明安全的密码方案并没有保证在任何条件下都能满足其设计目标[9]。严格来说，可证明安全理论由三个基本要素组成：

（1）困难假设（Hardness Assumption）：通常由一些数学计算困难问题或一些原子密码算法的安全假设（如 AES 是伪随机置换函数）等构成。

（2）安全模型（Security Model）：包含安全目标（Security Goal）和攻击模型（Attack Model）两部分的内容。

①安全目标刻画了密码系统需要满足的基本安全性质，通常由密码系统的具体用途和功能抽象而来；

②攻击模型描述了敌手在破坏密码系统的安全目标时所拥有的知识、与诚实用户交互并获得额外信息的能力，以及所受到的限制等，其中通过交互获得额外信息的能力通常由一系列的预言机（Oracle）来刻画。

（3）安全归约（Security Reduction）：是一类以严格逻辑推理为基础而构建的多项式时间的算法。它们的作用是将任何满足攻击模型并破坏密码方案安全目标的敌手转换为直接攻击困难假设的算法。

如果在设计密码方案的同时对困难假设和安全模型都给出了简洁、精确的描述，并且还给出了严格、正确的安全归约，那么我们称该密码方案是可证明安全的。显然，这个定义本身并没有保证所设计密码方案的任何安全性，只是说明了任何满足安全模型的对目标密码方案的有效攻击都将直接导致所考虑的困难假设不成立。因此，要深入理解和评估密码方案可证明安全的价值和意义，必须要对困难假设、安全模型和安全归约有深入的研究和准确的认识。

虽然针对上述三个方面的研究已经取得了丰硕的成果，但由于目前许多可证明安全的密码方案都是基于如大数分解、RSA 问题和 DH 问题等经典数学困难问题，这些密码方案在社会步入到量子计算机时代后将面临严重的威胁和攻击[10]。尤其近年来多个关键技术的进步已使得量子计算机不再那么遥不可及[11,12]。因此，在当前阶段非常有必要开始抗量子攻击密码方案的研究和设计，从而为安全替代当前应用系统中的经典密码方案做好理论和技术储备。事实上，美国国家安全局（NSA）已于 2015 年发布了关于 Suite B 密码体系的通告[2)]，宣布了将逐渐从传统算法体系向"抗量子攻击算法体系"（Quantum Resistant Algorithms）迁移的初步计划[13]。由于量子算法在求解格、纠错码以及基于多变元方程等相关数学困难问题上和经典算法相比没有明显优势，研究人员普遍认为基于这些数学问题的密码方案不仅可以抵抗经典计算的攻击，也可以抵抗量子计算的分析，并称这些密码为抗量子密码（Post‐Quantum Cryptography，PQC）[14]。换句话说，抗量子密码就是基于抗量子数学困难问题在特定安全模型下可证明安全的密码方案的统称，而格上抗量子密码方案即是基于格上数学困难问题而设计的可证明安全的密码方案。除了具有潜在抗量子攻击的特点之外，格上密码方案还具有渐进的计算效率、基于最坏情况的困难假设、极大的多样性等优点，基于格的密码构造吸引了密码学界的广泛关注。事实上，格上抗量子密码方案已经成为抗量子密码最具前途的研究方向之一。

1.2 格密码基础

令 $\mathbb{R}^m$ 是 m 维欧几里得空间。令 $\boldsymbol{B} = (\boldsymbol{b}_1, \cdots, \boldsymbol{b}_n) \in \mathbb{R}^{m \times n}$ 是 $\mathbb{R}^m$ 中 n 个线性无关

---

2) 美国国家标准与技术研究院（NIST）推出的 Suite B 密码算法体系被 NSA 的信息保障局（IAD）批准用于保护国家安全系统（NSS）的涉密和非密信息。

列向量构成的矩阵。一个由矩阵 $\boldsymbol{B}$ 生成的格 $\mathrm{L}(\boldsymbol{B})$ 是列向量 $\boldsymbol{b}_1,\cdots,\boldsymbol{b}_n \in \mathbb{R}^m$ 的所有整系数线性组合构成的集合，即 $\mathrm{L}(\boldsymbol{B}) = \{\boldsymbol{Bx}: \boldsymbol{x} \in \mathbb{Z}^n\} = \{\sum_{i=1}^{n} x_i \boldsymbol{b}_i : x_i \in \mathbb{Z}\}$。整数 m 和 n 分别称为格 $\mathrm{L}(\boldsymbol{B})$ 的维数和秩。矩阵 $\boldsymbol{B}$ 称为格 $\mathrm{L}(\boldsymbol{B})$ 的基。同一个格可能有许多不同的基。对于由矩阵 $\boldsymbol{B}$ 生成的格 $\Lambda = \mathrm{L}(\boldsymbol{B})$，矩阵 $\boldsymbol{B}'$ 是 Λ 的基，当且仅当存在幺模矩阵 $\boldsymbol{U} \in \mathbb{Z}^{n\times n}$ 时，使得 $\boldsymbol{B}' = \boldsymbol{BU}$。

对于 m 维的格 Λ，其对偶格 Λ^* 的定义为 $\Lambda^* = \{\boldsymbol{x} \in \mathbb{R}^m : \forall \boldsymbol{v} \in \Lambda, \langle \boldsymbol{x}, \boldsymbol{v}\rangle \in \mathbb{Z}\}$。令 $B_m(\boldsymbol{c}, r) = \{\boldsymbol{x} \in \mathbb{R}^m : \|\boldsymbol{x} - \boldsymbol{c}\| < r\}$ 是一个以 $\boldsymbol{c}$ 为中心，$r > 0$ 为半径的 m 维开球。m 维格 Λ 的第 i 个连续最小量 $\lambda_i(\Lambda)$ 是使得开球 $\boldsymbol{B}_m(\boldsymbol{0}, r)$ 包含 i 个线性无关格向量的最小半径 r，即 $\lambda_i(\Lambda) = \inf\{r : \dim(\mathrm{span}(\Lambda \cap \boldsymbol{B}_m(\boldsymbol{0}, r))) \geq i\}$。秩为 n 的格 Λ 有 n 个连续最小量 $\lambda_1(\Lambda),\cdots,\lambda_n(\Lambda)$，其中 $\lambda_1(\Lambda)$ 是格 Λ 中最短向量的长度。

给定 $\mathbb{R}^m$ 中秩为 n 的格 $\Lambda \subset \mathbb{R}^m$ 和向量 $\boldsymbol{t} \in \mathbb{R}^m$，向量 $\boldsymbol{t}$ 到格的距离定义为 $\mathrm{dist}(\Lambda, \boldsymbol{t}) = \min_{\boldsymbol{v} \in \Lambda} \|\boldsymbol{v} - \boldsymbol{t}\|$。以下回顾格上著名的三个困难问题：最短向量问题（Shortest Vector Problem，SVP）、最近向量问题（Closest Vector Problem，CVP）和最短独立向量问题（Shortest Independent Vector Problem，SIVP）。

定义 1（近似最短向量问题） 给定 $\mathbb{R}^m$ 中秩为 n 的格 $\Lambda = \mathrm{L}(\boldsymbol{B})$ 的基 $\boldsymbol{B} \in \mathbb{R}^{m\times n}$，以 $\gamma(n) \geq 1$ 为近似因子的近似最短向量问题 SVP_γ 的目标是寻找非零格向量 $\boldsymbol{v} \in \Lambda$ 使得 $\boldsymbol{v} \neq 0$ 且 $\|\boldsymbol{v}\| \leq \gamma \cdot \lambda_1(\Lambda)$。

定义 2（近似最近向量问题） 给定 $\mathbb{R}^m$ 中秩为 n 的格 $\Lambda = \mathrm{L}(\boldsymbol{B})$ 的基 $\boldsymbol{B} \in \mathbb{R}^{m\times n}$ 和目标向量 $\boldsymbol{t} \in \mathbb{R}^m$，以 $\gamma(n) \geq 1$ 为近似因子的近似最近向量问题 CVP_γ 的目标是寻找格向量 $\boldsymbol{v} \in \Lambda$ 使得 $\|\boldsymbol{v} - \boldsymbol{t}\| \leq \gamma \cdot \mathrm{dist}(\Lambda, \boldsymbol{t})$。

定义 3（近似最短独立向量问题） 给定 $\mathbb{R}^m$ 中秩为 n 的格 $\Lambda = \mathrm{L}(\boldsymbol{B})$ 的基 $\boldsymbol{B} \in \mathbb{R}^{m\times n}$，以 $\gamma(n) \geq 1$ 为近似因子的最短独立向量问题 SIVP_γ 的目标是寻找 n 个线性无关的格向量 $\boldsymbol{v}_1,\cdots,\boldsymbol{v}_n \in \Lambda$ 使得对于所有的 $i \in \{1,\cdots,n\}$，$\|\boldsymbol{v}_i\| \leq \gamma \cdot \lambda_n(\Lambda)$。

当近似因子 $\gamma(n) = 1$ 时，上述三个定义则对应的是格上的标准问题，并被证明了是 NP 困难的。事实上，对于任意多项式的近似因子 $\gamma(n)$，相关近似问题都还是困难的[15]。但随着 $\gamma(n)$ 的变大，这类问题会变得越来越容易求解。尤其当 $\gamma(n) \geq 2^{n\log\log n/\log n}$ 时，相关近似问题就已存在多项式时间的求解算法[16,17]。虽然，对于多项式

近似因子 $\gamma(n) = \text{poly}(n)$，相应问题可能已经不再是 NP 困难的[18,19]，但却仍然需要指数的运行时间和空间来求解[20]。事实上，即使对于 2^k 的近似因子，目前最好的算法也仍然需要 $2^{\tilde{O}(n/k)}$ 的计算时间。正因为如此，多项式近似因子的上述三类问题在密码学中被广泛地当作困难假设使用，并被认为是抵抗量子计算机攻击的。

格密码通常会使用由矩阵 $A \in \mathbb{Z}_q^{n \times m}$ 诱导的两个 m 维 q 元格：

$$\Lambda_q^{\perp}(A) = \{ e \in \mathbb{Z}^m \, s.t. \, Ae = 0 \bmod q \}$$

$$\Lambda_q(A) = \{ y \in \mathbb{Z}^m \, s.t. \, \exists s \in \mathbb{Z}^n, \, A^T s = y \bmod q \}$$

通过适当放缩后，上述两个格实际上互为对偶格。$\Lambda_q^{\perp}(A) = q\Lambda_q(A)^*$ 且 $\Lambda_q(A) = q\Lambda_q^{\perp}(A)^*$。格密码的安全性通常依赖于以下两个与 q 元格相关的数学问题：最小整数解问题（Small Integer Solustions，SIS）和带错误的学习问题（Learning with Errors，LWE）。

定义 4（最小整数解问题 $\text{SIS}_{n,m,q,\beta}$） 给定正整数 n，m，$q \in \mathbb{Z}$ 、矩阵 $A \in \mathbb{Z}_q^{n \times m}$ 和正实数 $\beta \in \mathbb{R}$ ，寻找非零向量 $x \in \mathbb{Z}^m \setminus \{\mathbf{0}\}$ 使得 $Ax = 0 \bmod q$ 且 $\|x\| \leq \beta$ 。

令 n，q 是正整数，α 是正实数，χ_α 是 $\mathbb{Z}$ 上以 α 为标准差的离散高斯分布 χ_α。对于向量 $s \in \mathbb{Z}_q^n$，定义分布 $A_{s,\alpha} = \{ (a, b = a^t s + e \bmod q) : a \leftarrow \mathbb{Z}_q^n, e \leftarrow \chi_\alpha \}$。我们用更紧凑的矩阵形式 $(A, b) \in \mathbb{Z}_q^{n \times m} \times \mathbb{Z}_q^m$ 表示从分布 $A_{s,\alpha}$ 随机独立选取的 m 个元组 (a_1, y_1)，$\cdots$，(a_m, y_m)，其中 $A = (a_1, \cdots, a_m)$，$b = (b_1, \cdots, b_m)^t$。

定义 5（LWE 问题 $\text{LWE}_{n,q,\alpha}$） 对于随机选取的秘密向量 $s \leftarrow \mathbb{Z}_q^n$，给定分布 $A_{s,\alpha}$ 中任意多项式个样本，计算出秘密向量 $s \in \mathbb{Z}_q^n$。

判定性 LWE 问题的目标则是在给定任意多项式个样本的条件下区分分布 $A_{s,\alpha}$ 和 $\mathbb{Z}_q^n \times \mathbb{Z}$ 上的均匀分布。对于满足某些条件的 q，判定性 LWE 问题在平均情况下的困难性多项式等价于计算性 LWE 问题在最坏情况下的困难性[21,22]。

对于适当选取的参数，SIS 问题和 LWE 问题在平均情况下的困难性与格上问题如 SIVP 等问题的最坏情况困难性是等价的。我们有如下结论：

命题 1[23] 对于正整数 $n \in \mathbb{Z}$，多项式界定的 $m \in \mathbb{Z}$、$\beta = \text{poly}(n) \in \mathbb{R}$ 和素数 $q \geq \beta \cdot \omega(\sqrt{n\log n})$，问题 $\text{SIS}_{n,m,q,\beta}$ 在平均情况下的困难性与秩为 n 的格上近似因子 $\gamma = \beta \cdot \tilde{O}(\sqrt{n})$ 的 SIVP_γ 问题在最坏情况下的困难性是一样的。

命题 2[21]   令实数 $\alpha = \alpha(n) \in (0, 1)$ 和素数 $q = q(n)$ 满足条件 $\alpha q > 2\sqrt{n}$。如果存在多项式时间的（量子）算法求解 $\mathrm{LWE}_{n, q, \alpha}$ 问题，那么存在多项式时间的量子算法求解秩为 n 的格上近似因子 $\gamma = \widetilde{O}(n/\alpha)$ 的所有 SIVP_γ 问题。

由于存储上述 q 元格的往往需要存储矩阵 $\boldsymbol{A} \in \mathbb{Z}_q^{n \times m}$，这导致基于上述 q 元格的密码方案通常具有较大的密钥长度。为了减少密钥长度，研究人员提出了理想格的概念。令 R 是一个环，且其加法群与 $\mathbb{Z}^n$ 同构。理想 $I \subseteq R$ 是一个关于乘法封闭的加法子群。如果 σ 是一个从 R 到 $\sigma(R) \subset \mathbb{R}^n$ 的加法同构映射，那么将 σ 作用到 R 的所有理想 $I \subseteq R$ 上即得到伴随 R 的一族理想格 $\{\sigma(I)\}$。例如，对于多项式环 $R = \boldsymbol{Z}[x]/(x^n + 1)$（或 $R_q = \boldsymbol{Z}_q[x]/(x^n + 1)$）中的任意元素 $y = \sum_{i=0}^{n-1} a_i x^i$，定义映射 $\sigma(y) = (a_0, \cdots, a_{n-1})^t$。显然，由 σ 可以诱导出一族关于环 R（或 R_q）的理想格。实际上，上述映射 $\sigma(\cdot)$ 在文献中称为系数嵌入。此外，文献中还使用了代数理论中的经典嵌入（Canonical Embedding）方式来定义理想格[24,25]。

令整数 n 是 2 的幂次，素数 q 满足 $q \bmod 2n = 1$，定义环 $R_q = \mathbb{Z}[x]/(x^n + 1)$。对于任意 $s \in R_q$ 和实数 α，定义分布 $B_{s, \alpha} = \{(\boldsymbol{a}, b = as + e): \boldsymbol{a} \leftarrow R_q, e \leftarrow \mathcal{X}_\alpha^n\}$。对于随机均匀选取的秘密元素 $s \leftarrow R_q$ 和任意多项式界定的正整数 ℓ，环上 LWE 问题 $\mathrm{RLWE}_{n, q, \alpha, \ell}$ 的目标是在给定 ℓ 个样本的条件下区分分布 $B_{s, \alpha}$ 和 $R_q \times R_q$ 上的均匀分布。对于适当选取的参数，我们有如下结论成立：

命题 3[25]   令正整数 n 是 2 的幂次，$\alpha \in (0, 1)$ 是一个实数，q 是一个素数，定义 $R = \mathbb{Z}[x]/(x^n + 1)$。如果 $q \bmod 2n = 1$ 且 $\beta q > \omega(\sqrt{\log n})$，那么存在从环 R 的理想格上最坏情况的 $\mathrm{SIVP}_{\widetilde{O}(\sqrt{n}/\beta)}$ 问题到平均情况的 $\mathrm{RLWE}_{n, q, \alpha \ell}$ 问题的多项式量子归约，其中 $\alpha = \beta q \cdot [n\ell /\log(n\ell)]^{1/4}$。

2   国外格上抗量子密码研究进展

2.1   格上数学困难问题研究

从 18 世纪开始，拉格朗日、高斯等著名数学家就开始研究格上 SVP 等数学问题的求解算法，但直到 1982 年 LLL 算法[17]被提出后，格上近似密码问题的求解算法才变成一个热点研究问题。在给定一个格的基，LLL 算法可以在多项式时间内结束并输出一组 LLL 约化基，且保证第一个基向量是满足近似因子为亚指数的最短向量问题的解。尽管 LLL 算法被成功用于分析许多著名的密码方案（如小指数的 RSA 加密[26]和背包密码系统[27]），但 LLL 算法并不能有效地用于攻击基于多项式近似因子的格密码方案。然而，由于 LLL 算法能在多项式时间内完成，且能够输出一组相对较好的约化基，大多格密码方案的实际分析及安全强度评估一般都会使用 LLL 算法作为预处理算法。

一般来说，格上的数学问题，特别是格密码常用 SIS 问题和 LWE 问题，都可以转换为相应格上的 SVP 问题，格上密码方案的安全性往往取决于求解相应 SVP_γ 问题的复杂度。由于目前 SVP 问题的求解算法都非常依赖于基向量的好坏，所以求解格上问题通常会由两步组成：（1）用给定的基运行基约化算法得到一组较好的基；（2）利用得到的约化基运行 SVP 问题求解算法计算出满足要求的短向量。

LLL 算法是第一个（多项式时间的）基约化算法，但目前最高效的基约化算法是 BKZ 算法[28]及其变种[29-31]。1987 年，Schnorr 提出了 BKZ 算法。作为 LLL 算法的推广，BKZ 算法根据输入参数 β（即分块大小）的取值在运行时间和约化基质量取折中。具体而言，LLL 算法实际上可以看成 $\beta = 2$ 的 BKZ 算法。随着 β 变大，基的质量越好，但运行时间越长。由于要调用求解 β 维子格 SVP 问题的求解算法，BKZ 算法的复杂度主要取决于 β 维子格 SVP 问题的求解复杂度和调用 SVP 求解算法的次数。目前最高效的 BKZ 算法的变种包括 BKZ 2.0[30]、progressive BKZ[29]和 primal-dual BKZ[31]等。

SVP 求解算法目前可以分为筛法[20]和枚举[32]两种算法。筛法的基本思想为随机抽样指数个格向量，然后通过不断分类约减格向量得到较短的格向量；而枚举算法的基本思想为按某种方式枚举半径为 R 中的所有格点，直到找到满足要求的格向量（或者枚举完半径为 R 中的所有格点）。近几年，筛法[33-37]和枚举算法[38-40]的研究都取得了一定的进展。总体而言，对于 n 维格筛法需要 $2^{O(n)}$ 的运行时间和 $2^{O(n)}$ 的存储空间，而枚举算法需要 $2^{O(n\log n)}$ 的运行时间（但其只需要多项式的存储空间）。因此，当格的维数变高时，筛法的运行时间在渐进意义上更好。具体来说，经典筛法[41]目前的运行时间大约为 $2^{0.292n}$，通过使用量子加速可以达到 $2^{0.265n}$ [42,43]。

2.2 量子安全模型及证明技术研究

Brassard[44]对量子密码学给出了简短的回顾，主要涉及利用量子物理特性设计量子密钥交换的历史过程。在密码方案的抗量子安全证明方面，Unruh[45]和Hallgren等人[46]分别研究了某些经典密码方案能抵抗量子计算机攻击的充分条件。具体来说，Unruh[45]证明了如果一个密码方案在通用可组合（Universal Composition）模型[47]中是统计可证明安全的，那么该结论针对量子计算机敌手时仍然成立。Hallgren等人[46]则进一步推广到计算可证明安全的情况。但遗憾的是这些结果并不能推广到如数字签名和公钥加密等其他密码方案，而且没有考虑到量子计算机敌手的量子叠加态攻击[48,49]。

2011年，Boneh等人[49]指出基于经典随机预言机模型可证明安全的密码方案在允许敌手进行量子叠加态询问时是不安全的，并提出了量子随机预言机模型（Quantum Random Oracle Model）。具体而言，他们构造了一个具体的密码方案，同时给出在经典随机预言机模型中的安全证明和该方案在量子随机预言机模型中的攻击。此后，量子随机预言机模型被分别用于Merkle难题（Merkle Puzzles）和IBE方案的安全性证明[50,51]。在文献［48］中，Boneh和Zhandry给出了数字签名和公钥加密的量子安全模型，并通过反例证明了即使在经典安全模型性可证明安全的签名和公钥加密方案在量子安全模型中也可能是不安全的，从而进一步揭示了研究密码方案量子安全模型的极端重要性。此外，Fehr等人[52]研究了在量子计算机中密码方案的可行性和完备性问题。2015年，Gagliardoni等人[53]研究了在量子计算机中加密方案的语义安全和不可区分性的关系。

2.3 格上密码方案设计研究

目前，最迫切需要寻找到抗量子计算攻击的候选密码方案包括公钥加密、数字签名和认证密钥交换协议。事实上，这三类方案也是目前应用中使用最多且能够拥有可证明安全的密码方案。鉴于此，以下主要介绍格上可证明安全公钥加密、数字签名和认证密钥交换协议的研究进展。

2.3.1 格上公钥加密研究

Hoffstein等人[54]基于多项式环的格设计了第一个实用的公钥加密方案，但直到

2011 年，Stehlé 和 Steinfeld[55] 才基于环上 LWE 假设证明了一个变种的 NTRU 加密方案的安全性。此外，Goldreich 等人[56] 基于格上困难问题构造了著名的 GGH 方案。但文献［57］给出了 GGH 加密方案在任何可能实用参数选取下的攻击。2004 年，Regev[58] 利用高斯概率分布给出了 GGH 加密方案的一个改进。在文献［21］中，Regev 基于 LWE 假设给出了一个可证明选择明文安全的公钥加密方案。2008 年，Peikert 和 Waters[59] 利用丢失陷门函数（Lossy Trapdoor Functions）的技术给出了可证明选择密文安全（CCA）的公钥加密方案。后来，文献［22，60］进一步提高了选择密文安全公钥加密方案的效率。此外，利用文献［61］的技术可以将基于身份的加密方案（Identity-based Encryption，IBE）转换成选择密文安全的公钥加密方案。

1984 年，Shamir[62] 首次提出基于身份加密方案的概念，但直到 2001 年，Boneh 和 Franklin[63] 才基于双线性对给出第一个基于身份加密方案。同年，Cocks[64] 基于二次剩余假设（Quadratic Residues）给出了基于身份加密方案的构造。2008 年，Gentry 等人[23] 基于 LWE 假设给出了格上第一个在随机预言机模型下可证明安全的基于身份加密方案。此后，许多文献[65-67] 致力于基于启发式随机预言机模型的基于身份加密方案。此外，Agrawal 等人[65] 设计了在选择身份模型下可证明安全的基于身份加密方案，而文献［66，68］则给出了适应性安全的基于身份加密方案。

2.3.2 数字签名研究

由于在理论上任何单向函数都可以用来构造数字签名方案[69,70]，基于格的签名方案研究可以追溯到 1996 年著名密码学家 Ajtai 构造基于格上问题的单向函数[71]。然而，直接利用格上困难问题且可证明安全的签名方案直到 2008 年才出现[23,72]。具体来说，Lyubashevsky 和 Micciancio[72] 利用格上具有同态性质的抗碰撞杂凑函数[73] 构造了第一个标准模型下一次安全的签名方案。同年，Gentry 等人[23] 给出了一个高效的多次安全的签名方案，但他们只能在基于启发式的随机预言机模型下给出安全证明。与其他可证明安全的密码方案一样，格上签名方案的研究也分为两条研究主线。一条沿着文献［23］继续在随机预言机模型下寻求更高性能满足实际效率需求的签名方案[74-79]。另一条则沿着文献［72］研究标准模型下可证明安全的签名方案，同时尽可能地提高方案的效率和实用性[60,66,80,81]。

格上随机预言机模型下可证明安全数字签名方案的研究近几年已经取得巨大的进步。特别是在 2013 年美密会（CRYPTO）上发表的数字签名方案[77]的效率已经和传统的基于大整数分解和离散对数问题的数字签名方案相当。相比较而言，标准模型下可证明安全数字签名方案的研究则相对比较缓慢。2010 年，Cash 等人[66]利用盆栽树的思想给出了在标准模型下可证明安全的数字签名方案。同年，Boyen[80]构造了在标准模型下安全的短签名方案。在文献［60］中，Micciancio 和 Peikert 进一步改进了 Boyen 的短签名方案。然而，这两个短签名方案[60,80]的验证密钥的长度都与消息长度呈线性关系。2013 年，Böhl 等人[82]提出了有限猜测（Confined Guessing）的证明技术，并基于此构造出在标准模型下与[66,80]相比具有较短验证密钥和签名的数字签名方案。Ducas 和 Micciancio[81]则将文献［82］中的证明技术推广到理想格中构造了一个在标准模型下可证明安全的数字签名方案，并使得验证密钥的长度与消息长度成对数关系。最近，Alperin-Sheriff[83]利用同态陷门函数的思想设计出了具有常数验证密钥的数字签名方案。由于使用了有限猜测的证明技术，以上三个短签名方案[81-83]具有如下不足：首先，其安全性只能在已知消息攻击的模型中得到安全证明。虽然通过已有的技术，如变色龙杂凑函数（Chameleon Hash Functions[84]）等，能够将已知消息攻击安全的数字签名方案转换成选择消息攻击安全的数字签名方案。但在格上这却意味要付出签名长度扩张一倍的代价[81]。其次，由于有限猜测的证明技术会带来的巨大安全归约损失，底层的数学困难问题的困难强度往往要比方案需要的安全强度高很多，这进一步带来了验证密钥和签名长度的扩张。

伴随着 NIST 抗量子标准计划的启动，国际上还出现了在计算效率和签名长度上都有较大提高的实用化数字签名方案，例如 Dilithium[85]。

2.3.3　格上密钥交换协议研究

1976 年，Diffie 和 Hellman 首次提出密钥交换的概念[86]。此后，密码学家根据不同的应用设计出许多不同类型的密钥交换协议，其中最重要的是认证密钥交换协议（Autenticated Key Exchange，AKE）。由于在许多实际安全应用系统中起着至关重要的作用[87-91]，AKE 一直是密码学研究的基础问题。

1993 年，Bellare 和 Rogaway[92]给出了 AKE 的安全模型——BR 模型。BR 模型首次

形式化地刻画了隐式的交互密钥认证（Implicit Mutual Key Authentication）和会话密钥的机密性（Confidentiality）。此后，研究学者陆续提出了许多针对不同安全目标和敌手能力的安全模型。例如，文献［93］和文献［94］中的模型就允许敌手获得用户的静态密钥或者除了目标会话之外其他会话的内部状态（即 CK 模型等）。总的来说，目前有两种实现 AKE 的方式。一种方式是直接利用密码工具（如签名和消息认证码等）显式认证协议交互中的所有消息，从而将普通的密钥交换协议（KE）转变为 AKE。有许多著名的 AKE 都是利用这种方式构造的，这包括 IKE[90,95]、SIGMA[96]、德国电子身份卡使用的 EAC 协议[97,98]、标准化的 OPACITY[99] 和 PLAID[100] 协议等。另一种实现 AKE 的方式则源于著名的 MTI[101] 和 MQV[102] 协议，其中 MQV 协议已经广泛地被 ANS[103,104]、ISO/IEC[105] 和 IEEE[106] 等国际组织标准化，并成为被美国国家标准与技术研究院（NIST）和美国国家安全局（NSA）推荐的密钥交换协议之一[107]。这类协议的共同点是直接利用 Diffie-Hellman（DH）问题的代数结构实现隐式认证，例如 HMQV 协议[108] 和 OAKE 协议[109] 等。

由于上述协议都是基于经典的数学困难问题，它们在社会步入到量子计算机时代后将面临严重的威胁和攻击[10]。因此，在当前阶段非常有必要开始抗量子攻击 AKE 的研究和设计。事实上，设计抗量子的 AKE 协议已经被 NIST 当成优先重点考虑的事情[110]。2009 年，Katz 等人[111] 提出了第一个将安全性建立在 LWE 假设之上的基于口令 AKE 协议。目前，主要有四篇文献[112-115] 专注于设计基于格的 AKE。具体而言，Fujioka 等人[112] 给出了从密钥封装机制（Key Encapsulation Mechanisms，KEM）到 AKE 的通用构造。因此，利用已有的基于格的可证明选择密文攻击安全的 KEM（如文献［22］、文献［59］等）即可以构造出基于格的 AKE。后来，文献［113］证明了单向选择密文攻击安全（One-Way CCA）的 KEM 就已经足以用来构造在随机预言机模型下可证明安全的 AKE。最近，Peikert[114] 给出了基于环上 LWE[116] 的高效 KEM 方案，并利用 SIGMA 协议[95] 的结构将其转换为 AKE，但作者只能在随机预言机下证明最终协议的 SK-security[117]。在 S&P 2015 上，Bos 等人[115] 将 Peikert 的 KEM 当成"近似"DH 协议，将其集成到 TLS 协议中并在认证与隐私信道建立（ACCE）模型[118] 下证明了最终协议的安全性。由于直接使用了传统的数字签名方案（如 RSA 和 ECDSA 等），Bos 等人的协议并不是一个完全基于格困难问题可证明安全。

此外，投稿到 NIST 抗量子密码标准计划的方案中还出现了在随机预言机模型下可证明安全的高效格上（认证）密钥交换协议[119,120]。

3 国内格上抗量子密码研究进展

近年来，我国许多科研人员在抗量子密码研究领域取得了一定的进展，积累了科研经验。量子安全模型及其安全证明技术研究作为一个新兴的研究领域，我国尚处于起步阶段，相关成果较少。

3.1 格上数学困难问题研究

王小云等人[121]改进了 Nguyen-Vidick 的 SVP 求解算法，给出了求解 SVP 问题的两层筛法，将求解复杂度从之前的 $2^{0.415n}$ 降低到了 $2^{0.384n}$。

张凤和潘彦斌等人[122]给出了求解 SVP 问题三层筛法，将求解的时间复杂度进一步降低到了 $2^{0.378n}$，对应空间复杂度为 $2^{0.283n}$。

丁丹、朱桂桢和王小云等人[123]基于短向量稀疏表达给出了求解 SVP 问题的遗传算法，并利用马科夫链证明了算法的收敛性。

最近，郑中祥和王小云等人[124]利用短向量的稀疏正交表达提出了正交枚举算法，并基于此提出了效率较高的混合 BKZ 算法。

此外，我国学者还将格基约化算法和困难问题的求解算法应用在了解决其他密码问题的安全分析中，并取得了系列成果[125-129]。特别是胡予濮等人[130,131]给出了对候选多线性映射的攻击，范淑琴等人[132]利用格上问题求解算法给出了对 openssl 中 ECDSA 数字签名的高效侧信道攻击。

3.2 量子安全模型及相关证明技术研究

我国学者在量子安全模型及相关安全证明技术研究方面的积累较少，相关研究成果不是太多，但在个别研究方向上已经取得比较好的成果。

江浩东和张振峰等人[133]针对两个被广泛使用的通用转换方法给出了在量子随机预言机模型下的近似紧归约证明。

高雯、胡予濮和王宝仓等人[134]给出了一个在经典随机预言机模型和量子随机预言机模型都可证明安全的身份识别协议。

3.3 格上密码方案设计研究

我们仍然主要介绍格上可证明安全公钥加密、数字签名和认证密钥交换协议的研究进展。

3.3.1 格上公钥加密研究

孙小超和李宝等人[135]利用双加密技术给出了基于均匀错误噪音 LWE 问题的基于标识的公钥加密方案，并利用通用转换得到选择密文安全的公钥加密方案。

张江、陈宇和张振峰等人[136]提出了格上可编程杂凑函数的概念，并基于此给出了从格上可编程杂凑函数到基于身份加密的通用构造。通过直接构造高效的可编程杂凑函数，张江等人[136]还给出了格上首个主公钥为对数长度的标准模型下基于身份加密方案。

贺婧楠、李宝和路献辉等人[137]基于 LWE 问题构造了在标准模型下实现 KDM（Key Dependent Message）和 SOA（Selective Opening Attacks）安全的基于身份加密方案。

王宝仓、雷浩和胡予濮等人[138]通过引入一系列 NTRU 问题的变种，构造了在计算意义上比原始 NTRU 方案更高效的公钥加密方案。

此外，我国学者还在设计满足更多其他功能和安全性质的加密方案研究方面和实用化公钥加密方案研究方面取得系列进展[139-143]。例如，张江和张振峰等人设计了首个格上基于属性加密方案[139]，并给出了支持门限结构的高效属性加密方案[140]。路献辉等人和赵运磊等人分别基于（环上）LWE 设计了实用化公钥加密方案，并投稿参与了 NIST 抗量子密码标准计划[143]。目前，两个方案都已成功通过初选进入第一轮评估阶段。

3.3.2 格上数字签名研究

张江和张振峰等人[144]提出了 Split-SIS 困难问题和一种高效的身份编码方式，并基于此设计了国际上首个具有近似常数公钥的格上群签名协议。

张江、陈宇和张振峰等人[136]通过使用高效的格上可编程杂凑函数，给出了标准模型下基于格上困难问题的首个紧归约的短签名协议，得到了目前标准模型下最高效的数字签名协议。

谢佳和胡予濮等人[145]基于 NTRU 格上的困难问题提出了一个在随机预言机模型下可证明安全的无证书数字签名方案。

张彦华和胡予濮等人[146]基于 NTRU 格上的困难问题提出了两个分别在随机预言机模型和标准模型下可证明强存在不可伪造安全的环签名方案。

3.3.3 格上密钥交换协议研究

张江和张振峰等人[147]通过使用"噪声消除"和"拒绝采样"等技术突破传统基于密钥封装认证密钥交换协议的设计理论，设计了国际上首个格上类似 DH 协议的两轮隐式认证密钥交换协议。

张江和郁昱等人[148]通过提出可分离公钥加密及其平滑投射杂凑函数的概念给出了可基于格上困难问题实例化的两轮口令认证密钥交换协议的通用框架，并得到了格上在随机预言机模型下高效的两轮口令认证密钥交换协议。

杨铮、陈宇和罗颂等人[149]改进了基于 KEM 的两轮口令认证密钥交换协议通用构造，并通过基于理想格上的困难问题构造一次选择密文安全的 KEM 方案，得到了在 eCK 模型下可证明安全两轮抗量子认证密钥交换协议。

此外，路献辉等人和赵运磊等人还分别基于（环上）LWE 设计了实用化密钥交换协议，并通过初选进入到 NIST 抗量子密码算法标准评选的第一轮评估[143]。

4 我们的工作

4.1 格上公钥加密研究

2009 年，我们开始研究格上密码方案的设计，并于 2011 年设计了首个格上基于属性加密方案[139]，并随后给出了支持门限结构的高效基于属性加密方案[140]。为了解决格上适应性安全基于身份加密算法密钥过长的公开问题，我们在美密 Crypto 2016 年会次提出格上可编程杂凑函数的概念，解决了密码学中的长期公开问题，设计出标准模型下基于身份加密方案，使得公钥长度只与安全参数的对数呈线性关系。

传统可编程杂凑函数的概念由密码学家 Hofheinz 和 Kiltz 在美密 Crypto 2008 年会上提出[150]。作为抽象刻画分割证明技术的密码原语，可编程杂凑函数是构造标准模型下可证明安全密码方案的有力工具。可编程杂凑函数在传统密码方案设计领域的成功促使格密码研究学者希望能够在格上寻找到类似功能的密码原语。事实上，寻找基于格的可编程杂凑函数一直是理论密码学研究的公开问题。我们通过研究发现由于底层困难问题代数性质的不同，传统可编程杂凑函数并不能在格上得到实例化构造。进一步，结合格的特殊代数结构，我们提出了格上可编程杂凑函数的概念，给出了具体的实例化构造，在一定程度上解决了此前研究中的公开问题。可编程杂凑函数的定义如下：

定义 6（格上可编程杂凑函数） 对于任意杂凑函数 $H: X \to \mathbb{Z}_q^{n \times m}$，如果存在多项式时间的陷门密钥生成算法 H. TrapGen 和确定性陷门求值算法 H. TrapEval 使得对于任意均匀分布的矩阵 $A \in \mathbb{Z}_q^{n \times \bar{m}}$ 和陷门矩阵 $G \in \mathbb{Z}_q^{n \times nk}$，以下性质成立：

（1）功能性。多项式时间的陷门生成算法 $(K', td) \leftarrow$ H. TrapGen$(1^\kappa, A, B)$ 能够输出密钥 K' 及其陷门 td。进一步，对于任意输入 $X \in X$，确定性的求值算法 $(R_X, S_X) =$ H. TrapEval(td, K', X) 能够返回 $R_X \in \mathbb{Z}_q^{\bar{m} \times m}$ 和 $S_X \in \mathbb{Z}_q^{n \times n}$ 使得 $s_1(R_X) \leqslant \beta$ 且 $S_X \in I_n \cup \{0\}$ 以接近于 1 的概率成立，其中概率空间定义在 td 的随机性上。

（2）正确性。对于所有可能的 $(K', td) \leftarrow$ H. TrapGen$(1^\kappa, A, B)$，所有输入 $X \in X$ 及其对应的 $(R_X, S_X) =$ H. TrapEval(td, K', X)，等式 $H_{K'}(X) =$ H. Eval$(K', X) = AR_X + S_X B$ 恒成立。

（3）统计接近的陷门密钥。对于所有 $(K', td) \leftarrow$ H. TrapGen$(1^\kappa, A, B)$ 和 $K \leftarrow$ H. Gen(1^κ)，分布 (A, K') 和 (A, K) 的统计距离至多为 γ。

（4）均匀分布的隐藏矩阵。对于所有 $(K', td) \leftarrow$ H. TrapGen$(1^\kappa, A, B)$ 和任意满足对于 i, j 条件 $X_i \neq Y_j$ 成立的输入 $X_1, \cdots, X_u, Y_1, \cdots, Y_v \in X$，如果令 $(R_{X_i}, S_{X_i}) =$ H. TrapEval(td, K', X_i) 和 $(R_{Y_i}, S_{Y_i}) =$ H. TrapEval(td, K', Y_i)，那么我们有 $\Pr[S_{X_i} = \cdots = S_{X_u} = 0 \wedge S_{Y_i}, \cdots, S_{Y_v} \in I_n] \geqslant \delta$，其中概率空间定义在 td 的随机性上。

那么我们称杂凑函数 $H: X \to \mathbb{Z}_q^{n \times m}$ 是一个 $(u, v, \beta, \gamma, \delta)$ -PHF。如果 γ 是可

忽略的且存在多项式 poly(κ) 使得 $\delta > 1/\text{poly}(\kappa)$，我们称 H 是一个 (u, v, β)-PHF。进一步，如果 u（或 v）是关于 κ 的任意多项式，那么我们称 H 是一个 (poly, v, β)-PHF [或 (u, poly, β)-PHF]。

此外，我们还定义了一个可编程杂凑函数的放松版本，即弱可编程杂凑函数。在弱可编程杂凑函数中，陷门生成算法 H.TrapGen 需要以一个输入集合 $X_1, \cdots, X_u \in X$ 作为额外输入，且均匀分布隐藏矩阵的性质放松为如下条件：对于任意 $(K', td) \leftarrow$ H.TrapGen(1^κ, A, B, $\{X_1, \cdots, X_u\}$)，任意满足对于所有 j 条件 $Y_j \notin \{X_1, \cdots, X_u\}$ 成立的输入 $Y_1, \cdots, Y_v \in X$，如果令 $(R_{X_i}, S_{X_i}) = $ H.TrapEval(td, K', X_i) 和 $(R_{Y_i}, S_{Y_i}) = $ H.TrapEval(td, K', Y_i)，那么有 $\Pr[S_{X_i} = \cdots = S_{X_u} = 0 \wedge S_{Y_i}, \cdots, S_{Y_v} \in I_n] \geqslant \delta$，其中概率空间定义在 td 的随机性上。

通过利用基于格的可编程杂凑函数，课题组还给出了标准模型下格上可证明安全的数字签名协议和基于身份加密协议的一般化构造，该构造不仅抽象了文献中已有的密码协议构造，而且还给出了基于身份加密协议。同时，我们还给出了文献中标准模型下的基于身份加密方案的比较。为了简单起见，我们将身份标识的长度设置为 n（注意到在实际中我们可以使用输出长度为 n 的抗碰撞的杂凑函数来处理任意长度的身份标识）。与之前一样，在比较主公钥和密文长度的时候，我们只计算基本元素的个数。在一般的格上，主公钥中的基本元素为 $\mathbf{Z}_q$ 上的矩阵，而密文中的基本元素为 $\mathbf{Z}_q$ 上的向量。在理想格上，主公钥中的基本元素可以被表示成为一个向量，因此可以将主公钥长度压缩 n 倍。如表 1 所示，与 Eurocrypt 2010 中的两个完全安全的格上基于身份加密方案[66,68]比较，我们的方案将主公钥的长度降为对数个元素，但同时我们也增大了安全归约损失和需要更强的安全困难假设。

表 1　标准模型下格上基于身份加密方案的比较

方案	主公钥	密文	归约损失	LWE 参数 $1/\alpha$	安全性
Crypto 2010[65]	n^3	n^2	1	$\widetilde{O}(n^{2n})$	选择安全

表1（续）

方案	主公钥	密文	归约损失	LWE 参数 $1/\alpha$	安全性
Eurocrypt 2010[66]	1 n	1	1 Q	$\widetilde{O}(n^{2n})$	选择安全 完全安全
Eurocrypt 2010[68]	n	n	Q^2	$\widetilde{O}(n^{2n})$	完全安全
我们的方案	$\log n$	1	$n \cdot Q^2$	$Q^2 \cdot \widetilde{O}(n^{6.5})$	完全安全

4.2 格上数字签名研究

在美密 Crypto 2016 年年会上，我们还给出了从格上可编程杂凑函数到数字签名的通用构造。通过不同的可编程杂凑函数实例化通用构造方案，我们不仅可以恢复文献中已有的数字签名方案，而且还得到了一些新的适应性安全的方案。虽然我们可以通过使用可编程杂凑函数得到具有较小归约损失的格上适应性安全的签名方案，但由于适应性安全的方案需要较强的可编程杂凑函数，对方案效率有一定的影响。为了得到标准模型下更高效的数字签名方案，我们试图降低对可编程杂凑函数的要求来提高效率。特别地，我们通过组合不同性质的格上可编程杂凑函数，即利用一组特殊的弱可编程杂凑函数来降低对强可编程杂凑函数的要求，从而得到了目前标准模型下最高效的格上数字签名协议。表 2 给出了我们设计的数字签名方案与文献中已知的标准模型下格上签名方案在验证密钥长度和签名长度、安全归约损失、困难问题 SIS 的参数 β、是否使用变色龙杂凑函数（chameleon hash，CMH）等方面的比较，其中验证密钥长度和签名长度以基本元素的个数来计算。在一般格上，验证密钥中的基本元素为 $\mathbf{Z}_q$ 上的矩阵，而签名中的基本元素为 $\mathbf{Z}_q$ 上的向量。在理想格上，验证密钥中的基本元素可以被表示成为一个向量。几乎所有的一般格上的密码方案都可以在理想格上实例化，并且将验证密钥的参数降低大约 n 倍，但 TCC 2008[72] 和 Crypto 2014[81] 中基于理想格的方案在一般格上没有实例化。为了表示简单，我们省去了比较中的常数因子。进一步，由于所有参与比较签名方案的签名密钥都只含有一个基本的元素，我们省略了对签名密钥长度的比较。

表2 标准模型下格上签名方案的比较

方案	验证密钥	签名	归约损失	SIS 参数 β	CMH?
TCC 2008[72]	1	$\log n$	Q	$\widetilde{O}(n^2)$	No
Eurocrypt 2010[66]	n	$\log n$	Q	$\widetilde{O}(n^{1.5})$	Yes
PKC 2010[80]	n	1	Q	$\widetilde{O}(n^{3.5})$	No
Eurocrypt 2012[60]	n	1	Q	$\widetilde{O}(n^{2.5})$	Yes
Eurocrypt 2013[82]	1	d	$\left(\dfrac{Q^2}{\varepsilon}\right)^c$	$\widetilde{O}(n^{2.5})$	Yes
Crypto 2014[81]	d	1	$\left(\dfrac{Q^2}{\varepsilon}\right)^c$	$\widetilde{O}(n^{3.5})$	Yes
PKC 2015[83]	1	1	$\left(\dfrac{Q^2}{\varepsilon}\right)^c$	$\widetilde{O}(d^{2d}n^{5.5})$	Yes
我们的方案1	$\log n$	1	$n \cdot Q^2$	$Q^2 \cdot \widetilde{O}(n^{5.5})$	No
我们的方案2	$\log n$	1	$Q \cdot \widetilde{O}(n)$	$\widetilde{O}(n^{5.5})$	No

由表2可知，我们的方案直接实现了常数的签名长度，且不依赖于通用的 CMH 转换，即直接实现了选择消息不可伪造安全的格上短签名方案。特别是与 PKC 2010[80] 和 Eurocrypt 2012[60] 中的短签名方案相比，我们的方案实现了对数长度的验证密钥。与 Crypto 2014[81] 和 PKC 2015[83] 短签名方案相比，我们的方案不依赖于 CMH，且具有较小的归约损失和较弱的困难假设。由于安全归约损失和困难假设最终将影响其他参数的选取，因此我们的方案是目前标准模型下最高效的格上短签名。

此外，我们还通过提出了 Split-SIS 困难问题和一种高效的身份编码方式，并基于此设计了国际上首个具有近似常数公钥的格上群签名协议。在群签名方案[151]中，每个群成员都拥有通过群管理员认证且与其身份绑定的私钥，并且可以利用这个私钥代表整个群组对需要认证的消息进行签名。群签名的安全性要求只有合法群成员才能代表整个群组产生有效的签名，而且验证者除了能够确认通过验证的签名是群组中某个成员签署的之外，并不能获得真正产生签名的群成员的身份信息。这样的安全特性使得群签名在认证性（即签名代表群组的行为）和匿名性（即签名隐藏签名者的信息）两个看似矛盾的性质之间实现了良好的平衡。然而，这样的功能却容易导致恶意的群成员危害整个群组的利益而不被发现，例如代表群组对未经授权或非法的信息进行签名。为了防止这种恶意的情况发生，群管理员通常还拥有一个特殊的私钥——群管理员私钥来打开群签名的匿名性，即从签名中恢复真实签名者的身份信息。在现实生活中，群签名以其独有的性质拥有大量的应用场景。例如，在可信计算中，可信平台模块（Trusted Platform Module，TPM）通常需要向远程的第三方验证者发送宿主主机的状态信息（如当前配置等）并签名，从而使得验证者确信与其交互的主机中含有一个 TPM 并且这个 TPM 认证了宿主主机的相关信息。如果签名通过验证并且认证的消息符合要求，验证者就可以将对 TPM 的信任转移到宿主主机上，从而利用其执行安全、可信的计算任务。为了保护用户的隐私，通常要求 TPM 产生的签名不能泄露 TPM 的标识信息。换句话说，在 TPM 中用户同时拥有认证性和匿名性的需求，这与群签名的安全特性有着极大的相似性。事实上，国际可信计算组织在 TPM 1.2[152] 和 TPM 2.0[153] 标准中实现了一种变型的群签名，即直接匿名认证（Direct Anonymous Attestation，DAA）。此外，群签名方案还被广泛地用于实现匿名投票系统、电子现金、车辆安全通信系统[154]等。由此可见，研究高效、可证明安全的群签名方案对推动可信计算、匿名通信以及物联网的发展都有着重要的意义和价值。

与文献［155，156］中的设计思路类似，我们使用了"加密并证明"的范式[155,157]来构造基于格的群签名。但与之前方案不同，我们使用了新的身份编码和零知识证明技术，从而使得方案的效率在各方面都有大幅度的提高。具体来说，我们首先提出了一个新的困难问题——Split-SIS 问题，并证明了这类问题多项式等价于 SIS 问题，从而成功将 Split-SIS 问题的困难性建立在格上如最短独立向量（SIVP）等问题的最坏困难情况之上。进一步，我们基于 Split-SIS 困难问题提出了一族拥有可证明单向性和抗碰撞性等诸多性质的杂凑函数，并用其设计出高效紧凑地编码群成员身份的方式。我们的身份编码方式使得群公钥只包含常数个矩阵，即首次实现了群公钥中矩阵的个数与群成员的规模无关。此外，为了降低签名的长度，我们还结合文献中已有的研究结果[158]和上述杂凑函数的许多性质提出了一个新的非交互零知识协议，用于高效安全的证明由上述身份编码方式所定义的群成员关系。总的来说，我们通过新的身份编码方式和零知识证明极大地降低了公钥和签名的长度并提高了计算效率（例如，签名过程只包含一次格上的基本加密运算）。

在表 3 中，我们给出了格上相关群签名方案在群公钥、用户私钥和签名长度方面的大致比较。在表中，n 表示格的维数，N 表示群成员的上限。另外两个参数 m、q 是关于参数 n（和 N）的多项式，并由相关群签名方案所使用的底层格决定。文献［156，158］和我们的方案中的参数 t 是用于得到可忽略合理性错误的非交互零知识证明而引入的重复因子。一般情况下，参数 t、m 满足条件 $t = \omega(\log n)$ 和 $m = O(n \log n)$。而参数 q 的选择则因各个方案具体构造的不同而不同。例如，我们明确要求 q 大于群成员的个数 N。注意到同样的条件在其他方案中对于大多数的应用也可能成立。此外，即使 $N < q$ 在之前的方案中不成立，我们的方案中的群公钥和签名长度仍然渐近更短。这是因为整数 N，q 都是 n 的多项式，且条件 $\log N = O(\log q)$ 成立。

表 3　相关群签名方案的长度比较

［其中 $\beta = \omega\left(\sqrt{n \log q \log n}\right)$ 是文献［27］中的整数范数界］

方案	群公钥	用户私钥	签名	安全性
AISACRYPT 2010[155]	$O(nmN\log q)$	$O(nm\log q)$	$O(nmN\log q)$	CPA 匿名性
AISACRYPT 2013[156]	$O(nm\log N\log q)$	$O(nm\log q)$	$O(nmN\log q)$	CCA-anonymity
PKC 2014[158]	$O(nm\log N\log q)$	$O(m\log N\log q)$	$O(nmN\log q)$	CCA-anonymity
我们的构造	$O(nm\log q)$	$O(nm\log q)$	$O(nmN\log q)$	CCA-anonymity

由于文献［155，156］和我们的方案都使用了"加密并证明"的范式[157]，我们在表 4 中还给出这三个方案在计算代价上的粗略比较，即相对于底层加密和基本零知识证明的个数。此外，我们注意到这种比较对于文献［158］中的方案意义不是太大，这是因为文献［158］没有使用"加密并证明"的通用范式并且没有使用任何加密方案。进一步，尽管所考虑的三个方案都使用了几乎相同的加密方案[58]，但是各方案中

使用的非交互零知识证明协议则不太相同。具体而言，Gordon 等人[155]使用了的零知识证明协议是基于文献［159］中针对近似最近向量问题的证据不可区分系统的一个 N-OR 变种。而文献［156］和我们却使用了文献［75］中针对 ISIS 问题的高效协议。为了方便比较，我们用符号 enc. 和 dec. 分别表示 Regev 加密方案[58]中的加密和解密操作，而用符号 pro. 和 ver. 分别表示基本零知识协议[75,159]中的证明和验证操作。在表 4 中，我们比较了文献［155，156］和我们的方案中各个子算法相对于底层基本加密方案和零知识证明协议的效率。

表 4   相关群签名方案的计算代价比较

方案	Sign(enc. , pro. , ver. , dec. ,)	Verify(enc. , pro. , ver. , dec. ,)	Open(enc. , pro. , ver. , dec. ,)
AISACRYPT 2010[155]	$(N, O(N), -, -)$	$(-, -, O(N), -)$	$(-, -, -, N/2)$
AISACRYPT 2013[156]	$(1 + \log N, O(\log N), -, -)$	$(-, -, O(\log N), -)$	$(-, -, -, 1 + \log N)$
我们的构造	$(1, \leqslant 5, -, -)$	$(-, -, \leqslant 5, -)$	$(-, -, -, 1)$

然而，表 4 并没有给出文献中相关方案的完全比较。这是因为一个完全的比较需要对安全归约的详细分析（运行时间、格上问题的近似因子和成功概率等），而相关文献中却没有明确地给出。

4.3   格上密钥交换协议研究

我们研究了认证密钥交换协议（AKE）的设计与可证明安全，并基于环上 LWE 假设构造了一个高效的 AKE[147]。在技术上，我们的方法不依赖于任何其他的密码构件，从而简化了 AKE 的设计并降低了协议的计算代价。参与协议的用户既不需要用对方的公钥加密消息，也不需要用私钥对自己的消息签名。此外，通过将密钥交换协议作为一个自我完备的密码系统，我们在一定程度上实现了安全假设的最小化，即在随机预言机模型下将方案的安全性直接建立在求解环上 LWE 问题的困难性之上。图 1 给出了格上两轮认证密钥交换协议的构造。

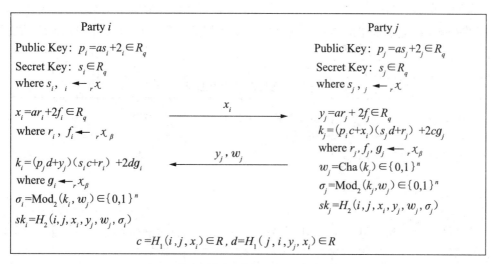

图1 格上两轮认证密钥交换协议的构造

抽象来说，通过利用环上 LWE 问题和离散高斯分布的许多数学性质，我们成功建立了一种与 HMQV 协议[108]类似的组合长期和临时公私钥的方法。因此，我们的 AKE 不仅拥有 HMQV 的许多优点：两轮的消息、隐式密钥认证、高效率和不依赖于显示的密钥认证技术（如数字签名）等，而且还拥格上密码构造的许多性质：渐近的效率、基于最坏的困难假设和抵抗量子计算机攻击等。然而，我们的 AKE 同样也继承了格上密码方案的缺点，例如"复杂的噪音处理"和较大的公私钥长度等。此外，与建立在具有良好性质循环群上的 HMQV 协议不同，底层带噪音的数学结构使得我们的协议不能在 CK 模型下[93]证明安全性。具体而言，我们只成功的给出了协议在另外一个最广泛使用的模型——BR 模型[92]（严格地说是 BR 模型在公钥体系下的变种[160]）下的安全证明。考虑到 BR 模型能满足绝大多数应用的需求和可复合性[161]，在 BR 模型下设计安全协议仍然有非常重要的意义。进一步，我们的协议还实现了两轮隐式认证协议所能达到的最好前向安全性目标，即弱前向安全性[108]。

由于文献中缺乏具体的安全分析和参数选取，我们只在表 5 中给出格上相关认证密钥交换协议的理论比较。总体而言，我们的协议只需要两轮的消息传输，且不使用任何的签名或消息认证码技术。具体而言，其安全性在随机预言机模型下直接依赖于环上 LWE 问题的困难性。据我们所知，在此之前并没有一个后量子的认证密钥交换协议直接依赖于抗量子攻击的困难问题，并且不使用除了杂凑函数之外的其他显示密码工具。

表 5　格上 AKE 协议比较

协议	公钥加密	数字签名	消息轮数	模型	RO?	Num. of R_q
FSXY12[112]	CCA	—	2 轮	CK	×	>> 7
FSXY13[113]	OW-CCA	—	2 轮	CK	√	7
Peikert14[114]	CPA	EUF-CMA	3 轮	SK-security	√	> 2
BCNS15[115]	CPA	EUF-CMA	4 轮	ACCE	√	2 for KEM
我们的协议	—	—	2 轮	BR with wPFS	√	2

我们还研究了格上口令认证密钥交换协议。在亚密 AISACRYPT 2017 年年会上，我们通过提出可分离公钥加密及其平滑投射杂凑函数的概念给出了可基于格上困难问题实例化的两轮口令认证密钥交换协议的通用框架，并得到了格上在随机预言机模型下高效的两轮口令认证密钥交换协议。口令认证密钥交换协议（PAKE）允许两个共享较小熵口令的用户通过在不安全网络上公开交互信息建立密码学安全的会话密钥。在亚密 ASIACRYPT 2009 年年会[111]上，美国密码学家 Katz 和 Vaikuntanathan 基于选择密文安全的公钥加密方案及其伴随的近似平滑投射杂凑函数给出了一个通用的三轮 PAKE 协议，并由此得到了格上首个三轮的 PAKE 协议。我们则给出了基于选择密文安全的公钥加密方案及其伴随的近似平滑投射杂凑函数的两轮 PAKE 通用框架。抽象地说，我们的构造依赖于底层公钥加密方案及其伴随的近似平滑投射杂凑函数的两个关键的性质：（1）公钥加密方案是可分割的，即其密文由两个相对独立的部分组成，其中一部分主要用于实现加密的功能，而另一部分主要用于实现可证明选择密文安全性；（2）近似平滑投射杂凑函数是非适应性的，即投射函数只依赖于杂凑密钥且即使当密

文的选取依赖于投射密钥时，平滑性质依然成立。通过精心地利用以上两个优良性质，我们成功绕过了近似正确性等困难问题，得到了标准模型下基于近似平滑投射杂凑函数的两轮 PAKE 协议。图 2 给出了我们的口令认证密钥交换的两轮通用构造。

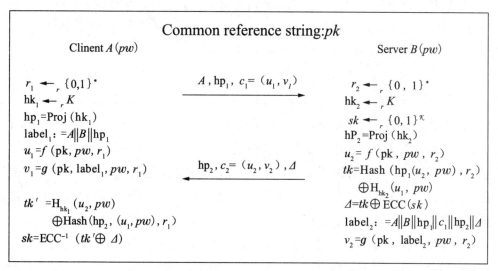

图 2　两轮口令认证密钥交换协议的通用构造

由于 Katz 等人在 TCC 2011[162] 中基于判定性 DDH 假设和判定性线性假设构造的公钥加密方案及其伴随的平滑投射杂凑函数天然地满足以上两个优良性质，因此他们的公钥加密方案可以直接用于实例化我们给出的两轮 PAKE 协议，但他们的技术并不能让我们得到基于格的两轮 PAKE 协议。为了实现此目标，我们首先证明了一个关于 q 元格的适应性平滑引理，然后结合格上的其他新技术构造了一个基于带错误的学习问题的可分割公钥加密方案及其伴随的非适应性平滑投射杂凑函数。从技术上来说，我们给出的适应性平滑引理主要用于实现较强的平滑性质，即当敌手选择的密文依赖于投射密钥时，平滑性依然成立。如同 Katz 等人 TCC 2011[162] 的构造一样，我们的具体方案也依赖于非交互的零知识证明，因此一般来说在计算上不太高效。幸运的是，在随机预言机模型下，我们可以基于格上问题构造出高效的统计零知识证明，从而可以得到格上高效的两轮 PAKE 协议。除了将轮数从之前的三轮降低到两轮外，我们的协议在通信代价上也比 Katz 等人的协议小 $O(\log n)$ 倍。

5 国内外格上抗量子密码研究比较

我国在格密码研究方面起步较晚，研究人员偏少。虽然目前已经有越来越多研究人员投入到格上抗量子密码的研究，并且在某些研究点上取得了达到国际水平的成果，但是总的来看研究水平与国外相比还有较大的差距。

在格上数学困难问题研究方面，国外研究人员在格基约化、求解短向量问题的筛法、枚举算法以及相关变种算法的理论分析和实际问题求解方面都取得了较为丰硕的成果。虽然我国科研人员近年来已取得一定的理论成果，提出了一些新的思想改进国际上某些知名的算法，并利用格基约化和格上困难问题的求解算法在密码分析方面取得了一些好的成果，但总体来说由于格上数学困难问题研究难度较大且出成果的周期较长，加之从事相关研究的科研人员很少，我国在该领域的研究进展比较缓慢，达到国际研究水平还需要持续不断的积累和投入。

在量子安全模型及相关证明技术研究方面，Boneh 等人[49] 在 2011 年提出了量子随机预言机模型。此后，国外研究人员陆续考虑了密码方案在抵抗量子计算机敌手的安全性，并通过定义相应安全模型和提出新的安全证明技术得到了一些在量子安全模型下可证明安全的方案，在三大国际顶级密码会议上陆续出现了一些研究成果。由于研究方向比较新且国外成果也不是很丰富，加之我国科研人员已经取得一定的突破，整体上看我国在该领域与国外差距不大，有望通过不断的努力达到国际研究水平。

在格上密码方案设计研究方面，国外科研人员在公钥加密、数字签名、密钥交换协议，以及全同态加密、函数加密等研究领域都取得了较大的进展，新算法、新技术层出不穷，密码方案的性能不断提高，许多密码方案已经达到实用水平。与国外相比，我国科研人员在格上密码方案设计方面出成果的时间较晚，虽然目前在公钥加密、数字签名、密钥交换协议以及全同态加密研究方面都取得了一些国际水平的成果，但不管从理论基础积累、密码方案的多样性还是实用化技术研究方面，我国整体研究水平还与国外存在差距，需要我国科研人员持续长久的创新和努力才能真正达到国际先进水平。

6 格上抗量子密码发展建议

近年来，大量的研究致力于量子计算机——一种利用量子力学规律来解决不能或很难被传统计算机解决的数学困难问题的机器。大尺度的量子计算机将威胁许多在用密码算法的安全性。各国政府及研究机构已开始致力于抗量子密码的研究，旨在设计出能够抵抗量子和经典计算机攻击，且能够和已有协议和网络兼容的密码算法。特别是许多发达国家已着力加强抗量子密码的研究，并设立了各类重大研究支持计划，如欧盟的 SAFEcrypto 项目、日本的 CryptoMathCREST 密码项目等。2015 年 8 月，美国国家安全局（NSA）宣布了抗量子密码算法的迁移计划。同年，曾经制定 AES 和 SHA-3 标准的美国国家标准与技术研究院（NIST）举行了"抗量子世界的网络安全研讨会（Workshop on Cybersecurity in a Post-Quantum World）"，并宣布启动征集抗量子公钥密码方案。目前，NIST 已经从全世界征集的 80 个抗量子密码方案中选取了 69 个算法进入第一轮评估（其中我国有 3 个算法入选第一轮）。为了满足国家战略需求，推动和发展匹配我国国力的密码技术，为保护我国的网络空间安全提供基础理论和实用技术支撑，我们建议：

（1）加快推进我国的抗量子密码标准计划，加大相关科研经费和人员投入。

过去几十年，美国和欧洲等发达国家已成功组织了多次面向全球公开的密码标准计划或竞赛，例如美国的 AES（1997）、SHA-3 竞赛（2007）等，欧洲的 NESSIE（2000）、ECRYPT（2004）和 CAESAR 计划（2013）等。实践表明，每一次计划或竞赛的举办总能推动主办国密码技术的飞跃，甚至带动全球密码研究的快速发展。目前，量子计算技术的飞速发展已经给传统密码技术带来了极大的威胁，世界各国政府已经开始为抢占抗量子密码的制高点推出各种项目和标准计划，旨在推动本国抗量子密码的基础研究和抗量子密码实用技术的发展。虽然我国也已经有相关的计划和安排，但与国外相比在时间上已经稍慢一步，因此加快推进我国的抗量子标准计划，加大格上抗量子密码的研究和投入已经迫在眉睫。此外，考虑到我国格上抗量子密码的整体研究水平与国外还有较大差距，尽快尽早地启动我国的相关计划也有利于引导我国学者在相关领域的集中科研攻关，推动我国在格上抗量子密码研究的基础理论积累和知识创新。

（2）加强国际国内学术交流，推动多学科和多研究领域合作。

密码学是一门融合了数学、计算机、通信技术甚至物理、生物等多学科的特殊交叉学科。抗量子密码源自传统计算技术到量子计算技术的变革，也必将与新兴量子计算技术有着紧密的联系。加强国际国内学术交流，促进不同研究领域的学者碰撞出新思想，推动多学科和多研究领域的合作，特别是密码学与量子计算和量子物理研究领域的合作，有利于弄清传统密码技术与抗量子密码技术的相同点和不同点，理解量子计算机时代密码技术的本质功能和安全需求，并集中各学科和领域的研究力量重点突破抗量子密码研究的困难和挑战，最终带动整个抗量子密码研究领域的快速创新和发展。

参考文献

［1］Shafi Goldwasser，Silvio Micali. Probabilistic encryption. Journal of Computer and System Sciences，1984，28（2）：270-299.

［2］Michael Luby，Charles Rackoff. How to construct pseudorandom permutations from pseudorandom functions. SIAM journal on Computing，1988，17（2）：373-386.

［3］Chun Guo，Dongdai Lin. On the indifferentiability of key-alternating feistel ciphers with no key derivation. In Yevgeniy Dodis and Jesper Buus Nielsen，editors，Theory of Cryptography，2015，2951of LNCS：110-133. Springer Berlin Heidelberg.

［4］Oded Goldreich，Shafi Goldwasser，Silvio Micali. How to construct random functions. J. ACM，1986，33（4）：792-807.

［5］Andrew C. Yao. Theory and application of trapdoor functions. In Foundations of Computer Science，1982. SFCS'08. 23rd Annual Symposium on，1982：80-91.

［6］Shafi Goldwasser，Silvio Micali，Ronald L. Rivest. A digital signature scheme secure against adaptive chosen-message attacks. SIAM J. Comput，1988，17（2）：281-308.

［7］Ivan Damgård. A "proof-reading" of some issues in cryptography. In Lars Arge，Christian Cachin，Tomasz Jurdzi'nski，and Andrzej Tarlecki，editors，Automata，Languages and Programming, 2007, 4596 of LNCS: 2-11. Springer Berlin Heidelberg.

[8] Mihir Bellare. Practice-oriented provable-security. In Ivan Damgård, editor, Lectures on Data Security, 1999, 1561 of LNCS: 1-15. Springer Berlin Heidelberg.

[9] 冯登国. 可证明安全性理论与方法研究. 软件学报, 2005, 16 (10): 1743-1756.

[10] Peter W. Shor. Polynomial-time algorithms for prime factorization and discrete logarithms on a quantum computer. SIAM Journal on Computing, 1997, 26 (5): 1484-1509.

[11] IBM Research. IBM scientists achieve critical steps to building first practical quantum computer. http: //www-03. ibm. com/press/us/en/pressrelease/46725. wss, 2015.

[12] Google moves toward quantum supremacy with 72-qubit computer. https: //www. sciencenews. org/article/google-moves-toward-quantum-supremacy-72-qubit-computer.

[13] National Secuity Agency. Cryptography today, August 2015. https: //www. nsa. gov/ia/programs/suiteb_cryptography/.

[14] Daniel J Bernstein, Johannes Buchmann, Erik Dahmen. Post-quantum cryptography. Springer Science & Bussiness Media, 2009.

[15] Khot, S. Hardness of approximating the shortest vector problem in lattices. In Foundations of Computer Science, 2004. Proceedings. 45th Annual IEEE Symposium on, 2004: 126-135.

[16] Schnorr, C. A more efficient algorithm for lattice basis reduction. Journal of Algorithms 9, 1, 1988: 47-62.

[17] A. K. Lenstra, H. W. Lenstra, L. Lovász. Factoring polynomials with rational coefficients. Math. Ann. , 1982, 261 (4): 515-534.

[18] Goldreich, O. , Goldwasser, S. On the limits of non-approximability of lattice problems. In Proceedings of the Thirtieth Annual ACM Symposium on Theory of Computing (New York, NY, USA, 1998), STOC ' 98, ACM, pp. 1-9.

[19] Aharonov, D. , Regev, O. Lattice problems in np ∩ conp. In Foundations of Computer Science, 2004. Proceedings. 45th Annual IEEE Symposium on (Oct 2004), pp. 362-371.

[20] M. Ajtai, R. Kumar, D. Sivakumar. A sieve algorithm for the shortest lattice vector

problem. Proc. 23rd Annu. ACM Symp. Theory Comput. , 2001: 601-610.

[21] Regev, O. On lattices, learning with errors, random linear codes, and cryptography. In Proceedings of the thirty-seventh annual ACM symposium on Theory of computing (New York, NY, USA, 2005), STOC ' 05, ACM, pp. 84-93.

[22] Peikert, C. Public-key cryptosystems from the worst-case shortest vector problem: extended abstract. In Proceedings of the 41st annual ACM symposium on Theory of computing (New York, NY, USA, 2009), STOC ' 09, ACM, pp. 333-342.

[23] Gentry, C. , Peikert, C. , Vaikuntanathan, V. Trapdoors for hard lattices and new cryptographic constructions. In Proceedings of the 40th annual ACM symposium on Theory of computing (New York, NY, USA, 2008), STOC ' 08, ACM, pp. 197-206.

[24] Peikert, C. , Rosen, A. Lattices that admit logarithmic worst-case to averagecase connection factors. In Proceedings of the Thirty-ninth Annual ACM Symposium on Theory of Computing (New York, NY, USA, 2007), STOC ' 07, ACM, pp. 478-487.

[25] Lyubashevsky, V. , Peikert, C. , Regev, O. On ideal lattices and learning with errors over rings. In Advances in Cryptology-EUROCRYPT 2010, H. Gilbert, Ed. , vol. 6110 of Lecture Notes in Computer Science. Springer Berlin / Heidelberg, 2010: 1-23.

[26] D. Coppersmith. Small solutions to polynomial equations, and low exponent RSA vulnerabilities. Journal of Cryptology, 1997, 10: 233-260.

[27] J. C. Lagarias and A. M. Odlyzko. Solving low-density subset sum problems. J. ACM 32, 1, 229-246, 1985.

[28] C. -P. Schnorr. A hierarchy of polynomial time lattice basis reduction algorithms. Theor. Comput. Sci. , 1987, 53 (2): 201-224.

[29] Y. Aono, Y. Wang, T. Hayashi, T. Takagi. Improved progressive BKZ algorithms and their precise cost estimation by sharp simulator. Proc. 35th Annu. Int. Conf. Theory Appl. Cryptograp. Techn. , vol. 9665. Vienna, Austria, 2016: 789-819.

[30] Y. Chen, P. Q. Nguyen, BKZ 2. 0: Better Lattice Security Estimates. Berlin, Germany: Springer, 2011: 1-20.

[31] D. Micciancio, M. Walter. Practical, predictable lattice basis reduction. Advances

in Cryptology-EUROCRYPT, vol. 9665. Berlin, Gernay: Springer, 2016: 820-849.

[32] N. Gama, P. Q. Nguyên, O. Regev. Lattice enumeration using extreme pruning. Proc. EUROCRYPT, 2010: 257-278.

[33] D. Aggarwal, D. Dadush, O. Regev, N. Stephens-Davidowitz. Solving the shortest vector problem in 2n time via discrete Gaussian sampling. Proc. STOC, 2015: 733-742.

[34] E. Agrell, T. Eriksson, A. Vardy, K. Zeger. Closest point search in lattices. IEEE Trans. Inf. Theory, 2002, 48, no. 8: 2201-2214.

[35] T. Laarhoven. Sieving for shortest vectors in lattices using angular locality-sensitive hashing. Proc. CRYPTO, 2015: 3-22.

[36] D. Micciancio, P. Voulgaris. A deterministic single exponential time algorithm for most lattice problems based on Voronoi cell computations. Proc. STOC, 2010: 351-358.

[37] E. Viterbo, E. Biglieri. Computing the Voronoi cell of a lattice: The diamond-cutting algorithm. IEEE Trans. Inf. Theory, 1996, 42, no. 1: 161-171.

[38] Y. Aono, P. Q. Nguyen. Random sampling revisited: Lattice enumeration with discrete pruning. Cryptol. ePrint Arch. 2017/155, 2017.

[39] M. Fukase and K. Kashiwabara. An accelerated algorithm for solving SVP based on statistical analysis. J. Inf. Process. , 2015, 23, no. 1,: 67-80.

[40] A. Mariano, S. Timnat, C. Bischof. Lock-free GaussSieve for linear speedups in parallel high performance SVP calculation. Proc. SBAC-PAD, Oct. 2014: 278-285.

[41] A. Becker, L. Ducas, N. Gama, T. Laarhoven. New directions in nearest neighbor searching with applications to lattice sieving. Proceedings of the Twenty-seventh Annual ACM-SIAM Symposium on Discrete Algorithms, ser. SODA ' 16. Philadelphia, PA, USA: Society for Industrial and Applied Mathematics, 2016: 10-24.

[42] T. Laarhoven, M. Mosca, J. Pol. Finding shortest lattice vectors faster using quantum search. Des. Codes Cryptography, 2015, 77, no. 2-3: 375-400.

[43] T. Laarhoven. Search problems in cryptography. Ph. D. dissertation, Eindhoven University of Technology, Eindhoven, 2015.

[44] Gilles Brassard. Brief history of quantum cryptography: A personal perspective. In

Theory and Practice in Information-Theoretic Security, 2005. IEEE Information Theory Workshop on, pages 19-23. IEEE, 2005.

［45］ Dominique Unruh. Universally composable quantum multi-party computation. In Henri Gilbert, editor, Advances in Cryptology-EUROCRYPT 2010, volume 6110 of LNCS, pages 486-505. Springer Berlin Heidelberg, 2010.

［46］ Sean Hallgren, Adam Smith, Fang Song. Classical cryptographic protocols in a quantum world. In Phillip Rogaway, editor, Advances in Cryptology-CRYPTO 2011, volume 6841 of LNCS, pages 411-428. Springer Berlin Heidelberg, 2011.

［47］ B. Barak. Universally composable security: A new paradigm for cryptographic protocols. In Foundations of Computer Science, 2001. Proceedings. 42nd IEEE Symposium on, 2001: 136-145.

［48］ Dan Boneh, Mark Zhandry. Secure signatures and chosen ciphertext security in a quantum computing world. In Ran Canetti and Juan A. Garay, editors, Advances in Cryptology-CRYPTO 2013, volume 8042 of LNCS, pages 361-379. Springer Berlin Heidelberg, 2013.

［49］ Dan Boneh, Özgür Dagdelen, Marc Fischlin, Anja Lehmann, Christian Schaffner, and Mark Zhandry. Random oracles in a quantum world. In DongHoon Lee and Xiaoyun Wang, editors, Advances in Cryptology-ASIACRYPT 2011, volume 7073 of LNCS, pages 41-69. Springer Berlin Heidelberg, 2011.

［50］ Gilles Brassard, Peter Høyer, Kassem Kalach, Marc Kaplan, Sophie Laplante, Louis Salvail. Merkle puzzles in a quantum world. In Phillip Rogaway, editor, Advances in Cryptology-CRYPTO 2011, volume 6841 of LNCS, pages 391-410. Springer Berlin Heidelberg, 2011.

［51］ Mark Zhandry. Secure identity-based encryption in the quantum random oracle model. In Reihaneh Safavi-Naini and Ran Canetti, editors, Advances in Cryptology-CRYPTO 2012, volume 7417 of LNCS, pages 643-662. Springer Berlin Heidelberg, 2012.

［52］ Serge Fehr, Jonathan Katz, Fang Song, Hong-Sheng Zhou, Vassilis Zikas. Feasibility and completeness of cryptographic tasks in the quantum world. In Amit Sahai, editor, Theory of Cryptography, volume 7785 of LNCS, pages 281-296. Springer Berlin Heidelberg, 2013.

[53] Tommaso Gagliardoni, Andreas Hülsing, Christian Schaffner. Semantic security and indistinguishability in the quantum world. arXiv preprint arXiv: 1504.05255, 2015.

[54] Jeffrey Hoffstein, Jill Pipher, JosephH. Silverman. NTRU: A ring-based public key cryptosystem. In JoeP. Buhler, editor, Algorithmic Number Theory, volume 1423 of LNCS, pages 267-288. Springer Berlin Heidelberg, 1998.

[55] Damien Stehlé, Ron Steinfeld. Making NTRU as secure as worst-case problems over ideal lattices. In Kenneth Paterson, editor, Advances in Cryptology-EUROCRYPT 2011, volume 6632 of LNCS, pages 27-47. Springer Berlin / Heidelberg, 2011.

[56] Oded Goldreich, Shafi Goldwasser, Shai Halevi. Public-key cryptosystems from lattice reduction problems. In Burton Kaliski, editor, Advances in Cryptology-CRYPTO' 97, volume 1294 of LNCS, pages 112-131. Springer Berlin / Heidelberg, 1997.

[57] Phong Nguyen. Cryptanalysis of the Goldreich-Goldwasser-Halevi cryptosystem from crypto'97. In Michael Wiener, editor, Advances in Cryptology-CRYPTO'99, volume 1666 of LNCS, pages 98-116. Springer Berlin Heidelberg, 1999.

[58] Oded Regev. New lattice-based cryptographic constructions. J. ACM, 51: 899 - 942, November 2004.

[59] Chris Peikert and Brent Waters. Lossy trapdoor functions and their applications. Proceedings of the 40th annual ACM symposium on Theory of computing, STOC ' 08, pages 187-196, New York, NY, USA, 2008. ACM.

[60] Daniele Micciancio, Chris Peikert. Trapdoors for lattices: Simpler, tighter, faster, smaller. David Pointcheval and Thomas Johansson, editors, Advances in Cryptology-EURO-CRYPT 2012, volume 7237 of LNCS, pages 700-718. Springer Berlin Heidelberg, 2012.

[61] Ran Canetti, Shai Halevi, Jonathan Katz. Chosen-ciphertext security fromide ntity-based encryption. Christian Cachin and Jan Camenisch, editors, Advances in Cryptology-EUROCRYPT 2004, volume 3027 of LNCS, pages 207 - 222. Springer Berlin / Heidelberg, 2004.

[62] Adi Shamir. Identity-based cryptosystems and signature schemes. In George Blakley

and David Chaum, editors, Advances in Cryptology, volume 196 of LNCS, pages 47 - 53. Springer Berlin / Heidelberg, 1984.

[63] Dan Boneh, Matt Franklin. Identity-based encryption from the Weil pairing. In Joe Kilian, editor, Advances in Cryptology-CRYPTO 2001, volume 2139 of LNCS, pages 213 - 229. Springer Berlin / Heidelberg, 2001.

[64] Clifford Cocks. An identity based encryption scheme based on quadratic residues. In Bahram Honary, editor, Cryptography and Coding, volume 2260 of LNCS, pages 360 - 363. Springer Berlin Heidelberg, 2001.

[65] Shweta Agrawal, Dan Boneh, Xavier Boyen. Lattice basis delegation in fixed dimension and shorter-ciphertext hierarchical IBE. In Tal Rabin, editor, Advances in Cryptology-CRYPTO 2010, volume 6223 of LNCS, pages 98 - 115. Springer Berlin / Heidelberg, 2010.

[66] David Cash, Dennis Hofheinz, Eike Kiltz, Chris Peikert. Bonsai trees, or how to delegate a lattice basis. In Henri Gilbert, editor, Advances in Cryptology-EUROCRYPT 2010, volume 6110 of LNCS, pages 523 - 552. Springer Berlin / Heidelberg, 2010.

[67] Léo Ducas, Vadim Lyubashevsky, Thomas Prest. Efficient identity-based encryption over NTRU lattices. Palash Sarkar and Tetsu Iwata, editors, Advances in CryptologyASIACRYPT 2014, volume 8874 of LNCS, pages 22 - 41. Springer Berlin Heidel berg, 2014.

[68] Shweta Agrawal, Dan Boneh, Xavier Boyen. Efficient lattice (H) IBE in the standard model. In Henri Gilbert, editor, Advances in Cryptology-EUROCRYPT 2010, volume 6110 of LNCS, pages 553 - 572. Springer Berlin / Heidelberg, 2010.

[69] Leslie Lamport. Constructing digital signatures from a one-way function. Technical report, Technical Report CSL-98, SRI International Palo Alto, 1979.

[70] J. Rompel. One-way functions are necessary and sufficient for secure signatures. Proceedings of the Twenty-second Annual ACM Symposium on Theory of Computing, STOC ' 90, pages 387 - 394, New York, NY, USA, 1990. ACM.

[71] Miklós Ajtai. Generating hard instances of lattice problems (extended abstract). Proceedings of the twenty-eighth annual ACM symposium on Theory of computing, STOC'96,

pages 99-108, New York, NY, USA, 1996. ACM.

[72] Vadim Lyubashevsky, Daniele Micciancio. Asymptotically efficient lattice-based digital signatures. In Ran Canetti, editor, Theory of Cryptography, volume 4948 of LNCS, pages 37-54. Springer Berlin Heidelberg, 2008.

[73] Vadim Lyubashevsky, Daniele Micciancio. Generalized compact knapsacks are collision resistant. In Michele Bugliesi, Bart Preneel, Vladimiro Sassone, and Ingo Wegener, editors, Automata, Languages and Programming, volume 4052 of LNCS, pages 144 - 155. Springer Berlin / Heidelberg, 2006.

[74] Vadim Lyubashevsky. Fiat-Shamir with aborts: Applications to lattice and factoring-based signatures. In Mitsuru Matsui, editor, Advances in Cryptology-ASIACRYPT 2009, voume 5912 of LNCS, pages 598-616. Springer Berlin / Heidelberg, 2009.

[75] Vadim Lyubashevsky. Lattice signatures without trapdoors. David Pointcheval and Thomas Johansson, editors, Advances in Cryptology-EUROCRYPT 2012, volume 7237 of LNCS, pages 738-755. Springer Berlin Heidelberg, 2012.

[76] Tim Güneysu, Vadim Lyubashevsky, Thomas Pöppelmann. Practical lattice-based cryptography: A signature scheme for embedded systems. Emmanuel Prouff and Patrick Schaumont, editors, Cryptographic Hardware and Embedded Systems-CHES 2012, volume 7428 of LNCS, pages 530-547. Springer Berlin Heidelberg, 2012.

[77] Léo Ducas, Alain Durmus, Tancrède Lepoint, Vadim Lyubashevsky. Lattice signatures and bimodal gaussians. In Ran Canetti and JuanA. Garay, editors, Advances in Cryptology-CRYPTO 2013, volume 8042 of LNCS, pages 40 - 56. Springer Berlin Heidelberg, 2013.

[78] Jeff Hoffstein, Jill Pipher, JohnM. Schanck, JosephH. Silverman, William Whyte. Practical signatures from the partial fourier recovery problem. In Ioana Boureanu, Philippe Owesarski, and Serge Vaudenay, editors, Applied Cryptography and Network Security, volume 8479 of LNCS, pages 476-493. Springer International Publishing, 2014.

[79] Shi Bai, StevenD. Galbraith. An improved compression technique for signatures based on learning with errors. In Josh Benaloh, editor, Topics in Cryptology-CT-RSA 2014,

volume 8366 of LNCS, pages 28-47. Springer International Publishing, 2014.

[80] Xavier Boyen. Lattice mixing and vanishing trapdoors: A framework for fully secure short signatures and more. In Phong Nguyen and David Pointcheval, editors, Public Key Cryptography-PKC 2010, volume 6056 of LNCS, pages 499-517. Springer Berlin / Heidelberg, 2010.

[81] Léo Ducas, Daniele Micciancio. Improved short lattice signatures in the standard model. In JuanA. Garay and Rosario Gennaro, editors, Advances in Cryptology-CRYPTO 2014, volume 8616 of LNCS, pages 335-352. Springer Berlin Heidelberg, 2014.

[82] Florian Böhl, Dennis Hofheinz, Tibor Jager, Jessica Koch, JaeHong Seo, Christoph Striecks. Practical signatures from standard assumptions. In Thomas Johansson and PhongQ. Nguyen, editors, Advances in Cryptology-EUROCRYPT 2013, volume 7881 of LNCS, pages 461-485. Springer Berlin Heidelberg, 2013.

[83] Jacob Alperin-Sheriff. Short signatures with short public keys from homomorphic trapdoor functions. In Jonathan Katz, editor, Public-Key Cryptography-PKC 2015, volume 9020 of LNCS, pages 236-255. Springer Berlin Heidelberg, 2015.

[84] H. Krawczyk, T. Rabin. Chameleon signatures. In Proceedings of NDSS 2000. Internet Society, 2000.

[85] Leo Ducas, Tancrede Lepoint, Vadim Lyubashevsky, Peter Schwabe, Gregor Seiler, Damien Stehle. CRYSTALS-Dilithium: Digital Signatures from Module Lattices. Cryptology ePrint Archive, Report 2017/633.

[86] W. Diffie, M. Hellman. New directions in cryptography. Information Theory, IEEE Transactions on, 22 (6): 644-654, nov 1976.

[87] Alan Freier. The SSL protocol version 3. 0, 1996. http: //wp. netscape. com/eng/ssl3/draft302. txt.

[88] Tim Dierks. The transport layer security (TLS) protocol version 1. 2, 2008.

[89] Charlie Kaufman, Paul Hoffman, Yoav Nir, Pasi Eronen. Internet key exchange protocol version 2 (IKEv2). Technical report, RFC 5996, September, 2010.

[90] Christina Brzuska, Nigel P. Smart, Bogdan Warinschi, Gaven J. Watson. An

analysis of the EMV channel establishment protocol. Proceedings of the 2013 ACM SIGSAC Conference on Computer and Communications Security, CCS ' 13, pages 373-386, New York, NY, USA, 2013. ACM.

[91] Yanfei Guo, Zhenfeng Zhang, Jiang Zhang, Xuexian Hu. Security analysis of EMV channel establishment protocol in an enhanced security model. In Elaine Shi and S. M. Yiu, editors, Information and Communications Security, volume 8958 of LNCS, pages 305-320. Springer Berlin Heidelberg, 2014.

[92] Mihir Bellare, Phillip Rogaway. Entity authentication and key distribution. In DouglasR. Stinson, editor, Advances in Cryptology-CRYPTO ' 93, volume 773 of LNCS, pages 232-249. Springer Berlin Heidelberg, 1994.

[93] Ran Canetti, Hugo Krawczyk. Analysis of key-exchange protocols and their use for building secure channels. In Birgit Pfitzmann, editor, Advances in Cryptology-EUROCRYPT 2001, volume 2045 ofLNCS, pages 453-474. Springer Berlin Heidelberg, 2001.

[94] Brian LaMacchia, Kristin Lauter, Anton Mityagin. Stronger security of authenticated key exchange. In Willy Susilo, JosephK. Liu, and Yi Mu, editors, Provable Security, volume 4784 of LNCS, pages 1-16. Springer Berlin Heidelberg, 2007.

[95] Dan Harkins, Dave Carrel, et al. The internet key exchange (IKE). Technical report, RFC 2409, november, 1998.

[96] Hugo Krawczyk. SIGMA: The ' SIGn-and-MAc ' approach to authenticated Diffie-Hellman and its use in the IKE protocols. In Dan Boneh, editor, Advances in Cryptology-CRYPTO 2003, volume 2729 of LNCS, pages 400-425. Springer Berlin Heidelberg, 2003.

[97] BSI. Advanced security mechanism for machine readable travel documents extended access control (EAC). Technical Report (BSI-TR-03110) Version 2. 05 Release Candidate, Bundesamt fuer Sicherheit in der Informationstechnik (BSI), 2010.

[98] Özgür Dagdelen, Marc Fischlin. Security analysis of the extended access control protocol for machine readable travel documents. In Mike Burmester, Gene Tsudik, Spyros Magliveras, and Ivana Ilić, editors, Information Security, volume 6531 of LNCS, pages 54-68. Springer Berlin Heidelberg, 2011.

[99] Özgür Dagdelen, Marc Fischlin, Tommaso Gagliardoni, GiorgiaAzzurra Marson, Arno Mittelbach, Cristina Onete. A cryptographic analysis of OPACITY. In Jason Crampton, Sushil Jajodia, and Keith Mayes, editors, Computer Security-ESORICS 2013, volume 8134 of LNCS, pages 345-362. Springer Berlin Heidelberg, 2013.

[100] Jean Paul Degabriele, Victoria Fehr, Marc Fischlin, Tommaso Gagliardoni, Felix Günther, Giorgia Azzurra Marson, Arno Mittelbach, Kenneth G. Paterson. Unpicking PLAID. In Liqun Chen and Chris Mitchell, editors, Security Standardisation Research, volume 8893 of LNCS, pages 1-25. Springer International Publishing, 2014.

[101] Tsutomu Matsumoto, Youichi Takashima. On seeking smart public-key-distribution systems. IEICE TRANSACTIONS (1976-1990), 69 (2): 99-106, 1986.

[102] A. Menezes, M. Qu, S. Vanstone. Some new key agreement protocols providing mutual implicit authentication. In Selected Areas in Cryptography, pages 22-32, 1995.

[103] ANS X9. 42 - 2001. Public key cryptography for the financial services industry: Agreement of symmetric keys using discrete logarithm cryptography.

[104] ANS X9. 63 - 2001. Public key cryptography for the financial services industry: Key agreement and key transport using elliptic curve cryptography.

[105] ISO/IEC. 11770 - 3: 2008 information technology-security techniques-key management-part 3: Mechanisms using asymmetric techniques.

[106] IEEE 1363. IEEE std 1363-2000: Standard specifications for public key cryptography. IEEE, august 2000.

[107] Elaine Barker, Lily Chen, Allen Roginsky, Miles Smid. Recommendation for pair-wise key establishment schemes using discrete logarithm cryptography. NIST Special Publication, 800: 56A, 2013.

[108] Hugo Krawczyk. HMQV: A high-performance secure Diffie-Hellman protocol. In Victor Shoup, editor, Advances in Cryptology-CRYPTO 2005, volume 3621 of LNCS, pages 546-566. Springer Berlin Heidelberg, 2005.

[109] Andrew Chi-Chih Yao, Yunlei Zhao. OAKE: A new family of implicitly authenticated Diffie-Hellman protocols. In Proceedings of the 2013 ACM SIGSAC Conference on Computer and

Communications Security, CCS'13, pages 1113-1128, New York, NY, USA, 2013. ACM.

[110] Lily Chen. Practical impacts on qutumn computing. Quantum-Safe-Crypto Workshop at the European Telecommunications Standards Institute, 2013. http://docbox.etsi.org/Workshop/2013/201309_CRYPTO/S05_DEPLOYMENT/NIST_CHEN.pdf.

[111] Jonathan Katz, Vinod Vaikuntanathan. Smooth projective hashing and password-based authenticated key exchange from lattices. In Mitsuru Matsui, editor, Advances in Cryptology-ASIACRYPT 2009, volume 5912 of LNCS, pages 636-652. Springer Berlin / Heidelberg, 2009.

[112] Atsushi Fujioka, Koutarou Suzuki, Keita Xagawa, Kazuki Yoneyama. Strongly secure authenticated key exchange from factoring, codes, and lattices. In Marc Fischlin, Johannes Buchmann, and Mark Manulis, editors, Public Key Cryptography-PKC 2012, volume 7293 of LNCS, pages 467-484. Springer Berlin Heidelberg, 2012.

[113] Atsushi Fujioka, Koutarou Suzuki, Keita Xagawa, Kazuki Yoneyama. Practical and post-quantum authenticated key exchange from one-way secure key encapsulation mechanism. In Proceedings of the 8th ACM SIGSAC Symposium on Information, Computerand Communications Security, ASIA CCS'13, pages 83-94, New York, NY, USA, 2013. ACM.

[114] Chris Peikert. Lattice cryptography for the internet. In Michele Mosca, editor, Post-Quantum Cryptography, volume 8772 of LNCS, pages 197-219. Springer International Publishing, 2014.

[115] Joppe W. Bos, Craig Costello, Michael Naehrig, Douglas Stebila. Post-quantum key exchange for the TLS protocol from the ring learning with errors problem. Cryptology ePrint Archive, Report 2014/599, 2014.

[116] Vadim Lyubashevsky, Chris Peikert, Oded Regev. On ideal lattices and learning with errors over rings. In Henri Gilbert, editor, Advances in Cryptology-EUROCRYPT 2010, volume 6110 of LNCS, pages 1-23. Springer Berlin / Heidelberg, 2010.

[117] Ran Canetti, Hugo Krawczyk. Security analysis of IKE's signature-based key-exchange protocol. In Moti Yung, editor, Advances in Cryptology-CRYPTO 2002, volume 2442 of LNCS, pages 143-161. Springer Berlin Heidelberg, 2002.

[118] Tibor Jager, Florian Kohlar, Sven Schäge, Jörg Schwenk. On the security of TLS-DHE in the standard model. In Reihaneh Safavi-Naini and Ran Canetti, editors, Advances in Cryptology-CRYPTO 2012, volume 7417 of LNCS, pages 273 – 293. Springer Berlin Heidelberg, 2012.

[119] Alkim, E., Ducas, L., Pöppelmann, T., Schwabe, P.: Post-quantum key exchange-a new hope. In: USENIX Security Symposium. vol. 2016 (2016).

[120] Joppe Bos, Léo Ducas, Eike Kiltz, Tancrède Lepoint, Vadim Lyubashevsky, John M. Schanck, Peter Schwabe, Damien Stehlé. CRYSTALS—Kyber: a CCA-secure module-lattice-based KEM. Cryptology ePrint Archive, Report 2017/634.

[121] Xiaoyun Wang, Mingjie Liu, Chengliang Tian, Jingguo Bi. Improved Nguyen-Vidick heuristic sieve algorithm for shortest vector problem. Proceedings of the 6th ACM Symposium on Information, Computer and Communications Security (ASIACCS '11). ACM, New York, NY, USA, 1-9.

[122] Zhang F., Pan Y., Hu G. (2014) A Three-Level Sieve Algorithm for the Shortest VectorProblem. In: Lange T., Lauter K., Lisoněk P. (eds) Selected Areas in Cryptography—SAC 2013. LNCS, vol 8282. Springer, Berlin/Heidelberg.

[123] Dan Ding, Guizhen Zhu, Xiaoyun Wang. 2015. A Genetic Algorithm for Searching the Shortest Lattice Vector of SVP Challenge. In Proceedings of the 2015 Annual Conference on Genetic and Evolutionary Computation (GECCO '15), Sara Silva (Ed.). ACM, New York, NY, USA, 823-830.

[124] Zhong Xiang, ZHENG Xiaoyun, WANG Guangwu, XU Yang, YU. Orthogonalized lattice enumeration for solving SVP. SCIENCE CHINA Information Sciences, 61, 2018.

[125] Liu M., Nguyen P. Q. (2013) Solving BDD by Enumeration: An Update. In: Dawson E. (eds) Topics in Cryptology-CT-RSA 2013. LNCS, vol 7779. Springer, Berlin/Heidelberg.

[126] Hu G., Pan Y., Zhang F. Solving Random Subset Sum Problem by lp-norm SVP Oracle. In: Krawczyk H. (eds) Public-Key Cryptography-PKC 2014. LNCS, vol

8383. Springer, Berlin/Heidelberg.

[127] Wei W., Liu M., Wang X. (2015) Finding Shortest Lattice Vectors in the Presence of Gaps. In: Nyberg K. (eds) Topics in Cryptology-CT-RSA 2015. LNCS, vol 9048. Springer, Cham.

[128] Pan, Y. & Zhang, F. Solving low-density multiple subset sum problems with SVP oracle. J Syst Sci Complex (2016) 29: 228.

[129] Li H., Liu R., Nitaj A., Pan Y. (2018) Cryptanalysis of the Randomized Version of a Lattice-Based Signature Scheme from PKC'08. In: Susilo W., Yang G. (eds) Information Security and Privacy. ACISP 2018. LNCS, vol 10946. Springer, Cham

[130] Jia, H. & Hu, Y. Cryptanalysis of multilinear maps from ideal lattices: revisited. Des. Codes Cryptogr. (2017) 84: 311.

[131] Hu Y., Jia H. (2016) Cryptanalysis of GGH Map. In: Fischlin M., Coron JS. (eds) Advances in Cryptology-EUROCRYPT 2016. LNCS, vol 9665. Springer, Berlin/ Heidelberg.

[132] Shuqin Fan, Wenbo Wang, Qingfeng Cheng. 2016. Attacking OpenSSL Implementation of ECDSA with a Few Signatures. In Proceedings of the 2016 ACM SIGSAC Conference on Computer and Communications Security (CCS '16). ACM, New York, NY, USA, 1505-1515.

[133] Jiang, H., Zhang, Z., Chen, L., Wang, H., Ma, Z.: Post-quantum IND-CCA-secure KEM without additional hash. In CRYPTO 2018.

[134] Wen Gao, Yupu Hu, Baocang Wang, Jia Xie. Improved Identification Protocol in the Quantum Random Oracle Model International Arab Journal of Information Technology (IAJIT). 2017, Vol. 14 Issue 3, p339-345.

[135] Sun X., Li B., Lu X., Fang F. CCA Secure Public Key Encryption Scheme Based on LWE Without Gaussian Sampling. In: Lin D., Wang X., Yung M. (eds) Information Security and Cryptology. Inscrypt 2015. LNCS, vol 9589. Springer, Cham.

[136] Jiang Zhang, Yu Chen, Zhenfeng Zhang. Programmable Hash Functions from Lattices: Short Signatures and IBEs with Small Key Sizes. In: Robshaw M., Katz J. (eds),

Advances in Cryptology-CRYPTO 2016, volume 9816 of LNCS, pages 303 - 332. Springer, Berlin/Heidelberg, 2016.

［137］Jingnan He, Bao Li, Xianhui Lu, Dingding Jia, Wenpan Jing. 2017. KDM and Selective Opening Secure IBE Based on the LWE Problem. InProceedings of the 4th ACM International Workshop on ASIA Public-Key Cryptography（APKC '17）. ACM, New York, NY, USA, 31-42.

［138］Baocang Wang, Hao Lei, Yupu Hu. D-NTRU: More efficient and average-case IND-CPA secure NTRU variant, Information Sciences, Volume 438, Pages 15-31, 2018.

［139］Jiang Zhang, Zhenfeng Zhang, Aijun Ge. Ciphertext policy attribute-based encryption from lattices. In ASIACCS 2012, pp. 16-25, 2012.

［140］Jiang Zhang, Zhenfeng Zhang. A Ciphertext Policy Attribute-Based Encryption Scheme without Pairings. In INSCRYPT 2011, vol. 7537 of LNCS, pp. 324-340, 2012.

［141］Zhang D. , Zhang K. , Li B. , Lu X. , Xue H. , Li J. （2018）Lattice-Based Dual Receiver Encryption and More. In: Susilo W. , Yang G. （eds）Information Security and Privacy. ACISP 2018. LNCS, vol 10946. Springer, Cham.

［142］He J. , Jing W. , Li B. , Lu X. , Jia D. （2017）Dual-Mode Cryptosystem Based on the Learningwith Errors Problem. In: Pieprzyk J. , Suriadi S. （eds）Information Security and Privacy. ACISP 2017. LNCS, vol 10343. Springer, Cham.

［143］Post-Quantum Cryptography. https：//csrc. nist. gov/Projects/Post-Quantum-Cryptography/Round-1-Submissions.

［144］Phong Q. Nguyen, Jiang Zhang and Zhenfeng Zhang. Simpler Efficient Group Signatures from Lattices. In PKC 2015, vol. 9020 of LNCS, pp. 401-426, 2015.

［145］Jia Xie, Yupu Hu, Juntao Gao, Wen Gao, Mingming Jiang," Efficient Certificateless Signature Scheme on NTRU Lattice," KSII Transactions on Internet and Information Systems, vol. 10, no. 10, pp. 5190-5208, 2016.

［146］Zhang, Y. , Hu, Y. , Xie, J. , Jiang, M. Efficient ring signature schemes over NTRU Lattices. Security Comm. Networks（2016）, 9：5252-5261.

［147］Jiang Zhang, Zhenfeng Zhang, Jintai Ding, Michael Snook, Özgür Dagdelen. Authenticated key exchange from ideal lattices. In Elisabeth Oswald and Marc Fischlin, editors, Advances in Cryptology-EUROCRYPT 2015, volume 9057 of LNCS, pages 719 - 751. Springer Berlin / Heidelberg, 2015.

[148] Jiang Zhang, Yu Yu. Two-Round PAKE from Approximate SPH and Instantiations from Lattices. In Takagi T. , Peyrin T. (eds), Advances in Cryptology-ASIACRYPT 2017, volume 10626 of LNCS, pages 37-67. Springer Berlin / Heidelberg, 2017.

[149] Yang Z. , Chen Y. , Luo S. Two-Message Key Exchange with Strong Security from Ideal Lattices. In: Smart N. (eds) Topics in Cryptology-CT-RSA 2018. LNCS, vol 10808. Springer, Cham.

[150] Hofheinz, D., Kiltz, E.: Programmable hash functions and their applications. In: Wagner, D. (ed.) CRYPTO 2008. LNCS, vol. 5157, pp. 21 - 38. Springer, Heidelberg, 2008.

[151] Chaum, D. , van Heyst, E. : Group signatures. In: Davies, D. W. (ed.) EUROCRYPT 1991. LNCS, vol. 547, pp. 257-265. Springer, Heidelberg, 1991.

[152] T. C. Group. TCG TPM specification 1. 2. (2003) . http: //www. truste dcomputinggroup. org.

[153] 41. T. C. Group. TCG TPM specification 2. 0. (2013) . http: //www. tru stedcomputinggroup. org/resources/tpm library specification.

[154] I. P. W. Group, VSC Project. Dedicated short range communications (DS RC), 2003.

[155] Gordon, S. D. , Katz, J. , Vaikuntanathan, V. : A group signature scheme from lattice assumptions. In: Abe, M. (ed.) ASIACRYPT 2010. LNCS, vol. 6477, pp. 395 - 412. Springer, Heidelberg, 2010.

[156] Laguillaumie, F. , Langlois, A. , Libert, B. , Stehl'e, D. Lattice-based group signatures with logarithmic signature size. Sako, K. , Sarkar, P. (eds.) ASIACRYPT 2013, Part II. LNCS, 2013, 8270: 41-61. Springer, Heidelberg.

[157] Bellare, M. , Micciancio, D. , Warinschi, B. Foundations of group signatures: formal definitions, simplified requirements, and a construction based on general assump-

tions. Biham, E. （ed.） EUROCRYPT 2003. LNCS, 2003, 2656: 614 - 629. Springer, Heidelberg.

[158] Langlois, A., Ling, S., Nguyen, K., Wang, H. Lattice-based group signature scheme with verifier-local revocation. Krawczyk, H. （ed.） PKC 2014. LNCS, 2014, 8383: 345-361. Springer, Heidelberg.

[159] Micciancio, D., Vadhan, S. P. Statistical zero-knowledge proofs with efficient provers: lattice problems and more. Boneh, D. （ed.） CRYPTO 2003. LNCS, 2003, 2729: 282-298. Springer, Heidelberg.

[160] Blake-Wilson, S., Johnson, D., Menezes, A. Key agreement protocols and their security analysis. Proceedings of the 6th IMA International Conference on Cryptography and Coding, Springer-Verlag, London, UK, 1997: 30-45.

[161] Brzuska, C., Fischlin, M., Warinschi, B., Williams, S. C. Composability of Bellare-Rogaway key exchange protocols. CCS, 2011: 51-62.

[162] Katz, J., Vaikuntanathan, V. Round-optimal password-based authenticated key exchange. Ishai, Y. （ed.） TCC 2011, LNCS, 2011, 6597: 293-310. Springer, Heidelberg.

一次有损过滤器及其应用介绍[1)]

秦宝东

（无线网络安全技术国家工程实验室，西安邮电大学，西安，710121）

[摘要] 适应性选择密文攻击不可区分性（简称 IND-CCA）是当前密码学界认可的公钥加密方案的安全性标准。在该模型中，攻击者可以观察密码算法的输入/输出，但是无法访问或修改算法运行的内部状态。近年来，随着侧信道攻击技术的出现，攻击者不仅可以获得算法中密钥的部分信息，甚至还可以篡改密钥并观察算法在不同密钥下的运行结果。本文将详细介绍一次有损过滤器的概念、性质及其构造方法，及其在设计抗密钥泄露和密钥篡改攻击的公钥加密算法领域中的应用。

[关键词] 一次有损过滤器；适应性选择密文攻击；密钥泄露；密钥篡改

Introduction to One-Time Lossy Filters and Their Applications

Qin Baodong

（National Engineering Laboratory for Wireless Security, Xi'an University of Posts & Telecommunications, Xi'an, 710121）

[Abstract] Indistinguishability against adaptive chosen ciphertext attacks (referred to as

---

1) 基金项目：国家自然科学基金"抗密钥篡改可证明安全公钥密码算法研究"（编号：NSFC61502400）。

IND-CCA) is recognized as a standard security notion for public key encryption schemes in current cryptographic community. In this model, an attacker can observe the input/output of the cryptographic algorithm, but cannot access or modify the internal state of the algorithm executions. In recent years, with the development of side channel attacks, an attacker can not only obtain partial information about the secret key, but also tamper with the key and observe the outcome of the algorithm under this modified key. This paper introduces in detail the concept, property and construction method of one-time lossy filter, and its application in the constructions of public key encryption secure against key leakage and key tampering attacks.

[**Keywords**] One-time lossy filter; Adaptive chosen-ciphertext attack; Key leakage; Key tampering

1　引言

　　早期的密码技术在保障军事、政治以及外交等领域的信息和通信保密方面起着重要的作用。然而早期的密码技术缺少合理的科学依据，更像是一门艺术，直至 1949 年才成为一门真正的科学[1]。自此，密码学也得到了更广泛的应用，其领域不再局限于军事和政治，还包括各种商业。近年来，随着互联网、通信技术和云计算等新兴领域的蓬勃发展，人们对密码技术的需求也更加广泛。除了提供机密性外，信息的完整性、可认证性、密文可操作性等也需要被保障。一个密码技术不管具有何种功能，其安全性（如机密性）都是首要解决的问题。

　　1976 年，Diffie 和 Hellman[2]在 *New directions in cryptography* 一文中首次提出公钥密码学的思想。该思想提出两个用户在没有共享任何秘密信息的情况下如何实现在公开信道上传递保密信息。即使攻击者看到用户在公开信道上传递的信息，也无法得到通信的真实内容。1978 年，Rivest、Shamir 和 Adleman[3]提出第一个公钥加密算法。自此，对公钥密码算法的研究取得了丰富的成果，这些成果在信息安全各个领域有着极其重要的应用。除了一些经典的公钥加密算法，例如 RSA 算法[3]和 Rabin 算法[4]外，还衍生出许多具有特殊功能的公钥加密技术，例如门限加密[5]、广播加密[6]、代理重加密[7]、基于身份加密[8,9]和属性加密[10,11]，特别是 Cramer 和 Shoup[12]于 1998 年提出第一个实用的标准模型下抗适应性选择密文攻击（IND-CCA）的公钥加密方案。目前，在标准模型下研究 IND-CCA 安全性已成为密码学界设计公钥加密方案的基本准则。

　　根据 Kerckhoffs 原理[13]，在公钥加密方案中，加密/解密算法和公钥是公开的，唯一保密的是私钥。然而早期设计的公钥加密算法没有严格的形式化证明并且部分加密算法在安全性上仅满足单向性，即攻击者无法从密文中完全恢复出整个明文信息。这种安全性要求非常低且限制算法的应用环境。例如，使用传统的 RSA 算法加密消息时，攻击者可以通过比较两个密文是否相等来判断加密的消息是否一样。进一步，如果消息空间很小（如银行卡的 6 位数字密码），攻击者完全可以通过猜测和比较恢复整个消息。长期以来，如何定义公钥加密算法的安全性成为密码学界关注的焦点之一。

　　1982 年，Goldwasser 和 Micali[14]首次提出概率加密的思想，并指出一个成功的攻击者不一定要完全恢复密文中的明文消息。而一个好的加密算法应该能够阻止攻击者从密文中获得除消息空间分布和消息长度等公开信息之外的其他任何与明文相关的信息。这一安全性也被抽象为语义安全性（Semantic Security）。随后，Goldwasser 和 Micali[15]指出语义安全性与不可区分性（Indistinguishability，IND）是等价的。不可区分性是指对于任意两个等长的消息 M_0 和 M_1，不存在多项式时间算法能够区分消息 M_0 和 M_1 的加密结果。尽管早期的公钥加密算法以牺牲效率来获得语义安全性，但是概率加密思想开创了可证明安全理论的先河。除了 Goldwasser 和 Micali 的基于二次剩余困难假设的方案外，经典的语义安全公钥加密算法还有 ElGamal 算法[16,17] 和 Paillier 算法[18]。

　　在可证明安全理论中，首先必须建立形式化的安全模型并定义攻击者的攻击目标和攻击能力。实际上，Goldwasser 和 Micali 提出的语义安全性或不可区分安全性除了定义攻击者的攻击目标外，隐含定义了攻击者具有的攻击能力为选择明文攻击（一种被动的攻击能力）。随着对公钥加密算法应用环境的深入理解，密码学家意识到在一些场合攻击者还可能具有主动攻击能力，例如访问解密服务器。为刻画攻击者的主动攻击能力，Naor 和 Yung[19]于 1990 年提出了"午餐"攻击，又称非适应性选择密文攻击（CCA1），它允许攻击者在获得挑战密文之前访问解密服务。1991 年，Rackoff 和 Simon[20]在"午餐"攻击基础上提出适应性选择密文攻击（CCA2），刻画了一种更强的攻击者，在获得挑战密文后还可以继续访问除挑战密文之外的密文解密服务。除了语义安全性和不可区分性外，攻击者的攻击目标还有非延展性[21]，即攻击者无法构造与已给密文相关的新密文。因此，不同的攻击目标与不同的攻击者相结合，可以组成不同的安全模型。目前，密码学界认为刻画公钥加密算法最合理的安全模型是不可区分适应性选择密文攻击安全性（IND-CCA2）。其原因主要包含以下几个方面：

（1）适应性选择密文攻击刻画了一种很强的攻击者，更有利于保障复杂应用环境的安全性；

（2）尽管适应性选择密文攻击在现实中很难实施，但是 Bleichenbacher[22] 和 Manger[23] 分别于 1998 年和 2001 年发现 PKCS#1 标准中的 RSA 公钥加密算法和 PKCS#1 v2.0 标准中的 RSA-OAEP 算法存在适应性选择密文攻击；

（3）在语义安全性、非延展性和不可区分性这三种刻画敌手的攻击目标中，不可区分性是最简洁、最容易描述和理解的并且在适应性选择密文攻击下，这三个安全模型是等价的[24]。

由于选择密文攻击允许攻击者访问除挑战密文之外其他所有密文的解密服务，所以实现 IND-CCA 安全性具有极大的挑战性。尽管如此，经过 20 多年的研究，目前对选择密文攻击有了比较全面的认识和理解。该模型实际上隐含了以下几个假设：一是除公钥和解密预言机外，私钥对攻击者是完全保密的；二是加密的消息是（用户）根据消息空间的分布选取的，因此与私钥是统计独立的；三是算法运行的内部状态和/或私钥是不可更改的。由此可见，传统密码方案的安全模型总是建立在攻击者以数学方法为分析工具的基础之上的，私钥对攻击者是完全保密的，而攻击者仅能观察密码设备的输入/输出变化，无法获取或干扰算法的内部运行状态。直到 20 世纪 90 年代中期侧信道攻击等新的密码分析技术的出现，密码学家才意识到传统的安全模型在实际应用中存在许多不足之处。侧信道攻击，又称边信道攻击，利用密码算法在硬件实现过程中泄露的物理信息，包括运行时间[25]、电磁辐射[26,27]、能量功耗[28] 等来攻击密码算法的安全性。2008 年，Halderman 等人[29] 还发现了另一类特殊的侧信道攻击，即"冷启动"攻击（又称内存攻击）。简单来说，计算机断电后内存中存储的信息并不是立即被擦除掉，通过短暂的物理访问可以恢复动态随机存取存储器中的数据或密钥。上述这些物理信息都有可能泄露密钥的部分信息，因此这类侧信道攻击统称为密钥泄露攻击。与传统的数学分析方法相比，这类新型分析技术更有效，对密码算法的安全性构成巨大的威胁。早期抵御侧信道攻击的方法主要通过在算法实现过程中引入一些随机信息以减少泄露的物理信息中含有的密钥信息，可参考文献［30］的第29章及其引文。然而这种方式难以同时抵抗多种类型的侧信道攻击技术并且这些方法缺少严格的安全性证明。类似于不可区分选择密文攻击模型，如何建立合理的抗密钥泄露攻击的安全模型，并从算法角度设计可证明安全的抗密钥泄露密码方案是当前泄露容忍密码学研究的主要问题。

除了密钥信息可能泄露外，通过侧信道攻击还有可能篡改密钥或程序内部状态信息。这类侧信道攻击叫做篡改攻击。它通过物理方式改变算法使用的密钥或运行的中间状态并观察密码设备在错误状态下的运行结果，具体可以通过改变芯片的电压或加热芯片等方式在设备运行过程中引入错误[31,32]。当篡改的是存储在硬件设备中的密钥时，这种攻击又称为相关密钥攻击[33-35]。2003年，Bellare 和 Kohno[36]给出了相关密钥攻击模型的形式化定义。该模型利用密钥空间s上的一个篡改函数集 $\Phi=\{\phi:s\to s\}$ 来刻画攻击者的攻击能力。一个 Φ-RKA 攻击者（见定义4）不仅可以得到算法在原始密钥s下的运行结果，还可以得到在任意篡改的密钥 $\phi(s)$ 下的运行结果。利用相关密钥攻击可以攻破一些分组密码的安全性[37-48]。除了分组密码，被攻击的私钥也可能是 CA 证书或 SSL 服务器的签名私钥和公钥加密的解密私钥。分组密码设计的基本原则之一是抵抗相关密钥攻击，然而公钥密码的设计直到近几年才考虑抵抗这种攻击。当前，已有的技术和成果主要局限于抵抗简单的相关密钥篡改函数集，例如线性函数。为了扩大篡改函数集合的范围，方案的安全性都依赖于一些非标准的困难问题，例如 EDBDH（Extended Decisional Bilinear Diffie-Hellman）问题[49]。

2008年，Peikert 和 Waters[50]首次提出有损陷门函数（Lossy Trapdoor Functions）的概念。一个有损陷门函数有两种工作模式：当工作在单射模式时，利用陷门可以恢复出原像；当工作在有损模式时，函数的像的个数远远小于原像的个数，即函数会丢失原像的许多信息熵。这两种工作模式在计算意义下是不可区分的。这类函数有着许多重要的应用，包括构造单向陷门函数、抗碰撞哈希函数、不经意传输等基本密码学原语和标准模型下的选择明文/选择密文安全公钥加密方案、确定公钥加密[51]、防护式公钥加密[52]、选择打开安全性[53]和高效的非交互串承诺方案[54]等高级密码协议。利用有损陷门函数，Peikert 和 Waters 还首次构造出基于 DDH 假设的单向陷门函数。2012年，Hofheinz 将有损陷门函数推广到全除多有损陷门函数（All-But-Many LTFs，ABM-LTFs）

并用它设计抗选择打开的 IND-CCA 安全的公钥加密方案[55]。所谓 ABM-LTFs 是指即使攻击者获取多个有损函数的标签，也无法生成一个新的有损函数标签。此外，这些有损函数的标签和单射函数的标签是无法区分的。随后，2013 年 Hofheinz[56] 将 ABM-LTFs 的可逆性弱化为单向性，提出有损代数过滤器（Lossy algebraic filters，LAF）的概念并用于设计 CCA 安全的依赖密钥消息加密方案。有损代数过滤器除了具有 ABM-LTFs 的有损标签和单射标签不可区分以及不可生成新的有损标签外，还具有良好的代数结构，即当有损代数过滤器的输入是一维向量 $X = (X_1, \cdots, X_n)$ 时，LAF 的输出结果仅取决于该向量的某一线性组合 $\sum_i^n w_i X_i$，其中系数 w_i 由 LAF 的公开参数唯一决定。2013 年，秦宝东和刘胜利[57] 进一步将有损代数过滤器弱化为一次有损过滤器（One-time lossy filter，OT-LF），仅要求攻击者在看到一个有损标签时无法生成新的有损标签。除此之外，一次有损过滤器还具有扩张原像空间、保持像空间大小的性质。本文将重点介绍一次有损过滤器的定义、性质和构造，以及它在抗泄露和抗密钥篡改公钥加密领域中的应用。

本文余下内容安排如下：第 2 章介绍密码学的一些概念和工具；第 3 章介绍一次有损过滤器的定义和性质；第 4 章介绍一次有损过滤器在抗泄露公钥密码学中的应用方法及其具体构造；第 5 章介绍连续非延展密钥提取函数的定义、基于一次有损过滤器的构造及其在抗密钥篡改公钥密码体制中的应用。

2 基本概念

本节主要介绍随机数提取器的定义、公钥加密体制的定义和安全性、哈希证明系统的定义和变色龙哈希的概念。文中涉及的其他密码学概念可参考博士论文［58］或文献［57］。

2.1 统计距离、熵及随机数提取器

假设 X 和 Y 是定义域 Ω 上的两个随机变量，则 X 和 Y 的统计距离 $\Delta(X, Y)$ 定义为：$\Delta(X, Y) = \dfrac{1}{2} \sum_{\omega \in \Omega} \big| \Pr[X = \omega] - \Pr[Y = \omega] \big|$；随机变量 X 的极小熵 $H_\infty(X)$ 定

义为：$H_\infty(X) = -\log(\max_{\omega \in \Omega} \Pr[X = \omega])$；在随机变量 Y 的条件下 X 的平均极小熵[59]

$\widetilde{H}_\infty(X \mid Y)$ 定义为：$\widetilde{H}_\infty(X \mid Y) = -\log(E_{y \leftarrow Y}[2^{-H_\infty(X \mid Y=y)}])$。

根据文献 [59]，可以得到关于平均极小熵的以下性质：

引理 1　令 X、Y 和 Z 为随机变量。

（1）若 Y 最多有 2^r 个可能的取值，则：

$$\widetilde{H}_\infty(X \mid (Y, Z)) \geq \widetilde{H}_\infty(X \mid Z) - r$$

（2）对于任意 $\delta > 0$，在 Y 的所有可能取值空间上，至少以 $1 - \delta$ 的概率有：

$$H_\infty(X \mid Y = y) \geq \widetilde{H}_\infty(X \mid Y) - \log(1/\delta)$$

定义 1（强提取器）　令 $\mathrm{Ext}: X \times \{0, 1\}^t \to y$ 为一个多项式时间函数。如果对于任意变量 (X, Z)，当 $X \in X$ 和 $\widetilde{H}_\infty(X \mid Z) \geq \ell$ 时，满足：

$$\Delta((Z, s, \mathrm{Ext}(X, s)), (Z, s, U_y)) \leq \epsilon$$

则称 Ext 为平均情况下 (ℓ, ϵ) 强提取器，其中 $\{0, 1\}^t$，U_y 是 y 上的均匀随机变量。

引理 2（通用哈希剩余引理[59]）　如果 $\mathcal{H} = \{h: X \to y\}$ 是一个两两独立哈希函数族，则对于任意两个随机变量 X 和 Z 以及 $h \leftarrow \mathcal{H}$，下面的结论成立：

$$\Delta((Z, h, h(X)), (Z, s, U_y)) \leq \frac{1}{2}\sqrt{2^{-\widetilde{H}_\infty(X \mid Z)}|y|}$$

根据上述结论，如果两个随机变量 $X \in X$ 和 Z 满足 $\widetilde{H}_\infty(X \mid Z) \geq \ell$ 以及 $\log|y| \leq \ell - 2\log(1/\epsilon) + 2$，则两两独立哈希函数 $\mathcal{H} = \{h: X \to y\}$ 是一个平均情况下 (ℓ, ϵ)-强随机数提取器 $\mathrm{Ext}: X \times \mathcal{H} \to y$。

2.2　公钥加密及安全性定义

定义 2（公钥加密）　一个公钥加密方案通常包含三个（概率）多项式时间算法：PKE = (PKE.Gen, PKE.Enc, PKE.Dec)，分别定义为：

（1）（密钥生成）PKE.Gen(1^κ)：它输入安全参数 1^κ，输出一对公钥和私钥 (pk, sk)，其中公钥 pk 定义了消息空间 $\mathcal{M}$。

（2）（加密）PKE. Enc(pk, M)：它输入公钥 pk 和消息 $M \in \mathcal{M}$，输出密文 C ：= PKE. Enc(pk, M)。

（3）（解密）PKE. Dec(sk, C) 是一个确定多项式时间算法。它输入私钥 sk 和密文 C，输出消息 M 或者符号 $\perp$（表示 C 是一个无效密文）。

一个公钥加密方案 PKE 必须满足正确性，即对于所有 $(pk, sk) \leftarrow$ PKE. Gen(1^κ) 和消息 $M \in \mathcal{M}$，满足 PKE. Dec (sk, PKE. Enc(pk, M)) = M。

在某些应用环境中，例如多用户系统，公钥加密方案通常还包含一个系统参数生成算法 pp←PKE. Sys (1^κ)。在这种情况下，用户的密钥生成算法一般以该公共参数为输入而不是安全参数，即 $(pk, sk) \leftarrow$ PKE. Gen (pp)。除了公钥加密算法外，其他密码算法例如签名算法、密钥封装算法等，都存在这种系统参数生成算法。系统参数除了作为所有用户的公共参数使用外，它可以嵌入到算法实现的程序中。因此，一般假设系统参数是固定不变的。系统参数本身不包含用户的私钥信息，但是在生成过程中可能存在一些陷门信息。

在有界密钥泄露模型（BKL）中[66]，敌手不仅可以访问解密服务，而且可以获得密钥的部分信息。密钥泄露查询由任意一组输出长度之和不超过泄露上界 λ 的函数组成。敌手可以适应性地选择函数 f 并获得密钥的函数值 $f(sk)$。很显然，如果函数 f 的输出没有任何限制，则任何（公钥）加密方案都不可能抵抗密钥泄露攻击。

定义 3（BKL-CCA 模型[66]**）** 一个公钥加密方案 PKE =（PKE. Gen，PKE. Enc，PKE. Dec）是不可区分抗 λ 比特密钥泄露选择密文攻击安全的（简称 λ –BKL-CCA 安全），如果对于任意的（概率多项式时间）敌手 $\mathcal{A} = (\mathcal{A}_1, \mathcal{A}_2)$，在实验 $\mathrm{Exp}_{\mathrm{PKE}, \mathcal{A}}^{\lambda\text{-BKL-CCA}}(\kappa, b)$ 中获得的优势 $\mathrm{Adv}_{\mathrm{PKE}, \mathcal{A}}^{\lambda\text{-BKL-CCA}}(\kappa)$ ：= $\left| \Pr[\mathrm{Exp}_{\mathrm{PKE}, \mathcal{A}}^{\lambda\text{-BKL-CCA}}(\kappa, 0) = 1] - \Pr[\mathrm{Exp}_{\mathrm{PKE}, \mathcal{A}}^{\lambda\text{-BKL-CCA}}(\kappa, 1) = 1] \right|$ 是可忽略的，其中实验 $\mathrm{Exp}_{\mathrm{PKE}, \mathcal{A}}^{\lambda\text{-BKL-CCA}}(\kappa, \mathrm{b})$ 的定义如下：

$\mathrm{Exp}_{\mathrm{PKE},\,\mathcal{A}}^{\lambda\text{-BKL-CCA}}(\kappa,\ b)$:

(1) $(pk,\ sk) \leftarrow \mathrm{PKE.\,Gen}(1^{\kappa})$

(2) $(M_0,\ M_1,\ state) \leftarrow A_1^{\mathcal{O}_{sk}^{\mathrm{Dec}(\cdot)},\ \mathcal{O}_{sk}^{\lambda\text{-leaksk}(\cdot)}}(\mathrm{pk})$ 且 $|M_0| = |M_1|$

(3) $C^* \leftarrow \mathrm{PKE.\,Enc}(pk,\ M_b)$

(4) $b' \leftarrow \mathcal{A}_2^{\mathcal{O}_{sk,\ C^*}^{\mathrm{Dec}(\cdot)}}(C^*,\ state)$

(5) 输出 b'

$\mathcal{O}_{sk}^{\mathrm{Dec}}(C)$: 　　返回 $M := \mathrm{PKE.\,Dec}(sk,\ C)$	$\mathcal{O}_{sk}^{\lambda\text{-leak}}(f_i)$: $// f_i$: $\{0,\ 1\}^* \to \{0,\ 1\}^{\lambda_i}$ 　　令 $\lambda = \lambda - \lambda_i$ 　　如果 $\lambda < 0$,返回 $\perp$;否则 　　返回 $f_i(sk)$
$\mathcal{O}_{sk,\ C^*}^{\mathrm{Dec}}(C)$: 　　如果 $C = C^*$,返回 $\perp$;否则 　　返回 $M := \mathrm{PKE.\,Dec}(sk,\ C)$	

注释 1　在 BKL-CCA 模型中,敌手在获得挑战密文后是不允许再访问密钥泄露服务的。否则,敌手可以通过编辑挑战密文的解密函数来获得明文的部分比特信息,从而区分挑战密文加密的是 M_0 还是 M_1。不可区分或语义安全性的要求是非常高的,它不允许敌手获得任何除消息空间分布之外的有用信息。因此,如果允许敌手在看到挑战密文后继续访问密钥泄露函数,必须降低模型的安全目标。为此,Halevi 和 Lin[60] 提出"After-the-fact"密钥泄露模型,利用明文的剩余熵来刻画方案的安全性。在定义 2 中,若不允许敌手访问任何解密服务,则这就是 λ-BKL-CPA 的定义;若令 $\lambda = 0$,即敌手没有访问密钥泄露的服务,则定义 2 即是 IND-CCA 安全性的定义。

在相关密钥攻击(RKA)模型中[61],一个密码系统通常由以下三部分组成:算法(程序实现的代码)、系统参数和密钥(公钥/私钥)。公钥/私钥是最有可能受到 RKA 攻击的,而算法和系统参数假定是不受攻击的。这是因为,系统参数并不包含用户的私钥信息,与用户是独立的。它可以在用户密钥选取之前确定并且可以嵌入到算法的实现代码中。令 $\Phi = \{\phi: \mathcal{SK} \to \mathcal{SK}\}$ 是一个从密钥空间 $\mathcal{SK}$ 到自身的变换函数族。RKA-CCA 安全性的定义如下:

定义 4(RKA-CCA 模型[61])　一个公钥加密方案 PKE = (PKE. Sys,PKE. Gen,PKE.

Enc，PKE. Dec）是 Φ -不可区分抗相关密钥和选择密文攻击安全的（简称 Φ-RKA-CCA 安全），如果对于任意的（概率多项式时间）敌手 $\mathcal{A} = (\mathcal{A}_1, \mathcal{A}_2)$，在实验 $\mathrm{Exp}_{\mathrm{PKE}, \mathcal{A}}^{\mathrm{RKA\text{-}CCA}}(\kappa, b)$ 中获得的优势 $\mathrm{Adv}_{\mathrm{PKE}, \mathcal{A}}^{\mathrm{RKA\text{-}CCA}}(\kappa) := \left| \Pr[\mathrm{Exp}_{\mathrm{PKE}, \mathcal{A}}^{\mathrm{RKA\text{-}CCA}}(\kappa, 0) = 1] - \Pr[\mathrm{Exp}_{\mathrm{PKE}, \mathcal{A}}^{\mathrm{RKA\text{-}CCA}}(\kappa, 1) = 1] \right|$ 是可忽略的，其中实验 $\mathrm{Exp}_{\mathrm{PKE}, \mathcal{A}}^{\mathrm{RKA\text{-}CCA}}(\kappa, b)$ 的定义如下：

$\mathrm{Exp}_{\mathrm{PKE}, \mathcal{A}}^{\mathrm{RKA\text{-}CCA}}(\kappa, b)$ ：

（1）$\mathrm{pp} \leftarrow \mathrm{PKE. Sys}(1^{\kappa})$

（2）$(pk, sk) \leftarrow \mathrm{PKE. Gen}(\mathrm{pp})$

（3）$(M_0, M_1, state) \leftarrow \mathcal{A}_1^{\mathcal{O}_{\Phi; sk}^{\mathrm{Dec}}(\cdot)}(pk)$ 且 $|M_0| = |M_1|$

（4）$C^* \leftarrow \mathrm{PKE. Enc}(pk, M_b)$

（5）$b' \leftarrow \mathcal{A}_2^{\mathcal{O}_{\Phi; sk, C^*}^{\mathrm{Dec}}(\cdot)}(C^*, state)$

（6）输出 b'

$\mathcal{O}_{\Phi; sk}^{\mathrm{Dec}}(\phi, C)$ ：// $(\phi, C) \in \Phi \times \mathcal{C}$ 返回 $M := \mathrm{PKE. Dec}(\phi(sk), C)$	$\mathcal{O}_{\Phi; sk, C^*}^{\mathrm{Dec}}(\phi, C)$ ：//// $(\phi, C) \in \Phi \times \mathcal{C}$ 如果 $(\phi(sk), C) = (sk, C^*)$，返回 $\perp$; 否则，返回 $M := \mathrm{PKE. Dec}(\phi(sk), C)$

注释 2 在相关密钥攻击中，Φ 称为密钥篡改函数族。如果对于所有密钥 $sk \in \mathcal{SK}$ 及所有不同的篡改函数 $\phi, \phi' \in \Phi$ 都有 $\phi(sk) \neq \phi'(sk)$，则密钥篡改函数族 Φ 称为"claw-free"的。在已有的 RKA 安全加密方案或其他密码方案中，大部分仅能抵抗这类篡改函数。"Claw-free" 篡改函数是一种非常特殊的函数。在实际中，绝大部分篡改攻击函数都是非 "claw-free" 的。从上面的定义可以看出 RKA-CCA 与传统的 IND-CCA 安全性之间有着密切的联系。在两种模型中，敌手都可以访问解密服务。不同之处在于 RKA 敌手还可以访问使用篡改后的密钥提供的解密服务。此外，只要 $\phi(sk) \neq sk$，敌手在看到挑战密文后是可以访问挑战密文的解密服务的。这也是 RKA-CCA 安全性比 IND-CCA 安全性更难实现的原因之一。如果密钥篡改函数仅包含单位函数 1_{ϕ}，则 $\{1_{\phi}\}$ -RKA-CCA 等价于 IND-CCA。

2.3 哈希证明系统

哈希证明系统（Hash Proof System，HPS）[62] 是由 Cramer 和 Shoup 提出的。为简化

起见，我们将哈希证明系统看做是一个密钥封装算法[63]。

投影哈希（Projective Hashing） 令 $\mathcal{PK}$、$\mathcal{SK}$ 和 $\mathcal{K}$ 分别表示密钥封装方案（KEM）的公钥、私钥和封装的密钥空间。令 $\mathcal{C}$ 表示 KEM 的所有可能密文集合，$\mathcal{V} \subset \mathcal{C}$ 表示密文集合中所有合法密文组成的集合。假设对于任意 $C \in \mathcal{V}$，存在一个证据 $w \in \mathcal{W}$，使得 C 可在多项式时间内被验证是否属于集合 $\mathcal{V}$。进一步假设存在（概率）多项式时间算法进行如下抽样：$sk \leftarrow \mathcal{SK}$、$C \leftarrow \mathcal{V}$（及其证据 w）和 $C \leftarrow \mathcal{C} \setminus \mathcal{V}$。

令 $\Lambda_{sk}: \mathcal{C} \rightarrow \mathcal{K}$ 为一个从密文空间到封装密钥空间的哈希函数，其中 $sk \in \mathcal{SK}$。我们说 Λ_{sk} 是投影的（projective），如果存在一个映射 $\mu: \mathcal{SK} \rightarrow \mathcal{PK}$，对集合 $\mathcal{V}$ 上任意元素 C，$\mu(sk)$ 完全确定了其哈希值 $\Lambda_{sk}(C)$。但是，当 $C \in \mathcal{C} \setminus \mathcal{V}$ 时，即使知道 $\mu(sk)$ 的值，$\Lambda_{sk}(C)$ 的值也是不确定的。为刻画这一性质，Cramer 和 Shoup 提出了通用性（universality）的定义。

定义 5（通用性） 如果对于所有的 $pk \in \mathcal{PK}$、$C \in \mathcal{C} \setminus \mathcal{V}$ 和 $K \in \mathcal{K}$，有 $\Pr[\Lambda_{sk}(C) \mid (pk, C)] \leqslant \epsilon$，则称该投影哈希函数 Λ_{sk} 是 ϵ-universal。这里的概率空间定义在满足 $\mu(sk) = pk$ 的所有可能的取值 $sk \leftarrow \mathcal{SK}$ 之上。

定义 6（哈希证明系统） 一个哈希证明系统通常包含三个（概率）多项式时间算法 HPS =（HPS. Gen，HPS. Pub，HPS. Priv），其定义分别如下：

（1）（参数生成）HPS. Gen（1^{κ}）：输入安全参数 1^{κ}，生成一个投影哈希函数的实例：

$$params = (group, \mathcal{K}, \mathcal{C}, \mathcal{V}, \mathcal{SK}, \mathcal{PK}, \Lambda_{(\cdot)}: \mathcal{C} \rightarrow \mathcal{K}, \mu: \mathcal{SK} \rightarrow \mathcal{PK})$$

其中参数 group 可能具有一定的代数结构。

（2）（公开运算）HPS. Pub（pk，C，w）：输入公钥 $pk = \mu(sk)$（其中 sk 从 $\mathcal{SK}$ 中随机均匀选取）、$C \in \mathcal{V}$ 及其证据 w，输出一个对称私钥 $K = \Lambda_{sk}(C)$。

（3）（私钥运算）HPS. Priv（sk，C）：输入私钥 sk 和 $C \in \mathcal{C}$，输出一个对称私钥 $K = \Lambda_{sk}(C)$。

与哈希证明系统紧密相关的是子集合成员判定问题（Subset Membership Problem）。它要求随机选取的有效密文 $C \in \mathcal{V}$ 和无效密文 $C \in \mathcal{C} \setminus \mathcal{V}$ 是不可区分的。具体而言，对于任意 PPT 算法 $\mathcal{A}$，优势函数 $\mathrm{Adv}_{\mathrm{HPS}, \mathcal{A}}^{smp}(\kappa) = \left| \Pr[\mathcal{A}(\mathcal{C}, V, C) = 1: C \leftarrow \mathcal{V}] - \Pr[\mathcal{A}(\mathcal{C}, \mathcal{V}, C) = 1: C \leftarrow \mathcal{C} \setminus \mathcal{V}] \right|$ 是可忽略的。

定义 7 一个哈希证明系统 HPS =（HPS. Gen，HPS. Pub，HPS. Priv）是 ϵ -universal，如果满足以下两个条件：（1）对于足够大的安全参数 κ 和 HPS. Gen（1^κ）的所有可能的输出，其对应的投影哈希函数是 $\epsilon(\kappa)$ -universal（这里 $\epsilon(\kappa)$ 是可忽略量）；（2）相应的子集合成员判定问题是困难的。若 $\epsilon(\kappa) = 1/|\mathcal{K}|$，则称 HPS 是完美的。

根据通用哈希证明系统的定义，可以直接得出下面的结论：

引理 3 如果 HPS =（HPS. Gen，HPS. Pub，HPS. Priv）是一个 ϵ -universal 哈希证明系统，则对于所有公钥 pk 和非法密文 $C \in \mathcal{C} \setminus \mathcal{V}$，下面的条件熵始终成立：

$$H_\infty(\text{HPS. Priv}(sk, C) \mid (pk, C)) \geqslant \log 1/\epsilon$$

其中，$sk \leftarrow \mathcal{SK}$ 满足 $pk = \mu(sk)$。

2.4 变色龙哈希函数

变色龙哈希函数是一种带陷门的单向哈希函数。利用该陷门信息可以很容易地找到两个不同消息的碰撞，但是若没有该陷门信息，变色龙哈希函数仍然具有普通哈希函数的抗碰撞性质。

定义 8（变色龙哈希） 一个变色龙哈希函数 CH：$\{0, 1\}^* \times \mathcal{R}_{ch} \to Y$ 通常包含三个（概率）多项式时间算法 CH =（CH. Gen，CH. Eval，CH. Equiv）：

（1）（密钥生成）CH. Gen（1^κ）：输入安全参数 1^κ，输出运算密钥 ek_{ch} 和陷门 td_{ch}。

（2）（运算）CH. Eval(ek_{ch}, x; r_{ch}）是一个确定性多项式时间算法。它将 $x \in \{0, 1\}^*$ 映射到 $y \in Y$。如果 r_{ch} 在 $\mathcal{R}_{ch}$ 上是均匀选取的，则 y 在值域上也是均匀的。

（3）（模棱两可性）CH. Equiv(td_{ch}, x, r_{ch}, x'）是一个确定性多项式时间算法。输入 x、r_{ch} 和 x'，利用陷门 td_{ch} 计算 $r'_{ch} \leftarrow$ CH. Equiv(td_{ch}, x, r_{ch}, x'），使得：

$$\text{CH. Eval}(ek_{ch}, x; r_{ch}) = \text{CH. Eval}(ek_{ch}, x'; r'_{ch})$$

（4）（抗碰撞性）对于任意的运算密钥 ek_{ch}，寻找 $(x, r_{ch}) \neq (x', r'_{ch})$ 使得 CH. Eval(ek_{ch}, x; r_{ch}) = CH. Eval(ek_{ch}, x'; r'_{ch}) 是困难的。具体而言，对于任意概率多项式时间算法 $\mathcal{A}$，下面定义的优势是可忽略的：

$$\text{Adv}^{cr}_{CH, \mathcal{A}}(\kappa) := \Pr \left[\begin{array}{c} (x, r_{ch}) \neq (x', r'_{ch}) \\ \text{CH. Eval}(ek_{ch}, x; r_{ch}) = \text{CH. Eval}(ek_{ch}, x'; r'_{ch}) \end{array} \right]$$

其中 $(ek_{ch}, td_{ch}) \leftarrow CH.Gen(1^{\kappa})$ 和 $(x, r_{ch}, x', r'_{ch}) \leftarrow \mathcal{A}(ek_{ch})$。

3 一次有损过滤器的定义及性质

一个 (Dom, ℓ_{LF}) -一次有损过滤器是一个以公钥 ek_{LF} 和标签 t 为指标的函数族 $\{LF_{ek_{LF},t}: Dom \rightarrow Y\}$。函数族中的任意函数 $LF_{ek_{LF},t}$，将 $X \in Dom$ 映射到 $LF_{ek_{LF},t}(X)$。给定公钥 ek_{LF}，标签集合 T 可以分解为两个计算上不可区分的子集合：单射标签集合 T_{inj} 和有损标签集合 T_{loss}。如果 t 属于单射标签，则函数 $LF_{ek_{LF},t}$ 也是单射的，并且像的大小为 $|Dom|$ [如图1a）所示]；如果 t 是有损的，则函数最多有 $2^{\ell_{LF}}$ 个可能的输出结果 [如图1b）所示]。因此，若 t 是有损标签，则 $LF_{ek_{LF},t}(X)$ 最多泄露 X 的 ℓ_{LF} 比特信息。这一性质在方案证明中是至关重要的。下面给出一次有损过滤器的形式化定义。

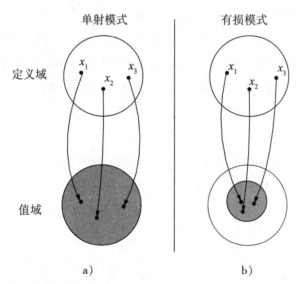

图1 一次有损过滤器的两种不可区分模式（阴影部分表示值域范围）

定义9（一次有损过滤器） 一个 (Dom, ℓ_{LF}) -一次有损过滤器 LF 包含三个（概率）多项式时间算法 （LF.Gen，LF.Eval，LF.LTag）。

（1）（密钥生成算法）$LF.Gen(1^{\kappa})$：输入安全参数 1^{κ}，输出一对密钥 $(ek_{LF},$

td_{LF}），其中公钥 ek_{LF} 定义了标签集合 $T = \{0, 1\}^* \times T_c$，它由两个不相交的有损标签集合 $T_{loss} \subseteq T$ 和单射标签集合 $T_{inj} \subseteq T$ 构成。每个标签 $t = (t_a, t_c) \in T$ 由辅助标签 $t_a \in \{0, 1\}^*$ 和核心标签 $t_c \in T_c$ 两部分组成。td_{LF} 是一个陷门，利用它可以有效地从有损标签集合中进行抽样。

（2）（执行算法）LF. Eval (ek_{LF}, t, X)：给定公钥 ek_{LF} 和标签 t，将 $X \in$ Dom 映射到 $LF_{ek_{LF}, t}(X)$。

（3）（有损标签生成算法）LF. Tag (td_{LF}, t_a)：利用陷门 td_{LF} 计算辅助标签 t_a 对应的核心标签 t_c，使其满足 $t = (t_a, t_c)$ 是有损的。

一次有损过滤器满足以下三个性质：

（1）（有损性）如果 t 是单射的，则函数 $LF_{ek_{LF}, t}(\cdot)$ 也是单射的；如果 t 是有损的，则 $LF_{ek_{LF}, t}(X)$ 的像集合最多包含 $2^{\ell_{LF}}$ 个元素（在实际应用中，通过调整公钥的其他参数，原像集合可以逐渐增大而参数 ℓ_{LF} 始终保持不变）。

（2）（不可区分性）对于任意概率多项式时间算法 $\mathcal{A}$，区分有损标签和随机选取的标签是困难的。严格来说，对于任意概率多项式时间算法 $\mathcal{A}$，下面的优势函数

$$\mathrm{Adv}^{ind}_{LF, \mathcal{A}}(\kappa) := \left| \Pr[\mathcal{A}(ek_{LF}, (t_a, t_c^{(0)})) = 1] - \Pr[\mathcal{A}(ek_{LF}, (t_a, t_c^{(1)})) = 1] \right|$$

是可忽略的，其中 $(ek_{LF}, td_{LF}) \leftarrow$ LF. Gen (1^κ)，$t_a \leftarrow \mathcal{A}(ek_{LF})$，$t_c^{(0)} \leftarrow$ LF. Tag (td_{LF}, t_a)，$t_c^{(1)} \leftarrow_R T_c$。

（3）（推诿性）对于任意概率多项式时间敌手 $\mathcal{A}$，即使在给定一个有损标签情况下，也无法计算出一个新的非单射标签。具体来说，下面定义的敌手优势是可忽略的：

$$\mathrm{Adv}^{eva}_{LF, \mathcal{A}}(\kappa) := \Pr\left[\begin{array}{l} (t'_a, t'_a) \neq (t_a, t_c) \wedge \\ (t'_a, t'_a) \in T \setminus T_{inj} \end{array} : \begin{array}{l} (ek_{LF}, td_{LF}) \leftarrow \text{LF. Gen}(1^\kappa) \\ t_a \leftarrow \mathcal{A}(ek_{LF}), \ t_c \leftarrow \text{LF. Tag}(td_{LF}, t_a) \\ (t'_a, t'_a) \leftarrow \mathcal{A}(ek_{LF}, (t_a, t_c)) \end{array} \right]$$

注释 3 一次有损过滤器可以看做是一种简化的有损代数过滤器[56]。两者存在以下不同之处：一是前者要求敌手最多知道一个有损标签，而后者要求敌手可以获得多个有损标签，这导致后者比前者实现难度大且实现的方案效率非常差。二是前者不需要具有特定的代数结构，而后者必须有特定的代数结构，可用于多挑战密文的环境，例如 KDM-CCA 安全性。

4 抗泄露公钥加密方案

随着边信道攻击技术的出现，密钥泄露问题更加突出，严重威胁（传统）密码算法的安全性。当前，抵抗边信道攻击的思想主要有两种：一是通过引入冗余运算掩盖敏感的物理信息；二是从算法角度研究在泄露部分敏感信息的情况下，如何保证算法仍然是安全的。在实际环境中，算法运行过程产生的物理信息种类多，例如时间、功耗和电磁辐射等，利用第一种思想难以同时掩盖多种物理信息。第二种思想主要从密钥泄露量的角度保护算法的安全性，而与具体的物理信息无关，这种思想形成了抗泄露密码学。后者在建立密钥泄露模型上具有一定的挑战性。建立的模型是否合理，能否反映现实中的边信道攻击是早期抗泄露密码学研究的重点。随着对边信道攻击技术的深入认识，产生了比较成熟的密钥泄露安全模型，包括仅计算泄露模型[64]、有界密钥泄露模型[65,66]、辅助输入模型[67]、连续泄露模型[68,69]、"After-the-fact"泄露模型[60]等。在这些模型中，有界密钥泄露模型具有一定的代表性。它不仅是其他模型产生的基础，而且该模型中的研究方法对设计其他模型下的方案有着重要的帮助。

当前，实现抗有界密钥泄露的公钥加密方案主要依赖哈希证明系统[62]。在同时抵抗选择密文攻击时，基于哈希证明系统实现的方案尽管效率较高，但是容忍密钥泄露的比例较差[66,70-73]；而具有较高密钥泄露比例的方案，特别是具有弹性泄露的方案，通常依赖效率较差的非交互零知识证明系统[66]和/或双线性配对技术[74,75]。针对现有方案在效率与密钥泄露比例之间存在的这种制约问题，文献［35］提出一次有损过滤器的概念。结合通用哈希证明系统（universal HPS），提出一种 BKL-CCA 安全的公钥加密方案。该方案的主要设计思想是利用 universal HPS 和 OT-LF 分别替代 Naor-Segev 方案中的 smooth HPS 和 universal$_2$ HPS。由于 OT-LF 不带密钥（或者说密钥仅在证明中使用），方案的解密密钥仅取决于 universal HPS 的密钥。与 Naor-Segev 方案相比，在不降低密钥泄露量的前提下，进一步减少密钥的长度，且 OT-LF 可以有效实现。近年来，该思想被进一步推广到高效弹性泄露 CCA 安全公钥加密方案的构造[101]和抗辅助输入 CCA 安全公钥加密方案的构造[102]。此外，在亚密会 2016 上 Faonio 和 Venturi[103]还进一步证明了该思想构造的抗泄露 PKE 方案同时抵抗密钥篡改攻击。2018 年，陈宇、秦宝东和薛海洋[104,105]弱化了一次有损过滤器的性质为"Regularly lossy functions"且后者可以通过哈希证明系统实现。文献［57］同时给出基于 DDH 和 DCR 假设的具体实现方案。这两个方案不仅效率高且密钥泄露比例可达到 $1/2-o(1)$。该密钥泄露比例也是基于哈希证明系统（不依赖其他密码技术）可达到的理论上界[74]。3.2 中还介绍了一类加强的子群不可区分问题（简称 RSI 问题），包括 QR，DCR[18] 以及 Boneh 等人[76]提出的合数阶群上的子群判定问题。基于该问题，可以有效实现 universal HPS 和 OT-LF。利用 3.1 中的通用构造方法，提出一类基于加强子群不可区分问题的 BKL-CCA 安全加密方案，其密钥泄露比例与具体的 RSI 问题有关。当基于一种特殊的 RSI 问题（见例 1）时，密钥泄露比例可达到 $1-o(1)$ 且不依赖双线性配对。

4.1 基于一次有损过滤器的构造方法

2010 年，Dodis 等人[74]指出，利用哈希证明系统构造公钥加密方案，密钥泄露比例在理论上仅能达到 $1/2-o(1)$。因为在哈希证明系统中私钥分成两部分，分别起到隐藏消息和验证密文合法性的功能。在安全性证明中，任何一部分泄露后，方案的安全性将被攻破。然而在已有的实现方案中，密钥泄露比例却无法达到该上界。目前最好的结果是 $1/4-o(1)$ [72,77]。尽管利用非交互零知识证明技术可以提高密钥泄露比例，但是已知的非交互零知识证明系统的效率远不如哈希证明系统。本节将介绍如何利用实用的一次有损过滤器提高密钥泄露比例。基于 DDH 或 DCR 假设的方案，私钥泄露比例可以达到 $1/2-o(1)$；而基于特殊的合数阶子群成员判定/子群不可区分问题[76,78]的方案，私钥泄露比例可以达到 $1-o(1)$。

4.1.1 方案描述

本部分介绍如何利用通用哈希证明系统和一次有损过滤器实现 BKL-CCA 安全性（如图 2 所示）。令 HPS =（HPS. Gen，HPS. Pub，HPS. Priv）是一个 ϵ_1-通用哈希证明系统，其中 HPS. Gen 生成一个投影哈希函数的实例 params =（group，$\mathcal{K}$，$\mathcal{C}$，$\mathcal{V}$，$\mathcal{SK}$，$\mathcal{PK}$，$\Lambda_{(\cdot)}$：$\mathcal{C} \to \mathcal{K}$，$\mu:\mathcal{SK} \to \mathcal{PK}$）；LF =（LF. Gen，LF. Eval，LF. LTag）是一个 $(\mathcal{K}, \ell_{\mathrm{LF}})$-一次有损过滤器。定义 $\nu := \log(1/\varepsilon_1)$。令 λ 是私钥泄露的上界；Ext：$\mathcal{K} \times \{0, 1\}^d \to \{0, 1\}^m$ 是一个平均情况下 $(\nu-\lambda-\ell_{\mathrm{LF}}, \epsilon_2)$-强提取器，其中 ϵ_2 是一个可忽

略量。加密方案 PKE =（PKE. Gen，PKE. Enc，PKE. Dec）（明文空间为 $\{0，1\}^m$）的构造如下所示：

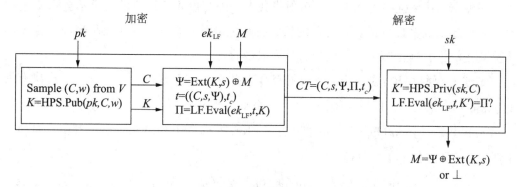

图2 通用构造的加密/解密示意图

方案1 基于一次有损过滤器的 BKL-CCA 安全公钥加密方案

（1）PKE. Gen（1^κ）：运行 HPS. Gen（1^κ）生成哈希证明系统的参数 params；运行 LF. Gen（1^κ）生成一次有损过滤器的公钥和陷门（ek_{LF}，td_{LF}）。随机选择 $sk \in SK$ 并计算 $pk = \mu(sk)$。返回加密方案的公钥 $PK = ($params，ek_{LF}，$pk)$ 和私钥 $SK = sk$。

（2）PKE. Enc(PK，M)：给定公钥 PK 和消息 $M \in \{0，1\}^m$，首先随机选取 $C \in \mathcal{V}$ 及其证据 w、$s \in \{0，1\}^d$ 和 $t_c \in T_c$。接下来，计算：

$$K = \text{HPS. Pub}(pk，C，w)，\quad \Psi = \text{Ext}(K，s) \oplus M，\quad \Pi = \text{LF}_{ek_{LF}，t}(K)$$

其中 $t = (t_a，t_c)$，$t_a = (C，s，\Psi)$。返回密文 $CT = (C，s，\Psi，\Pi，t_c)$。

（3）PKE. Dec(SK，CT)：给定密文 $CT = (C，s，\Psi，\Pi，t_c)$ 和私钥 $SK = sk$，首先计算 $K' = \text{HPS. Priv}(sk，C)$ 和 $\Pi' = LF_{ek_{LF}，t}(K')$，其中 $t = ((C，s，\Psi) t_c)$。接下来，验证 $\Pi = \Pi'$ 是否成立。如果不成立，则返回 $\bot$；否则，返回 $M = \Psi \oplus \text{Ext}(K，s)$。

4.1.2 安全性分析

方案的正确性可以通过哈希证明系统的正确性直接验证，而安全性可以通过定理1来保证。定理1的详细证明请参考文献［57］。这里仅概括介绍一下证明的思路。

该方案首先使用哈希证明系统生成一个对称密钥 K，它既用作隐藏明文又用作验证密文的正确性。为了允许私钥泄露，方案使用一个提取器从 K 中提取比较短的均匀密钥来掩盖消息，使用一次有损过滤器 $\Pi = \mathrm{LF}_{ek_{\mathrm{LF}},t}(K)$ 来验证密文完整性。在挑战密文 CT^* 中，过滤器工作在有损模式下，因此密文泄露 K 的信息量是固定的。对于非法密文，过滤器以压倒性的概率工作在单射模式下，因此过滤器输出的结果不会降低 K 的熵。这就要求敌手必须完全知道 K 的值，否则拒绝解密查询。对于敌手来说，若 K 的剩余熵足够大，则正确猜测 K 的概率是可忽略的。

定理 1 假设 HPS 是一个 ϵ_1 -通用哈希证明系统，LF 是一个 $(\mathcal{K}, \ell_{\mathrm{LF}})$ -一次有损过滤器，$\mathrm{Ext}:\mathcal{K} \times \{0, 1\}^d \to \{0, 1\}^m$ 是一个平均情况下 $(\nu\text{-}\lambda\text{-}\ell_{\mathrm{LF}}, \epsilon_2)$ -强提取器。如果 $\lambda \leq \nu - m - \ell_{\mathrm{LF}} - \omega(\log\kappa)$，则加密方案 PKE 是 λ -BKL-CCA 安全的，其中 m 是明文长度，$\nu := \log(1/\varepsilon_1)$。具体有：

$$\mathrm{Adv}_{\mathrm{PKE}, \mathcal{A}}^{\mathrm{BKL\text{-}CCA}}(\kappa) \leq \mathrm{Adv}_{\mathrm{LF}, \mathcal{B}_1}^{\mathrm{ind}}(\kappa) + Q(\kappa) \cdot \mathrm{Adv}_{\mathrm{LF}, \mathcal{B}_2}^{\mathrm{eva}}(\kappa)$$

$$+ \mathrm{Adv}_{\mathrm{HPS}, \mathcal{B}_3}^{\mathrm{smp}}(\kappa) + \frac{Q(\kappa) \, 2^{\lambda + \ell_{\mathrm{LF}} + m}}{2^\nu - Q(\kappa)} + \epsilon_2$$

其中 $Q(\kappa)$ 表示 $\mathcal{A}$ 解密询问的次数，$\mathrm{Adv}_{\mathrm{HPS}, \mathcal{B}_3}^{\mathrm{smp}}(\kappa)$ 表示哈希证明系统中区分子集合成员判定问题的敌手优势。

参数和私钥泄露比例：为了使方案容忍私钥泄露更多的信息，可以使用"足够强"的哈希证明系统，例如 $\epsilon_1 \leq 2/|\mathcal{K}|$。在这种情况下，$\nu = \log(1/\epsilon_1) \geq \log|\mathcal{K}| - 1$。因此，当空间 $\mathcal{K}$ 足够大时，私钥泄露的比例接近 $(\log|\mathcal{K}|)/|SK|$。

CCA 安全性：显然，当 $\lambda = 0$ 且 $\log(1/\epsilon_1) \geq m + \ell_{\mathrm{LF}} + \omega(\log\kappa)$ 时，上述方案提供了一种新的方法，用于实现 CCA 安全性。尽管在效率上比单纯基于哈希证明系统的方案要差，但是它具有私钥长度短的优点。

4.1.3 实例化方案及效率分析

通用哈希证明系统和一次有损过滤器是上述通用构造方案使用的两个基本工具。基于传统的判定性问题假设，例如 DDH 假设，文献 [57] 构造了高效的通用哈希证明系统和一次有损过滤器。为了抵抗密钥泄露攻击，上述方案要求哈希证明系统封装的密钥空间 $\mathcal{K}$ 足够大。为了扩大哈希证明系统的封装密钥空间，一种直接的方法是提高传统的哈希证明系统所基于的有限循环群。例如 Cramer-Shoup[62] 的基于 DDH 假设的哈希证明系统的密钥空间 $\mathcal{K}$ 等价于所在的群。另一种方法是采用并行技术，在同一个有限循环群中生成多个哈希证明系统，并将这些哈希证明系统封装的密钥级联起来，作为最终的封装密钥。假设 HPS 是一个基于子集合成员判定问题 $(\mathcal{C}, \mathcal{V})$ 的 ϵ-通用哈希证明系统，则通过如图 3 所示的 n 次并行运算，可以得到一个 ϵ^n-通用哈希证明系统且封装的密钥空间为 $\mathcal{K}' = \mathcal{K}^n$，其中 $pk_i = \mu(sk_i)$ 而 $sk_i \in \mathcal{SK}$ 是均匀、独立选取的。

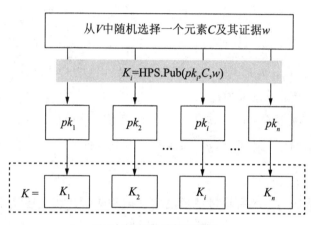

图3　并行哈希证明系统

根据文献 [57]，我们有如下结论。

定理2　假设 $\langle q, G, g_1, g_2 \rangle$ 是一个素数阶循环群，其中 q 为阶，g_1 和 g_2 为两个随机生成元。对于任意正整数 n，在 DDH 假设下，则存在一个 ϵ-通用哈希证明系统，其中 $\epsilon = q^n$，封装的密钥空间 $\mathcal{K} = G^n$，$\mathcal{C} = G \times G$，$\mathcal{V} = \{(g_1^r, g_2^r) : r \in \mathbb{Z}_q\}$（相应的证据集合为 $W = \mathbb{Z}_q$），$\mathcal{SK} = (\mathbb{Z}_q \times \mathbb{Z}_q)^n$。

下面给出基于 DDH 假设的一个具体构造方案。

方案2　基于 DDH 假设的哈希证明系统

令 $\langle q, G, g_1, g_2 \rangle$ 是一个素数阶循环群，其中 q 为阶，g_1 和 g_2 为两个随机生成元。令 $n \in \mathbb{N}$ 为正整数。假设存在一个有效的单射映射 $\mathrm{Inj}: G \to \mathbb{Z}_q$。对于任意 $u = (u_1, u_2, \cdots, u_n) \in G^n$，令 $\widetilde{\mathrm{Inj}}(u) = (\mathrm{Inj}(u_1), \mathrm{Inj}(u_2), \cdots, \mathrm{Inj}(u_n)) \in \mathbb{Z}_q^n$。显然，$\widetilde{\mathrm{Inj}}$ 也是一个单射映射。下面给出哈希证明系统 HPS = (HPS.Gen, HPS.Pub, HPS.Priv) 的构造。

参数 params = (group, $\mathcal{K}$, $\mathcal{C}$, $\mathcal{V}$, $\mathcal{SK}$, $\mathcal{PK}$, Λ_{sk}, μ) 的选择如下:

(1) group = $\langle q, G, g_1, g_2, n \rangle$, $\mathcal{C} = G \times G$, $\mathcal{V} = \{(g_1^r, g_2^r) : r \in \mathbb{Z}_q\}$ 相应的证据集合为 $W = \mathbb{Z}_q$。

(2) $\mathcal{K} = \mathbb{Z}_q^n$, $\mathcal{SK} = (\mathbb{Z}_q \times \mathbb{Z}_q)^n$, $\mathcal{PK} = G^n$。

(3) 对于 $sk = (x_{i,1}, x_{i,2})_{i \in [n]} \in (\mathbb{Z}_q \times \mathbb{Z}_q)^n$, 定义 $pk = (pk_i)_{i \in [n]} = \mu(sk) = (g_1^{x_{i,1}} g_2^{x_{i,2}})_{i \in [n]}$。

(4) 对于 $C = (u_1, u_2) \in \mathcal{C}$, 定义 $\Lambda_{sk}(C) = \widetilde{\mathrm{Inj}}((u_1^{x_{i,1}} u_2^{x_{i,2}})_{i \in [n]})$。

私钥运算和公开运算定义为:

(1) 对于所有元素 $C = (u_1, u_2) \in \mathcal{C}$, 定义 HPS.Priv$(sk, C) = \Lambda_{sk}(C)$。

(2) 对于所有合法元素 $C = (g_1^r, g_2^r) \in \mathcal{V}$ 及其证据 $r \in \mathbb{Z}_q$, 定义 HPS.Pub$(pk, C, r) = \widetilde{\mathrm{Inj}}(pk_1^r, \cdots, pk_n^r)$。

为了与后面构造的一次有损过滤器的定义域相匹配, 在上述具体方案中, 我们定义了一个单射函数 Inj 将任意一个群元素映射到 $\mathbb{Z}_q$ 上。例如, 当 G 是一个有限域 $\mathbb{F}_p$ 上的一个 q 阶椭圆曲线群。对于 80 比特安全性, p 和 q 可以选择为 160 比特的素数。在这种群中, 群元素可以用 160 比特的二进制串表示。

由上述构造可以看出, 通过并行技术, 子集合成员判定问题的元素只包含两个群元素且大小仅为 $|q|$ 比特。若通过增加群元素大小来获得封装密钥空间大小为 $|\mathcal{K}| = q^n$ 的哈希证明系统, 则群元素将增长到 $|q|^n$ 比特。因此, 在应用中, 通过并行技术可显著降低密文中 C 的长度。

方案 3　基于 DDH 假设的一次有损过滤器

利用变色龙哈希函数和 ElGamal 方案的矩阵加密形式, 文献 [57] 基于 DDH 假设构造了一个有效的一次损耗过滤器, 构造过程如下:

符号定义: 如果 $A = (A_{i,j})$ 是 $\mathbb{Z}_q$ 上的 $n \times n$ 阶矩阵, g 是阶为 q 的有限循环群 G 的生成元, 则 g^A 表示群 G 上的 $n \times n$ 阶方阵 $g^{A_{i,j}}$。给定向量 $X = (X_1, \cdots, X_n) \in \mathbb{Z}_q^n$ 和一个 $n \times n$ 阶方阵 $E = (E_{i,j}) \in G^{n \times n}$, 定义:

$$X \cdot E := \left(\prod_{i=1}^n E_{i,1}^{X_i}, \cdots, \prod_{i=1}^n E_{i,n}^{X_i} \right) \in G^n$$

令 CH = （CH. Gen，CH. Eval，CH. Equiv）为一个变色龙哈希函数其像空间为 $\mathbb{Z}_q$。一次有损过滤器 LF = （LF. Gen，LF. Eval，LF. LTag）的构造如下：

（1）LF. Gen(1^κ)：选择一个有限循环群 $\mathbb{G} = \langle q, G, g \rangle$ 和变色龙哈希函数 $(ek_{ch}, td_{ch}) \leftarrow$ CH. Gen(1^κ)；随机选取变色龙哈希函数的一个原像 $(t_a^*, t_c^*) \leftarrow_R \{0, 1\}^* \times \mathcal{R}_{ch}$ 并计算 $b^* =$ CH. Eval($ek_{ch}, t_a^*; t_c^*$)；接下来选择 $r_1, \cdots, r_n, s_1, \cdots, s_n \leftarrow \mathbb{Z}_q$ 并计算 $n \times n$ 阶方阵 $A = (A_{i,j}) \in \mathbb{Z}_q^{n \times n}$，其中 $A_{i,j} = r_i s_j$。计算矩阵 $E = g^{A - b^* * I} \in G^{n \times n}$，其中 I 是 $\mathbb{Z}_q$ 上的 $n \times n$ 阶单位矩阵。返回 $ek_{LF} = (q, G, g, ek_{ch}, E)$ 和 $td_{LF} = (td_{ch}, t_a^*, t_c^*)$。标签空间定义为：$T = \{0, 1\}^* \times \mathcal{R}_{ch}$，其中有损标签集合为 $T_{loss} = \{(t_a, t_c): (t_a, t_c) \in T \wedge$ CH. Eval($ek_{ch}, t_a; t_c$) $= b^*\}$，单射标签集合为 $T_{inj} = \{(t_a, t_c): (t_a, t_c) \in T \wedge$ CH. Eval($ek_{ch}, t_a; t_c$) $\notin \{b^*, \mathrm{Tr}(A)\}\}$，$\mathrm{Tr}(A)$ 表示矩阵 A 的迹。

（2）LF. Eval(ek_{LF}, t, X)：给定 $t = (t_a, t_c) \in \{0, 1\}^* \times \mathcal{R}_{ch}$ 和 $X = (X_1, \cdots, X_n) \mathbb{Z}_q^n$，计算 $b =$ CH. Eval($ek_{ch}, t_a; t_c$) 并返回 $y = X \cdot (E \otimes g^{b \cdot I})$，其中 "$\otimes$" 表示矩阵对应位置元素两两相乘。

（3）LF. LTag(td_{LF}, t_a)：给定辅助标签 t_a，利用陷门 $td_{LF} = (td_{ch}, t_a^*, t_c^*)$ 计算核心标签 $t_c =$ CH. Equiv($td_{ch}, t_a^*, t_c^*, t_a$)。

基于有限循环群 G 上的 DDH 假设，可以得到以下结论：

定理 3 假设 $\langle q, G, g \rangle$ 是一个素数阶循环群，其中 g 是一个随机生成元。对于任意正整数 n，在 DDH 假设下，上述方案是一个 $(\mathbb{Z}_q^n, \log q)$ ——次有损过滤器，其中原像空间 Dom = $\mathbb{Z}_q^n$，像空间为 G^n。

如果将上述哈希证明系统和一次损耗过滤器应用到 3.1.2 的通用构造方案中，我们可以得到一个具体的基于 DDH 假设的公钥加密方案，如下所述。该方案的安全性主要基于群 G 上的 DDH 问题的困难性且方案允许密钥泄露的比例趋于 $(\log|\mathcal{K}|)/|SK| = (\log|q^n|)/|q^{2n}| = 1/2$。详见文献 [57]。

方案 4 基于 DDH 假设的 BKL 安全公钥加密方案

在方案中，$\mathbb{G} = \langle q, G, g \rangle$ 是一个素数阶循环群的描述。$n \in \mathbb{N}$ 满足条件 $(n-1)\log q \geqslant \lambda + m + \omega(\log \kappa)$。令 $(ek_{ch}, td_{ch}) \leftarrow$ CH. Gen(1^κ) 是一个变色龙哈希函数（像空间为 $\mathbb{Z}_q$），Ext: $\mathbb{Z}_q^n \times \{0, 1\}^d \rightarrow \{0, 1\}^m$ 是一个平均情况下 $[(n-1)\log q - \lambda, \epsilon_2]$ - 强提

取器。

（1）PKE. Gen(1^κ)：随机选择 g_1，$g_2 \in G$ 和 n 对指数 $(x_{i,1}, x_{i,2}) \in \mathbb{Z}_q \times \mathbb{Z}_q$；令 $pk_i = g^{x_{i,1}} g_2^{x_{i,2}}(i \in [n])$；再随机选取 $(t_a^*, t_c^*) \in \{0, 1\}^* \times \mathcal{R}_{ch}$ 并令 $b^* =$ CH. Eval($ek_{ch}, t_a^*; t_c^*$)；接下来，选择 $r_1, \cdots, r_n, s_1, \cdots, s_n \leftarrow_R \mathbb{Z}_q$ 并计算矩阵 $E = (E_{i,j}) \in G^{n \times n}$，其中：

$$E_{i,j} = \begin{cases} g^{r_i s_j}, & \text{当 } i, j \in [n], i \neq j \text{ 时} \\ g^{r_i s_j - b^*}, & \text{当 } i, j \in [n], i = j \text{ 时} \end{cases}$$

最后，返回公钥 $PK = (q, G, g, g_1, g_2, n, (pk_i)_{i \in [n]}, E, ek_{ch})$ 和私钥 $SK = (x_{i,1}, x_{i,2})_{i \in [n]}$。

（2）PKE. Enc(PK, M)：给定公钥 PK 和消息 $M \in \{0, 1\}^m$，随机选择 $r \in \mathbb{Z}_q$ 和 $s \in \{0, 1\}^d$ 并计算 $C = (g_1^r, g_2^r)$，$K = \widetilde{\mathrm{Inj}}(pk_1^r, \cdots, pk_n^r)$，$\Psi = \mathrm{Ext}(K, s) \oplus M$，$\Pi = K \cdot (E \otimes g^{b \cdot I})$，其中 $b = $ CH. Eval($ek_{ch}, t_a; t_c$)，$t_a = (C, s, \Psi)$，$t_c \leftarrow_R \mathcal{R}_{ch}$。最后，返回密文 $CT = (C, s, \Psi, \Pi, t_c) \in G^2 \times \{0, 1\}^d \times \{0, 1\}^m \times G^n \times \mathcal{R}_{ch}$。

（3）PKE. Dec(SK, CT)：给定密文 $CT = (C, s, \Psi, \Pi, t_c)$，首先将 C 展开为 $(u_1, u_2) \in G^2$，再计算 $K' = \widetilde{\mathrm{Inj}}(u_1^{x_{1,1}} u_2^{x_{1,2}}, \cdots, u_1^{x_{n,1}} u_2^{x_{n,2}})$ 和 $\Pi' = K' \cdot (E \otimes g^{b \cdot I})$，其中 $b = $ CH. Eval($ek_{ch}, (C, s, \Psi); t_c$)。最后，验证 $\Pi = \Pi'$ 是否成立。如果不成立，则返回 $\bot$；否则，返回 $M = \Psi \oplus \mathrm{Ext}(K', s)$。

在抗泄露公钥加密方案中，密钥泄露比例和密文长度是衡量方案性能的两个基本参数，与方案的效率直接相关。表 1 总结了素数阶群上几个具有代表性的 BKL-CCA 公钥加密方案的密钥泄露比例和密文长度之间的关系。图 4 还给出了二者之间的定量关系。在表中，区间 $[0, a)$ 表示密钥泄露比例的取值范围，其中 a 表示密钥泄露比例的上界，$\ell(\kappa)$ 表示安全参数的大小。

表1　密文长度与泄露比例之间的关系

方案	密文长度 #$\ell(\kappa)$	泄露比率区间 δ	困难假设
DHLW10[74]	$21/(1 - \delta) + 70$	$[0, 1)$	DLIN+tSE-NIZK
GHV12[75]	$\lceil 4/(1 - \delta) \rceil + 12$	$[0, 1)$	DLIN（无证明）

表 1（续）

方案	密文长度 #$\ell(\kappa)$	泄露比率区间 δ	困难假设
NS12[80]	$9/(1-6\delta)$	$[0, 1/6)$	DDH
LZSS12[71]	$9/(1-4\delta)$	$[0, 1/4)$	DDH
QL13[57]	$2\lceil 5/(2-4\delta)\rceil + 4$	$[0, 1/2)$	DDH

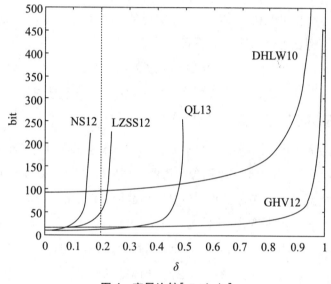

图 4　定量比较[#$\ell(\kappa)$]

　　通过定量比较结果可以看出，当密钥泄露比例满足 $\delta \leqslant 0.4$ 时，文献［57］提出的方案的密文长度相对较短。该方案也是第一个基于 DDH 假设且密钥泄露比例达到 $1/2 - o(1)$ 的实用公钥加密方案。但是受泄露比例上界 $1/2$ 的限制，当 δ 接近 $1/2$ 时，密文增长的速度比弹性泄露方案[74,75]快。与基于哈希证明系统的两个方案[80,71]相比，本文方案不仅密钥泄露比例高，而且密文长度短。到目前为止，所有具有弹性泄露比例的抗选择密文攻击加密方案都依赖双线性配对群。在这两个弹性泄露方案中，尽管 Galindo 等人的方案[75]性能较好，但是该方案缺少严格的安全性证明。尽管方案[57]的密钥泄露比例达不到 $1 - o(1)$，但是该方案的实现不依赖双线性配对运算。在 3.2 中，我们将介绍如何利用一次有损过滤器实现不依赖双线性配对的弹性泄露加密方案。

4.2 不依赖双线性配对的弹性泄露方案

在 Brakerski 和 Goldwasser[81] 的子群不可区分假设基础上，文献［82］提出一种加强版本，称之为加强的子群不可区分假设，简称 RSI 假设。经典的 DCR 假设、QR 假设以及 Nieto 等人[78] 的合数阶子群不可区分假设都可以看作是 RSI 假设，因此 RSI 假设依然具有一般性。基于 RSI 假设，可以简单有效地实现通用哈希证明系统和一次有损过滤器。利用 3.1.2 提出的构造方法，可以实现基于 RSI 假设的 BKL-CCA 安全加密方案。当 RSI 假设实例化为合数阶子群不可区分假设时，可以得到一个结构简单且私钥泄露比例为 $1 - o(1)$ 的 BKL-CCA 安全公钥加密方案，这也是第一个不依赖双线性配对的方案。下面将简要介绍加强的子群不可区分假设的定义及弹性泄露方案的构造。

4.2.1 加强的子群不可区分假设

令 $\mathrm{Gen}(1^\kappa)$ 是一个概率多项式时间算法。它输入安全参数 1^κ，输出一个交换乘法群 $g = \langle \mathbb{G}, T, g, h \rangle$，其中群 $\mathbb{G}$ 可以分解为两个循环群（阶分别为 τ_1 和 τ_2）的直积，即 $\mathbb{G} = G_{\tau_1} \times G_{\tau_2}$。此外，还满足：（1）$\mathbb{G}$ 中的元素是可识别的；（2）τ_1 和 τ_2 互素，即 $\mathrm{GCD}(\tau_1, \tau_2) = 1$（这说明 $\mathbb{G}$ 是一个阶为 $\tau_1 \cdot \tau_2$ 的循环群）；（3）$\tau_1 \cdot \tau_2$ 存在一个上界 T，使得 $x(\mathrm{mod}\ \tau_1 \tau_2)$ 与 $\mathbb{Z}_{\tau_1\tau_2}$ 上的均匀分布的统计距离不超过 ϵ，其中 $x \leftarrow \mathbb{Z}_T$，$\epsilon = \epsilon(\kappa)$ 是一个可忽略量。这说明，当 x 从 $\mathbb{Z}_T$ 中均匀选取时，g^x（或 h^x）与 G_{τ_1}（或 G_{τ_2}）上的均匀分布的统计距离不超过 ϵ。

定义 10 令 $g = \langle \mathbb{G}, T, g, h \rangle \leftarrow \mathrm{Gen}(1^\kappa)$。我们说群 $\mathbb{G}$ 上的 RSI 假设成立，如果对于任意 PPT 敌手 $\mathcal{A}$，下面定义的敌手优势是可忽略的：

$$\mathrm{Adv}_{g, \mathcal{A}}^{\mathrm{rsi}}(\kappa) := \left| \Pr[\mathcal{A}(g, x) = 1 : x \leftarrow G_{\tau_1}] - \Pr[\mathcal{A}(g, x) = 1 : x \leftarrow \mathbb{G}] \right|$$

文献［82］之所以将该假设称之为 RSI 假设，因为在 Brakerski 和 Goldwasser 的 SI 假设中，并不要求 G_{τ_2} 是循环群，而在 RSI 假设中要求是循环群。RSI 假设说明了在不知道子群的阶（或者说 $\tau_1 \tau_2$ 的分解）的情况下，无法判断一个随机选取的元素 x 是否来自子群 G_{τ_1}。

RSI 假设可以基于 DCR 和 QR 来实现，在这两种假设中，群 $\mathbb{G}$ 的阶是未知的。下面给出一种基于群 $\mathbb{G}$ 的阶已知情况下的 RSI 假设实例。

例 1（RSI 假设示例） 令 P，p，q 为不同的大素数且满足 $P = 2pq + 1$。对于安全参数为 κ 时，假设 p 和 q 至少为 κ 比特。显然，$\mathbb{Z}_P^*$ 包含唯一一个阶为 $N = pq$ 的子群，记做 $\mathbb{QR}_P$（也就是模 P 的二次剩余群）。此外，$\gcd(p, q) = 1$，$\mathbb{QR}_P$ 可以分解为 $\mathbb{QR}_P = G_p \times G_q$，并且 G_p 和 G_q 是阶分别为 p 和 q 的循环群。当 x 和 y 分别从 $\mathbb{Z}_P^*$ 中均匀选取时，$g = x^p \pmod{P}$ 和 $h = y^p \pmod{P}$ 以压倒性的概率分别为群 G_p 和 G_q 的生成元。根据文献 [78]，当 N 的因子分解困难时，群 $\mathbb{QR}_P$ 上的 RSI 问题被认为是困难的。因此，通过选择如下参数，我们可以得到 RSI 假设的一个例子：

$$\langle \mathbb{G}, T, g, h \rangle \leftarrow \text{Gen}(1^\kappa)$$

其中 $\mathbb{G} = \mathbb{QR}_P$，$G_{\tau_1} = G_p$，$G_{\tau_2} = G_q$，$T = pq$，$g = x^p \pmod{P}$，$h = y^p \pmod{P}$ 并且 x 和 y 分别从 $\mathbb{Z}_P^*$ 中均匀选取。

4.2.2 基于 RSI 假设的哈希证明系统

文献 [82] 详细说明了基于 RSI 假设构造通用哈希证明系统和一次有损过滤器的过程，其中哈希证明系统的一些特殊性质使得在上述 RSI 示例中，密钥泄露比率可以接近 1。根据文献 [82]，我们有如下构造。

方案 5 基于 RSI 假设的哈希证明系统

下面基于 RSI 假设构造哈希证明系统（HPS. Gen，HPS. Priv，HPS. Pub），其中 $g = \langle \mathbb{G}, T, g, h \rangle$ 的描述如前面所述。

（1）HPS. Gen(1^κ)：假设 $\mathbb{G} = G_{\tau_1} \times G_{\tau_2}$。定义 $\mathcal{C} = \mathbb{G}$，$\mathcal{V} = G_{\tau_1}$，$W = \mathbb{Z}_T$，$\mathcal{PK} = \mathbb{G}$，$\mathcal{SK} = \mathbb{Z}_T$，$\mathcal{K} = \mathbb{G}$。

显然，当 $C \in \mathcal{C}$ 时，存在一个证据 $w \in W$ 满足 $C = g^w$。对于私钥 $sk = x \in \mathcal{SK}$ 和 $C \in \mathcal{C}$ 时，定义 $\mu(sk) = g^x \in \mathbb{G}$，$\Lambda_{sk}(C) = C^x \in \mathbb{G}$。

最后，返回 params $= (g, \mathcal{K}, \mathcal{C}, \mathcal{V}, \mathcal{SK}, \mathcal{PK}, \Lambda_{(\cdot)}, \mu)$。

（2）HPS. Priv(sk，C)：给定私钥 $sk = x \in \mathcal{SK}$ 和 $C \in \mathcal{C}$，计算 $K = C^x$。

（3）HPS. Pub(pk，C，w)：给定公钥 $pk = \mu(sk) = g^x \in \mathbb{G}$，证据 $w \in W$ 并满足 $C = g^w \in \mathbb{G}$，计算 $K = \Lambda_{sk}(C) = pk^w$。

定理 4 假设 $\tilde{q} \geqslant 2$ 是 τ_2 的最小素因子。在 RSI 假设下，方案 5 是一个 $1/\tilde{q}$ –通用哈希证明系统。

降低差错率。在上面的结果中，哈希证明系统的差错率 $1/\tilde{q}$ 至少为 $1/2$。但是在实际应用中，要求差错率必须是可忽略的。为此，可以通过利用图 3 中的 n 次并行技术，将差错率从 ϵ 降低到 ϵ^n。

根据定理 4 和例 1 中的 RSI 假设，我们可以得到如下结论：

引理 4 在 RSI 假设下，存在一个 $1/q$ -通用哈希证明系统并且密钥空间为 $\mathbb{Z}_T$，其中 q 是 $N = pq$ 的因子。

4.2.3 基于 RSI 假设的一次有损过滤器

本部分首先介绍全除一有损函数（All-But-One Lossy Functions，ABO-LF）的概念，然后介绍如何基于 RSI 假设构造全除一有损函数，最后利用全除一有损函数和变色龙哈希来构造一次有损过滤器。

定义 11 一个（Dom，ℓ）-ABO-LF（标签集合为 B）包含两个（概率）多项式时间算法：（ABOGen，ABOEval）。密钥生成算法 ABO.Gen$(1^\kappa, b^*)$ 的输入是安全参数 1^κ 和任意一个标签 $b^* \in B$，输出是一个函数指标 ek；其中 b^* 称作有损标签而 $B \setminus \{b^*\}$ 称作单射标签集合。给定 ek 和标签 b，执行算法 ABOEval(ek, b, x) 将 $x \in \text{Dom}$ 映射为 $f_{ek,b}(x)$。全除一有损函数满足以下两个性质：

（1）（损耗性）对于单射标签（即 $b \neq b^*$），ABOEval(ek, b, x) 是一个单射函数，记做 $f_{ek,b}(x)$；对于有损标签 b^*，ABOEval(ek, b^*, x) 是一个有损函数，且 $f_{ek,b^*}(x)$ 最多有 2^ℓ 种可能的取值。此外，我们要求在参数 ℓ 不变的情况下，通过调整 ek 的参数可以增大定义域 Dom 的大小。

（2）（标签隐藏性）对于任意 PPT 敌手 $\mathcal{A}$ 和任意两个标签 $b_0^*, b_1^* \in B$，敌手的优势 $\text{Adv}_{\text{ABO}, \mathcal{A}}(\kappa) := |\Pr[\mathcal{A}(1^\kappa, ek_0) = 1] - \Pr[\mathcal{A}(1^\kappa, ek_1) = 1]|$ 是可忽略的，其中 $ek_0 \leftarrow \text{ABOGen}(1^\kappa, b_0^*)$，$ek_1 \leftarrow \text{ABOGen}(1^\kappa, b_1^*)$。

全除一有损函数可以看作是一种不需要有效算法求逆的全除一有损陷门函数[50]。此外，我们要求即使在定义域增大的情况下，有损函数泄露输入信息的量依然是固定的。类似文献［50］，我们可以将全除一有损函数的标签集合由 B 扩展到 $B^{\tilde{n}}$，其中 $\tilde{n}$ 是任意正整数。

令（ABOGen，ABOEval）是一个（Dom，ℓ）-全除一有损函数族，其标签集合为 B 。下面构造一个标签集合为 $B^{\tilde{n}}$ 的全除一有损函数（$\widehat{\text{ABOGen}}$，$\widehat{\text{ABOEval}}$）：

（1）$\widehat{\text{ABOGen}}(1^\kappa, \widetilde{b^*})$：给定有损标签 $\widetilde{b^*} = (b_1^*, \cdots, b_{\tilde{n}}^*) \in B^{\tilde{n}}$ ，独立运行 $\tilde{n}$ 次 $ek_i \leftarrow \text{ABOGen}(1^\kappa, b_i^*)$ 。返回 $\widetilde{ek} = (ek_1, \cdots, ek_{\tilde{n}})$ 。

（2）$\widehat{\text{ABOEval}}(\widetilde{ek}, \tilde{b}, x)$：给定 $\tilde{b} = (b_1, \cdots, b_{\tilde{n}}) \in B^{\tilde{n}}$ 和 $x \in \text{Dom}$ ，计算 $f_{\widetilde{ek}, \tilde{b}}(x) = (f_{ek_1, b_1}(x), \cdots, f_{ek_{\tilde{n}}, b_{\tilde{n}}}(x))$ 。

从上面的构造可以直接看出 $\widetilde{b^*}$ 是一个有损标签，且 $f_{\widetilde{ek}, \widetilde{b^*}}(x)$ 最多泄露 x 的 $\tilde{n}\ell$ 比特信息。当 $\tilde{b} \neq \widetilde{b^*}$ 时，至少有一个分量 $i \in [\tilde{n}]$ 满足 $b_i \neq b_i^*$ ，即 $f_{ek_i, b_i}(x)$ 是单射的，故 $f_{\widetilde{ek}, \tilde{b}}(x)$ 也是单射的。最后，通过混合论证法[83]可知有损标签与其他单射标签是不可区分的。具体而言，有以下结论：

引理 5 （$\widehat{\text{ABOGen}}$，$\widehat{\text{ABOEval}}$）是一个（Dom，$\tilde{n}\ell$）-全除一有损函数，且标签集合为 $B^{\tilde{n}}$ 。

在后面利用全除一有损函数实现一次有损过滤器的构造时，要求有损函数的标签集合足够大（至少与变色龙哈希函数的值域匹配）。上面的构造说明，即使是标签空间为 $\{0, 1\}$ 的全除一有损函数也可以通过上面的方式转化为满足要求的有损函数。下面介绍如何基于 RSI 假设来实现有损函数。

方案 6 基于 RSI 假设的全除一有损函数

令 $I = (I_{i, j}) \in G_{\tau_2}^{n \times n}$ 是群 G_{τ_2} 上的 $n \times n$ 阶方阵。当 $i \neq j$ 时，$I_{i, j} = 1$ ；当 $i = j$ 时，$I_{i, i} = h$ 。设 $B = \{0, 1\}$ ，$\text{Dom} = \mathbb{Z}_{\tau_2}^n$ 。（ABOGen，ABOEval）的构造如下：

（1）$\text{ABOGen}(1^\kappa, b^*)$：给定 $b^* \in B$ ，从 $\mathbb{Z}_T$ 中随机选择 $r_1, \cdots, r_n$ 和 $s_1, \cdots, s_n$ ；然后计算：

$$R = \begin{pmatrix} g^{r_1} \\ g^{r_2} \\ \vdots \\ g^{r_n} \end{pmatrix}, \quad S = \begin{pmatrix} g^{r_1 s_1} h^{b^*} & g^{r_1 s_2} & \cdots & g^{r_1 s_n} \\ g^{r_2 s_1} & g^{r_2 s_2} h^{b^*} & \cdots & g^{r_2 s_n} \\ \vdots & \vdots & \ddots & \vdots \\ g^{r_n s_1} & g^{r_n s_2} & \cdots & g^{r_n s_n} h^{b^*} \end{pmatrix}$$

最后，返回 $ek = (R, S) \in \mathbb{G}^n \times \mathbb{G}^{n \times n}$ 。

（2）ABOEval(ek, b, x)：给定 $ek = (R, S)$，$b \in B$ 和 $x = (x_1, \cdots, x_n) \in \mathbb{Z}_{\tau_2}^n$，计算：

$$f_{ek, b}(x) := (x \cdot R, x \cdot (S \otimes I^{-b})) = (g^{\sum_{i=1}^n x_i r_i}, (g^{s_j \sum_{i=1}^n x_i r_i} \cdot h^{(b^* - b)x_j})_{j=1}^n)$$

其中 $\otimes$ 表示两个矩阵相同位置元素相乘。

在上面的构造中，我们可以直接验证：（1）当 $b = b^*$ 时，$f_{ek, b^*}(x)$ 的取值完全决定于 $g^{\sum_{i=1}^n x_i r_i}$，而后者仅有 τ_1 个可能的值，故 $f_{ek, b^*}(x)$ 是有损函数；（2）当 $b \neq b^*$ 时，$f_{ek, b}(x)$ 完全依赖于 $(h^{(b^* - b)x_1}, \cdots, h^{(b^* - b)x_n})$，而后者完全确定了 $(x_1, \cdots, x_n)$，故 $f_{ek, b}(x)$ 是单射函数。在证明有损标签是不可区分的性质时，只需要证明当 $b^* = 0$ 和 $b^* = 1$ 时，(R, S) 的分布不可区分，也就是矩阵 S 对角线上的元素有无 h 分量是不可区分的。基于 RSI 假设，通过混合分析方法[83]可以将 $b^* = 0$ 的情况转化为 $b^* = 1$ 的情况。由此，我们可以得到以下结论：

引理 6　在方案 6 中，（ABOGen，ABOEval）是一个 $(\mathbb{Z}_{\tau_2}^n, \log \tau_1)$ -ABO-LF 且 $B = \{0, 1\}$。

通用构造的改进。在通用构造方法中，当标签集合从 $\{0, 1\}$ 增大至 $\{0, 1\}^{\tilde{n}}$ 时，函数在有损模式下增加 $\tilde{n}$ 倍泄露量。为解决这一问题，在上面的构造中，我们可以将 R 设为全局变量，这样即使将 $\tilde{n}$ 个有损函数级联，所有泄露的信息依然取决于 $x \cdot R$ 的泄露量。除此之外，当 τ_2 足够大时，也可以基于 RSI 假设直接实现更有效的构造。给定安全参数 κ，令 $\theta = \omega(\log \kappa)$ 是一个合理的标签长度。同时，假设 $\theta \leqslant \lfloor \log \tau_2 \rfloor - 1$。令 $\tau_2' = \lfloor \tau_2/(2^\theta - 1) \rfloor$，故 $\tau_2' \geqslant 2$。下面给出两种直接的改进方案：

改进 1　在该方案中，我们将参数标签集合 B 和定义域 Dom 分别替换为 $B = \{0, 1\}^\theta$ 和 Dom $= \mathbb{Z}_{\tau_2'}^n$。很显然，此时有损函数的性质不变，我们仅需要证明 $b \neq b^*$ 时，$f_{ek, b}(x)$ 是单射的。因为对于所有的 i，$|(b^* - b)x_i| \leqslant \tau_2$ 且 h 的阶为 τ_2，故 $x_i = (\log_h h^{(b^* - b)x_i})/(b^* - b)$。这说明 $f_{ek, b}(x)$ 是单射函数。由此，我们可以得到一个 $(\mathbb{Z}_{\tau_2'}^n, \log \tau_1)$ -全除一有损函数且标签集合为 $B = \{0, 1\}^\theta$。当 $\theta = 1$ 时，这恰好是前面的一般构造模式。

改进 2　进一步，如果 τ_2 是素数或者最小素因子大于 $2^\theta - 1$，则我们可以选择标签集合 $B = \{0, 1\}^\theta$ 和定义域 $\mathrm{Dom} = \mathbb{Z}_{\tau_2}^n$。因为 $\gcd(b^* - b, \tau_2) = 1$，所以 $b^* - b$ 模 τ_2 的逆始终存在。这样，我们就得到一个标签集合为 $B = \{0, 1\}^\theta$ 的 $(\mathbb{Z}_{\tau_2}^n, \log \tau_1)$ -全除一有损函数。

如果 τ_1 也是素数，我们可以再进一步令 $n = 1$，$\mathrm{Dom} = \mathbb{Z}_{\tau_1\tau_2}$。此时，可以去掉 R 分量，使函数指标 ek 仅含有一个群元素 $g^{r_1s_1} h^{b^*}$。当 $x \in \mathbb{Z}_{\tau_1\tau_2}$ 和 $b \neq b^*$ 时，$f_{ek, b}(x) = g^{r_1s_1x} h^{(b^* - b)x}$ 是单射的，这就实现了一个 $(\mathbb{Z}_{\tau_1\tau_2}, \log \tau_1)$ -全除一有损函数。在后面，我们将使用它来实现弹性泄露方案。

方案 7　从全除一有损函数到一次有损过滤器

假设（ABOGen，ABOEval）是一个（Dom，ℓ）-全除一有损函数，其标签集合为 B。假设（CH. Gen，CH. Eval，CH. Equiv）是一个定义域为 $\{0, 1\}^* \times \mathcal{R}$，值域为 B 的变色龙哈希函数。我们通过下面的方式构造一个一次有损过滤器 LF =（LF. Gen，LF. Eval，LF. LTag）：

（1）LF. Gen(1^κ)：给定安全参数 1^κ，首先运行 $(ek_{\mathrm{ch}}, td_{\mathrm{ch}}) \leftarrow$ CH. Gen(1^κ)；再随机选择 t_a^* 和 $t_c^* \in \mathcal{R}$，并计算 $b^* =$ CH. Eval(ek_{ch}, t_a^*；t_c^*)；接下来，运行 $ek' \leftarrow$ ABOGen(1^κ, b^*)。最后，返回公钥 $ek_{\mathrm{LF}} = (ek_{\mathrm{ch}}, ek')$ 和陷门 $td_{\mathrm{LF}} = (td_{\mathrm{ch}}, t_a^*, t_c^*)$。过滤器的标签集合定义为 $T = \{0, 1\}^* \times \mathcal{R}_{\mathrm{ch}}$，其中有损标签集合为 $T_{\mathrm{loss}} = \{(t_a, t_c)$：$(t_a, t_c) \in T \wedge$ CH. Eval(ek_{ch}, t_a；t_c) = $b^*\}$。

（2）LF. Eval(ek_{LF}, t, x)：给定 $t = (t_a, t_c) \in T$ 和 $x \in \mathrm{Dom}$，计算 $b =$ CH. Eval(ek_{ch}, t_a；t_c) 和 LF. Eval(ek_{LF}, t, x) = ABOEval(ek', b, x)。

（3）LF. Tag(td, t_a)：给定 $td = (td_{\mathrm{ch}}, t_a^*, t_c^*)$ 和 $t_a \in \{0, 1\}^*$，计算 $t_c =$ CH. Equiv($td_{\mathrm{ch}}, t_a^*, t_c^*, t_a$)。

在上面的构造中，全除一有损函数的性质可以直接保证过滤器的有损性和不可区分性。在证明推诿性时，可以利用有损标签和随机标签的不可区分性，将有损标签替换为随机标签，进而可以利用变色龙哈希的抗碰撞行来阻止敌手产生新的有损标签。这一证明过程类似证明基于 DDH 假设的一次有损过滤器的方法。由此，我们可以推出以下结论：

定理 5　如果（ABOGen，ABOEval）是一个（Dom，ℓ）-全除一有损函数，则方案 7 是一个（Dom，ℓ）-一次有损过滤器。

由此，我们可以推出如下结论：

定理 5 基于 RSI 假设，存在一个（$\mathbb{Z}_{pq}$，$\log p$）一次有损过滤器。

根据上述定理以及定理 1，可以实现一个公钥加密方案，允许私钥泄露的量为 $\lambda \leqslant \log q - \log p - m - \omega(\log \kappa)$。特别指出，除了一些固定量外，密文仅包含群 $\mathbb{Z}_P^*$ 上的两个元素。对于 80 比特的安全参数，我们可以选择 $m = 80$，$\omega(\log \kappa) = 160$，$|p| = 512$ 以及 $|p| \geqslant 512$。这样可以保证 pq 的分解是困难的，进而使得 RSI 假设在群 $\mathbb{QR}_P$ 上成立。在这种情况下，参数 λ 和 SK 满足 $\lambda \leqslant \log q - 752$ 以及 $|SK| \leqslant \log q + 512$。因此，当 q 足够大时，$\dfrac{\lambda}{|SK|} = \dfrac{\log q - 752}{\log q + 512} = 1 - \dfrac{1264}{\log q + 512} \rightarrow 1$。

最后，我们将弹性泄露方案[49,50]的主要参数总结在表 2 中。我们用 $\delta \in [0, 1)$ 表示可能的密钥泄露比例，并记 $\alpha = 1 - \delta$。假设阶为 q 的群元素可以用长度为 $|q|$ 的比特串表示。与其他方案相比，上述方案具有一些良好的性质，例如结构简单，密文中的群元素个数固定且不依赖双线性配对运算。对于相同的安全参数，由于合数阶群比素数阶群的阶大，所以从密文增长速度来看，该方案比其他三个方案的增长速度快。

表 2　弹性泄露方案的参数比较

方案	群类型	困难假设	群大小（比特）	密文长度（#$\mathbb{G}$）	配对运算
DHLW10[74]	素数阶	SXDH	160	$\left\lceil \dfrac{5}{\alpha} \right\rceil + 16$	是
DHLW10[74]	素数阶	DLIN	160	$\left\lceil \dfrac{9 - \dfrac{3}{2}}{\alpha} \right\rceil + 35$	是
GHV12[75]	素数阶	DLIN	160	$2 \left\lceil \dfrac{4}{\alpha} \right\rceil + 6$	是
QL14[82]	合数阶	RSI	$\left\lceil \dfrac{1264}{\alpha} \right\rceil$	2	否

5　抗相关密钥选择密文安全公钥加密方案

相关密钥攻击最早由 Biham[34] 和 Knudsen[35] 提出的。2003 年，Bellare 和 Kohno[36] 给出它的形式化定义。早期设计的密码算法仅能抵抗简单的线性密钥篡改攻击，例如 Bellare 和 Cash[59] 提出的基于 DDH 假设的伪随机函数（PRFs）。2011 年，Bellare 等人[84] 给出如何从 RKA-PRFs 和其他非 RKA 安全的密码算法来实现 RKA 安全的密码算法，包括公钥加密、对称加密、签名和基于身份加密。同年，Applebaum 等人[85] 提出基于 LPN 和 LWE 假设的抗线性密钥篡改语义安全对称加密方案。2012 年，Wee[86] 提出利用特殊性质的陷门函数[87] 构造抗线性篡改的 RKA-CCA 公钥加密方案，并给出基于因子分解、DBDH 和 LWE 的具体实现。最近提出的标准模型下的 Key-Homomorphic PRFs[88,89] 也可用于实现抗线性篡改伪随机函数。

线性篡改函数是一种 "claw-free" 密钥篡改函数。在实际应用中，密钥篡改函数多为非线性（或 "non-claw-free"）的。实现抵抗 "non-claw-free" 篡改函数的密码算法似乎比实现抵抗 "claw-free" 篡改函数的密码算法要困难许多。以公钥加密为例，因为敌手是禁止询问满足 $(\phi(sk), C) = (sk, C^*)$ 的解密服务，否则算法的安全性直接被攻破。然而，在安全性证明中当篡改函数是 "non-claw-free" 时，在不知道私钥 sk 的情况下判断 $\phi(sk) = sk$ 是困难的。到目前为止，能够抵抗的非线性篡改函数主要是多项式函数或仿射函数。但是，所有方案都依赖非标准的困难问题且问题的参数与篡改函数是相关的。例如 Bellare 等人[49] 提出的抵抗多项式篡改函数的 IBE 方案依赖 d-EDBDH 假设，其中 d 为篡改函数的最高项次数。类似的假设还应用于实现抵抗多项式篡改函数的（弱）伪随机函数、签名、对称加密和公钥加密等方案[49,90,91]。

除了上述方法外，还有一类用于抵抗篡改攻击的方法可能适用于实现抵抗相关密钥攻击。该方法使用一种类似但是比差错/纠错码更具一般形式的编码，包括代数操作检测码[92] 和非延展编码（non-malleable codes）[93]。密码算法实现时，存储的不再是原始密钥而是密钥编码后的结果。每次使用密码算法时，利用解码算法恢复出原始密钥。若编码存在任何篡改，除非改动后的编码和原始编码一样，否则解码后的结果与原始密钥是完全无关的。利用非延展编码可以实现防篡改的交互系统[93] 和流密码[94] 并且抵抗的篡改函数非常广泛，包括任意确定的多项式复杂度电路的篡改函数。除了非延展编码外，Faust 等人[94]提出的非延展密钥提取函数（non-malleable KDFs）也具有类似的性质，可用于保护篡改攻击。然而这类技术仅能抵抗一次篡改攻击。尽管通过重新编码可以达到抵抗多次篡改攻击的目的，但是每次编码需要引入新的随机数，对于一些静态密码系统来说这种方式是不可取的。相关密钥攻击实际上刻画了一种较强的篡改攻击：敌手可以对原始密钥多次进行篡改。为刻画敌手连续篡改密钥的能力，Faust 等人[95]提出连续非延展编码的概念。然而该模型要求密钥具有自动销毁的功能，也就是当检测到无效编码时，系统会将存储编码的整个内存数据擦除，并用冗余信息覆盖重写。此外，Faust 等人实现的连续非延展编码依赖 split-state 模型：将编码分为两部分，对每一部分的篡改是完全独立的。

通过上述分析可以看出，当前用于实现抗相关密钥攻击的方法不仅局限于简单的密钥篡改函数，而且多数情况下依赖非标准的困难问题。此外，这些问题仅在 generic group model[96]下证明是困难的，无法规约到标准的困难问题上。而能够抵抗复杂的密钥篡改攻击的非延展编码方法尽管可以抵抗一次密钥篡改攻击，但是能否抵抗允许对密钥进行多次篡改的相关密钥攻击还有待进一步研究。

5.1 解决方案与技术路线

作为对非延展密钥提取函数的推广，文献［97］提出连续非延展密钥提取函数的概念。它允许敌手对同一个密钥进行多次篡改，具体见定义 12。正如 Gennaro 等人[98]所述在没有其他条件限制下，这种允许连续篡改攻击的方案是不存在。本文指出，当我们限制密钥篡改函数的范围时，在这种安全模型下是可以实现抵抗连续篡改攻击的非延展密钥提取函数的。这种密钥提取函数可直接用于实现 RKA 安全的公钥密码方案，包括公钥加密、基于身份加密和签名方案，且抵抗的密钥篡改函数集合不变。利用前面介绍的一次有损过滤器，文献［97］给出一种抵抗有限域上任意多项式函数篡改的连续非延展密钥提取函数。构造思想描述如下：对于任意一个随机种子 s（有足够大的信息熵），利用一次有损过滤器和一次签名方案计算一个与 s 相关的值 π（可以看做是对 s 的一个"知识证明"）。在使用密钥提取函数从（篡改后的）种子 s' 中提取随机密钥时，总是先检验 s' 的"知识证明" π' 是否合法。若合法，则利用一个两两独立

哈希函数 h 从 s' 中提取密钥 $r' = h(s')$；否则返回 $\perp$。利用一次有损过滤器和一次签名的性质可以保证敌手在多项式时间内无法计算出 s' 的一个合法证明（除非 s' 与 s 是独立无关的，例如 s' 是任意常量）。根据有限域上的多项式函数的性质，可知：（1）当 π 不是固定变换时，$\phi(s)$ 和 s 的信息熵几乎一样；（2）当 ϕ 不是单位变换时，$\phi(s) = s$ 的概率是可忽略的。利用一次有损过滤器的有损性，公钥 π 泄露 s 的信息是有限的，从而保证 s 的剩余熵仍然足够大。而 h 是一个平均情况下强提取器，因此提取出的密钥 $h(s)$ 是随机的。定理 6 的证明实际上使用的是有限域上多项式篡改函数的这两种性质，因此我们可以将多项式篡改函数推广到具有这两种性质的任意篡改函数集上。

5.2 连续非延展密钥提取函数的定义

一个密钥提取函数 KDF = （KDF. Sys，KDF. Sample，KDF. Ext）包含三个（概率）多项式时间算法：（1）KDF. Sys（1^κ）是系统参数生成算法，输入安全参数 1^κ，输出系统参数 pp。该参数定义了密钥提取算法的种子空间 $\mathcal{S}$ 和提取的密钥空间 $\{0, 1\}^m$。（2）KDF. Sample（pp）是（随机）种子抽样算法，输入系统参数 pp，输出种子 $s \in \mathcal{S}$ 以及与 s 有关的公钥信息 π（也可以与种子密钥无关或为空）。（3）KDF. Ext(π, s) 是一个确定性密钥提取算法，输入种子 s 及其公开信息 π，输出提取的密钥 r 或符号 $\perp$，表示 π 不是 s 的一个合法公开信息。密钥提取算法的安全性定义如下：给定系统参数 pp 和公开信息 π，则 $r \leftarrow$ KDF. Ext(π, s) 与 $r \leftarrow \{0, 1\}^m$ 在计算上（或统计上）是不可区分的。

非延展密钥提取函数（nmKDFs）是 Faust 等人[95]在 Eurocrypt 2014 上首次提出的。正如前面所述，它可用于密钥在一个周期内多次篡改攻击，但是无法保障多个密钥周期内的篡改攻击，例如相关密钥攻击。下面给出连续非延展密钥提取函数（简称 cnmKDFs）的形式化定义。

定义 12（连续非延展密钥提取函数） 令 Φ_s 是定义在 $\mathcal{S}$ 上的一个密钥篡改函数集合。我们说一个密钥提取方案 KDF = （KDF. Sys，KDF. Sample，KDF. Ext）是（Φ_s，ϵ）-连续非延展的，如果对于任意（带状态）PPT 敌手 $\mathcal{A}$，有：

$$\left| \Pr[\mathcal{A}(\text{Real}_{\text{KDF}}(\Phi_s, \kappa))] - \Pr[\mathcal{A}(\text{Sim}_{\text{KDF}}(\Phi_s, \kappa))] \right| \leqslant \epsilon$$

其中实验 $\text{Real}_{\text{KDF}}(\Phi_s, \kappa)$ 和 $\text{Sim}_{\text{KDF}}(\Phi_s, \kappa)$ 的定义如下［这里假设敌手最多询问

$Q(\kappa)$ 次密钥提取服务]:

实验 $\mathrm{Real}_{\mathrm{KDF}}(\Phi_s,\ \kappa)$:	实验 $\mathrm{Sim}_{\mathrm{KDF}}(\Phi_s,\ \kappa)$:
$\mathrm{pp} \leftarrow \mathrm{KDF.\,Sys}(1^\kappa)$	$\mathrm{pp} \leftarrow \mathrm{KDF.\,Sys}(1^\kappa)$
$s \parallel \pi \leftarrow \mathrm{KDF.\,Sample(pp)} \; // \, s \in \mathcal{S}$	$s \parallel \pi \leftarrow \mathrm{KDF.\,Sample(pp)} \; // \, s \in \mathcal{S}$
$r = \mathrm{KDF.\,Ext}(\pi,\ s)$	$r \leftarrow \{0,\ 1\}^m$
For $i = 1$ to $Q(\kappa)$	For $i = 1$ to $Q(\kappa)$
$\quad (\phi, \pi') \leftarrow \mathcal{A}(\mathrm{pp}, r, \pi) \; // \, \phi \in \Phi_s$	$\quad (\phi, \pi') \leftarrow \mathcal{A}(\mathrm{pp}, r, \pi) \; // \, \phi \in \Phi_s$
$\quad \mathrm{If} \phi(s) \parallel \pi' = s \parallel \pi$, return Same^*	$\quad \mathrm{If} \phi(s) \parallel \pi' = s \parallel \pi$, return Same^*
$\quad \mathrm{Else},\ \mathrm{return\ KDF.\,Ext}\,(\pi', \phi(s))$	$\quad \mathrm{Else},\ \mathrm{return\ KDF.\,Ext}(\pi', \phi(s))$

上述模型考虑的是一种具有适应性密钥篡改能力的攻击敌手，即敌手在看到提取密钥 r 后，仍然可以进行篡改攻击。也就是说，敌手的密钥篡改询问不仅可以依赖公开信息还可以依赖挑战信息。我们还可以定义一种非适应性篡改敌手，只允许在看到挑战密钥 r 前进行篡改询问。尽管该模型比本文考虑的模型弱，但是在该模型下构造的方案可能抵抗更广的篡改攻击，在某些场合下也许有应用。

5.3　连续非延展密钥提取函数的构造

5.3.1　通用构造

本节介绍如何从任意一个 RKA-PKE 方案构造连续非延展密钥提取函数。假设 PKE 是一个 Φ-RKA-CCA 安全的公钥加密方案，其消息空间为 $\mathcal{M}$，则构造的连续非延展密钥提取函数如下：

方案 8　从 RKA-PKE 到 cnmKDFs 的构造

（1）（系统参数）$\mathrm{KDF.\,Sys}(1^\kappa)$：运行 $\mathrm{PKE.\,Sys}(1^\kappa)$ 得到 PKE 的系统参数 $\mathrm{pp}_{\mathrm{PKE}}$。令 $\mathrm{pp}_{\mathrm{KDF}} = \mathrm{pp}_{\mathrm{PKE}}$。

（2）（抽样算法）$\mathrm{KDF.\,Sample}\,(\mathrm{pp}_{\mathrm{KDF}})$：运行 $\mathrm{PKE.\,Gen}\,(\mathrm{pp}_{\mathrm{PKE}})$ 得到 PKE 的一个公钥和私钥对 $(pk,\ sk)$；从消息空间 $\mathcal{M}$ 中随机选择一个消息 r，并利用 PKE 方案加密该消息获得密文 $c = \mathrm{PKE.\,Enc}(r)$。返回 $(s,\ \pi) := (sk,\ c)$。

（3）（密钥提取）KDF. Ext(π, s)：利用 sk 从 c 中恢复出 r。

正确性可以通过公钥加密方案的正确性直接验证。安全性可以通过下面的定理来保证：

定理 6 若 PKE 方案是 Φ –RKA-CCA 安全的，则方案 8 构造密钥提取函数是（Φ, ϵ）-连续非延展的，其中 $\epsilon \leqslant \mathrm{Adv}_{\mathrm{PKE},\,\mathcal{A}}^{\mathrm{cca}}(\kappa)$。

证明定理 6 的基本思路是将 KDF 的连续非延展性归约到 PKE 的抗相关密钥攻击安全性上。假设 c 是 PKE 方案利用公钥 pk 加密的某个随机消息 r。公钥 pk 对应的私钥记为 sk。在归约证明过程中，模拟者可以假设 KDF 的抽样结果为（sk, c）。当 KDF 的攻击者利用篡改函数 ϕ 和密文 c' 进行密钥提取询问时，若 $c' = c$ 且 PKE 的挑战预言机拒绝进行解密查询，则表明（$\phi(sk)$, c'）=（sk, c），此时模拟者返回 Same*。否则，将 PKE 的挑战预言机反馈的结果直接转给 KDF 的攻击者，以此实现对 KDF 进行密钥提取的询问。由于在 Φ –RKA 攻击下，攻击者对于 PKE 方案加密的两个随机消息是无法区分的，因此 KDF 是连续非延展的。

5.3.2 具体构造

令 $\mathbb{F}$ 是任意有限域，$\Phi_{\mathbb{F}}^{\mathrm{poly}(d)}$ 是有限域 $\mathbb{F}$ 上的次数不超过 d 的多项式篡改函数集。文献［97］利用一次有损过滤器和一次签名技术给出一种实现连续非延展密钥提取函数的方法（如图 5 所示）。

假设 LF =（LF. Gen，LF. Eval，LF. LTag）是一个一次有损过滤器，其定义域为 s 且满足 $s \subseteq \mathbb{F}$，值域为 Y，泄露量为 ℓ_{LF} 以及标签空间为 $T = \{0, 1\}^* \times T_c$。假设 $\mathcal{H} = \{h: s \to \{0, 1\}^m\}$ 是一个两两独立哈希函数。假设 OTS =（OTS. Sys，OTS. Gen，OTS. Sign，OTS. Vrfy）是一个强存在不可伪造一次签名方案，其验证公钥空间为 $\mathcal{K}_{\mathrm{OTS}}$ 以及签名空间为 Σ。令 $\Pi = T \times y \times \Sigma$。则密钥提取函数 KDF =（KDF. Sys，KDF. Sample，KDF. Ext）的构造如下：

方案 9 基于一次有损过滤器的连续非延展密钥提取函数

（1）（系统参数）KDF. Sys(1^κ)：运行（ek_{LF}, td_{LF}）← LF. Gen(1^κ）和 $\mathrm{pp}_{\mathrm{OTS}}$ ← OTS. Sys(1^κ）；选择 $h \leftarrow \mathcal{H}$。返回 $\mathrm{pp}_{\mathrm{KDF}} = (ek_{\mathrm{LF}}, \mathrm{pp}_{\mathrm{OTS}}, h)$。

（2）（抽样算法）KDF. Sample($\mathrm{pp}_{\mathrm{KDF}}$)：运行（$vk$, $sigk$）← OTS. Gen($\mathrm{pp}_{\mathrm{OTS}}$）；

选择 $s \leftarrow \mathcal{S}$ 和 $t_c \leftarrow T_c$ 并计算 $y = \mathrm{LF}_{ek_{\mathrm{LF}},(vk,\,t_c)}(s)$ 和 $\sigma = \mathrm{OTS.Sign}(sigk,\,t_c \| y)$。令 $\pi := t \| y \| \sigma$，其中 $t = (vk,\,t_c)$。返回 $s \| \pi$。

（3）（密钥提取）$\mathrm{KDF.Ext}(\pi,\,s)$：将 π 展开为 $t \| y \| \sigma$，t 展开为 $(vk,\,t_c)$。若 $\mathrm{LF}_{ek_{\mathrm{LF}},(vk,\,t_c)}(s) = y$ 和 $\mathrm{OTS.Vrfy}(vk,\,t_c \| y,\,\sigma) = 1$ 同时成立，则返回 $r = h(s)$；否则，返回 $\bot$。

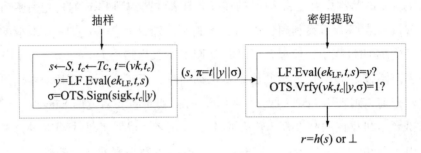

图 5　基于一次有损过滤器的连续非延展密钥提取函数

定理 7[97]　对于任意 d 次多项式篡改函数集，若 LF 是 $(\mathcal{S},\,\ell_{\mathrm{LF}})$——一次有损过滤器，OTS 是强选择消息不可伪造安全的一次签名，并且 $\log|\mathcal{S}| \geq \ell_{\mathrm{LF}} + m + \omega(\log\kappa)$，则上述构造是一个 $(\Phi_{\mathbb{F}}^{\mathrm{poly}(\mathrm{d})},\,\epsilon)$-连续非延展密钥提取函数，其中参数 ϵ 是一个可忽略量。

文献［97］进一步将有限域上的多项式篡改函数集推广到具有如下性质的 HOE&IOCR 篡改函数族。令 S 是 $\mathcal{S}$ 上的一个均匀随机变量。如果定义域 $\mathcal{S}$ 上的函数族 Φ 满足如下两个条件：

（1）极小熵足够大（High output entropy）：对于任意非常量变换 ϕ，$\phi(S)$ 熵足够大，也就是 $2^{-H_\infty(\phi(S))}$ 是可忽略的；

（2）抗碰撞性（Input-output collision resistant）：对于任意非单位变换，即 $\Pr[\phi(S) = S]$ 是可忽略的。

则称 Φ 是一个 HOE&IOCR 篡改函数族。上述这两个条件也是文献［99］为了实现连续非延展编码要求篡改函数族满足的基本性质。有限域上的多项式篡改函数可以看做是 HOE&IOCR 篡改函数族的一个特例，即 $S = \mathbb{F}$，$H_\infty(S) \geq n$，$H_\infty(\phi(S)) \geq n - d$，Pr

$[\phi(S) = S] \leqslant d / 2^n$。

注释 4 Fujisaki 和 Keita Xagawa[100]指出，对于任意连续非延展密钥提取函数，都无法抵抗如下的篡改函数 ϕ^*：$\phi^*(s) = \begin{cases} s, & \text{如果 KDF. Ext}(\pi^*, \ s) = r^* \\ s + e, & \text{其他情况} \end{cases}$

其中 e 为任意常量。也就是说，对于所有的篡改函数，并不存在安全的连续非延展密钥提取函数。Fujisaki 和 Keita Xagawa 进一步指出，即使篡改函数属于 HOE&IOCR 函数族，方案［72］也是无法抵抗如下形式的篡改函数 ϕ^*：

$$\phi^*(s) = \begin{cases} s, & \text{如果} LF_{ek_{LF}, \ (vk, \ t_c^*)}(s) = y^*, \ \text{TS. Vrfy}(vk, \ t_c^* \parallel y^*, \ \sigma^*) = 1 \text{ 且} r^* = h(s) \\ s + e, & \text{其他情况} \end{cases}$$

但是上述方案对多项式篡改函数集并不适用。

这两种攻击方法都使用一类特殊的篡改函数，即函数的运算结果依赖非延展密钥提取函数的结果，是一种基于条件的分段函数。正如 Dziembowski 等[68]首次提出非延展编码时强调的那样，非延展编码关注的是对篡改函数集的限制，而不是码字和篡改码字之间的最终关系。类似地，对于非延展密钥提取函数，也需要有这类限制。因此，将方案［97］的连续非延展性从多项式函数推广到 HOE&IOCR 函数族，必须限制篡改函数族的大小。也就是说，当函数族较小时，篡改函数实际上与方案的执行结果是独立无关的，从而使得上述攻击是无效的。

5.4 在相关密钥安全性中的应用

本节介绍如何从连续非延展密钥提取函数和普通的高级密码算法实现抗相关密钥攻击的密码算法，包括公钥加密、基于身份加密和签名方案。构造思想如图 6 所示。假设 KDF =（KDF. Sys，KDF. Sample，KDF. Ext）是一个 Φ-连续非延展密钥提取函数，Gen（pp；r）是某个密码方案的密钥生成算法，其中 pp 是该密码方案的系统参数，r 是密钥生成过程中使用的随机比特串。首先，利用密钥提取函数的抽样算法选取种子 $(s, \ \pi) \leftarrow$ KDF. Sample(pp)；再利用密钥提取函数的提取算法生成目标密码方案的密钥生成算法使用的随机比特串 $r \leftarrow$ KDF. Ext$(\pi, \ s)$，并将 s 作为目标密码方案的密钥。当在其他算法中使用目标密码方案的原始密钥时，总是利用密钥提取函数的提取算法重新生成目标密码方案的原始密钥。可以证明，这种方式构造的密码方案是 Φ -RKA

安全的。本节仅以公钥加密算法为例给出具体的构造和证明。

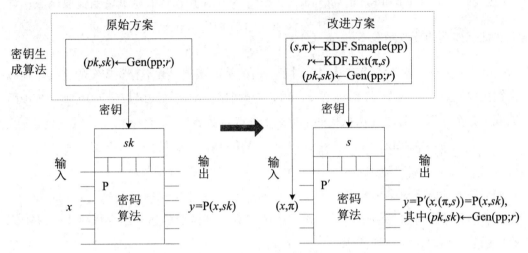

图6 连续非延展密钥提取函数的应用

令 PKE 是一个普通的 IND-CCA 安全公钥加密方案，假设密钥生成算法使用的随机比特串空间为 $\mathcal{R}$。令 KDF 是一个 Φ-连续非延展密钥提取函数，假设密钥提取算法提取的随机密钥空间也为 $\mathcal{R}$，则新的公钥加密算法$\overline{\text{PKE}}$的构造如下：

方案10 基于连续非延展密钥提取函数的公钥加密算法

（1）$\overline{\text{PKE}}.\text{Sys}(1^\kappa)$：运行 $\text{pp}_{\text{PKE}} \leftarrow \text{PKE}.\text{Sys}(1^\kappa)$ 和 $\text{pp}_{\text{KDF}} \leftarrow \text{KDF}.\text{Sys}(1^\kappa)$。返回 $\text{pp}_{\overline{\text{PKE}}} = (\text{pp}_{\text{PKE}}, \text{pp}_{\text{KDF}})$。

（2）$\overline{\text{PKE}}.\text{Gen}(\text{pp})$：运行 $(s, \pi) \leftarrow \text{KDF}.\text{Sample}(\text{pp})$，$r \leftarrow \text{KDF}.\text{Ext}(\pi, s)$ 和 $(pk, sk) \leftarrow \text{PKE}.\text{Gen}(\text{pp}; r)$。返回 $\overline{pk} = (pk, \pi)$ 和 $\overline{sk} = s$。

（3）$\overline{\text{PKE}}.\text{Enc}(\overline{pk}, M)$：运行 $C \leftarrow \text{PKE}.\text{Enc}(pk, M)$。返回 $\overline{C} = (C, \pi)$。

（4）$\overline{\text{PKE}}.\text{Dec}(\overline{sk}, \overline{C})$：将 $\overline{C}$ 展开为 (C, π)；计算 $r \leftarrow \text{KDF}.\text{Ext}(\pi, s)$。如果 $r = \perp$，返回 $\perp$；否则计算 $(pk, sk) \leftarrow \text{PKE}.\text{Gen}(\text{pp}; r)$ 并返回 $M = \text{PKE}.\text{Dec}(sk, C)$。

定理8[97] 如果公钥加密方案 PKE 是 IND-CCA 安全的且密钥提取函数 KDF 是 $(\Phi, \epsilon_{\text{KDF}})$-连续非延展的，则方案10是一个 Φ-RKA-CCA 安全的公钥加密方案并且：

$$\mathrm{Adv}_{\mathrm{PKE},\mathscr{A}}^{\mathrm{RKA\text{-}CCA}}(\kappa) \leqslant 2\,\epsilon_{\mathrm{KDF}} + \mathrm{Adv}_{\mathrm{PKE},\mathscr{A}}^{\mathrm{RKA\text{-}CCA}}(\kappa)$$

6 结论

本文介绍了一种通用构造方法，利用一次有损过滤器和通用哈希证明系统构造抗有界密钥泄露和适应性选择密文攻击安全的公钥加密方案。本文还介绍了如何用一次有损过滤器构造连续非延展密钥提取函数，进而实现抗相关密钥攻击的公钥加密方案。

尽管本文针对选择密文攻击安全模型在实际应用中存在的一些不足问题提出了一些解决方案，但是在该领域依然存在许多问题有待进一步研究和思考，例如：

（1）到目前为止，所有抵抗有界密钥泄露和选择密文攻击的方案，在提高密钥泄露比例的同时都是以牺牲方案的参数大小和效率为代价。特别是密文长度随着密钥泄露比例增长的速度更快。如何提高方案的性能，是否存在密钥泄露比例仅与密钥长度有关，而与方案的其他参数和/或效率无关的公钥加密方案还有待进一步研究。

（2）一般来说，计算性问题比相应的判定性问题更困难。尽管存在基于计算性问题假设的公钥加密方案，但是这些方案仅在选择密文攻击安全模型中证明是安全的。最近，Wee 等人将基于分解因子问题的方案推广到相关密钥攻击模型中。然而，在有界密钥泄露模型和依赖密钥消息加密模型中基于计算性问题实现选择密文攻击安全性仍然是公开问题。

（3）密钥泄露和密钥篡改是两种基本的侧信道攻击。在实际环境中，这两种侧信道攻击可能同时存在。本文仅在独立的模型中研究抵抗侧信道攻击的方法，有待进一步研究如何同时抵抗密钥泄露攻击和相关密钥攻击。

（4）在密码算法实现过程中，普遍存在侧信道攻击的问题。除了选择密文攻击安全模型外，如何在其他安全模型例如依赖密钥消息加密安全模型中实现抵抗侧信道攻击的方案依然具有重要的现实意义。

参考文献

［1］Shannon，C. E.：Communication theory of secrecy systems. Bell system technical journal, 1949, 28 (4), 656-715.

[2] Diffie, W., Hellman, M. E.: New directions in cryptography. IEEE Transactions on Information Theory 22 (6), 644-654 (1976).

[3] Rivest, R. L., Shamir, A., Adleman, L. M.: A method for obtaining digital signatures and public-key cryptosystems. Commun. ACM 21 (2), 120-126 (1978).

[4] Rabin, M. O.: Digitalized signatures and public-key functions as intractable as factorization. Tech. rep., Hebrew Univ. of Jerusalem, Israel, Cambridge, MA, USA (1979).

[5] Desmedt, Y., Frankel, Y.: Threshold cryptosystems. Brassard, G. (ed.) CRYPTO 1989. LNCS, vol. 435, pp. 307-315. Springer, Heidelberg (1989).

[6] Fiat, A., Naor, M.: Broadcast encryption. Stinson, D. R. (ed.) CRYPTO 1993. LNCS, vol. 773, pp. 480-491. Springer, Heidelberg (1993).

[7] Blaze, M., Bleumer, G., Strauss, M.: Divertible protocols and atomic proxy cryptography. Nyberg, K. (ed.) EUROCRYPT 1998. LNCS, vol. 1403, pp. 127 - 144. Springer (1998).

[8] Boneh, D., Franklin, M. K.: Identity-based encryption from the weil pairing. SIAM J. Comput. 32 (3), 586-615 (2003).

[9] Shamir, A.: Identity-based cryptosystems and signature schemes. Blakley, G. R., Chaum, D. (eds.) CRYPTO 1984. Lecture Notes in Computer Science, vol. 196, pp. 47-53. Springer (1984).

[10] Goyal, V., Pandey, O., Sahai, A., Waters, B.: Attribute-based encryption for fine-grained access control of encrypted data. Juels, A., Wright, R. N., di Vimercati, S. D. C. (eds.) CCS 2006. pp. 89-98. ACM (2006).

[11] Sahai, A., Waters, B.: Fuzzy identity-based encryption. Cramer, R. (ed.) EUROCRYPT 2005. LNCS, vol. 3494, pp. 457-473. Springer (2005).

[12] Cramer, R., Shoup, V.: A practical public key cryptosystem provably secure against adaptive chosen ciphertext attack. Krawczyk, H. (ed.) CRYPTO 1998. LNCS, vol. 1462, pp. 13-25. Springer, Heidelberg (1998).

[13] Kahn, D.: The Codebreakers: the story of secret writing (second ed.).

Scribners（1996）.

［14］Goldwasser, S. , Micali, S. ：Probabilistic encryption and how to play mental poker keeping secret all partial information. Lewis, H. R. , Simons, B. B. , Burkhard, W. A. , Landweber, L. H. （eds.) STOC 1982. pp. 365-377. ACM（1982）.

［15］Goldwasser, S. , Micali, S. ：Probabilistic encryption. J. Comput. Syst. Sci. 28 （2）, 270-299（1984）.

［16］Gamal, T. E. ：A public key cryptosystem and a signature scheme based on discrete logarithms. Blakley, G. R. , Chaum, D. （eds.) CRYPTO 1984. LNCS, vol. 196, pp. 10-18. Springer（1984）.

［17］Gamal, T. E. ：A public key cryptosystem and a signature scheme based on discrete logarithms. IEEE Transactions on Information Theory 31（4）, 469-472（1985）.

［18］Paillier, P. ：Public-key cryptosystems based on composite degree residuosity classes. Stern, J. （ed.) EUROCRYPT 1999. LNCS, vol. 1592, pp. 223–238. Springer, Heidelberg（1999）.

［19］Naor, M. , Yung, M. ：Public-key cryptosystems provably secure against chosen ciphertext attacks. Ortiz, H. （ed.) STOC 1990. pp. 427-437. ACM（1990）.

［20］Rackoff, C. , Simon, D. R. ：Non-interactive zero-knowledge proof of knowledge and chosen ciphertext attack. Feigenbaum, J. （ed.) CRYPTO 1991. LNCS, vol. 576, pp. 433-444. Springer, Heidelberg（1991）.

［21］Dolev, D. , Dwork, C. , Naor, M. ：Non-malleable cryptography（extended abstract）. Koutsougeras, C. , Vitter, J. S. （eds.) STOC 1991. pp. 542-552. ACM（1991）.

［22］Bleichenbacher, D. ：Chosen ciphertext attacks against protocols based on the RSA encryption standard PKCS #1. Krawczyk, H. （ed.) CRYPTO 1998. LNCS, vol. 1462, pp. 1-12. Springer, Heidelberg（1998）.

［23］Manger, J. ：A chosen ciphertext attack on RSA optimal asymmetric encryption padding（OAEP）as standardized in PKCS #1 v2. 0. Kilian, J. （ed.) CRYPTO 2001. LNCS, vol. 2139, pp. 230-238. Springer, Heidelberg（2001）.

［24］Watanabe, Y. , Shikata, J. , Imai, H. ：Equivalence between semantic security and indistinguishability against chosen ciphertext attacks. Desmedt, Y. (ed.) PKC 2003. LNCS, vol. 2567, pp. 71–84. Springer, Heidelberg (2003).

[25] Kocher, P. C.: Timing attacks on implementations of diffie-hellman, rsa, dss, and other systems. Koblitz, N. (ed.) CRYPTO 1996. LNCS, vol. 1109, pp. 104 – 113. Springer, Heidelberg (1996).

[26] Gandolfi, K., Mourtel, C., Olivier, F.: Electromagnetic analysis: Concrete results. Koç, Ç. K., Naccache, D., Paar, C. (eds.) CHES 2001. LNCS, vol. 2162, pp. 251–261. Springer (2001).

[27] Quisquater, J., Samyde, D.: Electromagnetic analysis (EMA): measures and counter-measures for smart cards. Attali, I., Jensen, T. P. (eds.) Smart Card Programming and Security, International Conference on Research in Smart Cards, E-smart 2001, Cannes, France, September 19 – 21, 2001, Proceedings. LNCS, vol. 2140, pp. 200 – 210. Springer, Heidelberg (2001).

[28] Kocher, P. C., Jaffe, J., Jun, B.: Differential power analysis. Wiener, M. J. (ed.) CRYPTO 1999. LNCS, vol. 1666, pp. 388–397. Springer, Heidelberg (1999).

[29] Halderman, J. A., Schoen, S. D., Heninger, N., Clarkson, W., Paul, W., Calandrino, J. A., Feldman, A. J., Appelbaum, J., Felten, E. W.: Lest we remember: Cold boot attacks on encryption keys. van Oorschot, P. C. (ed.) Proceedings of the 17th USENIX Security Symposium, July 28-August 1, 2008, San Jose, CA, USA. pp. 45–60. USENIX Association (2008).

[30] Cohen, H., Frey, G., Avanzi, R., Doche, C., Lange, T., Nguyen, K., Vercauteren, F.: Handbook of Elliptic and Hyperelliptic Curve Cryptography, Second Edition. Chapman & Hall/CRC, 2nd edn. (2012).

[31] Biham, E., Shamir, A.: Differential fault analysis of secret key cryptosystems. Jr., B. S. K. (ed.) CRYPTO 1997. LNCS, vol. 1294, pp. 513–525. Springer, Heidelberg (1997).

[32] Boneh, D., DeMillo, R. A., Lipton, R. J.: On the importance of checking cryptographic protocols for faults (extended abstract). Fumy, W. (ed.) EUROCRYPT

1997. LNCS, vol. 1233, pp. 37-51. Springer, Heidelberg (1997).

[33] Biham, E.: New types of cryptoanalytic attacks using related keys (extended abstract). Helleseth, T. (ed.) EUROCRYPT 1993. LNCS, vol. 765, pp. 398-409. Springer, Heidelberg (1993).

[34] Biham, E.: New types of cryptanalytic attacks using related keys. J. Cryptology 7 (4), 229-246 (1994).

[35] Knudsen, L. R.: Cryptanalysis of LOKI91. Seberry, J., Zheng, Y. (eds.) AUSCRYPT 1992. LNCS, vol. 718, pp. 196-208. Springer, Heidelberg (1992).

[36] Bellare, M., Kohno, T.: A theoretical treatment of related-key attacks: RKAPRPs, RKA-PRFs, and applications. Biham, E. (ed.) EUROCRYPT 2003. LNCS, vol. 2656, pp. 491-506. Springer (2003).

[37] Biham, E., Dunkelman, O., Keller, N.: Related-key boomerang and rectangle attacks. Cramer, R. (ed.) EUROCRYPT 2005. LNCS, vol. 3494, pp. 507-525. Springer, Heidelberg (2005).

[38] Biham, E., Dunkelman, O., Keller, N.: A related-key rectangle attack on the full KASUMI. Roy, B. K. (ed.) ASIACRYPT 2005. LNCS, vol. 3788, pp. 443-461. Springer, Heidelberg (2005).

[39] Biham, E., Dunkelman, O., Keller, N.: Related-key impossible differential attacks on 8-round AES-192. Pointcheval, D. (ed.) CT-RSA 2006. LNCS, vol. 3860, pp. 21-33. Springer, Heidelberg (2006).

[40] Biham, E., Dunkelman, O., Keller, N.: A simple related-key attack on the full SHACAL-1. Abe, M. (ed.) CT-RSA 2007. LNCS, vol. 4377, pp. 20-30. Springer, Heidelberg (2007).

[41] Biham, E., Dunkelman, O., Keller, N.: A unified approach to related-key attacks. Nyberg, K. (ed.) FSE 2008. LNCS, vol. 5086, pp. 73-96. Springer (2008).

[42] Biryukov, A., Dunkelman, O., Keller, N., Khovratovich, D., Shamir, A.: Key recovery attacks of practical complexity on AES-256 variants with up to 10 rounds. Gilbert, H. (ed.) EUROCRYPT 2010. LNCS, vol. 6110, pp. 299-319. Springer,

Heidelberg (2010).

[43] Biryukov, A., Khovratovich, D.: Related-key cryptanalysis of the full AES-192 and AES-256. Matsui, M. (ed.) ASIACRYPT 2009. LNCS, vol. 5912, pp. 1 – 18. Springer, Heidelberg (2009).

[44] Biryukov, A., Khovratovich, D., Nikolic, I.: Distinguisher and related-key attack on the full AES-256. Halevi, S. (ed.) CRYPTO 2009. LNCS, vol. 5677, pp. 231 – 249. Springer, Heidelberg (2009).

[45] Blunden, M., Escott, A.: Related key attacks on reduced round KASUMI. Matsui, M. (ed.) FSE 2001. Lecture Notes in Computer Science, vol. 2355, pp. 277 – 285. Springer (2001).

[46] Dunkelman, O., Keller, N., Kim, J.: Related-key rectangle attack on the full SHACAL-1. Biham, E., Youssef, A. M. (eds.) SAC 2006. LNCS, vol. 4356, pp. 28 – 44. Springer, Heidelberg (2006).

[47] Hong, S., Kim, J., Lee, S., Preneel, B.: Related-key rectangle attacks on reduced versions of SHACAL-1 and AES-192. Gilbert, H., Handschuh, H. (eds.) FSE 2005. Lecture Notes in Computer Science, vol. 3557, pp. 368 – 383. Springer (2005).

[48] Jakimoski, G., Desmedt, Y.: Related-key differential cryptanalysis of 192-bit key AES variants. Matsui, M., Zuccherato, R. J. (eds.) SAC 2003. LNCS, vol. 3006, pp. 208 – 221. Springer, Heidelberg (2003).

[49] Bellare, M., Paterson, K. G., Thomson, S.: RKA security beyond the linear barrier: Ibe, encryption and signatures. Wang, X., Sako, K. (eds.) ASIACRYPT 2012. LNCS, vol. 7658, pp. 331 – 348. Springer, Heidelberg (2012).

[50] Peikert, C., Waters, B.: Lossy trapdoor functions and their applications. Dwork, C. (ed.) STOC 2008. pp. 187 – 196. ACM (2008).

[51] Boldyreva, A., Fehr, S., O' Neill, A.: On notions of security for deterministic encryption, and efficient constructions without random oracles. Wagner, D. (ed.) CRYPTO 2008. LNCS, vol. 5157, pp. 335 – 359. Springer (2008).

[52] Bellare, M., Brakerski, Z., Naor, M., Ristenpart, T., Segev, G.,

Shacham, H., Yilek, S.: Hedged public-key encryption: How to protect against bad randomness. Matsui, M. (ed.) ASIACRYPT 2009. LNCS, vol. 5912, pp. 232–249. Springer (2009).

[53] Bellare, M., Hofheinz, D., Yilek, S.: Possibility and impossibility results for encryption and commitment secure under selective opening. Joux, A. (ed.) EUROCRYPT 2009. LNCS, vol. 5479, pp. 1–35. Springer (2009).

[54] Nishimaki, R., Fujisaki, E., Tanaka, K.: Efficient non-interactive universally composable string-commitment schemes. Pieprzyk, J., Zhang, F. (eds.) ProvSec 2009. LNCS, vol. 5848, pp. 3–18. Springer (2009).

[55] Hofheinz, D.: All-but-many lossy trapdoor functions. Pointcheval, D., Johansson, T. (eds.) EUROCRYPT 2012. LNCS, vol. 7237, pp. 209–227. Springer (2012).

[56] Hofheinz, D.: Circular chosen-ciphertext security with compact ciphertexts. Johansson, T., Nguyen, P. Q. (eds.) EUROCRYPT 2013. LNCS, vol. 7881, pp. 520–536. Springer, Heidelberg (2013).

[57] Qin, B. D., Liu, S. L.: Leakage-resilient chosen-ciphertext secure public-key encryption from hash proof system and one-time lossy filter. Sako, K., Sarkar, P. (eds.) ASIACRYPT (2) 2013. LNCS, vol. 8270, pp. 381–400. Springer, 2013.

[58] 秦宝东. 标准模型下可证明安全的公钥加密体制研究. 博士学位论文, 2015.

[59] Dodis, Y., Ostrovsky, R., Reyzin, L., Smith, A.: Fuzzy extractors: How to generate strong keys from biometrics and other noisy data. SIAM J. Comput. 38 (1), 97–139 (2008).

[60] Halevi, S., Lin, H.: After-the-fact leakage in public-key encryption. Ishai, Y. (ed.) TCC 2011. LNCS, vol. 6597, pp. 107–124. Springer, Heidelberg (2011).

[61] Bellare, M., Cash, D., Miller, R.: Cryptography secure against related-key attacks and tampering. Lee, D. H., Wang, X. (eds.) ASIACRYPT 2011. LNCS, vol. 7073, pp. 486–503. Springer, Heidelberg (2011).

[62] Cramer, R., Shoup, V.: Universal hash proofs and a paradigm for adaptive chosen ciphertext secure public-key encryption. Knudsen, L. R. (ed.) EUROCRYPT 2002.

LNCS, vol. 2332, pp. 45-64. Springer, Heidelberg (2002).

[63] Kiltz, E., Pietrzak, K., Stam, M., Yung, M.: A new randomness extraction paradigm for hybrid encryption. Joux, A. (ed.) EUROCRYPT 2009. LNCS, vol. 5479, pp. 590-609. Springer, Heidelberg (2009).

[64] Micali, S., Reyzin, L.: Physically observable cryptography (extended abstract). Naor, M. (ed.) TCC 2004. LNCS, vol. 2951, pp. 278-296. Springer, Heidelberg (2004).

[65] Akavia, A., Goldwasser, S., Vaikuntanathan, V.: Simultaneous hardcore bits and cryptography against memory attacks. Reingold, O. (ed.) TCC 2009. LNCS, vol. 5444, pp. 474-495. Springer, Heidelberg (2009).

[66] Naor, M., Segev, G.: Public-key cryptosystems resilient to key leakage. Halevi, S. (ed.) CRYPTO 2009. LNCS, vol. 5677, pp. 18-35. Springer, Heidelberg (2009).

[67] Dodis, Y., Kalai, Y. T., Lovett, S.: On cryptography with auxiliary input. Mitzenmacher, M. (ed.) STOC 2009. pp. 621-630. ACM (2009).

[68] Brakerski, Z., Kalai, Y. T., Katz, J., Vaikuntanathan, V.: Overcoming the hole in the bucket: Public-key cryptography resilient to continual memory leakage. FOCS 2010. pp. 501-510. IEEE Computer Society (2010).

[69] Dodis, Y., Haralambiev, K., López-Alt, A., Wichs, D.: Cryptography against continuous memory attacks. FOCS 2010. pp. 511-520. IEEE Computer Society (2010).

[70] Kurosawa, K., Nojima, R., Phong, L. T.: New leakage-resilient cca-secure public key encryption. J. Mathematical Cryptology 7 (4), 297-312 (2013).

[71] Li, S., Zhang, F., Sun, Y., Shen, L.: A new variant of the cramer-shoup leakageresilient public key encryption. Xhafa, F., Barolli, L., Pop, F., Chen, X., Cristea, V. (eds.) INCoS 2012. pp. 342-346. IEEE (2012).

[72] Li, S., Zhang, F., Sun, Y., Shen, L.: Efficient leakage-resilient public key encryption from DDH assumption. Cluster Computing 16 (4), 797-806 (2013).

[73] Liu, S., Weng, J., Zhao, Y.: Efficient public key cryptosystem resilient to key leakage chosen ciphertext attacks. Dawson, E. (ed.) CT-RSA 2013. LNCS, vol. 7779, pp. 84-100. Springer, Heidelberg (2013).

[74] Dodis, Y. , Haralambiev, K. , López-Alt, A. , Wichs, D. : Efficient public-key cryptography in the presence of key leakage. Abe, M. (ed.) ASIACRYPT 2010. LNCS, vol. 6477, pp. 613-631. Springer, Heidelberg (2010).

[75] Galindo, D. , Herranz, J. , Villar, J. L. : Identity-based encryption with master keydependent message security and leakage-resilience. Foresti, S. , Yung, M. , Martinelli, F. (eds.) ESORICS 2012. LNCS, vol. 7459, pp. 627-642. Springer, Heidelberg (2012).

[76] Boneh, D. , Goh, E. , Nissim, K. : Evaluating 2-dnf formulas on ciphertexts. Kilian, J. (ed.) TCC 2005. LNCS, vol. 3378, pp. 325 - 341. Springer, Heidelberg (2005).

[77] Qin, B. D. , Liu, S. L. , Chen, K. F. : Efficient chosen-ciphertext secure public-key encryption scheme with high leakage-resilience. IET Information Security 9 (1), 32-42, 2015

[78] Nieto, J. M. G. , Boyd, C. , Dawson, E. : A public key cryptosystem based on the subgroup membership problem. Qing, S. , Okamoto, T. , Zhou, J. (eds.) ICICS 2001. LNCS, vol. 2229, pp. 352-363. Springer, Heidelberg (2001).

[79] Hofheinz, D. : Circular chosen-ciphertext security with compact ciphertexts. Johansson, T. , Nguyen, P. Q. (eds.) EUROCRYPT 2013. LNCS, vol. 7881,

[80] Naor, M. , Segev, G. : Public-key cryptosystems resilient to key leakage. SIAM J. Comput. 41 (4), 772-814 (2012).

[81] Brakerski, Z. , Goldwasser, S. : Circular and leakage resilient public-key encryption under subgroup indistinguishability - (or: Quadratic residuosity strikes back). Rabin, T. (ed.) CRYPTO 2010. LNCS, vol. 6223, pp. 1 - 20. Springer, Heidelberg (2010).

[82] Qin, B. D, Liu, S. L. : Leakage-flexible CCA-secure public-key encryption: Simple construction and free of pairing. Krawczyk, H. (ed.) PKC 2014. LNCS, vol. 8383, pp. 19-36. Springer, 2014

[83] Shoup, V. : Sequences of games: a tool for taming complexity in security proofs. IACR Cryptology ePrint Archive 2004, 332 (2004).

[84] Bellare, M. , Cash, D. : Pseudorandom functions and permutations provably secure against related-key attacks. Rabin, T. (ed.) CRYPTO 2010. LNCS, vol. 6223, pp. 666-684. Springer, Heidelberg (2010).

[85] Applebaum, B. , Harnik, D. , Ishai, Y. : Semantic security under related-key attacks and applications. Chazelle, B. (ed.) Innovations in Computer Science - ICS 2010. pp. 45-60. Tsinghua University Press (2011).

[86] Wee, H. : Public key encryption against related key attacks. Fischlin, M. , Buchmann, J. , Manulis, M. (eds.) PKC 2012. LNCS, vol. 7293, pp. 262 - 279. Springer, Heidelberg (2012).

[87] Wee, H. : Efficient chosen-ciphertext security via extractable hash proofs. Rabin, T. (ed.) CRYPTO 2010. LNCS, vol. 6223, pp. 314-332. Springer, Heidelberg (2010).

[88] Boneh, D. , Lewi, K. , Montgomery, H. W. , Raghunathan, A. : Key homomorphic prfs and their applications. Canetti, R. , Garay, J. A. (eds.) CRYPTO 2013, Part I. LNCS, vol. 8042, pp. 410-428. Springer, Heidelberg (2013).

[89] Banerjee, A. , Peikert, C. : New and improved key-homomorphic pseudorandom functions. Garay, J. A. , Gennaro, R. (eds.) CRYPTO 2014, Part I. LNCS, vol. 8616, pp. 353-370. Springer, Heidelberg (2014).

[90] Abdalla, M. , Benhamouda, F. , Passelègue, A. , Paterson, K. G. : Related-key security for pseudorandom functions beyond the linear barrier. Garay, J. A. , Gennaro, R. (eds.) CRYPTO 2014, Part I. LNCS, vol. 8616, pp. 77 - 94. Springer, Heidelberg (2014).

[91] Goyal, V. , O' Neill, A. , Rao, V. : Correlated-input secure hash functions. Ishai, Y. (ed.) TCC 2011. LNCS, vol. 6597, pp. 182-200. Springer, Heidelberg (2011).

[92] Cramer, R. , Dodis, Y. , Fehr, S. , Padró, C. , Wichs, D. : Detection of algebraic manipulation with applications to robust secret sharing and fuzzy extractors. Smart, N. P. (ed.) EUROCRYPT 2008. LNCS, vol. 4965, pp. 471 - 488. Springer, Heidelberg (2008).

[93] Dziembowski, S. , Pietrzak, K. , Wichs, D. : Non-malleable codes. Yao, A. C.

（ed.）Innovations in Computer Science - ICS 2010. pp. 434-452. Tsinghua University Press（2010）.

［94］Faust, S., Mukherjee, P., Venturi, D., Wichs, D.: Efficient non-malleable codes and key-derivation for poly-size tampering circuits. Nguyen, P. Q., Oswald, E.（eds.）EUROCRYPT 2014. LNCS, vol. 8441, pp. 111-128. Springer（2014）.

［95］Faust, S., Mukherjee, P., Nielsen, J. B., Venturi, D.: Continuous non-malleable codes. Lindell, Y.（ed.）TCC 2014. LNCS, vol. 8349, pp. 465-488. Springer（2014）.

［96］Shoup, V.: Lower bounds for discrete logarithms and related problems. Fumy, W.（ed.）EUROCRYPT 1997. LNCS, vol. 1233, pp. 256-266. Springer, Heidelberg（1997）.

［97］Qin, B. D., Liu, S. L., Yuen, T. H., Deng, R. D., Chen, K. F.: Continuous non-malleable key derivation and its application to related-key security. PKC 2015. LNCS, vol. 9020, pp. 557-578. Springer, 2015.

［98］Gennaro, R., Lysyanskaya, A., Malkin, T., Micali, S., Rabin, T.: Algorithmic tamper-proof（ATP）security：Theoretical foundations for security against hardware tampering. Naor, M.（ed.）TCC 2004. LNCS, vol. 2951, pp. 258-277. Springer（2004）.

［99］Jafargholi, Z., Wichs, D.: Tamper detection and continuous non-malleable codes. Cryptology ePrint Archive, Report 2014/956（2014）.

［100］Fujisaki, E., Xagawa, K.: Note on the RKA-security of Continuously Non-Malleable Key Derivation Function from PKC 2015. Cryptology ePrint Archive, Report 2015/1088.

［101］张明武, 陈泌文, 何德彪, 等. 高效弹性泄露下 CCA2 安全公钥加密体制. 计算机学报, 39（3）：492-502（2016）.

［102］王志伟, 李道丰, 张伟, 等. 抗辅助输入 CCA 安全的 PKE 构造. 计算机学报, 39（3）：562-570（2016）.

［103］Faonio, A., Venturi, D.: Efficient public-key cryptography with bounded leakage and tamper resilience. Cheon, J. H., Takagi, T.（eds）ASIACRYPT 2016, Part I,

LNCS, vol. 10031, pp. 887-907 (2016).

[104] Chen, Y. , Qin, B. D. , Xue, H. Y. : Regularly Lossy Functions and Their Applications. Smart, N. P. (ed) CT-RSA 2018, LNCS, vol. 10808, pp. 491 - 511 (2018).

[105] Chen, Y. , Qin, B. D. , Xue, H. Y. Regular lossy function and their application in leakage-resilient cryptography. Theor. Comput. Sci. , 2018, 739: 13-38.

ISO 密码国际标准发展趋势

刘丽敏

（中国科学院数据与通信保护研究教育中心，北京，100093）

[摘要] 密码算法被纳入 ISO 国际标准，从一定层面上反映了该算法是经过充分评估的、具有竞争力的。已发布的 ISO 密码国际标准中，一个标准中大多包含多个国家提交的同类密码算法。新密码算法如果纳入，则需要依据经过 ISO 密码算法纳入规则提交提案，且经过 WG 2 工作组讨论同意后方可纳入。本文分析了 ISO/IEC JTC 1/SC 27 的密码国际标准，梳理了与商用密码算法相关的已发布 ISO 国际标准中已纳入的同类密码算法或机制；研究了近五年来各国向 WG 2 工作组提交的密码提案，包括：美国、日本、韩国、英国、奥地利、瑞士、中国等；分析了 SC 27 未来可能立项的密码国际标准，包括：后量子密码、环签名、门限密码；介绍了 ISO 密码算法国际标准化现行规则及探讨中的新规则，指出了未来提交新密码提案时应该重点关注的因素，以期为后续密码算法国际标准化提供参考。

[关键词] 提案；后量子密码；门限密码；环签名

Research on ISO Cryptography Standards

Liu Limin

（Data Assurance and Communication Security Research Center,

Chinese Academy of Sciences, Beijing, 100093）

[Abstract] If a cryptographic algorithm is included in an ISO standard, it somehow implies that the algorithm is well evaluated and with specific strengths. Normally, multiple similar algorithms submitted by difference national bodies are included in one ISO cryptography standard. If a newly submitted algorithm satisfies the criterial for selecting new cryptographic algorithms in WG 2 standards, and WG 2 experts agrees to include this algorithm, the newly submitted algorithm will be included. In this paper, we reviewed ISO/IEC JTC 1/SC 27 WG 2 standards, and listed the cryptographic algorithms and mechanisms included in the standards related with commercial cipher. We analyzed new proposals which are submitted to WG 2 in recent 5 years by US, Japan, Korean, UK, Austria, Sweden and China. We elaborated the potential ISO cryptography standards in the near future, including post-quantum cryptography, threshold cryptography and ring signature. We introduced current criterial for selecting new cryptographic algorithms or mechanisms in WG 2, and discussed the new criterial which is under developing. In the last, we proposed our point of view regarding submitting new cryptography proposals, in order to provide references for follow-up work.

[**Keywords**] Proposal; Post-quantum Cryptography; Threshold cryptography; Ring signature

1 引言

密码算法是网络安全的基础和核心技术，使用密码技术对信息进行加密和认证是保护网络和信息安全的重要手段。密码产业的发展是提升一个国家的安全保障能力、确保国家基础设施和重点信息资源安全的重大举措，也是维护公众利益和国家安全、保障信息化建设健康发展的根本。将各自的密码算法推进为国际标准，是世界各国的通行做法。我国也陆续在 ISO 发起密码国际标准提案，以推动商用密码算法在重要领域应用，增强密码产业在国际上的竞争力。随着密码技术的发展，ISO 对新密码算法和机制的纳入规则不断变化，呈现新的趋势。

本文从 ISO/IEC JTC 1/SC 27 WG 2 工作组的密码技术标准体系出发，对 ISO 密码国际标准化发展趋势进行探讨。

2 ISO/IEC JTC 1/SC 27 密码国际标准

ISO 与 IEC 共同成立的联合技术委员会（JTC 1）负责制定信息技术领域中的国际标准，其中 ISO/IEC JTC 1/SC 27 是 JTC 1 下专门从事信息安全标准化的分技术委员（SC 27），是信息安全领域中最具代表性的国际标准化组织。ISO/IEC JTC 1/SC 27 下设 7 个工作组，与密码相关的标准由第二工作组（WG 2）负责。WG 2 工作组负责密码与安全机制标准的制定，目前发布实施在用的国际标准 20 项，内容覆盖数据机密性、实体鉴别、消息鉴别码、数字签名、密钥管理、不可否认等。从整体来看，WG 2 工作组的密码标准旨在从机密性、完整性和可用性三个角度保护信息安全，同时也有一些基础支撑类标准。WG 2 工作组的标准[1]具体包括：

（1）加密技术：加密算法（ISO/IEC 18033）、操作模式（ISO/IEC 10116）、轻量级密码（ISO/IEC 29192）、可鉴别的加密（ISO/IEC 19772）、签密（ISO/IEC 29150）；

（2）实体鉴别：实体鉴别（ISO/IEC 9798）、匿名实体鉴别（ISO/IEC 20009）；

（3）消息鉴别码：消息鉴别码（ISO/IEC 9797）、校验码系统（ISO/IEC 7064）；

（4）数字签名：带消息恢复的数字签名（ISO/IEC 9796）、带附录的数字签名（ISO/IEC 14888）、匿名数字签名（ISO/IEC 20008）、盲数字签名（ISO/IEC 18370）；

（5）行为完整性、时间完整性：抗抵赖（ISO/IEC 13888）、时间戳（ISO/IEC 18014）；

（6）基础支撑：密钥管理（ISO/IEC 11770）、杂凑函数（ISO/IEC 10118）、随机数生成器（ISO/IEC 18031）、素数生成器（ISO/IEC 18032）、基于椭圆曲线的密码技术（ISO/IEC 15946）、密码分享（ISO/IEC 19592）。

WG 2 工作组的每项密码标准可能包含多个部分，每个部分内可能包含一个或多个同类的密码算法或机制。表 1 给出了 WG 2 工作组内的部分与商用密码算法相关的密码国际标准包含的算法及机制。

表 1　WG 2 工作组部分密码标准情况

标准号	标准名称	包含的算法和机制
ISO/IEC 18033-2[2]	信息技术　安全技术　加密算法第 2 部分：非对称密码算法	ECIES-KEM、PSEC-KEM、ACE-KEM、RSAES、RSA-KEM、HIME（R）、FACE
ISO/IEC 18033-3[3]	信息技术　安全技术　加密算法第 3 部分：分组算法	TDEA、MISTY1、CAST-128、HIGHT、AES、Camellia、SEED
ISO/IEC 18033-4[4]	信息技术　安全技术　加密算法第 4 部分：序列算法	MUGI、SNOW2.0、Rabbit、DECIMv2、KCipher-2
ISO/IEC 18033-5[5]	信息技术　安全技术　加密算法第 5 部分：标识算法	Boneh-Franklin、Sakai-Kasahara、Boneh-Boyen
ISO/IEC 10118-3[6]	信息技术　安全技术　杂凑算法第 3 部分：专用杂凑函数	RIPEMD-160、RIPEMD-128、SHA-1、SHA-256、SHA-512、SHA-384、WHIRLPOOL、SHA-224
ISO/IEC 14888-3[7]	信息技术　安全技术　数字签名第 3 部分：带附录的数字签名	DSA、KCDSA、Point/Valdenay、SDSA、EC-DSA、EC-KCDSA、EC-GDSA、EC-RDSA、EC-SDSA、IBS-1、IBS-2
ISO/IEC 11770-3[8]	信息技术　安全技术　密钥管理第 3 部分：使用非对称密码技术的机制	11 项密钥协商机制、6 项密钥传输机制、3 项公钥传输机制

3　近年来 ISO 密码标准提案

自 2014 年以来，对于申请纳入的新密码算法或机制，WG 2 工作组要求先立项为研究项目，工作组专家同意后方可正式纳入，研究项目阶段至少半年。2014 年以来，美国、日本、韩国、中国、英国、奥地利、俄罗斯、瑞士等国专家纷纷向 WG 2 工作组提交了 20 余项新密码算法或机制提案。其中，中国累计提交了 8 项提案，涉及 SM2 数字签名算法、SM3 杂凑算法、SM4 分组算法、SM9 数字签名算法、SM9 标识加密算法、

SM9 密钥交换协议、ZUC 序列密码算法、TP.3 实体鉴别机制、NAPAKE 匿名实体鉴别机制、M-μTESLA 广播鉴别协议，均获得研究项目立项。在商用密码算法方面，SM2 数字签名算法、SM3 杂凑算法、SM4 分组算法、SM9 数字签名算法已纳入 ISO 国际标准，SM2 数字签名算法和 SM9 数字签名算法已经处于正式发布阶段，SM3 杂凑算法进入了标准编制的 FDIS（最终国际标准草案）阶段，SM4 分组密码算法进入标准编制的 DAM（补篇草案）阶段。表 2 给出了近年来部分 WG 2 工作组密码提案。

表 2　近年来部分 WG 2 工作组密码提案一览表

序号	名称	类型	提出国家	拟纳入的国际标准号	提出时间	备注
1	NAPAKE	匿名实体鉴别	中国	ISO/IEC 20009-4	2014.5	纳入
2	机制 13	密钥协商机制	英国	ISO/IEC 11770-3	2014.10	纳入
3	Chaskey	消息鉴别码	日本	ISO/IEC 29192-6	2014.10	未纳入
4	Simon&Spec	轻量级分组密码	美国	ISO/IEC 29192-2	2014.10	拟撤销
5	KMAC	MAC	美国	ISO/IEC 9797-2	2017.10	纳入
6	可修订签名	可修订的数字签名	奥地利	新立项	2017.4	已立项
7	后量子密码	后量子密码	美国	新立项	2015.5	标准化文件（SD）
8	SM3	杂凑函数	中国	ISO/IEC 10118-3	2015.5	纳入
9	SM2、SM9	数字签名	中国	ISO/IEC 14888-3	2015.5	纳入
10	TP.3	实体鉴别	中国	ISO/IEC 9798-3	2015.10	纳入
11	Kuznyechik	分组算法	俄罗斯	ISO/IEC 18033-3	2016.4	纳入
12	LRP-AKE、RSA-AKE2	基于弱秘密的密钥管理	韩国 日本	ISO/IEC 11770-4	2017.4	纳入
13	LEA	轻量级分组密码	韩国	ISO/IEC 29192-2	2016.10	纳入
14	FACE	非对称密码	日本	ISO/IEC 18033-2	2015.4	纳入
15	Chaskey-12、LightMAC	轻量级 MAC	日本	ISO/IEC 29192-6	2016.10	未纳入
16	Grain-128A	轻量级序列密码	瑞士	ISO/IEC 29192-3	2018.4	在研
17	ZUC	序列密码	中国	ISO/IEC 18033-4	2018.4	在研

表 2（续）

序号	名称	类型	提出国家	拟纳入的国际标准号	提出时间	备注
18	SM9-IBE	标识密码	中国	ISO/IEC 18033-5	2018.4	在研
19	SM9-KA	密钥交换协议	中国	ISO/IEC 11770-3	2018.4	在研
20	可鉴别密钥交换	可鉴别密钥交换	英国	ISO/IEC 11770-4	2018.4	在研
21	M-μTESLA	广播鉴别协议	中国	ISO/IEC 29192-7	2018.4	在研

密码算法被纳入 ISO 国际标准是算法被广泛认可的一个重要标志。总体来看，世界各国纷纷以专家名义提交申请纳入新的密码算法和机制，提案数量多、内容覆盖范围广。近年来的 WG 2 工作组议题中，引起争议的主要是两个项目：

（1）Simon&Spec[9]：Simon 和 Speck 算法是美国国家安全局（NSA）设计的轻量级分组算法，于 2013 年 6 月 19 日公开，已被美国批准用于保护其国家安全系统。美国在 2014 年 10 月墨西哥会议上提出将 Simon 和 Speck 密码算法作为补篇纳入 ISO/IEC 29192 轻量级分组密码中，并在 WG 2 工作组立项为研究项目。在研究项目阶段，由于对其安全性存疑，德国、比利时和挪威等国反对纳入。在经历了一年的研究项目阶段后，经国家主体投票同意作为补篇纳入。在该补篇的研制阶段，WG 2 工作组针对算法安全性、算法评估展开了长久的讨论，在 2018 年 4 月武汉会议上，WG 2 工作组发起是否撤销该项目的投票，投票结果为撤销，后在 SC 27 发起投票，投票结果依然为撤销。后续还将在 JTC 1 的层面上再次投票，以确定最终是否撤销该项目。

（2）Chaskey[10]：Chaskey 算法是发表在 SAC 2014 会议上的一个轻量级 MAC 算法。日本专家在 2014 年 10 月墨西哥会议上，提出将 Chaskey 纳入 ISO/IEC 29192-6 轻量级 MAC 标准中。在为期一年的研究项目阶段中，组内专家提出 Chaskey 算法的安全性不足，建议增强算法安全性，后该算法未被纳入 ISO 国际标准中。

4 未来可能立项的密码国际标准

根据当前密码研究的最新进展，分析其他国际标准组织在新的密码标准方面的探索，SC 27 未来可能立项的密码国际标准主要为：后量子密码、环签名、门限密码。

4.1　后量子密码

后量子密码是指能够抵御量子计算机攻击的密码算法，通常为公钥密码算法。2015 年 5 月，美国国家标准与技术研究院（NIST）专家在 WG 2 工作组提交了题为《抗量子密码》的国际标准提案，后立项为研究项目。该研究项目自立项以来，一直是 WG 2 工作组的焦点项目，多个国家主体、联络组织的专家都在项目成立的两年里提交了贡献，包括：日本、美国、PQCrypto、SAFEcrypto、ETSI、CSA 等，同时还提交了多个抗量子密码算法。在 2017 年的柏林会议上，工作组决定先针对该项目启动标准化文件 WG 2 SD 8《后量子密码》的编制，为后续可能制定的后量子密码算法国际标准做前期的技术准备工作，目前规划的内容包括六个章节：（一）总则；（二）基于杂凑的签名；（三）基于格的密码系统；（四）基于编码的密码系统；（五）多变量密码系统；（六）椭圆曲线超奇异同源密码系统。

4.2　环签名

环签名是一种特殊的群数字签名，具有正确性、匿名性、不可伪造性。2001 年，环签名[11] 的概念被提出。环签名可以用于很多应用场景中，如，电子选举、匿名鉴别、电子政务等。虽然当前学术界已经提出了大量不同类型的具有不同安全特性的环签名机制，但是这些机制并未用于实际应用中。如果将来出现亟需使用环签名的应用场景，则可能在 ISO/IEC 20008 中新增设一个部分，规范环签名。

4.3　门限密码

门限密码将安全权限分发给多个群成员，当达到指定门限数量的成员合作才能执行安全权限，从而保证了安全性。学术界提出了多个门限密码相关机制，包括：门限签名、门限密码共享、门限加密等。门限密码可用于数字签名、多方计算等场景。如果市场上有实际应用门限密码的需求，则可能在 WG 2 工作组立项门限密码标准。

5 ISO 密码算法国际标准化规则发展趋势

5.1 密码算法国际标准化现行规则

WG 2 工作组的密码标准制定过程分为六个阶段：新提案、研究项目、工作组草案、委员会草案、国际标准草案、最终国际标准草案。WG 2 工作组的标准制定根据不同阶段从专家层面和国家主体层面来共同决定。密码算法或机制想要纳入现行标准或设立新的国际标准项目，都需要遵从 WG 2 工作组设定的密码评估准则和最小要求，主要依据四个文件：（1）WG 2 SD 5：密码机制纳入或删除的流程；（2）ISO/IEC 29192-1[12]附录 A（资料性附录）：ISO/IEC 29192-2 中纳入密码机制的评估准则；（3）ISO/IEC 18033-1[13]附录 A（规范性附录）：本标准中纳入新算法的准则；（4）ISO/IEC 10118-1[14]附录 A（规范性附录）：本标准中纳入杂凑函数的准则。总的来说，目前提交新的密码算法国际标准提案主要会从以下几点来考量：

（1）密码算法原理的创新性。WG 2 工作组从 2000 年开始制定密码算法标准时，就确定了第一版算法纳入规则，以确保纳入的算法具有足够的安全性和应用广度，确保标准的互操作性和实用性。从工作组角度来看，新提出的标准想要纳入现有国际标准，必须在设计原理上存在一定的独创性，即，从算法原理上与已有算法的特性有本质的不同，或者基于不同的计算难题设计的算法。

（2）算法的安全性。提案算法最好在公开的会议和刊物中经过广泛而充分的分析，必须能够证明该密码算法能够抵御现有的密码攻击。从一定层面上来说，公开分析得越充分越能体现该算法的安全性。

（3）算法在实现性能方面与标准内同类算法相比存在一定优势。提案算法在主流的硬件和软件平台上的性能评估结果，包括时间效率、空间效率等，评估结果可以为公开的第三方评估机构出具或者是公开的论文资料。同时，还要求算法实现性能与标准内同类算法进行比较具备优势，这并不是说该算法一定需要在硬件和软件实现上都存在优势，而是说从某些层面上具备一定的优势即可。

（4）算法公开时间足够长，最好有权威官方机构发布的英文版。自 20 世纪 70 年代美国的 DES 算法征集活动以来，国际上越来越多国家采用算法征集的方式来标准化密码算法，这样征集出来的算法公开的时间足够长，也是权威机构发布的英文版，也就比较顺理成章地形成了这条要求。

（5）算法应用程度广，数据越详尽越好。对密码国际标准而言，互操作性很重要，这也就从一定层面上对密码算法的应用广度提出了要求。

5.2 密码算法 ISO 国际标准化规则的新探讨

现有的评估准则只覆盖了 ISO/IEC 18033、ISO/IEC 10118、ISO/IEC 29192 三个标准内新增的密码算法和机制，同时对新提交的密码算法无关于设计理念的要求。针对这些问题，2017 年 10 月，WG 2 工作组设立了题为《ISO/IEC 国际标准新密码机制提交的准则》的研究项目。截至 2018 年 4 月，该研究项目征集到来自奥地利、法国、俄罗斯、比利时四国专家的贡献，贡献主要围绕四个方面展开：

（1）安全性证明或设计理念。关于新提交算法是否需要附带安全性证明或者设计理念，WG 2 工作组专家观点不一，主要分成三种：a）如果可能，新提交算法需要提交完整详尽的安全性证明；如果没有安全性证明，则需要提交已公开的设计理念，如：密钥长度、轮数、常量、参数等的选定理由。b）对于非对称密码机制需要提交安全性证明，即便该安全性证明是在受限的模型下（如，GGM、ROM、QROM 等）；对称密码机制需要提交设计理念。在工作组讨论是否纳入新算法之前，先在国家主体层面投票决定是否认可该安全性证明或设计理念。c）算法设计在顶级密码会议或期刊上发表（如 Crypto、EUROCrypt、FSE、CHES 等）或者在由强密码背景的计算机安全会议或期刊上发表（如 CCS、S&P、Usenix 等），算法设计必须包含设计理念或者安全性证明。

（2）安全性分析和评估。新提交算法如果为算法征集胜选的密码算法，则代表其经历了长时间的评估，其评估过程和结果可以接受。算法提交者提供设计者或者提案提交者所知的所有安全分析结果，包括内部评估和外部评估；算法提交时应该依据现有的公开文献，给出针对现有攻击的安全边界。

（3）算法优势。与 WG 2 工作组现有标准的同类密码算法相比需要存在明显优势。

（4）算法设计者的安全性声明。声明其未在算法设计过程中植入后门等。

目前，关于评估准则的探讨尚在进行中，没有定论。总体来看，以下类型的新提案算法相对易于被接受：

（1）具有国际影响力的密码算法征集胜选算法：如果是国际征集的胜选密码算法，代表其接受了较为系统的内部评估和外部评估，并且在国际密码学界进行了广泛分析，在安全性和性能方面相比同类密码算法存在优势，因此胜选算法被接受比较顺理成章。

（2）密码算法的相关资料公开且详尽、算法相关论文所发表在顶级期刊或会议上：提交新算法提案时，有足够的论文对算法的安全性进行分析，证明算法能够抵御现有的安全攻击且算法本身是稳定的；算法描述、设计理念、安全性证明在公开、顶级的密码相关国际期刊或会议上发表。

（3）密码算法的评估工作充分，评估结果公开：提交新算法提案时，能够提供详尽的算法评估结果，包括安全性评估和性能评估，可以有第三方出具的评估报告。

6 小结

世界各国专家纷纷提交密码算法提案，ISO 密码国际标准不断丰富和更新。中国陆续提交 6 个商用密码算法提案，5 个算法陆续被纳入 ISO 国际标准，2 个算法在研究项目阶段，体现了商用密码算法的国际竞争力。随着 ISO 对密码算法的纳入规则日趋严格，新提案算法需要在算法优势、安全性证明、评估和分析结果的公开方面做好工作。

参考文献

［1］Standards catalogue：ISO/IEC JTC 1/SC 27 IT Security techniques. https：//www. iso. org/committee/45306/x/catalogue/p/1/u/0/w/0/d/0.

［2］ISO/IEC 18033-2：2006. Information technology—Security techniques—Encryption algorithms—Part 2：Asymmetric ciphers. https：//www. iso. org/standard/37971. html.

［3］ISO/IEC 18033-3：2010. Information technology—Security techniques—Encryption algorithms—Part 3：Block ciphers. https：//www. iso. org/standard/54531. html.

［4］ISO/IEC 18033-4：2011. Information technology—Security techniques—Encryption algorithms—Part 4：Stream ciphers. https：//www. iso. org/standard/54532. html.

［5］ISO/IEC 18033-5：2015. Information technology—Security techniques—Encryption algorithms—Part 5：Identity-based ciphers. https：//www. iso. org/standard/59948. html.

［6］ISO/IEC 10118 - 3：2004. Information technology—Security techniques—Hash - functions—Part 3：Dedicated hash-functions. https：//www. iso. org/standard/39876. html.

［7］ISO/IEC 14888-3：2016. Information technology—Security techniques—Digital signatures with appendix—Part 3：Discrete logarithm based mechanisms. https：//www. iso. org/standard/64267. html.

［8］ISO/IEC 11770-3：2015. Information technology—Security techniques—Key management—Part 3：Mechanisms using asymmetric techniques. https：//www. iso. org/standard/60237. html.

［9］Beaulieu R, Shors D, Smith J, et al. The SIMON and SPECK Families of Lightweight Block Ciphers ［J］. IACR Cryptology ePrint Archive, 2013.

［10］Mouha N, Mennink B, Van Herrewege A, et al. Chaskey：An Efficient MAC Algorithm for 32-bit Microcontrollers ［C］. selected areas in cryptography, 2014：306-323.

［11］Rivest, R. L., Shamir, A., Tauman, Y. how to leak a secret ［J］. International Conference on the Theory and Application of Cryptology and Information Security, 2001, 552-565.

［12］ ISO/IEC 29192 - 1：2012. Information technology—Security techniques—Lightweight cryptography—Part 1：General. https：//www. iso. org/standard/56425. html.

［13］ ISO/IEC 18033 - 1：2015. Information technology—Security techniques—Encryption algorithms—Part 1：General. https：//www. iso. org/standard/54530. html.

［14］ ISO/IEC 10118 - 1：2016. Information technology—Security techniques—Hash-functions—Part 1：General. https：//www. iso. org/standard/64213. html.

RSA 方案及其快速解密标准 CRT-RSA 方案的小解密指数分析研究进展

彭力强[1,2]，胡磊[1,2]，卢尧，孙哲蕾[3]

（1. 中国科学院信息工程研究所信息安全国家重点实验室，北京，100093

2. 中国科学院数据与通信保护研究教育中心，北京，100093

3. 北京空间飞行器总体设计部，北京，100094）

[摘要] RSA 方案是最重要的公钥加密方案之一，目前被广泛应用于保障数据的安全传输、密钥管理、数字签名等方面。利用中国剩余定理实现的 CRT-RSA 方案可以提高 RSA 算法的解密效率，因此 CRT-RSA 方案同样得到了广泛的实际应用。关于 RSA 方案及 CRT-RSA 方案的安全性分析一直是密码学的研究热点，小解密指数攻击正是其中的一个重要研究方向。小解密指数攻击可以理解为一旦 RSA 方案或是 CRT-RSA 方案的解密指数足够小，那么在不需要任何其他信息的情况下，RSA 方案的私钥可以在多项式时间内被恢复出来。基于 L^3 格基约化算法实现的 Coppersmith 方法是其中的重要技术方法，格的构造会直接影响最终的分析结果。近年来，国内外研究学者不断在格的构造方法上进行改进与优化，相继在小解密指数分析的研究上取得了一系列进展。在本文中，我们针对 RSA 方案以及其快速解密标准 CRT-RSA 方案，详细介绍了关于其小解密指数攻击研究进展。

[关键词] RSA 方案；小解密指数攻击；Coppersmith 方法

The Research Progress of Small Decryption Exponent Attacks on Both RSA Scheme and CRT-RSA Scheme

Peng Liqiang[1,2], Hu Lei[1,2], Lu Yao, Sun Zhelei[3]

(1. State Key Laboratory of Information Security, Institute of Information Engineering, Chinese Academy of Sciences, Beijing, 100093

2. Data Assurance and Communication Security Research Center, Chinese Academy of Sciences, Beijing, 100093

3. Beijing Institute of Spacecraft System Engineering, Beijing, 100094)

[**Abstract**] Since the invention, RSA scheme has been arguably one of the most important public key cryptosystems, and it is widely used for secure data transmission, key management, digital signature and so on. CRT−RSA scheme which utilizes the Chinese Remainder Theorem to improve the speed of the decryption process for the RSA algorithm has also a wide application in practical construction. The security of both RSA scheme and CRT−RSA scheme is always a hot area in cryptography, and the small decryption exponent attack is one of the most important directions in the security analysis. The small decryption exponent attack is a method that once the decryption exponent is small enough, one can recover the secret key of RSA scheme or CRT−RSA scheme in polynomial time without needing to know any other information. The Coppersmith′s method based on L^3 lattice basis reduction algorithm is one of the most important techniques to solve the problem of small decryption exponent attack, and the lattice construction will affect the result directly. Recently, the scholars all over the world have continued to study the improvements and optimizations of lattice construction, and a series of results are obtained. In this paper, we will introduce the research progress of small decryption exponent attacks both on RSA scheme and CRT-RSA scheme in detail.

[**Keywords**] RSA scheme; Small decryption exponent attack; Coppersmith's method

1 背景介绍

RSA 方案[36]是目前应用最为广泛的公钥密码体制。自 1978 年被 Rivest、Shamir 和 Adleman 提出以来，RSA 方案就受到了众多研究学者的关注，它有效地解决了信息安全中数字签名、密钥共享等问题。为了方便后面的描述，我们首先回顾 RSA 方案的密钥生成过程。

随机生成两个比特长度相同的素数 p 和 q，$N = pq$ 为 RSA 方案的模数。随机选取正整数 e，满足 $\gcd(e, \phi(N)) = 1$，其中 $\phi(N) = (p-1)(q-1)$，并通过扩展欧几里得算法得到 d，使得 $ed \equiv 1(\mod \phi(N))$。RSA 方案的公钥为 (N, e)，私钥为 (p, q, d)。

RSA 方案的安全性基于一个大整数因子分解问题，将两个大素数相乘十分容易，但想要对其乘积进行分解却极其困难。因此，RSA 方案模数的比特长度的选取十分重要。2010 年，Kleinjung 等研究学者[19]通过数域筛法成功地分解了比特长度为 768 比特的 RSA 模数。根据 Lenstra 等学者的工作[24]，1024 比特的 RSA 模数似乎是安全的，但现在实际中应用的 RSA 方案都趋向于选取长度更大的 RSA 模数，例如 2048 比特或 4096 比特。目前为止，除了 Shor 提出的量子算法[41]，还不存在可以在多项式时间内分解 RSA 模数的经典算法。因此，模数比特长度足够大的 RSA 方案在现阶段似乎是安全的，但在一些特定情况下，RSA 方案还是可以在多项式时间内被攻击。例如，为了减小解密过程中的指数运算时间，可以选取比特长度较小的 d，但一旦 d 的值小于一定范围时，就存在多项式时间算法可以恢复出 RSA 方案的私钥。1990 年，Wiener[53]利用连分式近似方法首次证明了，一旦 $d < N^{0.25}$，攻击者就可以在多项式时间内分解 N。之后，利用 Coppersmith 方法[6]，Boneh 和 Durfee[4]大幅度地将结果提升到了 $d < N^{0.292}$。

　　为了提高 RSA 方案的解密效率，1982 年，Quisquater 和 Couvreur[35] 提出在 RSA 方案的解密过程中引入中国剩余定理，将解密指数变为较小的 d_p 和 d_q，其中 $ed_p \equiv 1 \bmod (p-1)$ 以及 $ed_q \equiv 1 \bmod (q-1)$。该方案被称为 CRT-RSA 方案，是 RSA 算法的快速解密标准[37]。CRT-RSA 方案的小解密指数分析包括素数因子的大小非平衡以及平衡两种情况。May[28] 在 2002 年，利用 Coppersmith 方法证明了模数中一个素因子，不妨设为 p，满足 $p < N^{0.362}$ 时存在不安全的小解密指数，使得 CRT-RSA 方案可以被攻破。之后，Bleichenbacher 和 May 将结果进一步提高，给出了在 $p < N^{0.468}$ 时，不安全的小解密指数范围。对于模数平衡的情况，即 p 的比特长度与 $N^{0.5}$ 的比特长度近似，记为 $p \simeq N^{0.5}$，Jochemsz 和 May[18] 在 2007 年利用 Coppersmith 方法给出了在 d_p 和 d_q 同时小于 $N^{0.073}$ 时的多项式时间恢复私钥的算法。可以看出，Coppersmith 方法是分析 RSA 方案及 CRT-RSA 方案小解密指数攻击的重要方法，目前最好的小解密指数分析结果都是通过该方法得到的。

　　为了更清楚地介绍相关的研究进展，我们在这里先简要介绍基于 Coppersmith 方法的 Boneh-Durfee 小解密指数攻击[4]。由 RSA 方案的密钥关系 $ed \equiv 1 (\bmod \varphi(N))$ 可得，分解模数 N 可以转化为求解如下模方程的根 $(k, -(p+q)+1)$：

$$f(x, y) = x(N+y) + 1 = 0 \bmod e$$

其中，$k = \dfrac{ed-1}{\varphi(N)}$。接下来，Boneh 和 Durfee 选取一个固定的正整数 m，并选取若干多项式方程，并且这些多项式方程在模 e^m 下，具有相同的根 $(k, -(p+q)+1)$。以这些多项式的系数向量作为一组格基张成格，由 L^3 格基约化算法[23] 可以求出格的一组约化基。注意到，一旦私钥 d 足够小，约化基中就会存在两个向量，其对应两个多项式，记为 $h_1(x, y)$ 和 $h_2(x, y)$，满足 $h_1(k, -(p+q)+1) = 0$ 以及 $h_2(k, -(p+q)+1) = 0$。那么，如果 $h_1(x, y)$ 和 $h_2(x, y)$ 代数无关的话，$(k, -(p+q)+1)$ 就可以通过求解结式或是 Gröbner 基恢复出来。在第 2 章中，我们将具体描述 Coppersmith 方法的细节。

　　实际上，自 Coppersmith 提出该方法[6] 以来，基于格的 Coppersmith 方法就成为了分析 RSA 方案及其变型方案的重要工具。Coppersmith 方法中最重要的一步是如何选取多项式构造格。在 2006 年，Jochemsz 和 May[17] 提出了一个一般化策略，该策略可以在多项式时间内求解任意形式多项式方程的小根。根据 Jochemsz-May 的一般化策略，我们可以构造格基为三角矩阵的格，并通过计算对角线上元素的乘积得到格的行列式。

然而，直接应用 Jochemsz-May 策略往往不能充分挖掘方程中的未知变量存在的代数关系，无法得到最优的格基矩阵。

例如，根据 Jochemsz-May 一般化策略，我们可以很容易地选取一组多项式模方程，并且在 $d < N^{0.284}$ 时，恢复 RSA 方案的私钥。Boneh 和 Durfee[4] 利用几何递进矩阵方法，构造出格基不是三角矩阵的格，尽管这个方法在计算格的行列式时较复杂，但是 Boneh 和 Durfee 成功地将结果从 $N^{0.284}$ 提升到了 $N^{0.292}$。在 2010 年，Herrmann 和 May[14] 利用拆开的线性化技术简化了 Bonch-Durfee 方法的计算过程，并得到了与之一样的结果。这意味着，除了 Jochemsz-May 策略，还存在一些其他的多项式选取方法。不可否认，Jochemsz-May 策略非常简洁，并且适用于任意形式的多项式方程，通过该策略可以非常容易地构造出格基为三角矩阵的格。然而，在格构造中，我们需要尽可能地充分利用变量之间的代数关系以优化多项式的选取，从而得到更好的结果。

在本文中，我们围绕 Coppersmith 方法，分别介绍两种最常用的 RSA 类方案，原始的 RSA 方案和其快速解密标准 CRT-RSA 方案的小解密指数攻击问题的最新研究进展。

2 预备知识

首先简要回顾格及其相关问题的定义。给定 m 个线性无关的向量 w_1, w_2, $\cdots$, w_m $\in \mathbb{R}^n$，格 $\mathcal{L}$ 由 $\{w_1, w_2, \cdots, w_m\}$ 张成，是 $\{w_1, w_2, \cdots, w_m\}$ 的所有整系数线性组合的集合，即：

$$\mathcal{L}(w_1, w_2, \cdots, w_m) = \left\{ \sum c_i w_i \middle| c_i \in \mathbb{Z} \right\}$$

这里，我们称 w_1, w_2, $\cdots$, w_m 为格 $\mathcal{L}$ 的一组格基，m 为格的维数。另外，如果我们定义由 w_1, w_2, $\cdots$, w_m 为行向量组成的矩阵为 $W \in \mathbb{R}^{m \times n}$，格的定义也可以写成是由矩阵 W 生成的格，记为：

$$\mathcal{L}(W) = \mathcal{L}(w_1, w_2, \cdots, w_m) = \{ cW | c \in \mathbb{Z}^m \}$$

当 $m = n$ 时，$\mathcal{L}(W)$ 称为满秩格，这也是较为常用的格。格的行列式定义为

$\det(\mathcal{L}(W)) = \sqrt{\det(W W^T)}$。如果格为满秩格，即 W 为方阵，我们有 $\det(\mathcal{L}(W)) = |\det(W)|$。在本文中我们所构造的格均为满秩格，并且我们所构造的格为三角矩阵，此时我们可以通过计算对角线上元素的乘积得到格的行列式。另外，对于任意维数大于 1 的格，其格基并不唯一。我们可以通过将格基矩阵 W_1 乘以任意一个幺模矩阵得到格的另一组格基 W_2，即 $\mathcal{L}(W_1) = \mathcal{L}(W_2)$。更具体的细节内容可以参考文献[32]。

格已经被广泛应用到密码学的研究中，如何求解格的非零短向量是其中的关键问题之一。L^3 格基约化算法是由 A. K. Lenstra、H. W. Lenstra 以及 L. Lovász[23] 在 1982 年提出的，它可以在多项式时间内解决指数因子近似的最短向量问题。

引理 1（L^3，文献[23,29]） 格 $\mathcal{L}$ 是一个维度为 n 的格。对格 $\mathcal{L}$ 应用 L^3 格基约化算法，输出的约化基向量 v_1，v_2，$\cdots$，v_n 满足 $\|v_i\| \leq 2^{\frac{n(n-i)}{4(n+1-i)}} \det(\mathcal{L})^{\frac{1}{n+1-i}}$，$1 \leq i \leq n$，算法的运行时间为关于 n 以及 $\mathcal{L}$ 的格基向量中向量长度的最大值的多项式时间。

1996 年，Coppersmith[6,7] 利用 L^3 格基约化算法在多项式时间内求解出了单变量模方程，以及双变量整方程的小根，通常称之为 Coppersmith 方法。自此，众多研究学者基于 Coppersmith 方法提出了很多关于 RSA 及其变型方案的小解密指数安全性分析[4,8,9,17,18,20,29,30,31,38,40,47,48,50]，以及与测信道攻击相结合的部分私钥泄露攻击[3,5,10,12,25,26,27,39,43,44,49]。

接下来，我们介绍 Coppersmith 方法中所用到的 Howgrave-Graham[15] 引理。

引理 2（Howgrave-Graham[15]） 给定多变量方程 $g(x_1, \cdots, x_r) = \sum\limits_{(i_1, \cdots, i_r)} a_{i_1, \cdots, i_r} x_1^{i_1} \cdots x_r^{i_r} \in \mathbb{Z}[x_1, \cdots, x_r]$，并且 $g(x_1, \cdots, x_r)$ 中至多有 n 个单项式。若如下两个条件同时成立：

(1) $g(\tilde{x}_1, \cdots, \tilde{x}_r) \equiv 0(\bmod p^m)$，$|\tilde{x}_1| \leq X_1$，$\cdots$，$|\tilde{x}_r| \leq X_r$；

(2) $\|g(x_1 X_1, \cdots, x_r X_r)\| < \dfrac{p^m}{\sqrt{n}}$。

那么，我们有 $g(\tilde{x}_1, \cdots, \tilde{x}_r) = 0$ 在整数上成立，其中整数 X_1，$\cdots$，X_r 分别为根 $(\tilde{x}_1, \cdots, \tilde{x}_r)$ 的上界，即满足 $|\tilde{x}_1| \leq X_1$，$\cdots$，$|\tilde{x}_r| \leq X_r$。其中多项式系数的欧几里得范式定义为：

$$\| g(x_1 X_1, \cdots, x_r X_r) \| = (\sum_{(i_1, \cdots, i_r)} (a_{i_1, \cdots, i_r} X_1^{i_1} \cdots X_r^{i_r})^2)^{\frac{1}{2}}$$

由如上引理可以看出，一旦上述条件满足，就可以将一个模方程的根转化为一个方程在整数上的根，并通过求解方程在整数上的根来恢复模方程的根。

下面，我们根据上述两个引理来解释 Coppersmith 方法是如何求解模方程 $h(x_1, \cdots, x_r) = 0 (\mod p)$ 的根 $(\tilde{x}_1, \cdots, \tilde{x}_r)$。Coppersmith 方法可以分为四个步骤：

（1）构造 $n(>r)$ 个多项式 $h_1(x_1, \cdots, x_r)$，$\cdots$，$h_n(x_1, \cdots, x_r)$，并且这些多项式在模 p^m 下的根均为 $(\tilde{x}_1, \cdots, \tilde{x}_r)$，其中 m 为选定的正整数；

（2）构造格 $\mathcal{L}$，其格基矩阵的行向量为所有多项式 $h_1(x_1 X_1, \cdots, x_r X_r)$，$\cdots$，$h_n(x_1 X_1, \cdots, x_r X_r)$ 的系数向量，其中 $|\tilde{x}_1| \leqslant X_1$，$\cdots$，$|\tilde{x}_r| \leqslant X_r$；

（3）利用 L^3 格基约化算法得到 r 个长度较短的约化基向量，对应的多项式可以表示为 $\tilde{h}_1(x_1, \cdots, x_r)$，$\cdots$，$\tilde{h}_r(x_1, \cdots, x_r)$；

（4）通过计算结式或是 Gröbner 基从 $\tilde{h}_1(x_1, \cdots, x_r) = 0$，$\cdots$，$\tilde{h}_r(x_1, \cdots, x_r) = 0$ 中求解出 $(\tilde{x}_1, \cdots, \tilde{x}_r)$。

注意到，根据 L^3 引理，有：

$$\| v_1(x_1 X_1, \cdots, x_r X_r) \| \leqslant \cdots \leqslant \| v_r(x_1 X_1, \cdots, x_r X_r) \| \leqslant 2^{\frac{n(n-1)}{4(n+1-r)}} \det (\mathcal{L})^{\frac{1}{n+1-r}}$$

另外，由 L^3 约化基向量中得到的多项式 $\tilde{h}_1(x_1, \cdots, x_r)$，$\cdots$，$\tilde{h}_n(x_1, \cdots, x_r)$ 可以表示成 $h_i(x_1, \cdots, x_r)$ 的整系数线性组合。因此，$\tilde{h}_1(x_1, \cdots, x_r) = 0$，$\cdots$，$\tilde{h}_r(x_1, \cdots, x_r) = 0$ 在模 p^m 下具有相同的根 $(\tilde{x}_1, \cdots, \tilde{x}_r)$。那么，一旦多项式 $\tilde{h}_1(x_1, \cdots, x_r)$，$\cdots$，$\tilde{h}_r(x_1, \cdots, x_r)$ 的范式满足 Howgrave-Graham 引理中的第二个条件，即：

$$2^{\frac{n(n-1)}{4(n+1-r)}} \det(\mathcal{L})^{\frac{1}{n+1-r}} < \frac{p^m}{\sqrt{n}},$$

就可以得到 $\tilde{h}_1(\tilde{x}_1, \cdots, \tilde{x}_r) = 0$，$\cdots$，$\tilde{h}_r(\tilde{x}_1, \cdots, \tilde{x}_r) = 0$ 在整数上成立。

通常在检查上述条件是否成立时，会忽略掉小的系数，只判断 $\det(\mathcal{L}) < p^{mn}$ 是否

成立。一旦条件成立，$(\tilde{x}_1, \cdots, \tilde{x}_r)$ 就可以通过计算 $\tilde{h}_1(\tilde{x}_1, \cdots, \tilde{x}_r) = 0, \cdots,$ $\tilde{h}_r(\tilde{x}_1, \cdots, \tilde{x}_r) = 0$ 的结式或是 Gröbner 基得到。注意到，在 Coppersmith 方法中，由 L^3 算法得到的约化基向量所对应的方程的根是否可以通过计算结式或是 Gröbner 基求解得到是没有严格证明的。关于这一点，研究学者会假设方程的根可以通过计算结式或是 Gröbner 基求解得到，并且目前来看还没有发现反例来推翻这个假设。

我们举一个简单的例子来说明基于 L^3 格基约化算法的 Coppersmith 方法是如何实现的。给定一个单变量模方程 $f(x) = x^2 + ax + b \bmod N$，其中 a，b 为整数系数，N 为分解未知的整数。根据 Coppersmith 方法的第一步，我们首先选取多项式集合如下：$g_1(x) = N^2$，$g_2(x) = N^2 x$，$g_3(x) = Nf(x)$，$g_4(x) = Nxf(x)$，$g_5(x) = f^2(x)$。

注意到，如果 x_0 是 $f(x)$ 模 N 的根，那么 x_0 也是所选多项式模 N^2 的根。接下来，第二步是通过 $g_1(xX)$，$g_2(xX)$，$g_3(xX)$，$g_4(xX)$，$g_5(xX)$ 的系数向量构造格 $\mathcal{L}$，

$$\begin{pmatrix} N^2 & 0 & 0 & 0 & 0 \\ 0 & N^2 X & 0 & 0 & 0 \\ bN & aNX & NX^2 & 0 & 0 \\ 0 & bNX & aNX^2 & NX^3 & 0 \\ b^2 & 2abX & (a^2 + 2b)X^2 & 2aX^3 & X^4 \end{pmatrix}$$

之后，按照 Coppersmith 方法的第三步，我们利用 L^3 格基约化算法求解格的一个约化基向量 v。根据 L^3 算法的性质，我们可以得到这个向量的长度上界为 $\det(\mathcal{L})^{\frac{1}{5}}$，其中格的行列式为对角线上元素的乘积 $\det(\mathcal{L}) = X^{10} N^6$。更进一步地，由于向量 v 对应的多项式 $h(x)$ 可以表示成 $g_1(x)$，$g_2(x)$，$g_3(x)$，$g_4(x)$，$g_5(x)$ 的一个整系数线性组合，那么 x_0 也是 $h(x)$ 模 N^2 的根。根据 Howgrave-Graham 引理，当下式成立时，我们可以得到 $h(x_0) = 0$ 在整数上成立：

$$\det(\mathcal{L})^{\frac{1}{5}} = (X^{10} N^6)^{\frac{1}{5}} < N^2 \Leftrightarrow X < N^{\frac{2}{5}}$$

最后，我们可以通过求根算法，从 $h(x_0) = 0$ 中得到 x_0，即我们可以利用 Coppersmith 方法在多项式时间内恢复出所有满足 $x_0 < N^{\frac{2}{5}}$ 的小根。

接下来，我们将详细介绍基于 Coppersmith 方法的 RSA 方案及其快速解密标准

CRT-RSA 方案的小解密指数分析研究进展。

3 RSA 方案的小解密指数分析研究进展

1999 年，Boneh 和 Durfee[4]首次利用 Coppersmith 方法分析了 RSA 方案的小解密指数安全性，提出了在 $d < N^{0.292}$ 时，多项式时间内分解模数的小解密指数攻击方法。首先，Boneh 和 Durfee 构造了一个格基为三角矩阵的格，通过计算得到了在 $d < N^{0.284}$ 时，分解模数的方法。之后，他们进一步对之前所选的多项式进行了删选，尽可能多地选取有帮助多项式，删去没有帮助多项式。由于删减之后的格基不再是三角矩阵，Boneh 和 Durfee 利用几何递进矩阵方法，经过比较复杂的行列式计算，成功地将结果提升到了 $d < N^{0.292}$。

2009 年，Herrmann 和 May[13]在分析随机数发生器时，提出了一种新的格构造技巧。该技巧结合了线性化与 Coppersmith 方法，称为拆开的线性化技术。简单来说，对于一个模方程，线性化可以利用多项式的系数关系，同时 Coppersmith 方法可以利用多项式中的单项式集合。在 2010 年，Herrmann 和 May[14]利用拆开的线性化技巧重现了 RSA 方案的小解密指数攻击，得到了与 Boneh-Durfee 方法一样的结果 $d < N^{0.292}$，并且 Herrmann-May 方法所构造的格基是三角矩阵，简化了行列式的计算。除此之外，许多研究学者在求解模方程小根时，利用拆开的线性化技巧得到了更好的格构造结果[1,16,21,22,33,34,42,43,45,46,48,49,50]。Boneh-Durfee 结果与 Herrmann-May 结果是目前已知结果最好的两个基于 Coppersmith 方法对 RSA 方案的小解密指数攻击。下面我们简要描述 Herrmann-May 方法，并通过与 Boneh-Durfee 方法的对比，来说明 Herrmann-May 方法在格构造技巧上的研究进展。

根据 RSA 方案的密钥关系，可以将分解 $N = pq$ 的问题转化为求解关系式 $ed \equiv 1(\bmod \varphi(N))$ 中的未知变量，即：

$$ed = k(p-1)(q-1) + 1$$

其中，k 为未知的整数。用模方程表示为：

$$f(x, y) = x(N+y) + 1 = 0 \bmod e,$$

$(k, -(p+q-1))$ 是要求解的根。

为了区别 Boneh-Durfee 几何递进矩阵方法[4]与 Herrmann-May 拆开的线性化方法[14]，我们首先回顾 Boneh 和 Durfee 的工作。针对上述的模方程，Boneh 和 Durfee 首先选取固定的正整数 m ，并定义如下的多项式集合：

$$g_{i,l}(x, y) = x^i f^l(x, y) e^{m-l}, \; l = 0, \cdots, m, \; i = 0, \cdots, m - l$$

以及

$$h_{j,l}(x, y) = y^j f^l(x, y) e^{m-l}, \; l = 0, \cdots, m, \; j = 0, \cdots, t$$

其中，参数 t 经过计算可以被优化为 $(1 - 2\delta)\, l$ ，N^δ 表示未知量 k 的上界。显然所有选取的多项式在模 e^m 下都具有相同的根 $(-(p + q - 1), k)$ ，并且这些未知变量的上界可以分别被估计为 $|k| \simeq X(: = N^\delta)$ 和 $|p + q - 1| \simeq Y(: = N^{\frac{1}{2}})$ 。然后由多项式 $g_{i,l}(xX, yY)$ 和 $h_{j,l}(xX, yY)$ 的系数向量作为格的一组基向量。我们以 $m = 2$，$t = 1$ 为例，Boneh-Durfee 矩阵为：

$$\begin{pmatrix}
e^2 & 0 & 0 & 0 & 0 & 0 & 0 & 0 & 0 \\
0 & e^2 X & 0 & 0 & 0 & 0 & 0 & 0 & 0 \\
e & eNX & eXY & 0 & 0 & 0 & 0 & 0 & 0 \\
0 & 0 & 0 & e^2 X^2 & 0 & 0 & 0 & 0 & 0 \\
0 & eX & 0 & eNX^2 & eX^2 Y & 0 & 0 & 0 & 0 \\
1 & 2NX & 2XY & N^2 X^2 & 2NX^2 Y & X^2 Y^2 & 0 & 0 & 0 \\
0 & 0 & 0 & 0 & 0 & 0 & e^2 Y & 0 & 0 \\
0 & 0 & eNXY & 0 & 0 & 0 & eY & eXY^2 & 0 \\
0 & 0 & 2NXY & 0 & N^2 X^2 Y & 2NX^2 Y^2 & Y & 2XY^2 & X^2 Y^3
\end{pmatrix}$$

所选多项式 $g_{i,l}(x, y)$ 和 $h_{j,l}(x, y)$ 按序排列，可以生成一个三角矩阵的格基，因此格的行列式为矩阵中对角线上元素的乘积。为了进一步优化格的构造，Boneh 和 Durfee 重新分析了多项式 $h_{j,l}(x, y)$ ，通过判断其所在对角线上元素的大小，来决定是否要将其从集合中删除。对于上述例子，根据 Boneh-Durfee 方法，我们需要将多项式 $y e^2$ 以及 yfe 删除。注意到，当去掉这两个多项式后，多项式 yf^2 会引入三个新的单项式，即 y，xY^2 以及 $X^2 y^3$ 。因此，格基矩阵不再是满秩矩阵，更不是三角矩阵，它的行列式是难以计算的。Boneh 和 Durfee 利用几何递进矩阵方法计算了行列式的大小，然而他们的分析是相当复杂的。

接下来，我们介绍 Herrmann 和 May 提出的拆开的线性化技术。对于模方程：

$$f(x, y) = x(N + y) + 1 = 0 \bmod e,$$

他们首先引入关系式 $u = xy + 1$，将其变为线性方程：

$$\hat{f}(u_1, u_2) = u + Nx = 0 \bmod e_\circ$$

之后，选择如下多项式集合来构造格：

$$g_{i, l}(u, x, y) = x^i \hat{f}^l(x, u) e^{m-l}, \ l = 0, \cdots, m, \ i = 0, \cdots, m - l$$

以及

$$h_{j, l}(u, x, y) = y^j \hat{f}^l(x, u) e^{m-l}, \ j = 1, \cdots, t, \ l = \left[\frac{m}{t}\right]j, \cdots, m$$

其中，参数 t 经过计算可以优化为 $(1 - 2\delta) m$，N^δ 表示未知量 k 的上界。多项式中所有的 xy，均替代为 $u - 1$。显然，上述所选多项式在模 e^m 下，有相同的根 $(1 - k(p + q - 1), -(p + q - 1), k)$，其中新引入的未知量 u 的上界为 $|1 - k(p + q - 1)| \simeq XY(: = N^{\delta+\frac{1}{2}})$。然后由多项式 $g_{i, l}(uU, xX, yY)$ 和 $h_{j, l}(uU, xX, yY)$ 的系数向量作为格的一组基向量。我们以 $m = 2$，$t = 1$ 为例，Herrmann-May 矩阵为：

$$\begin{pmatrix} e^2 & 0 & 0 & 0 & 0 & 0 & 0 \\ 0 & e^2X & 0 & 0 & 0 & 0 & 0 \\ 0 & eNX & eU & 0 & 0 & 0 & 0 \\ 0 & 0 & 0 & e^2X^2 & 0 & 0 & 0 \\ 0 & 0 & 0 & eNX^2 & eUX & 0 & 0 \\ 0 & 0 & 0 & N^2X^2 & 2NUX & U^2 & 0 \\ 0 & -NX^2 & -2NU & 0 & N^2UX & 2NU^2 & U^2Y \end{pmatrix}$$

对于 Herrmann-May 方法，多项式 $y\hat{f}^2$ 同样引入了三个新的单项式 X^2y，uxy 以及 u^2y。但其中的 xy 可以替换为 $u - 1$，即 X^2y 可以替换为 $ux - x$，同样地 uxy 可以替换为 $u^2 - u$，并且单项式 ux，x，u^2 和 u 已经在之前选取的多项式中出现过。因此，经过变换，$y\hat{f}^2$ 只引入了一个新的单项式 u^2y，即格基矩阵在加入新的多项式 $y\hat{f}^2$ 后仍然是三角矩阵。Herrmann 和 May 严格证明了上述所选多项式集合在经过变换后，得到的格基是三角矩阵，并且成功得到了与 Boneh-Durfee 方法一样的理论结果。由于 Herrmann-May 方法可以得到三角矩阵的格基，因此相较于 Boneh-Durfee 方法，Herrmann-May 方法的分析及计算过程更加简洁直观，便于理解。

总的来说，Herrmann-May 拆开的线性化方法不仅通过将多项式中若干单项式进行组合，简化了多项式的表示，也充分挖掘了单项式之间的关系，更具体的细节可以参考文献 [11]。拆开的线性化方法已经成为了最为常用的格构造优化技巧，除了 RSA 方案的小解密指数分析外，CRT-RSA 方案、Prime Power RSA 方案、Dual RSA 方案等 RSA 类方案的安全性分析在格构造中均采用了拆开的线性化技巧。

4 CRT-RSA 方案的小解密指数分析研究进展

CRT-RSA 方案是 RSA 算法的快速解密标准[37]。与最初的 RSA 方案不同，CRT-RSA 方案有两个解密指数 d_p 和 d_q，分别满足 $ed_p \equiv 1 \bmod (p-1)$ 和 $ed_q \equiv 1 \bmod (q-1)$。CRT-RSA 方案的加密过程仍是 $c \equiv m^e (\bmod N)$，其中 m 为明文，c 为密文。在解密时，首先计算 $m_p \equiv c^{d_p} (\bmod p)$ 以及 $m_q \equiv c^{d_q} (\bmod q)$，然后计算消息 $m = m_q + ((q^{-1} \bmod p)(m_p - m_q) \bmod p)q$。

对于 CRT-RSA 方案的小解密指数分析，2002 年，May[28] 利用 Coppersmith 方法提出了模数不平衡时的小解密指数攻击，即模数中一个素因子，不妨设为 p，满足 $p < N^{0.382}$。随后，Bleichenbacher 和 May[2] 利用根的代数关系改进了先前结果，证明了在 $p < N^{0.468}$ 时都存在不安全的解密指数，使得模数可以在多项式时间内被分解。对于模数平衡的情况，即 p 的比特长度与 $N^{0.5}$ 的比特长度近似，记为 $p \simeq N^{0.5}$，Jochemsz 和 May[18] 在 2007 年首次给出了小解密指数分析结果，若解密指数满足 d_p，$d_q < N^{0.073}$，CRT-RSA 方案的私钥可以通过 Coppersmith 方法在多项式时间内恢复出来。2010 年，Herrmann 和 May[14] 利用拆开的线性化技术得到了与文献 [18] 一样的结果。上述文献[2,14,18,28] 是自 CRT-RSA 方案提出 30 多年以来关于其小解密指数攻击的主要分析结果。直到 2017 年，Takayasu、卢尧、彭力强[51] 利用新的格构造方法，分别提出了不平

衡模数一般情况下，即 $p < N^{0.5}$ 下的不安全小解密指数范围，以及将平衡模数下的小解密指数攻击结果提高到了 d_p，$d_q < N^{0.091}$。最近，Takayasu、卢尧、彭力强[52]进一步将平衡模数下的小解密指数攻击结果提高到了 d_p，$d_q < N^{0.122}$。下面我们介绍 CRT-RSA 方案小解密指数攻击研究进展。

针对不平衡模数的情况，不妨假设 $q \gg p$。回顾 CRT-RSA 方案的密钥关系，有等式 $ed_q = 1 + k(q-1)$，其中，k 为未知的整数。因此，如果能够求解出模方程 $f_q(x_q, y_q) = 1 + x_q(y_q - 1) = 0 \pmod e$ 的根 $(x_q, y_q) = (k, q)$，模数 N 就可以被分解。记 $p = N^{\beta}$，$q = N^{1-\beta}$，其中 $\beta \leqslant \dfrac{1}{2}$，May[28]对等式 $ed_q = 1 + k(q-1)$ 两边同乘以 p，得到 $ed_qp = p + k(N-p) = N + (k-1)(N-p)$。因此，如果能够求解模方程 $f_p(x_p, y_p) = N + x_p(N - y_p) = 0 \pmod e$ 的根 $(x_p, y_p) = (k-1, p)$，模数 N 就可以被分解。令 $e = N^{\alpha}$，$d_q = N^{\delta}$，可以得到根 (x_p, x_q, y_p, y_q) 的上界分别为 $X_p := N^{\alpha+\beta+\delta-1}$，$X_q := N^{\alpha+\beta+\delta-1}$，$Y_p := N^{\beta}$，$Y_q := N^{1-\beta}$。记 $X := X_p = X_q$。另外一个解密指数可以是任意大小，即 $d_p < p \simeq N^{\beta}$。

4.1 May 的矩阵

2002 年，May[28]求解了模方程 $f_p(x_p, y_p) = 0 \pmod e$ 的小根，其多项式的选取方法可以由 Jochemsz-May 一般策略[17]得到。我们举一个简单例子，May 构造的格基矩阵如下：

$$
\begin{pmatrix}
e & 0 & 0 & 0 & 0 & 0 & 0 \\
0 & eX_p & 0 & 0 & 0 & 0 & 0 \\
N & NX_p & -X_pY_p & 0 & 0 & 0 & 0 \\
0 & 0 & 0 & ey_p & 0 & 0 & 0 \\
0 & 0 & NX_pY_p & NY_p & -X_pY_p^2 & 0 & 0 \\
0 & 0 & 0 & 0 & 0 & eY_p^2 & 0 \\
0 & 0 & 0 & 0 & NX_pY_p^2 & NY_p^2 & -X_pY_p^3
\end{pmatrix}
$$

矩阵中每一行所代表的多项式为：

$$e,\ eX_p,\ f_p(x_p, y_p),\ ey_p,\ y_pf_p(x_p, y_p),\ eY_p^2,\ Y_p^2f_p(x_p, y_p)$$

所选取多项式方程在模 e 下，具有与 $f_p(x_p, y_p)$ 模 e 相同的根。应用 L^3 格基约化算法，得到满足 Howgrave-Graham 引理多项式的充分条件为：

$$X_p^4 Y_p^9 e^4 < e^7 \Leftrightarrow 4(\alpha + \beta + \delta - 1) + 9\beta < 3\alpha$$

$$\Leftrightarrow \delta < 1 - \frac{\alpha + 13\beta}{4}$$

在文献［28］中，May 的核心思想是利用未知变量 $p \ll q$ 这一点，求解模方程 $f_p(x_p, y_p) = 0(\bmod e)$ 的小根，而不是 $f_q(x_q, y_q) = 0(\bmod e)$ 的小根。这也意味着，当 p 的大小接近于 q 时，即 $\beta \geq 0.382$ 时，May 的方法并不适用。

4.2　Bleichenbacher-May 的矩阵

为了提高上述 May 的攻击，受 Durfee 和 Nguyen[9] 的启发，Bleichenbacher 和 May 在格构造中利用了 $y_p y_q = N$ 这一关系。尽管 y_q 是未知的，但通过对所有多项式乘以 y_q 可以减少对角线上的 Y_p 项，从而减小格的行列式。因此，通过优化新变量 y_q 的出现次数，Bleichenbacher-May 方法肯定会优于 May 的方法。注意到，为了使得更好的介绍 CRT–RSA 方案小解密指数攻击的研究进展，我们稍微修改了 Bleichenbacher-May 矩阵的表达方式。

与之前 May 的矩阵相比，Bleichenbacher-May 矩阵中用多项式 ey_q，$N^{-1} \cdot y_q f_p(x_p, y_p)$ 替换了 eY_p^2，$Y_p^2 f_p(x_p, y_p)$，并且同样具有与 $f_p(x_p, y_p)$ 模 e 相同的根：

$$\begin{pmatrix} e & 0 & 0 & 0 & 0 & 0 & 0 \\ 0 & eX_p & 0 & 0 & 0 & 0 & 0 \\ N & NX_p & -X_p Y_p & 0 & 0 & 0 & 0 \\ 0 & 0 & 0 & ey_p & 0 & 0 & 0 \\ 0 & 0 & NX_p Y_p & NY_p & -X_p Y_p^2 & 0 & 0 \\ 0 & 0 & 0 & 0 & 0 & ey_q & 0 \\ 0 & -X_p & 0 & 0 & 0 & Y_q & X_p Y_q \end{pmatrix}$$

矩阵中每一行所代表的多项式为：

$$e, \ eX_p, \ f_p(x_p, y_p), \ ey_p, \ y_p f_p(x_p, y_p), \ \boxed{ey_q, \ N^{-1} \cdot y_q f_p(x_p, y_p)}$$

尽管上述多项式集合的定义与 Bleichenbacher 和 May[2] 在原文中的定义不同，但这两个多项式集合所得到的结果是一样的。应用 L^3 格基约化算法，得到满足 Howgrave-Graham 引理多项式的充分条件为：

$$X_p^4 Y_p^4 Y_q^2 e^4 < e^7 \Leftrightarrow 4(\alpha + \beta + \delta - 1) + 4\beta + 2(1 - \beta) < 3\alpha$$

$$\Leftrightarrow \delta < \frac{1}{2} - \frac{\alpha + 6\beta}{4}$$

与 May[28] 的方法相比，Bleichenbacher-May 矩阵通过乘以 y_q，减小了多项式中 y_p 项的次数。这意味着，Bleichenbacher-May 方法可以平衡 y_p 和 y_q 的次数，不至于在对角线上出现次数过高的 y_p 或 y_q 项。Bleichenbacher-May 方法将之前的小解密指数攻击范围扩展到了 $p < N^{0.468}$。通过引入新的变量 y_q，来减小行列式中 y_p 的次数，是 Bleichenbacher-May 方法的关键。但受限于仍然是求解模方程 $f_p(x_p, y_p) = 0(\bmod e)$ 的小根，因此我们仍然无法通过 Bleichenbacher-May 方法得到一般情况下，即 $p < N^{0.5}$ 的小解密指数攻击。

4.3   Takayasu-Lu-Peng 的矩阵

为了进一步提高 Bleichenbacher-May 的结果，Takayasu、卢尧和彭力强重新回顾了多项式 $f_p(x_p, y_p)$ 和 $f_q(x_q, y_q)$ 的表达形式。先前方法在选取多项式时都是基于一个多项式表达形式提出的，即求解 $f_p(x_p, y_p) \equiv 0(\bmod e)$ 的小根，除此之外，$f_q(x_q, y_q)$ 是 $ed_q = 1 + k(q - 1)$ 的另一种多项式表达形式。Takayasu、卢尧和彭力强注意到，这两种不同的表达形式含有一个关键的代数关系，即 $x_q = x_p + 1$。对于上述例子 Bleichenbacher-May 矩阵，为了使得其为三角矩阵，在选取的多项式集合中必须包括多项式 ey_q。然而，由于 ey_q 大于 e，因此 ey_q 对于得到的满足 Howgrave-Graham 引理条件的多项式是没有帮助的。Takayasu、卢尧和彭力强发现，通过引入多项式 $f_q(x_q, y_q)$，可以在去掉多项式 ey_q 后，仍然保持矩阵为三角矩阵：

$$\begin{pmatrix} e & 0 & 0 & 0 & 0 & 0 \\ 0 & eX_p & 0 & 0 & 0 & 0 \\ N & NX_p & -X_pY_p & 0 & 0 & 0 \\ 0 & 0 & 0 & ey_p & 0 & 0 \\ 0 & 0 & NX_pY_p & NY_p & -X_pY_p^2 & 0 \\ 0 & -X_p & 0 & 0 & 0 & -X_pY_q \end{pmatrix}$$

矩阵中每一行所代表的多项式为：

$$e,\ eX_p,\ f_p(x_p,\ y_p),\ ey_p,\ y_pf_p(x_p,\ y_p),\ \boxed{f_q(x_q,\ y_q)}$$

Takayasu-Lu-Peng 方法用多项式 $f_q(x_q,\ y_q)$ 替代了 Bleichenbacher-May 矩阵中最下面一行所代表的多项式 $N^{-1}\cdot y_qf_p(x_p,\ y_p)$。注意到，实际上 $f_q(x_q,\ y_q)=N^{-1}\cdot y_qf_p(x_p,\ y_p)$ 是相同的，但是利用关系式 $x_q=x_p+1$，矩阵在去掉 ey_q 后，仍然是三角矩阵。这意味着，Takayasu-Lu-Peng 方法利用多项式 $f_q(x_q,\ y_q)$，使得经过删减后的 Bleichenbacher-May 矩阵仍为三角矩阵。应用 L^3 格基约化算法，可以得到满足 Howgrave-Graham 引理多项式的充分条件为：

$$X_p^3 X_q Y_p^4 Y_q e^3 < e^6 \Leftrightarrow 4(\alpha+\beta+\delta-1)+4\beta+(1-\beta)<3\alpha$$

$$\Leftrightarrow \delta < \frac{3}{4} - \frac{\alpha+7\beta}{4}$$

由于 $\beta \leqslant 1/2$，在上述例子中，Takayasu-Lu-Peng 方法优于 Bleichenbacher-May 的结果。

一般来说，Takayasu、卢尧和彭力强选取了如下多项式集合：

$$g_{[i,\ j]}(x_p,\ y_p):=x_p^jf_p^i(x_p,\ y_p)\ e^{m-i},$$

$$g'_{[i,\ j]}(x_p,\ y_p):=y_p^jf_p^i(x_p,\ y_p)\ e^{m-i},$$

$$g''_{[i,\ j]}(x_p,\ x_q,\ y_p,\ y_q):=f_p^{i-j}(x_p,\ y_p)f_q^j(x_q,\ y_q)e^{m-i}$$

其中，为 m 固定的整数，角标 $i,\ j$ 属于集合：

$$\mathcal{I}_x := \{i=0,\ 1,\ \cdots,\ m;\ j=0,\ 1,\ \cdots,\ m-i\},$$

$$\mathcal{I}_{y,\ p} := \{i=0,\ 1,\ \cdots,\ m;\ j=1,\ 2,\ \cdots,\ \lceil\tau_pm\rceil\},$$

$$\mathcal{I}_{y,\ q} := \{i=1,\ 2,\ \cdots,\ m;\ j=1,\ 2,\ \cdots,\ \lceil\tau_qi\rceil\}$$

参数 τ_p，τ_q 经过计算分别被优化为 $\dfrac{1-2\beta-\delta}{2\beta}$ 以及 $\dfrac{1-\beta-\delta}{1-\beta}$。

文献 [52] 中严格证明了，若将多项式按序进行排列，

$$g_{[i,\,j]} < g'_{[i,\,j]},\ g''_{[i,\,j]},$$

$$g_{[i,\,j]} < g_{[i',\,j']},\ g'_{[i,\,j]} < g'_{[i',\,j']},\ g''_{[i,\,j]} < g''_{[i',\,j']},\ i < i',$$

$$g_{[i,\,j]} < g_{[i,\,j']},\ g'_{[i,\,j]} < g'_{[i,\,j']},\ g''_{[i,\,j]} < g''_{[i,\,j']},\ j < j',$$

那么，由 $g_{[i,\,j]}(x_p X_p,\ y_p Y_p)$，$g'_{[i,\,j]}(x_p X_p,\ y_p Y_p)$ 以及 $g''_{[i,\,j]}(x_p X_p,\ x_q X_q,\ y_p Y_p,\ y_q Y_q)$ 的系数向量构成的格基矩阵为三角矩阵。其中，想要求解的未知变量之间存在两个代数关系，$x_q = x_p + 1$ 以及 $y_p y_q = N$。通过后一个代数关系，即 $y_p y_q = N$，多项式中所有的 $y_p y_q$ 可以用 N 替代，即多项式中所有单项式都不再同时包含 y_p 和 y_q。除此之外，利用第一个关系 $x_q = x_p + 1$，变量 x_p，x_q 也可以进行相互替换，从而使得所有单项式也都不再同时包含 x_p 和 x_q。更具体地，x_p 只出现在 y_p 次数为非负整数的单项式中，x_q 只出现在 y_q 次数为正整数的单项式中。上述变换是 Takayasu-Lu-Peng 方法中构造格基为三角矩阵的关键。经过计算，Takayasu、卢尧和彭力强成功给出了一般情况下，即 $p < N^{0.5}$ 时的小解密指数攻击。

注意到，在分析 $p < N^{0.5}$ 时的不安全解密指数范围时，上述方法只用到了 $e d_q \equiv 1 \bmod (q-1)$。Takayasu、卢尧和彭力强通过引入另一个密钥关系 $e d_p \equiv 1 \bmod (p-1)$，并利用类似变换技巧，成功地将 $p \simeq N^{0.5}$ 时的小解密指数攻击结果从 d_p，$d_q < N^{0.073}$ 提高到了 d_p，$d_q < N^{0.122}$。具体的相关证明细节可以参考文献 [52]。

5　总结

在本文中，我们分别介绍了关于 RSA 方案及其快速解密标准 CRT-RSA 方案的小解密指数攻击研究进展。RSA 类方案的不安全小解密指数范围的上界一直是研究学者的关注热点，它对于方案参数的选取有重要意义。Boneh 和 Durfee 在给出了 $d < N^{0.292}$ 时的分析结果后，猜想小解密指数攻击范围的上界是否能达到 $N^{0.5}$？因为，Boneh 和 Durfee 认为他们在格构造中并没有利用到 p 和 q 这两个变量的关系，即 $pq = N$，而是把 $p + q$ 看成了一个未知变量。因此，如何能提高 RSA 类方案的小解密指数分析结果也一

直是密码分析学的一个重要开放问题。其中的关键技术 Coppersmith 方法的应用难点在于多项式的选取，Jochemsz-May 策略的优点是可以对任意形式的方程构造三角矩阵的格基，缺点是可能无法充分利用方程中未知变量相互之间存在的代数关系。优化的多项式选取策略的提出，可能会改进许多现有研究结果。

参考文献

［1］Bauer, A., Vergnaud, D., Zapalowicz, J.: Inferring Sequences Produced by Non-linear Pseudorandom Number Generators Using Coppersmith's Methods. In: PKC 2012. pp. 609-626.

［2］Bleichenbacher, D., May, A.: New Attacks on RSA with Small Secret CRT-Exponents. In: PKC 2006. pp. 1-13 (2006).

［3］Blömer, J., May, A.: New Partial Key Exposure Attacks on RSA. In: CRYPTO 2003. pp. 27-43 (2003).

［4］Boneh, D., Durfee, G.: Cryptanalysis of RSA with private key d less than $N^{0.292}$. IEEE Transactions on Information Theory 46 (4), 1339-1349 (2000).

［5］Boneh, D., Durfee, G., Frankel, Y.: An Attack on RSA Given a Small Fraction of the Private Key Bits. In: ASIACRYPT 1998. pp. 25-34 (1998).

［6］Coppersmith, D.: Finding a small root of a univariate modular equation. In: EURO-CRYPT 1996. pp. 155-165 (1996).

［7］Coppersmith, D.: Finding a small root of a bivariate integer equation; factoring with high bits known. In: EUROCRYPT 1996. pp. 178-189 (1996).

［8］Coron, J., May, A.: Deterministic Polynomial-Time Equivalence of Computing the RSA Secret Key and Factoring. Journal of Cryptology 20 (1), 39-50 (2007).

［9］Durfee, G., Nguyen, P. Q.: Cryptanalysis of the RSA Schemes with Short Secret Exponent from Asiacrypt'99. In: ASIACRYPT 2000. pp. 14-29 (2000).

［10］Ernst, M., Jochemsz, E., May, A., de Weger, B.: Partial Key Exposure Attacks on RSA up to Full Size Exponents. In: EUROCRYPT 2005. pp. 371-384 (2005).

［11］Herrmann, M.: Lattice-based cryptanalysis using unravelled linearization. Ph. D. thesis, der Ruhr-Universitat Bochum (2011), http://www-brs. ub. ruhr-uni-bochum. de/netahtml/HSS/Diss/HerrmannMathias/diss. pdf

［12］Herrmann, M., May, A.: Solving linear equations modulo divisors: On factoring given any bits. In: ASIACRYPT 2008. pp. 406-424 (2008).

［13］Herrmann, M., May, A.: Attacking power generators using unravelled linearization: When do we output too much? In: ASIACRYPT 2009. pp. 487-504 (2009).

［14］Herrmann, M., May, A.: Maximizing small root bounds by linearization and applications to small secret exponent RSA. In: PKC 2010. pp. 53-69 (2010).

［15］Howgrave-Graham, N.: Finding small roots of univariate modular equations revisited. In: Cryptography and Coding 1997. pp. 131-142 (1997).

［16］Huang, Z., Hu, L., Xu, J.: Attacking RSA with a Composed Decryption Exponent Using Unravelled Linearization. In: Inscrypt 2014. pp. 207-219 (2014).

［17］Jochemsz, E., May, A.: A strategy for finding roots of multivariate polynomials with new applications in attacking RSA variants. In: ASIACRYPT 2006. pp. 267-282 (2006).

［18］Jochemsz, E., May, A.: A Polynomial Time Attack on RSA with Private CRT-Exponents Smaller Than $N^{0.073}$. In: CRYPTO 2007. pp. 395-411 (2006).

［19］Kleinjung, T., Aoki, K., Franke, J., Lenstra, A. K., Thomé, E., Bos, J. W., Gaudry, P., Kruppa, A., Montgomery, P. L., Osvik, D. A., te Riele, H. J. J., Timofeev, A., Zimmermann, P.: Factorization of a 768-bit RSA modulus. In: CRYPTO 2010. pp. 333-350 (2010).

［20］Kunihiro, N., Kurosawa, K.: Deterministic Polynomial Time Equivalence Between Factoring and Key-Recovery Attack on Takagi's RSA. In: PKC 2007. pp. 412-425 (2007).

［21］Kunihiro, N.: On optimal bounds of small inverse problems and approximate GCD problems with higher degree. In: ISC 2012. pp. 55-69.

［22］Kunihiro, N., Shinohara, N., Izu, T.: A Unified Framework for Small Secret Exponent Attack on RSA. IEICE Transactions 97-A (6), 1285-1295 (2014).

[23] Lenstra, A. K. , Lenstra, H. W. , Lovász, L. : Factoring polynomials with rational coefficients. Math. Ann. 261 (4), 515-534 (1982).

[24] Lenstra, A. K. , Tromer, E. , Shamir, A. , Kortsmit, W. , Dodson, B. , Hughes, J. P. , Leyland, P. C. : Factoring estimates for a 1024-bit RSA modulus. In: ASIACRYPT 2003. pp. 55-74 (2003).

[25] Lu, Y. , Zhang, R. , Lin, D. : Factoring Multi-power RSA Modulus $N = p^r q$ with Partial Known Bits. In: ACISP 2013. pp. 57-71 (2013).

[26] Lu, Y. , Zhang, R. , Lin, D. : New Partial Key Exposure Attacks on CRT-RSA with Large Public Exponents. In: ACNS 2014. pp. 151-162 (2014).

[27] Lu, Y. , Zhang, R. , Peng, L. , Lin, D. : Solving linear equations modulo unknown divisors: Revisited. In: ASIACRYPT 2015, Part I. pp. 189-213 (2015).

[28] May, A. : Cryptanalysis of Unbalanced RSA with Small CRT-Exponent. In: CRYPTO 2002. pp. 242-256 (2002).

[29] May, A. : New RSA vulnerabilities using lattice reduction methods. Ph. D. thesis, University of Paderborn (2003), http: //ubdata. uni-paderborn. de/ediss/17/2003/may/disserta. pdf

[30] May, A. : Secret exponent attacks on RSA-type schemes with moduli $N = p^r q$. In: PKC 2004. pp. 218-230 (2004).

[31] May, A. : Computing the RSA Secret Key Is Deterministic Polynomial Time Equivalent to Factoring. In: CRYPTO 2004. pp. 213-219 (2004).

[32] Nguyen, P. Q. , Vallée, B. (eds.): The LLL Algorithm-Survey and Applications. Information Security and Cryptography, Springer, Heidelberg (2010).

[33] Peng, L. , Hu, L. , Lu, Y. , Wei, H. : An Improved Analysis on Three Variants of the RSA Cryptosystem. In: Inscrypt 2016. pp. 140-149 (2016).

[34] Peng, L. , Hu, L. , Lu, Y. , Xu, J. , Huang, Z. : Cryptanalysis of Dual RSA. Designs, Codes and Cryptography 83 (1), 1-21 (2017).

[35] Quisquater, J. , Couvreur, C. : Fast decipherment algorithm for RSA public-key

cryptosystem. Electronics Letters 18 (21), 905-907 (1982).

[36] Rivest, R. L., Shamir, A., Adleman, L. M.: A method for obtaining digital signatures and public-key cryptosystems. Communications of the ACM 21 (2), 120 – 126 (1978).

[37] RSA Laboratories. PKCS # 1 v2.1: RSA Cryptography Standard. Passover Seder, 2002.

[38] Sarkar, S.: Small secret exponent attack on RSA variant with modulus $N = p^r q$. Designs, Codes and Cryptography 73 (2), 383-392 (2014).

[39] Sarkar, S., Maitra, S.: Partial Key Exposure Attack on CRT-RSA. In: ACNS 2009. pp. 473-484 (2009).

[40] Sarkar, S.: Revisiting Prime Power RSA. Discrete Applied Mathematics 203, 127-133.

[41] Shor, P. W.: Algorithms for quantum computation: Discrete log and factoring. In: FOCS 1994. pp. 124-134 (1994).

[42] Takayasu, A., Kunihiro, N.: Cryptanalysis of RSA with Multiple Small Secret Exponents. In: ACISP 2014. pp. 176-191.

[43] Takayasu, A., Kunihiro, N.: Partial Key Exposure Attacks on RSA: Achieving the Boneh-Durfee Bound. In: SAC 2014. pp. 345-362 (2014).

[44] Takayasu, A., Kunihiro, N.: Partial Key Exposure Attacks on CRT-RSA: Better Cryptanalysis to Full Size Encryption Exponents. In: ACNS 2015. pp. 518-537 (2015).

[45] Takayasu, A., Kunihiro, N.: Partial Key Exposure Attacks on RSA with Multiple Exponent Pairs. In: ACISP 2016. pp. 243-257.

[46] Takayasu, A., Kunihiro, N.: How to Generalize RSA Cryptanalyses. In: PKC 2016, Part II. pp. 67-97 (2016).

[47] Takayasu, A., Kunihiro, N.: Partial key exposure attacks on CRT-RSA: general improvement for the exposed least significant bits. In: ISC 2016. pp. 35-47 (2016).

[48] Takayasu, A., Kunihiro, N.: Small secret exponent attacks on RSA with unbalanced prime factors. In: ISITA 2016. pp. 236-240 (2016).

［49］Takayasu, A. , Kunihiro, N. : A Tool Kit for Partial Key Exposure Attacks on RSA. In: CT-RSA 2017. pp. 58-73 (2017).

［50］Takayasu, A. , Kunihiro, N. : General bounds for small inverse problems and its applications to Multi-Prime RSA. IEICE Transactions 100-A (1), 50-61 (2017).

［51］Takayasu, A. , Lu, Y. , Peng, L. : Small CRT-Exponent RSA Revisited. In: EU-ROCRYPT 2017, Part Ⅱ. pp. 130-159 (2017).

［52］Takayasu, A. , Lu, Y. , Peng, L. : Small CRT-Exponent RSA Revisited. Journal of Cryptology (Feb 2018).

［53］Wiener, M. J. : Cryptanalysis of short RSA secret exponents. IEEE Transactions on Information Theory 36 (3), 553-558 (1990).

ISO/IEC 中的中国自主密码技术和规则贡献实践报告

李琴[1]，曹军[1]，黄振海[1]，张璐璐[2]，郑骊[3]，杜志强[4]

[1. 西安西电捷通无线网络通信股份有限公司，西安，710075

2. WAPI 产业联盟（中关村无线网络安全产业联盟），北京，100191

3. 工业和信息化部宽带无线 IP 标准工作组，西安，710075

4. 无线网络安全技术国家工程实验室，西安，710075]

[摘要] 标准是世界的通用语言，也是国际贸易的通行证。国际标准是全球治理体系和经贸合作发展的重要技术基础，世界需要标准协同发展，标准促进世界互联互通。网络安全法及新标准化法都对我国积极参与国际标准化活动，推动中国自主密码安全技术"走出去"提出了更高的要求。密码技术中的密码安全协议技术，是基于密码定义的网络安全连接及数据安全传输的基本格式和规则，已成为网络协议的基本组成部分，支撑了芯片、操作系统、计算机、网络设备基本安全能力的构建，是网络空间安全的基石。密码技术的国际标准化活动更是一个综合实力较量的过程，需要从国际标准化规则及技术贡献多角度展开博弈。随着我国综合国力提升以及日益融入全球经贸活动，国家更加重视标准化工作，近年来积极参与国际标准化活动并取得了长足进步。本文通过对 ISO/IEC 国际标准化活动十多年的跟进与梳理，研究了中国在密码技术相关领域国际标准化规则及技术贡献的实践案例，包括对标准开发组织合作协议（PSDO）、SC 6 安全特设小组（AHGS）、ISO 专利政策小组（PPG）、国际标准中密码算法等规则实践以及十多项中国自主密码技术国际提案贡献情况等，审视中国密码技术"走出去"需要注意的问题，并就未来如何促进更多中国密码技术"走出去"提出具体建议。

[**关键词**] 密码技术；密码安全协议技术；技术贡献；规则贡献；ISO/IEC；国际标准化；实践报告

The Practice Report on Contributions of China's Innovative Cryptographic Technology and Rules in ISO/IEC

Li Qin[1], Cao Jun[1], Huang Zhenhai[1], Zhang Lulu[2], Zheng Li[3], Du Zhiqiang[4]

[1. China IWNCOMM Co., Ltd., Xi'an, 710075

2. WAPI Alliance (Wireless Network Security Industry Alliance of Zhongguancun), Beijing, 100191

3. Broadband Wireless IP Standard Working Group, MIIT, China, Xi'an, 710075

4. National Engineering Laboratory for Wireless Network Security Technology, Xi'an, 710075]

[**Abstract**] Standards are the universal language of the world. They are also the passport for international trade. International standards are the important technical basis for the development of global governance systems and economic and trade cooperation. The world needs standards for synergistic development. At the same time, standards promote world connectivity. Both the People's Republic of China Network Security Law and the new People's Republic of China Standardization Law have placed higher demands on China's active participation in international standardization activities and the promotion of China's independent cryptographic security technology going global. Cryptographic security protocol technology which belongs to Cryptographic technology, is the definition of basic format and rules of network security connection and data security transmission based on cryptographic. As the basic component of network protocol, it supports the construction of basic security capabilities of chips, operating systems, computers and network equipment. It's the cornerstone of network space security. The international standardization activities of cryptography is a process of comprehensive strength competition, which needs to be carried out from the perspective of international standardization rules and technical contributions. With the improvement of China's overall national strength and its increasing integration into global economic and trade activities, China has paid more attention to standardization. In recent years, China has actively participated in international standardization activities and made great progress. Through following up and sorting out ISO/IEC international standardization activities for more than 10 years, this report studies the practical cases of China's international standardization rules and technical contributions in the field of cryptographic security technology, including: Prater standards development organization (PSDO) cooperation agreement, SC 6 Ad Hoc Group on Security (AHGS), the ISO Patent Policy Group (PPG), the rules about the using of cryptographic algorithms in the international standards, the contribution of more than a dozen international proposals about China's independent cryptographic security technology and so on. This report examines the issues that need to be paid attention to when Chinese cryptographic technology goes globally and puts forward specific suggestions on how to promote more Chinese cryptographic technology to go globally in the future.

[**Keywords**] Cryptographic technology; Cryptographic security protocol technology; Technical contributions; Rules contributions; ISO/IEC; International standardization; Practice report

1 引言

标准是世界的通用语言，也是国际贸易的通行证，国际标准是全球治理体系和经贸合作发展的重要技术基础，对于信息技术领域更是如此。世界需要标准协同发展，标准促进世界互联互通。在 2016 年发布的《网络安全法》第七条中明确提出"国家积极开展网络空间治理、网络技术研发和标准制定、打击网络违法犯罪等方面的国际交流与合作，推动构建和平、安全、开放、合作的网络空间，建立多边、民主、透明的网络治理体系。"在 2017 年发布的新标准化法第八条中提出"国家积极推动参与国际标准化活动，开展标准化对外合作与交流，参与制定国际标准，结合国情采用国际标准，推进中国标准与国外标准之间的转化运用。"从采用国际标准到推动中国标准向国际标准的转化，推动中国标准在国际上的推广和应用，用标准化工作助力中国更高水平的对外开放。

密码技术是网络空间安全的重要基石，中国自主密码技术已成为全球网络协议重大演进过程的重要组成部分。本文通过对 ISO/IEC 国际标准化活动十多年的跟进与梳理，研究了中国在密码技术相关领域国际标准化规则及技术贡献的实践案例，进而审视中国密码安全技术"走出去"需要注意的问题，并就如何促进未来更多中国密码安全技术"走出去"提出具体建议。

2 ISO/IEC 密码技术国际标准化环境

国际标准化组织 ISO 和国际电工委员会 IEC 都是全球范围内公认的三大国际标准化组织之一，其制定的国际标准在全球经济贸易中发挥着重要作用。《ISO/IEC 导则 第 1 部分：技术工作程序》[1]规定了 ISO/IEC 在开展技术工作中应遵守的程序；《ISO/IEC 导则 第 2 部分：国际标准的结构和编写规则》[2]规定了国际标准、技术规范或可公开提供的规范的结构及编写、表述规则。

在信息技术领域，虽然 IEC 强调的是硬件，而 ISO 强调的是软件，但他们的职能在很多地方有所重叠。ISO/IEC JTC 1 是 ISO/IEC 第一联合技术委员会，是信息技术领域国际标准化委员会，也是中国密码技术"走出去"的主要标准化领地。鉴于信息技术的工作特点，ISO/IEC JTC 1 被批准执行自己的技术工作程序《ISO/IEC JTC 1 技术工作程序》[3]，但要求尽量与《ISO/IEC 导则》保持一致。

表 1 给出 ISO/IEC 导则文件的演进情况，现行的导则第 1 部分是 2018 年发布的第 14 版，第 2 部分是 2018 年发布的第 8 版，ISO/IEC JTC 1 技术工作程序是 2017 年发布的第 8 版。中国密码安全技术"走出去"需要关注到每一次导则的变化所带来的影响，

例如需要关注最新版导则中对于"联络""FDIS 投票中附带意见""共识""快速流程"等相关内容的变化，这将有利于我们在处理涉及密码技术国际标准提案时提供支撑，为我国密码技术国际化留出空间，找准合适时机，确定合适路径。

表 1 ISO/IEC 导则演进历史

导则	⋯	2001	⋯	2011	2012	2013	2014	2015	2016	2017	2018
ISO/IEC 导则　第 1 部分	⋯	4th	⋯	8th	9th	10th	11th	11th Cor.	12th	13th	14th
ISO/IEC 导则　第 2 部分	/	4st	/	6nd	/	/	/	/	7th	/	8th
ISO/IEC JTC 1 技术工作程序	/	/	/	/	/	/	/	6nd	7rd	8th	/

　　ISO/IEC JTC 1 下设 22 个分技术委员会（SC），这些 SC 分别承担各自领域的标准化活动和标准制定工作，各 SC 根据任务需求成立若干个专题工作组（WG）。JTC 1 下设的 SC 中，其中 SC 6 系统间通信及信息交换、SC 27 IT 安全技术、SC 31 自动识别和数据采集技术三个分技术委员会与密码技术及其应用最为相关，尤其是 SC 27。ISO/IEC JTC 1 与密码技术相关的分技术委员会情况见表 2。

表 2 ISO/IEC JTC 1 与密码技术相关的分技术委员会

SC	领域	建立时间	秘书处	主要参与国家
JTC 1/SC 6	系统间远程通信和信息交换	1964 年	韩国 KATS	韩国、美国、中国、日本、英国、奥地利等
JTC 1/SC 27	IT 安全技术	1990 年	德国 DIN	德国、美国、英国、日本、中国、韩国、比利时、以色列等
JTC 1/SC 31	自动识别与数据采集	1996 年	美国 ANSI	美国、荷兰、韩国、中国、法国、德国、巴西、奥地利、英国等

3　密码技术相关国际标准化规则实践研究

　　国际标准化活动不仅仅由导则文件予以规范和指导，具体到执行层面，还有各 SC

及各 WG 的一些具体要求和文件，在国际标准推进过程中还需要注意一些重要的会议决议及相关文件。

3.1 国际标准中引用密码算法的要求

信息技术通常会涉及安全技术，因此不可避免会用到密码算法。密码算法是信息技术的基础，各国都在积极将自己的密码算法贡献为国际标准，同时因涉及国家安全，各国对于密码算法的使用也有相应的规定。

密码技术国际标准中，密码算法国际标准一般会规范同类别的一系列具体算法，密码安全协议国际标准中一般只是对密码算法提出要求或者是引用具体的算法作为示例。从技术角度来说，密码算法和密码安全协议是一种松耦合的关系，但在研究中发现也有不少密码安全协议国际标准会指定一种具体的算法，将密码算法和密码安全协议进行紧耦合绑定。这种指定一种具体算法的做法，从技术工程角度来讲，有利于互联互通，但从安全角度来讲，并不符合很多国家对密码算法使用的规定。

通过对 ISO/IEC 已发布和在研标准进行研究，我们发现：一方面，大量美国牵头的标准提案限定了只能使用美国国家标准与技术研究院（NIST）发布的 AES 密码算法，采用其他密码算法则不符合标准；但另一方面，我们却发现对于我国修改采用国际标准的中国国家标准中涉及使用我国商用密码算法时，美国信息产业机构等反对对密码算法和加密模式所做出的修改，并将其定性为技术性贸易壁垒。

因此，在国际标准会议涉及密码算法引用问题讨论时，中国代表指出应描述为"密码算法应遵从国家和趋于管理规则"或类似的方式。但美国代表依据 2012 年 ISO/TMB 决议第 8 条（图 1）中提到的"进一步同意有关合同义务或政府规定的声明不被允许""要求在制定过程中删除任何这样的语句（即在 DIS 之前），并且在可交付出版物被修订时，在现有的可交付出版物中的任何这样的声明将被删除。"认为标准中不可写密码算法应遵从国家和趋于管理规则，因此，美国在制定标准时通常选择限定为一种具体的算法。

> TECHNICAL MANAGEMENT BOARD RESOLUTION 8/2012 **Statements intended to limit the purpose or use of deliverables**
> <u>Further agrees</u> that statements relating to contractual obligations or government regulation are also not permitted,
> <u>Requests</u> that any such statements be removed during the development of a deliverable (i.e. before the close of the DIS) and that any such statements in existing deliverables be removed when the deliverable is revised,

图 1　2012 年 TMB 决议第 8 条

通过进一步对 TMB 相关决议进行研究，我们发现 2018 年 6 月 14—15 日的 ISO/TMB 会议（巴西圣保罗）决议中，对上述问题进行了澄清。如图 2 所示，该条决议指出"国际标准中如果明确要求符合特定的法律、法规，这是不允许的，其他情况是允许的"，因此在密码安全技术相关的国际标准中对密码算法的引用及要求更为合理的做法是明确"用于信息安全机制的密码算法需遵从国家和区域管理规则。在国际标准中，密码算法应仅作为示例，需遵守国家法律和管理规则，并可根据不同国家和区域的具体需求进行选择。"这样既没有明确要求符合特定的法律法规，例如说某个国家的法律法规，又不会出现规定了一种具体的算法而对于其他国家使用该国际标准时可能存在的密码算法不合规的问题。基于本文所做出的研究，2018 年 6 月，中国国家成员体已向 SC 6 提交了一份关于上述建议的提案，目前该提案正在 SC 6 讨论中，有待于进一步跟进。

> TECHNICAL MANAGEMENT BOARD RESOLUTION 70/2018
> Adopted at the 72nd meeting of the Technical Management Board, São Paulo (Brazil), 14-15 June 2018
> Legal statements in ISO deliverables
>
> The Technical Management Board,
> Noting the issues of interpretation related to Technical Management Board Resolution 8/2012 concerning the phrase "Further agrees that statements relating to contractual obligations or government regulation are also not permitted";
>
> Further noting that
> • text relating to compliance with contractual obligations, legal requirements and government regulations exists in many ISO standards; and
> • ISO deliverables can be used to complement such requirements and serve as useful tools for all related stakeholders (which can include government authorities and industry players);
> Further noting the responses received from the DMT consultation on this question;
> Clarifies that, for all ISO deliverables:
> a) Statements that include an explicit requirement or recommendation to comply with any specific law, regulation or contract (such as a normative reference to such requirements), or portion thereof, are not permitted;
> b) Statements related to legal and regulatory requirements that do not violate point a) are permitted;
> c) Factual examples of the content of specific laws or regulations for informative purposes are permitted; and
> d) No exceptions shall be granted to point a);

图 2　2018 年 TMB 决议第 70 条

　　长期以来，美国利用其在国际标准组织中的现实优势地位，将其密码算法和安全协议推进为国际标准，并长期将美国技术列为标准的强制项，排斥其他国家的技术，通过这种方式实现其对网络技术领域的控制。这对于我国自主网络安全技术"走出去"、加快提升我国对网络空间的国际话语权和规则制定权、践行网络强国战略是巨大的障碍。因此，在密码技术相关国际标准提案讨论中，对于涉及不合理引用密码算法的问题我们应高度警惕，并积极发声，维护国际标准应有的秩序。

3.2　伙伴标准制定组织（PSDO）合作协议

　　如图 3 所示，国际标准项目一般流程分六个阶段：立项（提出新工作项目建议 NP）、准备阶段（输出工作草案 WD）、委员会阶段（输出委员会草案 CD）、询问阶段（输出国际标准草案 DIS）、批准阶段（输出最终国际标准草案 FDIS，可跳过）及出版阶段（输出国际标准 IS）。除了上述程序外，还有 DIS 快速流程、FDIS 快速流程等。

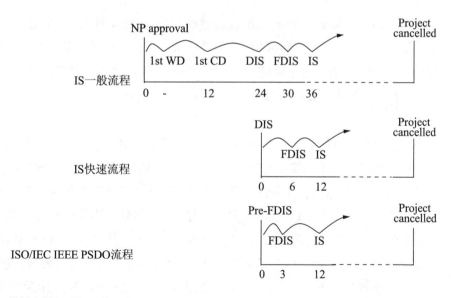

注：横轴为样例时间，单位为月。

图 3　国际标准推进流程对比图示

以 SC 6 为例，国际标准中相当一部分是与 ITU-T 以及包括 IEEE 802 和欧洲信息和通信系统标准化协会（Ecma）在内的标准化组织按照导则规定的快速流程或者签署的合作协议共同完成的。ISO/IEC 导则赋予了这些 A 类联络组织将其已有的标准直接通过快速流程提交至 JTC 1 进行 DIS 投票，进而进入 FDIS 阶段，从而批准成为国际标准的权利，这就是 DIS 快速流程。

2008 年，IEEE 与 ISO 签署了"伙伴型标准制定组织（PSDO）"合作协议，赋予 IEEE 标准直接提交至 SC 6，通过简单多数投票原则成为最终国际标准草案（FDIS），进而投票成为国际标准的权利，现行的是 ISO/IEEE PSDO 2016 版[4]。ISO/IEEE PSDO 属于 FDIS 快速流程。

ISO/IEEE PSDO 涉及 ISO/TC 204 智能运输系统、ISO/TC 215 健康信息学以及 ISO/IEC JTC 1 信息技术领域。在 ISO/IEEE PSDO 框架下，已发布的 IEEE 标准可以直接通过 FDIS 流程发布为 ISO/IEEE 国际标准。但通过进一步地对比正常程序、DIS 程序、FDIS 程序以及 IEEE 标准推进流程，我们发现 ISO/IEEE PSDO 合作协议存在三点显性不公平：

（1）在该协议框架下，IEEE 标准直接通过 FDIS 流程发布为国际标准。在现行的 ISO/IEC 框架下，国际标准提案在 DIS 阶段的技术反对意见必须处理，例如召开投票意见处理会议（CRM）来讨论并形成一致，而 FDIS 阶段已经不再接受技术性意见。因此，在实际操作过程中，在该协议框架下，各国家成员体提出的技术意见并不能得到合理处理。

（2）在该协议框架下，版权归 IEEE 所有。标准修订涉及的版权等问题较为复杂，尽管 ISO 或 IEEE 均可发起修订，但该协议规定，如果是 IEEE 发起 ISO 不参加，则 IEEE 将修订后的新标准重新走快速流程；如果 ISO 发起 IEEE 不参加，则 ISO 可以继续，但如果使用原来 ISO/IEEE 标准的内容，需要签署另外的协议；如果双方均愿意修订，则成立维护组，双方各派专家，召集人经双方认可。这意味着，IEEE 掌握着 ISO/IEEE 标准修订绝对主动权，相当于掌握着相关技术标准的技术演进发展的控制权。

（3）在该协议框架下，任何根据 FDIS 快速流程制定的 ISO/IEEE 国际标准，包括任何这类国际标准的未来版本，其版权属于 IEEE。ISO 不获得也不声明对这些 ISO/IEEE 国际标准拥有版权或任何其他所有权。IEEE 虽然授予 ISO 及其成员体完全的免版税使用权，但是根据 FDIS 快速流程制定的 ISO/IEEE 标准只能被完整无修改地采用和/或翻译。如果 ISO 成员希望修改采用和/或翻译根据 FDIS 快速流程制定的 ISO/IEEE 标准，必须获得 IEEE 的书面许可。这一版权声明削弱了 ISO 成员对国际标准进行修改采用的权利。

在该协议框架下，大量的 IEEE 标准被发布为国际标准，2017—2018 年，仅 IEEE 802 系列就有 28 项标准通过 FDIS 流程成为国际标准；据不完全统计，仅 IEEE 802 系列就有来自国家成员体的 30 余项技术意见未得到妥善处理。在 IEEE 针对 IEEE 802.1AE、IEEE 802.1X 系列标准涉及的相关技术意见的回复中，IEEE 多次用所谓的"商业上的成功"来回应技术的缺陷。甚至在 2017 年 10 月比利时专家爆出 IEEE 802.11 存在的密钥重装攻击 KRACK[5] 广为人知的情况下，IEEE 仍坚持将有安全缺陷的 IEEE 802.11-2016 通过 FDIS 发布为国际标准，在对涉及 KRACK 技术意见的回复中，IEEE 声称这只是一个实现问题而不是标准问题，但同时他们却在 IEEE 组织内部针对该漏洞推进标准的修订[8]。

PSDO 协议使 IEEE 获得了高于其他 ISO 联络组织的提案权利，这实际上是对各国家成员体参与国际标准活动的公平性的削弱。前期中国国家成员体已多次就 PSDO 提出反对，时任 SC 6 主席 Hyun Kook Kang 也曾表示"FDIS 快速流程使得大家在预投票时提的意见被忽略没有被解决，希望能有一个流程来解决这个问题"。2018 年 7 月 31 日流通的 ISO/IEEE PSDO 2016 版协议实施指南[7]，仍存在这些问题。基于本研究，我们应继续针对 PSDO 及该实施指南组织反馈意见，进一步反对这种不合理的协议，为我国在信息技术国际标准化领域争取应有的公平性。

3.3 SC 6 安全特设小组（AHGS）

3.2 中提到，在 ISO/IEEE PSDO 框架下，一些可能存在安全问题的 IEEE 标准直接通过 FDIS 流程发布为国际标准。同时，随着信息技术的演进发展，早些年发布的一些标准逐步出现潜在安全风险。因此，鉴于安全对于新兴技术标准以及产业的重要性，有必要采取一系列措施来审视这些标准存在的安全问题。2017 年 2 月，在突尼斯召开的 ISO/IEC JTC 1/SC 6 会议上，中国代表团呼吁 SC 6 建立一个关于安全的特设组（AHGS）来处理国际标准提案投票过程中与安全技术相关的有争议的意见及处理方式，并审阅 SC 6 已发布标准中的安全技术，提出修改或者补篇的建议。SC 6 会议现场同意成立安全特设组，并在 SC 6 全体国家成员体范围内发起投票以确定其职责范围（ToR）。

2017 年 10 月，SC 6 首尔会议充分讨论了 AHGS 相关的历史文件，确定了 ToR：为识别出潜在的改进领域，审议 SC 6 已发布标准和正在进行的项目中的安全技术。

2017 年 11 月，SC 6 首尔会议结束后，中方专家迅速开展 SC 6 已发布国际标准和正在进行的项目梳理工作，并牵头起草了 AHGS 工作计划，将审阅 SC 6 所有 374 项已发布国际标准和 20 项正在进行的 SC 6 项目纳入 AHGS 的工作范围。

截至 2018 年 8 月，AHGS 共有来自澳大利亚、奥地利、中国、韩国、英国和美国的 15 位专家，已召开五次会议，共审议 79 项 SC 6 标准，指出 ISO/IEC/IEEE 8802-11、ISO/IEC/IEEE 8802-3、ISO/IEC/IEEE 8802-1AE 、ISO/IEC 24824-3 等 25 项标准中存在潜在安全问题。涉及 ISO/IEC 24824-3 所存在的使用已被破解的 Triple-DES 算法等问题在 AHGS 组内已达成一致，认为需要对标准进行修订；但对于涉及 ISO/IEC/IEEE 标准所存在的安全问题包括其中强制使用 AES 算法等问题，美国专家（IEEE 代表）一直坚称这些都不是问题，或者说只是实现问题，不同意在 AHGS 报告中包含对这些标准的审议情况。

充分利用 AHGS 平台，推动相关评议机制切实落地并长期存续，提升 SC 6 已发布标准和正在开展项目的安全技术的质量，并确保我方针对 IEEE 相关提案的技术意见得到合理处理和采纳，是推动我国商用密码算法的国际化应用、促进我国密码安全协议领域创新的重要行动。目前中国国家成员体已提交贡献，建议 AHGS 小组能延期继续开展工作，SC 27 任命的 SC 6 到 SC 27 的联络官黄振海先生也将 AHGS 小组的情况在 2018 年 5 月的 SC 27 武汉会议上做了介绍，促进这种评议机制在 SC 27 等工作领域中推进并落实，最终确保信息技术领域标准的安全技术质量得以提升。

3.4 ISO 专利政策小组（PPG）

标准是经济活动和社会发展的技术支撑；标准必要专利（SEP）是指标准实施不可避免会采用的专利。标准必要专利是整个行业都必须使用的专利，在世界范围内都具有极高的商业价值。信息技术领域作为一个产业全球化行业，国际标准是信息技术行业主流，标准必要专利政策的本质是国际竞争策略的制定。由于标准必要专利的必用性，各国公司都在研发创新过程中积极积累标准必要专利，更是在国际市场竞争中重视对标准必要专利的运用。密码技术是信息技术的基础，关系着国家网络空间安全的话语权，因此，推进中国密码技术"走出去"应持续关注国际标准专利政策。

ISO/IEC 标准专利政策涉及的主要文件包括《ISO/IEC 导则》《ITU-T/ITU-R/ISO/IEC 共同专利政策》[9]《ITU-T/ITU-R/ISO/IEC 共同专利政策实施指南》[10]《ITU-T/ITU-R/ISO/IEC 专利声明及许可声明表》[11]。这些政策文件明确了标准必要专利处置的基本原则及框架，也经历住了多年来的实践考验，同时也为其他标准组织标准必要专利处置提供了参考。但标准必要专利问题因涉及技术、法律等多方面问题，随着标准化的发展及实践的不断积累，大家对于标准必要专利认知也在不断地深化，标准必要专利政策也在逐步细化。

2017 年 1 月 31 日，为确保 ITU-T/ITU-R/ISO/IEC 共同专利政策可以持续满足 ISO 及其成员的利益，跟进相关行业（如 ICT 行业）以及其他法律论坛围绕专利的讨论，评估相关问题和挑战对 ISO 及其成员的影响，ISO 专利政策小组（PPG）正式成立。该小组负责审议与 ISO 相关的专利问题，就影响专利政策的关键问题以及如何实施此类政策变革等向 TMB 提出建议。PPG 成员包括德国、美国、英国、澳大利亚、中国、法国、日本、瑞典等 8 个由 TMB 选定的 ISO 成员国家，每个成员国制定一名该领域的专家参加。

目前 PPG 小组工作即将完成既定的 2 年任务，通过邮件及每年两次的电话会议集中研究讨论了（1）ANSI 针对 ISO／IEC 导则　第 1 部分　第 2.14 节的修改建议；（2）JPO 与 ISO 涉及在专利审查过程中访问 ISO 标准资源的试点协议；（3）ISO/IEC 标准中规范性引用文件涉及的专利问题；（4）《ITU-T/ITU-R/ISO/IEC 共同专利政策》选项 3 问题；（5）ISO 与 EPO 协议；（6）PPG TOR 更新等多个专利相关问题，并将相关研究结果报给 ISO TMB。这些问题的讨论与推进，明确了国际标准中一些具体的标准必要专利处置方式，为标准化实践操作提供了明确了方向，提供了处置依据。目前 PPG 小组已申请将工作期限改为不定期，持续研究国际标准涉及的专利问题。中国作为 PPG 小组的 8 个成员之一，在过去两年里，对相关问题的研究及建议都得到积极采纳，未来中国也应积极参与 PPG 的工作，及时掌握有关标准专利的政策变化及相关问题，结合研究成果及实践提出针对性意见，为包括密码技术在内的我国创新技术国际标准化赢得话语权。

4 中国密码技术国际标准贡献实践研究

国际标准是全球经济社会发展的技术基础，世界需要标准协同发展，标准促进世界互联互通。在包括密码技术在内的信息技术领域，各国将自己的密码技术推进成为国际标准已是一种趋势。密码技术标准化包括密码算法、工作模式以及密码安全协议等标准化，对应 ISO/IEC JTC 1 信息技术领域，主要集中在 JTC 1/SC 6、JTC 1/SC 27、JTC 1/SC 31，以 JTC 1/SC 27 为核心。

4.1 中国密码技术国际标准贡献概况

网络首先在于连接，网络协议是为实现网络数据交换而建立的规则、标准或约定的集合，是网络空间最基础的逻辑构造单元。正是在这些基本规则的规制之下网络设备才能展开基本的网络连接和数据交换，网络服务才成为可能。作为网络协议的基本组成部分，密码安全协议是基于密码算法、定义网络安全连接及数据安全传输的基本格式和规则，是芯片、操作系统、计算机、网络设备基本安全能力的支撑，是构建安全的基础信息网络和实现网络信任的基础。从全球无线局域网、IP 网络等网络协议标准的构成来看，密码安全协议已成为网络协议的基本组成部分。

截至 2018 年 8 月，JTC 1/SC 6、JTC 1/SC 27、JTC 1/SC 31 各领域的已发布标准、在研标准以及采用中国技术贡献的已发布标准和在研标准情况如表 3 所示。中国密码技术已成为全球网络协议重大演进过程的重要组成部分。

表 3　JTC 1/SC 6、JTC 1/SC 27、JTC 1/SC 31 提案情况

SC	领域	已发布标准	采纳中国技术贡献的已发布标准	在研标准	采纳中国技术贡献的在研标准
JTC 1/SC 6	系统间远程通信和信息交换	380	12	27	2

表 3（续）

SC	领域	已发布标准	采纳中国技术贡献的已发布标准	在研标准	采纳中国技术贡献的在研标准
JTC 1/SC 27	信息安全技术	179	2	75	12
JTC 1/SC 31	自动识别与数据采集	123	2	30	1

截至 2018 年 8 月，采纳中国自主密码技术贡献的已发布标准以及已进入 FDIS/PDAM 即将发布的标准提案[6]按照时间关系梳理如图 4 所示。2010 年 6 月，采纳我国自主创新三元对等实体鉴别（TePA-EA）技术的 ISO/IEC 9798-3：1998/Amd 1：2010 正式发布，这是我国在网络与信息基础安全领域自主提出并获通过的第一个国际标准，也是拥有我国自主密码技术的领域第一项国际标准，是我国"十三五"规划及国家信息安全战略的重要组成部分，对我国开展安全、自主可控的网络部署和管理具有重要的支撑作用。

中国自主密码技术国际标准化尽管起步较晚，2010 年才发布了第一项采纳中国密码技术的国际标准，但随着我国标准化战略、创新战略的推动，越来越多的企业、科研院所已参与到国际标准化活动中，为我国自主密码技术国际标准化努力做出贡献。以参加 SC 27 国际会议的中国代表团规模为例，自 2007 年中国首次参加 SC 27 会议至 2014 年期间，中国代表团人数都在 10 人以内，提案较少，随着我国对信息安全的持续重视和投入，从 2015 年开始，参加 SC 27 会议的中国代表团规模逐年增加，至 2018 年武汉会议，参加 SC 27 会议的中国代表团人数已达到 71 人，提案数量也增至 10 余项。

自 2015 年起，我国陆续将商用密码系列算法提交到 SC 27，包括 SM2 数字签名算法、SM3 杂凑算法、SM4 分组算法、SM9 数字签名算法、SM9 标识加密算法、SM9 密钥交换协议、ZUC 序列密码算法等。未来的一年将成为中国自主密码技术"走出去"的丰收年，预计包含我国 SM2、SM3、SM9 算法以及三元对等实体鉴别机制的多项标准将陆续发布为国际标准。

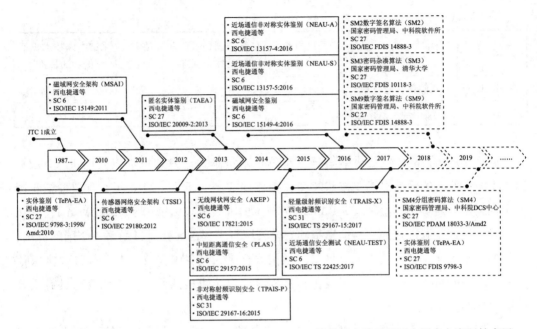

注：汇总了截至2018年8月已发布及已进入FDIS/PDAM即将发布的采纳了中国自主密码技术贡献的提案情况。

图 4　中国密码技术国际标准技术提案贡献

4.2　中国密码技术国际标准贡献分析

　　行业市场竞争核心在于标准之争，更在于标准必要专利之争。当今，标准化组织在制定某些标准时，不可避免地会将一些有专利保护的创新技术方案纳入标准中。因此，密码技术相关国际标准所涉及的标准必要专利的持有情况也反映了各个国家对于密码安全技术的话语权。

　　ISO 网站给出了公开可查询的 ISO 专利声明数据库参见汇总表[12]，由于 ISO 不对具体专利清单做要求，因此，本文未选择对标准必要专利本身的数量而是选择对标准必要专利声明的数量进行了统计汇总分析。ISO 专利信息数据库由 ISO 维护并阶段性更新。该专利信息数据库汇总表对每一个专利声明和许可声明表格涉及的声明日期、专利持有人信息、标准对应的技术委员会、标准号、专利信息、国家地区、选择的许可声明方式等进行汇总。

表4汇总分析了截至2018年8月，ISO专利声明数据库汇总了全球500多家企业的3024条声明记录。从专利声明的数量国家分布看，美国、日本分别有1030条（占总数的34.1%）和730条（占总数的24.1%），合计拥有超一半的专利声明；中国仅有30项，占总数的不到1%。进一步将范围缩小在信息技术领域，涉及2540条声明，其中美国、日本分别有933条（占总数的36.7%）和464条（占总数的18.3%）仍拥有超一半的专利声明；范围再次缩小到密码技术相关的ISO/JTC 1/SC 27、ISO/JTC 1/SC 6和ISO/JTC 1/SC 31，涉及548条声明，其中一半以上都来自美国，足见美国在密码技术领域的技术地位；可喜的是，从中我们也可以看到，中国的专利声明主要集中在密码技术相关的领域。

表4 ISO 专利声明数据库中国声明情况

序号	领域	总数	美国	日本	中国
1	ISO	3024	1030	730	30
2	ISO/IEC JTC 1	2540	933	464	27
3	ISO/JTC 1/SC 27、ISO/JTC 1/SC 6、ISO/JTC 1/SC 31	548	321	37	20

进一步分析来自中国的30项声明，总共涉及23个标准，其中西电捷通针对11项标准做出了11条声明，华为针对10项标准做出了10项声明；来自中国的国际标准专利声明中，最早一项声明是西电捷通于2010年5月24日针对ISO/IEC 9798-3/Amd 1提交的。细化到密码技术相关的ISO/JTC/1 SC 27、ISO/JTC 1/SC 6和ISO/JTC 1/SC 31领域，有20条针对13项标准。

从上述数据可以看出，在密码技术相关领域，中国的技术贡献无论是从标准数量还是专利声明数量看，都要高于其他领域。但同样，我们也需看到，美国在密码技术相关领域的技术贡献无论是从标准数量还是专利声明数量看，也都要高于其他领域；并且我们要看到中国和美国之间的差距，这有待于未来我们在密码技术基础领域的技术创新。

5　小结

2018 年 4 月，全国网络安全和信息化工作会议上，中共中央总书记、中央网络安全和信息化委员会主任习近平出席会议并强调，"核心技术是国之重器。要下定决心、保持恒心、找准重心，加速推动信息领域核心技术突破。要抓产业体系建设，在技术、产业、政策上共同发力。"2016 年 10 月，政治局 36 次集体学习实施网络强国战略时，习近平强调"加快增强网络空间安全防御能力，加快用网络信息技术推进社会治理，加快提升我国对网络空间的国际话语权和规则制定权，朝着建设网络强国目标不懈努力"。密码技术作为信息领域的核心基础技术，其创新活动具有独特性，也面临着重大的挑战，这包括技术本身的竞争、技术的演进，还包括各种软性贸易壁垒、知识产权保护环境等。

在日趋激烈的全球综合国力竞争中，在信息技术领域技术标准博弈中，一个个 WAPI 和 Wi-Fi 这样的斗争实践反复提醒着我们，密码技术这类基础核心信息技术必须掌握在自己手中，才能从根本上保障国家网络空间安全，进而保障国家经济社会安全。

密码技术的国际标准化过程是一个全过程、多维度的复杂业务活动，是国家间技术、经济规则的竞争、博弈的重要领地。要促进中国自主密码技术更多、更好地"走出去"，我们需要在清晰地认识到，参与国际标准规则制定与参加国际标准提案贡献必须"两手抓"且必须"两手都要硬"，更要认识到持续的基础创新研发是基础。因此，我们需要投入更多的人力物力在密码技术创新活动中，持续开展基础创新研发活动，形成自主密码技术创新成果。同时，在标准化层面，我们需要加强对国际标准化规则的研究，积极参与规则制定活动，为中国密码技术创新成果走向国际标准保驾护航；在产业化层面，我们还需要加强中国密码技术的产业推广应用，让产业市场用起来，以不断锤炼我们的创新技术。

参考文献

[1]　ISO/IEC Directives Part 1 and Consolidated ISO Supplement. https：//www. iso.

org/directives-and-policies. html.

[2] ISO/IEC Directives Part 2. https：//www. iso. org/directives-and-policies. html.

[3] JTC 1 Supplement. https：//www. iso. org/directives-and-policies. html.

[4] ISO/IEEE PSDO Agreement. http：//isotc. iso. org/livelink/livelink/open/jtc1.

[5] Mathy Vanhoef, Frank Piessens, Key Reinstallation Attacks：Forcing Nonce Reuse in WPA2 [J], csc, 2017. https：//www. krackattacks. com/.

[6] 许玉娜. 我国信息安全国际提案概述 [J]. 信息技术与标准化，2016 (11)：59-60，72.

[7] ISO/IEEE PSDO Agreement 2016 - Implementation Guide. https：//isotc. iso. org/livelink/livelink/open/jtc1SC 6 ISO/IEC JTC 1/SC 6 N 16819.

[8] Addressing the Issue of Nonce Reuse in 802. 11 Implementations. https：//mentor. ieee. org/802. 11/documents？n = 10&is_dcn = DCN%2C%20Title%2C%20Author%20or%20Affiliation&is_year = 2017.

[9] ISO/IEC/ITU Common Patent policy. https：//www. iso. org/iso-standards-and-patents. html.

[10] Guidelines for Implementation of the Common Patent Policy for ITU-T/ITU-R/ISO/IEC. https：//www. iso. org/iso-standards-and-patents. html.

[11] Patent Statement and Licensing Declaration of ITU-T/ITU-R Recommendation | ISO/IEC Deliverable. https：//www. iso. org/iso-standards-and-patents. html.

[12] https：//www. iso. org/iso-standards-and-patents. html.

ISO/IEC 对称密码算法标准动态分析[1]

王鹏[1,2,3]

(1. 中国科学院数据与通信保护研究教育中心，北京，100093

2. 中国科学院信息工程研究所信息安全国家重点实验室，北京，100093

3. 中国科学院大学网络空间安全学院，北京，100049)

[摘要] 对称密码是应用最为广泛的一类密码算法，本文主要分析 ISO/IEC 对称密码算法标准的最新动态。原有的对称密码标准体系包含加密算法（分组密码、序列密码）、分组密码工作模式、杂凑函数、轻量级密码、消息认证码、认证加密等算法。密码算法的标准化是一个需要长期准备的过程，也是一个不断演进的过程。近些年来，一些优秀的算法通过补篇等方式加入到原有的算法标准中。随着轻量级密码研究的发展，ISO/IEC 颁布了一些轻量级算法标准，目前这一系列标准还在不断地完善和发展中。同时，还有一些新型密码算法难以在原有的体系中找到合适的位置，例如可调分组密码及其工作模式、保留格式加密等。本文最后对密码算法的研究和标准化得出了若干启示，提出了若干建议。

[关键词] ISO/IEC 标准；分组密码；序列密码；分组密码工作模式；杂凑函数；轻量级密码；消息鉴别码；认证加密

---

1) 基金项目：国家重点基础研究发展项目（973 计划）（2014CB340603）；国家自然科学基金项目（61472415，61272477）。

Analysis of ISO/IEC Symmetric Cryptographic Algorithm Standards

Wang Peng[1,2,3]

(1. Data Assurance and Communication Security Research Center, Chinese Academy of Sciences, Beijing, 100093

2. State Key Laboratory of Information Security, Institute of Information Engineering, Chinese Academy of Sciences, Beijing, 100093

3. School of Cyber Security, University of Chinese Academy of Sciences, Beijing, 100049)

[**Abstract**] Symmetric-key cryptography is one of the most widely used cryptographic algorithms. This paper mainly analyzes the latest developments of ISO/IEC symmetric cryptographic algorithm standards. The current symmetric cryptographic standard system includes encryption algorithms (block cipher, stream cipher), block cipher mode of operation, hash function, lightweight cryptography, message authentication code, authenticated encryption, etc. The standardization of cryptographic algorithms is a process that requires long-term preparation and is an evolving process. In recent years, some excellent algorithms have been added by means of supplements, etc. to the existing standard. With the development of lightweight cryptography, ISO/IEC has published a serial of lightweight algorithm standards. At present, these standards are still being revised and developed. At the same time, there are some new primitives for which it is difficult to find a suitable place in the current standard system, such as tweakable block cipher and its mode of operation, preserving format encryption, etc. At the end of this paper, some inspirations and some suggestions are put forward.

[**Keywords**] ISO/IEC standard; Block cipher; Stream cipher; Block cipher mode of operation；Hash function；Lightweight cryptography；Message authentication code；Authenticated encryption

1 介绍

对称密码是应用最广泛的一类密码算法，包含分组密码、序列密码、杂凑函数、消息鉴别码、认证加密等一系列密码算法。各类标准化组织都对对称密码算法进行了标准化，其中 ISO/IEC 密码算法标准是其中影响力最大的标准之一。国际标准化组织（International Organization for Standardization，ISO）是一个全球性的非政府性的国际标准化组织；国际电工委员会（IEC）是世界上成立最早的国际性电工标准化机构，负责有关电气工程和电子工程领域中的国际标准化工作。在信息技术领域，ISO 与 IEC 成立了联合技术委员会（JTC 1）负责制定相关国际标准，我们称之为 ISO/IEC 标准。

本文主要分析 ISO/IEC 对称密码算法标准的最新动态。第 2 章分析了目前的 ISO/IEC 对称密码标准体系；第 3 章梳理了现有标准的修订和制定，重点包括加密算法标准的修订以及轻量级密码标准的修订和制定；第 4 章介绍了对新标准的讨论，包括可调分组密码及其工作模式以及保留格式加密等算法；最后一章是小结。

2 ISO/IEC 对称密码标准体系

密码算法的标准化是一个长期的不断演进的过程。密码算法在成为标准之前，一般都经历了从需求推动、学术研究、公开征集到各个标准化组织进行标准化等一系列的过程。密码算法成为标准，首先是应用需求推动的。例如美国的分组密码算法 AES 标准的形成，其背景是 DES 算法存在有效密钥长度过短等问题，希望找到替代 DES 的算法。密码学界公认的 Kerckhoffs 原则认为密码算法的安全性应只基于密钥的保密，而不应该基于密码算法细节的保密。密码算法标准化前期准备一般是以密码算法的公开研究、公开讨论、公开征集等形式进行的。例如，美国国家标准与技术研究院（NIST）主导的 AES 标准征集活动开始于 1997 年，2000 年才最终从参赛的 15 个算法中选出了 1 个获胜的算法，2001 年正式成为美国联邦信息处理标准（FIPS-197），然后陆续被其他一些标准化组织采纳成相应的标准。AES 的成功征集为之后密码算法的公开征集活动提供了重要参考。例如 2004 年欧洲启动的流密码的征集活动 eSTREAM 计划，2007 年美国 NIST 启动的杂凑函数 SHA-3 的征集活动，都采用了类似的形式。经过这些公开的活动之后，各种标准化组织会相继形成相关的标准。例如，NIST 标准、FIPS 标准、RFC 标准、ISO/IEC 标准等。因此，这些标准算法都是经过了反复研究，非常成熟的密码算法。

ISO/IEC 对称密码算法包括分组密码、序列密码、杂凑函数、消息鉴别码、认证加密等算法，已经形成了较为完备的对称密码标准体系，如图 1 所示。

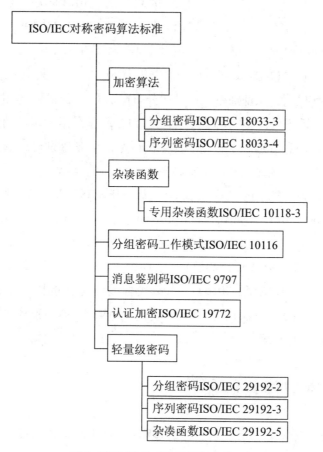

图 1　ISO/IEC 对称密码标准体系

这些密码算法分布在一系列 ISO/IEC 标准文档中，每一类标准文档的详细情况如下：

（1）加密算法标准。加密算法标准包含两类对称密码算法标准文档：分组密码（ISO/IEC 18033-3：2010）[1]和序列密码（ISO/IEC 18033-4：2011）[2]。分组密码目前包含的算法有：64 比特分组的 TDEA、MISTY1、CAST-128、HIGHT，以及 128 比特分组的 AES、Camellia、SEED；序列密码算法目前包含的算法有：MUGI、SNOW 2.0、Rabbit、DecimV2、KCipher-2（K2）。

（2）杂凑函数标准。这一系列标准文档包含基于分组密码的杂凑函数、专用杂凑函数、基于模运算的杂凑函数共 3 类杂凑函数算法标准。其中专用杂凑函数（ISO/IEC 10118-3：2004/Amd1：2006）[3]目前包含的算法有：RIPEMD-160、RIPEMD-128、SHA-1、SHA-224、SHA-256、SHA-512、SHA-384、WHIRLPOOL。

（3）分组密码工作模式标准。这一标准文档（ISO/IEC 10116）[4]实际上只有分组密码的加密模式，目前包括：ECB、CBC、CFB、OFB、CTR。其他分组密码工作模式，如消息鉴别码工作模式、认证加密工作模式分布在以下两类标准文档中。

（4）消息鉴别码标准。这一系列标准文档包含基于分组密码的消息鉴别码[5]、基于专用杂凑函数的消息鉴别码[6]、基于泛杂凑函数的消息鉴别码[7]和基于密码检验函数的消息鉴别码[8]等一共 4 类消息鉴别码算法标准。

（5）认证加密标准。这一标准文档（ISO/IEC 19772）[9]目前包含的算法有：OCB2.0、Key Wrap、CCM、EAX、Encrypt-then-MAC、GCM。

（6）轻量级密码。轻量级密码系列标准文档是从 2012 年以来才陆续发布的，目前有分组密码（ISO/IEC 29192-2：2012）[10]、序列密码（ISO/IEC 29192-3：2012）[11]和杂凑函数（ISO/IEC 29192-5：2016）[12]共 3 类标准。其中分组密码算法包含：PRESENT、CLEFIA；序列密码算法包含：Enocoro、Trivium；杂凑函数算法包含：PHOTON、SPONGENT、Lesamnta-LW。

3 现有标准的修订和制定

密码算法的标准化是一个不断演进的过程。ISO/IEC 标准每 5 年就会审核评估一次。随着时间的推移，如果发现密码算法的安全性存在问题，就可能需要从标准文档中删除该算法。同时，随着各种新密码算法的提出、广泛应用和标准化推进，原标准文档也会增加一些新算法。

在 ISO/IEC 对称密码算法标准中，修订较为频繁的是加密算法标准，目前讨论较多的是轻量级密码标准。

3.1 加密算法标准的修订

加密算法标准包含分组密码算法和序列密码算法。由于应用广泛，分组密码算法标准经过多次修订。2005 年最初的标准文档包含 TDEA、MISTY1、CAST-128、AES、Camellia、SEED 共 6 个算法；2010 年加入了 HIGHT 算法。目前，我国的 SM4 算法和俄罗斯的 Kuznyechik 算法正在争取以补篇的形式进入该标准。

序列密码算法标准也经过了多次修订。2005 年最初的标准文档，只包含 MUGI 和 SNOW 2.0 两个算法；2009 年开始，Rabbit、DecimV2、KCipher-2（K2）等算法才陆续加入进来。目前，我国的祖冲之序列密码算法（ZUC）正在争取以补篇的形式进入该标准。

3.2 轻量级密码标准的修订和制定

随着物联网等技术的兴起，密码算法的应用环境发生了很大的变化。从传统的服务器、PC 机、手机等设备，扩展到嵌入式系统（Embedded System）、射频识别（RFID）和传感网络（Sensor Networks）等设备。这些设备的计算能力、能量供应、存储空间和通信带宽等资源都非常有限，极大限制了各种传统密码算法的应用。轻量级密码成为工业界和学术界共同关注和讨论的对象。

从 2012 年开始，ISO/IEC 轻量级密码标准陆续颁布，还有部分标准还在制定过程中。在轻量级分组密码标准的修订中，美国试图将 Simon 和 Speck 两个算法纳入标准，但是存在很大争议，并且遭到了众多国家的反对，目前已经投票废除了相应的提案。韩国的 LEA 算法也正在争取以补篇的形式进入该标准。轻量级的消息鉴别码还在制定过程中，目前讨论的对象包括基于分组密码的算法、基于杂凑函数的算法和专用消息鉴别码共 3 类算法。

4 新标准的讨论

密码算法标准的研究过程，经常会根据专家的提案，设立一些新型密码算法的研究项目。如果这些密码算法和现有的算法标准存在一定的差异，难以融入已有的标准体系，可能会在原有标准体系的基础上增加新的标准文本。

近年来，在 ISO/IEC 标准的制定和讨论中，设立了专门的新型密码算法标准化的研究项目，例如其中一个项目是对称密码原语和相关工作模式现状的研究（On state of the art of symmetric key primitives and related modes of operation）。目前有两类新型密码算法是讨论的核心：一类是可调分组密码，一类是保留格式加密。

4.1 可调分组密码及其工作模式

分组密码是目前应用最为广泛的一类密码算法。分组密码是通过一定的工作模式实现机密性、完整性等安全功能的。在分组密码工作模式中，我们一般将分组密码作为一个伪随机置换（pseudorandom permutation，PRP）。工作模式的安全性证明是在伪随机置换假设的基础上，给出敌手在一定安全模型下攻击工作模式的成功概率上界。但是分组密码及其工作模式的研究存在两大问题：首先是证明的难度高。由于底层分组密码的分组长度是固定的，工作模式的证明需要给出具体的安全界，对界的要求较高。其次是生日攻击的问题。一般的工作模式都存在生日攻击问题，生日攻击没有利用任何分组密码的算法细节，只用到工作模式的结构或者分组密码作为置换的特征。如果分组密码的分组长度是 n 比特，生日攻击只需要 $2^{n/2}$ 的复杂度即可攻击成功。生日攻击对 128 比特分组密码的工作模式问题不大，但是如果分组长度只有 64 比特，其工作模式的安全强度只有 32 比特。这对大多数轻量级分组密码工作模式将是一个很大的问题。由于这一问题的存在，密码学界一直都在致力于抗生日攻击工作模式的研究，设计了一批超越生日界（beyond birthday bound，BBB）的工作模式。但是，这类工作模式的证明更为复杂和难以验证。

2002 年，Liskov 等人提出了可调分组密码（tweakable block cipher，TBC）的概念[13]。和分组密码相比，可调分组密码多了一个称为调柄（tweak）的输入，对于每一个固定的调柄，可调分组密码都对应一个在密钥控制下的置换。可调分组密码可以看作是分组密码的推广形式，当调柄的值唯一时，可调分组密码就是分组密码。理想的可调分组密码，每一个调柄都对应一个随机独立的置换，有多少调柄就有多少随机置换；而理想的分组密码只对应一个随机置换。可调分组密码的这一特点极大降低了工作模式设计和证明的难度。Liskov 等人建议，分组密码工作模式的设计可以分两步走：先基于分组密码设计可调分组密码，再基于可调分组密码设计工作模式。文献[13]还研究了基于可调分组密码的工作模式设计；2004 年，Rogaway 等人在这一思路下，对 PMAC、OCB 两种工作模式进行了重新梳理，给出了基于可调分组密码的新版本[14]。这些研究都表明，在可调分组密码这一概念下设计的工作模式，结构更为清晰，证明更加简洁。同时，如果将调柄对应成磁盘扇区地址，这一概念刚好可以用于磁盘扇区加密[15]。更有意思的是，某些可调分组密码工作模式的安全性是超越生日界的。这是因为，在初始向量不重复使用的工作模式中，每个调柄只使用一次，理想可调分组密码的输出是完全随机的。例如，基于可调分组密码的 OCB 模式[14]，其机密性和完整性的界甚至可以达到最优。

这些相对于传统分组密码的优势促进了可调分组密码及其工作模式的研究。直接设计的轻量级可调分组密码有 Deoxys-BC[16]、Skinny[17]等，这两种是在 TWEAKEY 框架[16]下设计的。超越生日界的可调分组密码工作模式包括：2016 年，Peyrin 等人设计的认证加密模式 SCT[18]；2017 年，Iwata 等人设计的认证模式 ZMAC[19]等。值得一提的是 ZMAC 模式，可以达到 n 比特的最佳安全强度。

目前在 ISO/IEC 标准的讨论中，对可调分组密码 Deoxys-BC、Skinny 以及工作模式 ZMAC 标准化问题都设立了相应的研究项目。

4.2 保留格式加密

保留格式加密（format-preserving encryption，FPE）是一种特殊的加密方式，其特点是要求明文和密文具有相同的格式。例如，在数据库中通常需要对身份证号码等某些敏感数据进行加密，如果采用通常的加密方式，密文可能会包含数字或者字母以外的字符，导致应用程序无法读取或者显示。保留格式加密保留明密文格式的一致性，就可以解决这类问题。保留格式加密更详细的情况可以参考文献[23]。

2016 年，美国国家标准与技术研究院（National Institute of Standards and Technology, NIST)[20]已经完成了对保留格式加密算法的标准化。原本标准草案中有 FF1、FF2 和 FF3 共3 个算法，但是后来发现 FF2 安全性有问题，因此在最终标准文档中，只包含 FF1 和 FF3 两个算法。这两个算法都是基于 Feistel 结构设计的，底层用到了分组密码 AES，能够完成保留输入字符串格式的加解密操作。但是，在标准文档公布之后，多位研究者有发现 FF3 的安全也存在问题[21,22]。

目前在 ISO/IEC 标准的讨论中，对保留格式加密的标准化问题也设立了相应的研究项目。但是鉴于 NIST 标准算法出现的问题，ISO/IEC 标准是否设立此类标准，以及如何选择成熟的算法，都是目前需要解决和正在讨论的问题。

5 小结

ISO/IEC 密码算法标准是国际上最重要的密码算法标准之一，有着广泛的影响力。密码算法的标准化是一个长期的不断演进的过程。我们从 ISO/IEC 密码算法标准进程中，可以得到如下启示：

（1）科学研究是密码算法标准的基础。入选 ISO/IEC 对称密码算法标准的算法，从各个方面看都是非常优秀的科学研究成果。没有前期的研究，标准化无从谈起。密码算法的研究可以分为设计和分析两方面。AES 算法征集的过程都是公开的：公开的提交、公开的讨论、公开的分析，最终的获胜算法无论在算法的设计理念、算法的安全性、还是在软件、硬件的实现等方面，都有优秀的表现。通常优秀的密码算法会在标准化过程中脱颖而出。

（2）创新研究引领未来密码算法标准。面对日益变化的安全需求，密码算法的研究面临众多挑战，创新研究成为密码算法研制的关键环节。无论是解决轻量级设计的难题，还是可调分组密码、保留格式加密等新型密码算法的设计，往往需要突破原有的研究思路才能完美解决。这些创新研究成果都有可能成为未来的密码算法标准。

（3）标准是各种力量相互博弈的结果。好的密码算法不一定都会成为标准，密码算法标准受到各种非技术因素的影响。例如同时实现机密性和完整性的认证加密方案的标准化过程中，OCB 模式比 GCM 模式更为优秀，但是由于专利的限制，OCB 模式在各类标准中屡屡受挫。作为 GCM 的设计方，思科公司的研究人员极力推动了 GCM 的标准化过程，GCM 模式成为各类认证加密标准化中最成功的算法。标准化推进是一个长期的过程，需要成员国专家对提案长期的坚守，甚至是各方面力量的支持，才有可能成功。

近年来，我国商用密码算法在 ISO/IEC 标准中的推进取得重要突破，SM2 和 SM9 等公钥算法进入部分算法标准文档，SM3 杂凑函数、SM4 分组密码和祖冲之序列密码也正在积极推进过程中。鉴于以上启示，我们提出以下建议：

（1）加大对密码算法公开研究的支持力度。密码算法的研究中分析和设计是两个不可分割的部分，要想在任何一个地方取得突破，都需要长期不懈的坚持和努力。特别是密码算法的设计需要先进设计理念，同时需要论证算法对各种已知分析方法的安全强度，本身就是一项庞大的工程。在目前的学术评价体制下，密码算法设计研究是一件费力费时没有太多显示度的工作。最近我国启动了密码算法设计竞赛，可以吸引更多的研究人员进行密码算法设计方面的研究，是非常有意义的一件事情。

（2）加强对现有商用密码算法的分析研究。一方面，加强国外已有标准算法的研究，可以防止可能的漏洞或者后门。安全性是密码算法的生命线，一个有安全漏洞的或者后门的密码算法可能会带来安全性的完全丧失。知己知彼，方能确保我们使用的密码算法标准的安全性。另一方面，加强对我国 SM 系列密码算法标准的分析研究，多公开发表研究结果，这对推进优秀的国产密码算法标准进入 ISO 等国际标准，是非常有帮助的。

（3）将一些优秀的公开研究成果推成标准。加大我国 SM 系列密码算法标准推广力度，积极参与国际性的密码算法征集活动和标准化工程，并且从企业或者政府层面进行推动和提供支持。必要时，可以将一些优秀的公开研究成果推荐为标准。

参考文献

［1］ Information technology—Security techniques—Encryption algorithms—Part 3：Block ciphers：ISO/IEC 18033-3：2010.

［2］ Information technology—Security techniques—Encryption algorithms—Part 4：Stream ciphers：ISO/IEC 18033-4：2011.

[3] Information technology—Security techniques—Hash-functions—Part 3：Dedicated hash-functions：ISO/IEC 10118-3：2004/Amd 1：2006.

[4] Information technology—Security techniques—Modes of operation for an n-bit block cipher：ISO/IEC 10116：2017

[5] Information technology—Security techniques—Message Authentication Codes（MACs）—Part 1：Mechanisms using a block cipher：ISO/IEC 9797-1：2011.

[6] Information technology—Security techniques—Message Authentication Codes（MACs）—Part 2：Mechanisms using a dedicated hash-function：ISO/IEC 9797-2：2011.

[7] Information technology—Security techniques—Message Authentication Codes（MACs）—Part 3：Mechanisms using a universal hash-function：ISO/IEC 9797-3：2011.

[8] Information technology—Security techniques—Entity authentication—Part 4：Mechanisms using a cryptographic check function：ISO/IEC 9798-4：1999.

[9] Information technology—Security techniques—Authenticated encryption：ISO/IEC 19772：2009.

[10] Information technology—Security techniques—Lightweight cryptography—Part 2：Block ciphers：ISO/IEC 29192-2：2012.

[11] Information technology—Security techniques—Lightweight cryptography—Part 3：Stream ciphers：ISO/IEC 29192-3：2012.

[12] Information technology—Security techniques—Lightweight cryptography—Part 5：Hash-functions：ISO/IEC 29192-5：2016.

[13] Liskov M, Rivest R L, Wagner D. Tweakable Block Ciphers [C] // CRYPTO 2002. Springer-Verlag, 2002：31-46.

[14] Rogaway P. Efficient Instantiations of Tweakable Blockciphers and Refinements to Modes OCB and PMAC [C] //ASIACRYPT 2004. Springer Berlin Heidelberg, 2004：16-31.

[15] Peng W, Feng D, Wu W. HCTR：a variable-input-length enciphering mode [C] // Sklois Conference on Information Security and Cryptology. Springer-Verlag, 2005：

175-188.

[16] Jean J, Nikolic I, Peyrin T. Tweaks and Keys for Block Ciphers: The TWEAKEY, Framework [C] // ASIACRYPT 2014. Springer Berlin Heidelberg, 2014: 274-288.

[17] Beierle C, Jean J, Kölbl S, et al. The SKINNY, Family of Block Ciphers and Its Low-Latency Variant MAN-TIS [C] // CRYPTO 2016. Springer Berlin Heidelberg, 2016: 123-153.

[18] Peyrin T, Seurin Y. Counter-in-Tweak: Authenticated Encryption Modes for Tweakable Block Ciphers [C] // CRYPTO 2016. Springer Berlin Heidelberg, 2016: 33-63.

[19] Iwata T, Minematsu K, Peyrin T, et al. ZMAC: A Fast Tweakable Block Cipher Mode for Highly Secure Message Authentication [C] // CYRPTO 2017. Springer Berlin Heidelberg, 2017: 34-65.

[20] NIST Special Publication 800-38G, Recommendation for Block Cipher Modes of Operation: Methods for Format-Preserving Encryption.

[21] Bellare M, Hoang V T, Tessaro S. Message-Recovery Attacks on Feistel-Based Format Preserving Encryption [C] // CCS 2016. ACM, 2016: 444-455.

[22] Durak F B, Vaudenay S. Breaking the FF3 Format-Preserving Encryption Standard over Small Domains [C] //CYRPTO 2017. Springer Berlin Heidelberg, 2017: 679-707.

[23] 刘哲理, 贾春福, 李经纬. 保留格式加密技术研究 [J]. 软件学报, 2012, 23 (1): 152-170.

密码加密体制识别问题研究进展[1)]

赵亚群[1,2]，黄良韬[1]，赵志诚[1]，胡馨艺[1]

（1. 数学工程与先进计算国家重点实验室，无锡，214100

2. 密码科学技术国家重点实验室，北京 5159 信箱，100878）

[摘要] 密码加密体制识别是密码区分分析的一部分，在某些情况下是密码分析展开研究的前提，其抵抗区分分析的能力也可作为衡量密码体制安全性的指标之一。因此开展密码体制识别研究，对于密码加密体制的设计与分析具有重要的理论意义和应用价值。本文主要介绍了主流密码体制识别研究进展情况：首先给出了一个密码体制识别问题的完整定义系统；接着介绍了两类主要研究方法——基于统计学的识别方法和基于机器学习的识别方法，对每类方法所包含的典型算法，尤其是该领域最近几年发表的最新文章的基本思想、优缺点等进行介绍和分析；最后展望未来密码体制识别研究的发展趋势，提出了几个值得进一步研究的问题。

[关键词] 密码加密体制识别；区分分析；机器学习；特征提取；分组密码；序列密码

---

1) 基金项目：数学工程与先进计算国家重点实验室开放基金；密码科学技术国家重点实验室开放基金；信息保障技术重点实验室基金；国家重点研发计划项目（2016YFE0100600）。

Research Progress in Cryptosystem Recognition

Zhao Yaqun[1,2], Huang Liangtao[1], Zhao Zhicheng[1], Hu Xinyi[1]

(1. State Key Laboratory of Mathematical Engineering and Advanced Computing, Wuxi, 214100

2. State Key Laboratory of Cryptology, P. O. Box 5159, Beijing, 100878)

［**Abstract**］Cryptosystem recognition is a part of the cryptologic distinguishing analysis. In some cases, it is the premise of cryptanalysis. Its ability to resist distinguishing analysis can be used as an indicator to measure the security of the cryptosystem. Therefore, the research of cryptosystem recognition has important theoretical significance and application value for the design and analysis of cryptosystems. This paper mainly introduces the progress of mainstream cryptosystem identification research. Firstly, a complete definition system of cryptosystsm is given. Then two main research methods are introduced, namely, one based on statistics and the other based on machine learning. Some typical algorithms of the two methods are discussed, especially the latest papers published in recent years. Finally, we look forward to the trend of cryptosystem recognition research in the future, and put forward several problems deserving future study.

［**Keywords**］Cryptosystem recognition; Distinguishing analysis; Machine learning; Feature extraction; Block cipher; Stream cipher

1 引言

密码加密体制识别研究是密码分析的重要组成部分，主要研究如何区分和识别不同密码体制加密的密文或密钥，属于区分分析范畴。许多具体的密码分析方法和技术是专为一些特定的密码加密体制而设计的，与其相关的密码分析研究也是在已知密码加密体制的假设前提下展开的。而在现实中，密码分析者得到的往往只是未知加密体制的密文，要想较好地恢复出密钥或明文，了解和掌握密文的加密体制对于进一步的密码分析是有益的，故对于密码加密体制的识别是开展某些具体密码分析的前提。此外，密码加密体制抵抗区分和识别的能力也可作为衡量密码体制安全性的指标之一，对于密码体制的设计与安全性评估具有积极的参考意义。因此开展密码体制识别研究，对于密码加密体制的设计与分析具有重要的理论意义和应用价值。

密码体制设计的准则是：仅仅依靠密文难以获取任何关于明文、密钥和加密密码体制的信息。由于各类密码体制在设计原理上均存在较大差异以及结构上的不同，导致其混淆扩散的能力存在差异，如序列密码通常采用钟控、非线性前馈和非线性组合来提高密钥流的随机性。而分组密码则一般引入 S 盒、轮函数与轮子密钥以提高其混淆扩散的能力等，这种差异又会体现在密钥或密文序列的随机性上，即其随机性均是相对而言的，并不能达到完全的随机性要求[1-3]。密码体制的这一局限性为开展密码体制识别研究提供了可能。

2 密码体制识别定义及其模型

密码体制识别是指在掌握与密码体制相关的一定信息的前提下，对密码体制开展的识别。按照掌握信息的不同，密码体制识别的任务和难度也不尽相同。常见的密码体制识别情景有：在网络数据流中开展密码体制识别[4-6]、在仅掌握密文的情况下开展密码体制识别[7-10]等。

部分研究[11]曾尝试给出密码体制识别问题的理论基础。密码学中的几种相关定义（密码体制、分组密码、工作模式、攻击类型等）成为其主要支撑。虽然研究者将其采取的识别手段纳入到所提出的理论框架中，为拓宽密码体制识别研究的视野做出了积极贡献，但存在一些不足之处：（1）其理论框架结构松散，研究中重点关注的密码体制识别问题并非对应框架的核心；（2）其理论框架受限于单一、固定的识别手段，与其他研究相比体现出一定差异性，也使得理论框架包容性较弱。

2017 年，黄良韬、赵志诚、赵亚群[12]等对密码体制识别问题中的基本要素进行整合，给出了一个密码体制识别问题的完整定义系统。以密码体制单层识别方案为例，在这一定义系统下对密码体制识别方案进行了描述。进一步，提出了簇分和单分等作为密码体制分层识别基础的定义。考虑到密码体制识别问题相对于一般的模式识别问题的特殊性，所提密码体制识别定义系统具有足够包容性，能够为未来密码体制识别相关的研究提供一个一致的、便于整合的描述框架。

定义 1[12]（**密码体制识别**） 设有密码体制集合

$$M = \{m_1,\ m_2,\ \cdots,\ m_N\}$$

其中 N 为密码体制数量。对于由任意密码体制 $m \in M$ 加密生成的密文文件 F，在未知其加密体制 m 的情形下，通过某一识别方案 J，以一定的准确率 h^J 识别出其密码体制 m 的过程称为密码体制识别，它由三元组 $\varGamma = (M,\ J,\ h^J)$ 完全刻画。

注：识别准确率在模式识别语意下有明确的意义，这里准确率 h^J 是评价密码体制识别方案的一种自然的度量（参见定义 9）。

定义 2[12]（**密码体制识别方案**） 在密码体制识别问题 $\varGamma$ 中，密码体制识别方案由三元组 $J = (oper,\ fea,\ alg)$ 刻画，其中 $oper$ 表示方案进行密码体制识别的工作流程，fea 表示方案对密文数据所提取的特征或特征集，alg 表示方案采取的识别算法。

在上述定义下，密码体制识别问题记为 $\varGamma = (M,\ J,\ h^J)$，其中，密码体制识别方案由三元组 $J = (SLRO,\ Fea^M,\ CA)$ 刻画，其中 $SLRO$ 表示方案进行密码体制识别的工作流程，Fea^M 表示方案对密文数据所提取的特征（与待识别密码体制集合 M 相关），CA 表示方案采取的分类算法，在本文中即为后续提到的随机森林算法。工作流程 $SLRO$ 由训练阶段和测试阶段的一系列步骤组成，以过程形式叙述如下：

过程[12] $SLRO$

（1）训练阶段

a）采集已知密码体制的一组密文文件 F_1，F_2，$\cdots$，F_n，其中 n 为文件个数；

b）对文件内容数据进行特征提取，得一组特征集 $Fea^M = \{fea_1^M,\ fea_2^M,\ \cdots,\ fea_n^M\}$，其中 fea_i^M，$i = 1,\ 2,\ \cdots,\ n$ 是维数为 d 的向量，称 d 为特征维数；

c）记 n 个文件的密码体制标签（已知）形成一个 n 维向量 $Lab = \{lab_1,\ lab_2,\ \cdots,\ lab_n\}$，称二元组 $(Fea^M,\ Lab)$ 为带标签的数据；

d）将带标签的数据 (Fea^M, Lab) 提交分类算法 CA，进行分类模型的训练。

（2）测试阶段

a）对一个待识别密文文件 F 的内容数据进行特征提取，得到 d 维特征 fea；

b）将特征 fea 输入到在训练阶段训练好的分类模型中，后者给出密码体制识别结果，即密码体制标签 lab。

定义 3[12]（识别场景）　在密码体制识别方案 J 中，任意待识别密码体制集合 M 对应一种识别场景，记作 q^M。

对于密码体制识别方案 $J = (SLRO, Fea^M, CA)$ 的评价指标，除识别准确率以外，我们也将密文特征的维数、数据量、运行时间和特征识别准确率标准差等作为评估方案效率的辅助指标。

定义 4[12]（密码体制识别准确率）　设密文件总数量为 n，在执行密码体制识别方案 J 过程中，被正确识别密文所属密码体制的密文件数量为 c，则密码体制识别准确率 e 定义如下：

$$e = \frac{c}{n} \times 100\%$$

定义 5[12]（密文特征数据量）　在密码体制识别方案 J 中，为存放采集的某种密文特征 fea_i^M 所需存储空间，并记作 S。

定义 6[12]（密文特征运行时间）　在密码体制识别方案 J 中，对某种密文特征 $fea_i^M \in Fea^M$ 进行采集、训练和测试所消耗的时间称为密文特征 fea_i^M 的运行时间，记作 T。

定义 7[12]（密文特征识别准确率方差）　在密码体制识别方案 J 中，使用某种密文特征 $fea_i^M \in Fea^M$ 对待识别密码体制集合 M 中 N 个密码体制进行识别，分别得到 N 个识别准确率，记作 $e = (e_1, e_2, \cdots e_N)$。则密文特征 fea_i^M 识别准确率的方差，记作 SD，计算公式如下：

$$SD = \frac{\sum_{i=1}^{N} (e_i - \bar{e})^2}{N}$$

在密码体制识别实践中，研究者根据不同需求以及任务的难易又将密码体制识别做进一步细分，即根据当前学术界对于密码体制的类别划分与分类的精确程度将密码体制识别分为多个类型的簇分。其具体定义如下：

定义 8[12]（**簇分**）　设存在密码体制集合

$$M = \{m_1,\ m_2,\ \cdots,\ m_N\}$$

和簇集合

$$C = \{c_1,\ c_2,\ \cdots,\ c_K\}$$

其中 N 为密码体制数量，K 为簇的数量，$N \geqslant K$。已知从 M 到 C 的满射 $f: M \mapsto C$。对于由任意密码体制 $m \in M$ 加密生成的密文文件 F，簇分是指在可获取文件内容，但不知晓其密码体制 m 的情形下，通过某一识别方案 O，以一定的准确率 p^O 识别出映射值 $f(m)$ 的过程。称上述映射 f 为簇分映射，五元组 $\Delta = (M,\ C,\ f,\ O,\ p^O)$ 完全刻画簇分过程。

基于簇分的定义，结合实际任务需求与识别能力（设备条件），给定密码体制集合 M、簇集合 C、簇分映射 f 和簇分手段 O，将簇分过程具体化，进而开展相关研究。

从密码体制发展的历史脉络与结构特点的角度来看，目前密码学界普遍认同的对于密码体制类别的划分主要有以下三种：

（1）古典密码体制、现代密码体制；

（2）古典密码体制、对称密码体制、非对称密码体制；

（3）古典密码体制、序列密码体制、分组密码体制、公钥密码体制。

其中，对称密码体制与非对称密码体制统一于现代密码体制之下，序列密码体制与分组密码体制统一于对称密码体制之下，非对称密码体制与公钥密码体制具有相同含义。关于古典密码体制、对称密码体制、非对称密码体制（公钥密码体制）、序列密码体制与分组密码体制的详细定义和介绍，请读者参考文献［1］、文献［3］、文献［12］。

需要指出的是，上述三种密码体制类别的划分主要是人们依据其设计思想、加解密方式、参数设置等因素主观判断归纳得到的，尚无公开研究表明在上述划分中，在其他设置（包括明文、密钥等）相同的情形下，属于某一类的密码体制加密生成的文件内容与属于另一类的密码体制加密生成的文件内容存在某种差异。

为此，基于上述三种密码体制类别划分，给出三种具体簇分的定义：

定义 9[12]（*CM*-簇分）　对于给定密码体制集合

$$M = \{m_1, \ m_2, \ \cdots, \ m_N\}$$

和簇集合

$$C_{CM} = \{c_C, \ c_M\}$$

其中 $N \geqslant 2$。簇分映射 $f_{CM}: M \mapsto C_{CM}$ 满足：

$$f_{CM}(m) = \begin{cases} c_C, & \text{当 } m \text{ 属于古典密码体制} \\ c_M, & \text{当 } m \text{ 属于现代密码体制} \end{cases}$$

对于由任意密码体制 $m \in M$ 加密生成的密文文件 F，CM-簇分是指在可获取文件内容，但不知晓其密码体制 m 的情形下，通过某一识别方案 O_{CM}，以一定的准确率 p_{CM}^{O} 识别出映射值 $f_{CM}(m)$ 的过程。五元组 $\Delta_{CM} = (M, \ C_{CM}, \ f_{CM}, \ O_{CM}, \ p_{CM}^{O})$ 完全刻画了 CM-簇分。

定义 10[12]（*CSN*-簇分）　对于给定密码体制集合

$$M = \{m_1, \ m_2, \ \cdots, \ m_N\}$$

和簇集合

$$C_{CSN} = \{c_C, \ c_S, \ c_N\}$$

其中 $N \geqslant 3$。簇分映射 $f_{CSN}: M \mapsto C_{CSN}$ 满足：

$$f_{CSN}(m) = \begin{cases} c_C, & \text{当 } m \text{ 属于古典密码体制} \\ c_S, & \text{当 } m \text{ 属于对称密码体制} \\ c_N, & \text{当 } m \text{ 属于非对称密码体制} \end{cases}$$

对于由任意密码体制 $m \in M$ 加密生成的密文文件 F，CSN-簇分是指在可获取文件内容，但不知晓其密码体制 m 的情形下，通过某一识别方案 O_{CSN}，以一定的准确率 p_{CSN}^{O} 识别出映射值 $f_{CSN}(m)$ 的过程。五元组 $\Delta_{CSN} = (M, \ C_{CSN}, \ f_{CSN}, \ O_{CSN}, \ p_{CSN}^{O})$ 完全刻画了 CSN-簇分。

定义 11[12]（*CSBP*-簇分）　对于给定密码体制集合

$$M = \{m_1, \ m_2, \ \cdots, \ m_N\}$$

和簇集合

$$C_{CSBP} = \{c_C, \ c_{Str}, \ c_B, \ c_P\}$$

其中 $N \geq 4$。簇分映射 f_{CSBP}：$M \mapsto C$ 满足：

$$f_{CSBP}(m) = \begin{cases} c_C, & \text{当 } m \text{ 属于古典密码体制} \\ c_{Str}, & \text{当 } m \text{ 属于序列密码体制} \\ c_B, & \text{当 } m \text{ 属于分组密码体制} \\ c_P, & \text{当 } m \text{ 属于公钥密码体制} \end{cases}$$

对于由任意密码体制 $m \in M$ 加密生成的密文文件 F，$CSBP$ -簇分是指在可获取文件内容，但不知晓其密码体制 m 的情形下，通过某些手段 O_{CSBP}，以一定的准确率 p_{CSBP}^o 识别出映射值 $f_{CSBP}(m)$ 的过程。五元组 $\Delta_{CSBP} = (M, C_{CSBP}, f_{CSBP}, O_{CSBP}, p_{CSBP}^o)$ 完全刻画了 $CSBP$ -簇分。

随着密码体制设计与分析技术的不断完善，目前对于古典密码、分组密码、序列密码和公钥密码均形成针对性较强的密码分析理论，因此在实践中，对于密码体制识别任务做以上划分，对于密数据分析具有一定的指导作用。

3 密码体制识别方法

密码体制识别研究可以分为两个阶段，即：古典密码体制识别和现代密码体制识别。早期，古典密码受限于密码算法理论和密码设备技术的水平，对于明文的混淆与扩散存在一定局限性。经过古典密码加密的密文往往残留有明文中固有的统计规律，面对严格的基于统计学的随机性测试很难达到完全的随机，这就为研究者通过分析密文随机性差异区分密码体制提供了可能。相比于古典密码，现代密码体制则在密码编码理论与实践技术上均实现了巨大的跨越，在新密码体制投入使用之前，往往需要对该密码体制做充分的安全性检测。因此这些密码体制加密密文所存在的不随机性通常被控制在非常低的水平，传统的密码体制识别技术通常难以对其做出区分。例如 NIST 提出的 16 个测试的测试包，即被用来测试 AES 密码体制的随机性。面对当前密码体制加密强度的普遍提高，研究者开始引入目前蓬勃发展的机器学习、文档识别等技术，以提高密码体制的识别能力。

目前，密码体制识别方案的设计思路主要来源于统计学方法和机器学习技术。研究者认为，某一特定密码体制产生的密文与其他密码体制产生的密文在空间分布上存在一定差异，从而可以提取出刻画相应差异的特征，作为识别密码体制的依据。基于统计学方法的密码体制识别方案首先设计识别指标，接着提取特征并依据特征计算指标值，最终识别结果由指标值的大小决定[7]。基于机器学习技术的密码体制识别方案将特征视为一组属性，将识别任务等同于分类任务，在包含特征和体制标签的训练数据集上训练分类器模型，再用训练好的分类器对测试集数据（仅包含对密文提取的特征）进行识别[8,9,10,13]。

3.1 基于统计学的密码体制识别方法

基于统计学方法的密码体制识别方案通常对不同密码体制加密的密文中各类字符或 0、1 比特出现的频率、相关系数以及分布函数等各类统计指标量进行计算，得到各类密码体制不同统计量的波动区间范围，以此作为不同密码体制的"指纹"。当再次获得密文时获取其相应统计量时即可与已知各密码体制的各项数据指标进行对比，从而确定密文所属的加密体制类别。

2001 年，Pooja M 等人[29]采用密文各字符频数与自然语言频数比较的方法对置换密码、替代密码、置换替代组合密码和维吉尼亚密码等古典密码进行了识别。文中设定不同的区分器，对上述密码逐步排除最后确定具体密码体制。其识别成功率基本可以达到 100%，最低也稳定在 70%。

2015 年，吴杨等人为评估分组密码算法密文的统计分布特性，通过统计密文中比特 0 和 1 的频数、连续比特 0 和 1 的频数及固定分块长度内比特 1 出现频数建立密文统计检测指标，对比分析结果显示出不同分组密码算法的密文之间存在明显的差异性[7]。

2018 年，胡馨艺、赵亚群等基于统计学方法和机器学习相融合的 Fisher 判别分析（FDA），通过提取 9 种不同特征，针对 4 种序列密码体制和 7 种分组密码体制进行一对一识别。结果表明，由序列密码体制和 ECB 模式下的分组密码体制加密的文件，以及分别由 ECB 模式和 CBC 模式下的分组密码体制加密的文件，FDA 识别成功率可达到 80%以上；序列密码体制中 RC4、Grain、Sosemanuk 三种算法间的一对一识别成功率均超过 55%；CBC 模式下 SMS4 算法与其他分组密码体制的识别率较高，最高可达到 59%；基于熵特征的识别成功率明显高于基于概率的特征[14]。

3.2 基于机器学习的密码体制识别方法

1991 年，Ronald L. Rivest 在亚洲密码年会上发表论文《密码学与机器学习》，文中阐述了密码学与机器学习的关系，并回顾了二者互相提供借鉴和交流发展的历史。基于机器学习技术的密码体制识别方案将特征视为一组属性，将识别任务等同于分类任务，在包含特征和算法标签的训练数据集上训练分类器模型，再用训练好的分类器对测试集数据（仅包含从密文中提取的特征）进行识别。

2006 年，借鉴文档分类技术，Dileep 等人提出了基于支持向量机的分组密码识别方案，该文比较了支持向量机方法与 K 近邻方法的识别性能差异。同时采用了包括定长文档向量与不定长文档向量等多种密文特征提取方法。该文研究对象包含 AES、DES、3DES、Blowfish、RC5 在内的 5 种密码体制，同时细致研究了固定密钥与变密钥、ECB 与 CBC 等不同模式下的密码体制识别[10]。

2008 年，Nagireddy 等人[15]认为密码体制识别是一种初步的密码攻击，并且可以用来评价某些密码体制的安全性。该文利用支持向量机算法对 AES、DES、TDES、Blowfish、RC5 等 5 种密码体制进行了识别。所得结论表明：ECB 模式下的分组密码体制更易于识别，CBC 模式在对抗密码体制识别时更为鲁棒，而 AES 相比其他密码则更为安全。

2008 年，Gaurav Saxena[16]在相关工作中介绍了古典与现代密码体制的区分方法，在利用测试向量识别密码体制的基础上，研究了测试向量的性质，以及经过不同方式改动后其性能的变化。观察了对测试向量修改后产生的一些有趣的现象，通过支持向量机和其他模式识别方法区分了测试向量的优劣，研究了如何产生更好的测试向量以及在大批量数据中的性质优良的测试向量，并将上述研究成果应用在对 Blowfish、Camellia 和 RC4 等密码体制的识别中。随后在实验中介绍了基于机器学习与修改测试向量的密码体制识别方法。

2010 年，Suhaila 等人[17]研究了 DES、IDEA、AES、RC2 的 ECB 模式下识别，讨论比较了 8 种分类算法的优劣：朴素贝叶斯、支持向量机、神经网络、基于实例的学习（Instance based learning）、装袋（Bagging）、提升（AdaboostM1）、旋转森林（Rotaion Forest）、决策树（C4.5），该文对 DES、IDEA、AES、RC2 等 4 种密码体制进

行分类识别，其中包括 AES 和 RC2 各自 3 种不同密钥长度的密码体制。实验结果显示：旋转森林分类算法具有最高的分类准确率，而基于实例的学习表现最差。

2011 年，Manjula[18] 在 VB. Net 和 Weka 3.6 平台上，基于决策树（C4.5）算法，构建了密码体制识别分类器，采集了密文特征，提取了密文件各类字符或比特串熵等 8 种特征，对 RC2、RC4、DES、3DES、Blowfish、ECC、IDEA、Substitution、Permutation、RSA 和 AES 等 11 种密文特征进行了识别。利用 VB. net 作为提取密文特征的工具，对大约 600 份文件进行了识别，所识别的密文件大小在 1kB 和 3MB 之间。最终识别成功率达到 70%~75%。

2012 年，Chou Jung Wei 等人[19] 使用支持向量机，分别考虑了不同文件类型下的 AES 与 RC4 的识别、不同文件类型下 AES 与 DES 在 ECB 模式下的识别、AES 与 DES 在 CBC 模式下的识别、ECB 模式的 AES 与 CBC 模式的 AES 的识别。实验数据分别采集文本、图像、音频等 3 种文件。识别结果显示，AES 与 DES 在 ECB 模式下，选择基于熵的特征时，识别准确率较高。作者认为是由于 AES 与 DES 的分块大小不同，AES 的分块长度长于 DES，使得 AES 加密密文的熵更高。同样，文件类型对于识别结果也有明显影响，在基于 histogram 的特征下，3 种数据集下的 ECB 模式下密文均被识别，其结果与 Dileep 和 Sharif 的工作一致。文献［19］中提出的密文特征均无法有效开展对 CBC 模式的识别。对于 AES 的 ECB 模式和 CBC 模式识别，图像数据的结果要低于另外两个，可能的原因包括：JPEG 图像数据的格式以及文件本身经过压缩。作者在对分组密码 ECB 模式的成功识别后，同时关注 CBC 模式的识别，但是由 Dileep 提出基于变长文字特征对于 CBC 模式的识别未能成功。由于 AES 经过随机性测试，所以提出了几个 NIST 中未包含的特征，但是结果显示，对于 AES 与 DES 在 CBC 模式下的识别，以及 ECB 模式的 AES 与 CBC 模式的 AES 的识别，依然是难以成功的。实验还测试了密数据单个实例的长度作为变量时，对于识别准确率的影响。以基于熵和基于概率的联合特征来识别 CBC 模式下的 AES 与 DES、CBC 模式下的 AES 与 RC4，结果说明增大密文长度并未提高识别准确率。RC4 虽然已被证明输出的第二个比特存在异常偏增加，但是依然难以与 AES 识别。识别任务的难度可能因密文类型、文档大小以及用于加密的操作模式而异。

2013 年，de Souza 等人[20] 以神经网络为基础，结合语言学方法、信息检索技术针对 AES 最后一轮评审密码：MARS、RC6、Rijndael、Serpent 和 Twofish 进行了识别。采用文档采集中应用到的向量空间模型，通过合理构建神经网络以开展密码体制识别。该方法可以识别出长度至少为 8192 字节的密文序列，适用于小批量密数据的识别。

2015 年，吴杨等人[21]结合 NIST 中的随机性测试，提取密文随机性度量值分布特征，基于 K-mean 聚类算法对 AES、Camellia、DES、3DES、SMS4 5 种分组密码体制进行初始聚类，并在聚类的基础上，定义密文特征向量相似度，实现了对以上典型分组密码算法的识别。其识别准确率稳定在 90%左右。

鉴于密码体制识别领域缺乏严密的逻辑定义系统，且多数识别工作并未考虑密码体制的分类体系对于密码体制识别工作的影响，2017 年，黄良韬、赵志诚、赵亚群等人[12]结合已有的密码体制识别研究成果，从密码体制方案设计和特征提取两大问题着手，提出了基于随机森林算法的密码体制识别方案，其识别研究对象涵盖古典、分组、序列和公钥等现有主要的密码体制。文献［12］给出一个密码体制识别问题的定义系统，并将密码体制的单层识别和分层识别统一于该系统下。在此基础上，提出一种基于随机森林的密码体制分层识别方案，方案通过簇分和单分两阶段，首先对密文所属密码体制类别进行识别，继而识别其对应密码体制。同时，文献［12］在已有密文特征基础上，进一步提出了 13 种密文特征。在 42 种密码体制产生的共 41000 个密文文件组成的数据集及其子集上展开的实验结果表明，相对于已有方案，识别准确率平均提高 20%。

2018 年，赵志诚、赵亚群[22]研究了序列密码 Grain-128 密码体制的识别问题。首先对密文提取多种密文特征，随后基于随机森林算法构建密码体制识别分类器，对 Grain-128 与 AES、DES、IDEA、Blowfish、SMS4、Camellia、Trivium、Sosemanuk、Salsa、Dragon、RC4 等 11 种密码体制分别进行一对一识别，并采用 tsne 降维方法对部分维数较高的密文特征进行了优化降维。识别实验结果表明，在文献［22］所研究的 11 种识别 Grain-128 的场景中，基于随机性测试密文特征的识别性能优于现有的密文特征，对于 Grain-128 密码体制的平均识别准确率最高可以达到 81%。

3.3 其他密码体制识别方法

在基于统计学密码体制识别方法与基于机器学习密码体制识别方法之外，也存在一些其他密码体制识别方法。这些方法通常是对密文中的 0、1 比特进行直接操作。

2001 年，Pooja M 阐述了将古典密码体制识别方法移植到现代密码体制区分的困难性。作者转而运用包括卡方测试、频率测试、游程测试等 8 种随机性测试并与 XOR 操作结合，对 DES 和 IDEA 进行区分，但没有成功。最后通过设计线性阈值函数对密文比特进行直接操作，才在两种密文之间发现了差异。

2002 年，Girish Chandra 等人基于密文比特构建了多种阈值分类器模型。该模型分为两层：在第一层，定义一系列测试，把密文看成由一系列段落构成，视密文通过测试的比例，在第一层给出 0 或 1 作为判断结果，这些结果作为第二层判断的依据；在第二层给出是 DES 还是 IDEA 的判断。此模型对于大小为 2kB~8kB 的密文，判断成功率为73%~75%。在对模型做进一步改进后，可以 100%准确率区分 DES 文件，以 93%准确率区分 IDEA 文件。另外该实验对文件大小的要求是至少 200kB，以便对文件分出足够多的段。而对于更小的文件，模型测试的准确率将会下降[23]。

2003 年，M. Brahmaji Rao 等人在密码体制识别研究中提出了一种新颖的思路，在对 RSA 与 IDEA 识别时，使用不同密钥对相同的明文加密得到多份密文，随后计算相对于某份密文，其余密文中各比特改变的数目，并求取该值的标准差，并以此作为区分密码体制的依据。识别结果显示，对于 RSA 与 IDEA 的识别成功率达到了 85%。作者认为该方法可以推广到更多的现代密码识别研究中[24]。

2018 年，赵志诚、赵亚群等基于 NIST 随机性测试提出了一系列新的密文特征，结合随机森林分类算法给出了一种新的密码体制识别方案。实验数据显示，该方案可以有效区分明密文以及 ECB 模式与 CBC 模式，并能够以较高的准确率完成对 AES、DES、3DES、IDEA、Blowfish 和 Camellia 共计 6 种密码体制的两两区分实验[25]。

4　密文特征提取方法

大多数基于机器学习的密码体制识别方法均需要提取密文特征，作为识别分类器构建模型的输入。目前公开研究中的密文特征大致可以分为五类：（1）计算字符、特定长度字节或比特等的熵或最大熵[12,19]；（2）统计字符、特定长度字节、比特的概率[12,19]；（3）对密文开展随机性测试获得足够的返回值作为密文特征，如基于码元频数检测[21]、块内频数检测及游程检测设计了三类表现比较优异的特征；（4）将密文看成可变长的文档向量[10]；（5）将以上某几类特征组合成新的特征[19]。公开文献中常用的密文特征及维数见表1。

表1 公开文献中出现的常用密文特征及维数

来源文献	使用特征	特征维数
[7]	Run	10000
[7]	Frequency	300
[7]	BlockFrequency	1000
[7]	Document vector	2741~39071
[19]	XOR1	65536
[19]	XOR2 + XOR3	131072
[19]	ZRO_RATIO + ENT_BYTE	256
[13, 19]	HIST	65536
[13]	F_256	256
[26, 27, 28]	F_256b	256
[26, 27, 28]	Max	6
[26, 27, 28]	F_F	500
[26, 27, 28]	F_BF	1000
[26, 27, 28]	F_R	2000
[26, 27, 28]	F_3Test	3500
[26, 27, 28]	Ent	6
[26, 27, 28]	Max + Ent	12
[26, 27, 28]	F_5Test	500
[26, 27, 28]	F_512	512
[26, 27, 28]	F_1024	1024

5 未来发展方向和趋势

通过本文的综述和研究可知，密码体制识别技术需要持续深入研究。下面对密码体制识别给出未来研究方向及建议。

5.1 分层多密码体制识别

如前所述，现代密码体制经过多年的发展衍化，已经形成了种类众多、设计思想相互融合的密码大家族。因此在对密文加密识别过程中，减少工作量并提高识别准确率面临着严峻挑战。文献〔12〕的工作表明分层识别思想可明显提高密码体制识别效率。分层识别的前提是需要对各类密码体制进行划分，以确定密码体制识别时的优先方向，因此需要对各类密码体制的结构特点与加密强度有准确把握。对称密码体制分为分组密码体制和序列密码体制，近年来这两类密码体制的理论研究与技术发展突飞猛进，且二者的设计理论不断融合，界限逐渐模糊。进一步提高对称密码体制的识别能力，需要与密码体制自身结构特点相结合。

5.2 密文特征提取

当前密文特征提取方法依然较为单一，对于密文潜藏信息的刻画能力十分有限。特别是对加密强度较高的密码体制如序列密码和 CBC 模式下的分组密码体制，少见有公开发表的密文特征提取方法。对于密文特征提取，本文认为其中需要着重研究的问题包括：（1）将密文特征提取方法与语义学知识和信息检索技术相结合，提高特征提取的针对性；（2）结合随机性测试等统计学方法，并与密码体制自身结构特点结合，在特征中体现密文随机性与密码体制结构差异；（3）在处理大批量密文数据时，密文特征降维优化对于提高密码体制识别效率十分重要。

6 结束语

大数据时代的来临，可用数据的增多，给许多现实应用带来了新的思路。但是网络数据的庞大、繁杂也为当前的数据处理技术带来了新的挑战。在海量数据中，密数据通常被认为具有较高的潜在利用价值，如何快速区分密数据与正常数据，以及识别密数据的加密体制等是亟待研究者解决的问题。当前的各类密码体制识别研究向我们展示了密码体制智能识别的可行性，以及技术、算法上的不断进步。本文介绍和分析了密码体制识别领域中的一般概念、识别方法、特征提取，并指出了当前密码体制识别面临的主要问题和研究方向。相信随着研究者对该问题的持续关注与探索，密码体制识别技术在今后将会得到进一步的发展与完善，并在相关工作中发挥重要作用。

衷心感谢冯登国研究员、陈克非教授、吴文玲研究员、秦静教授的帮助与支持！

参考文献

［1］冯登国，裴定一．密码学导引［M］．北京：科学出版社，1999.

［2］冯登国，吴文玲．分组密码的设计与分析［M］．北京：清华大学出版社，2000.

［3］李益发，赵亚群，张习勇，等．应用密码学基础［M］．武汉：武汉大学出版社，2009.

［4］Korczyński M, Duda A. Markov chain fingerprinting to classify encrypted traffic ［C］//Infocom, 2014 Proceedings IEEE. IEEE, 2014：781-789.

［5］Arndt D J, Zincir-Heywood A N. A comparison of three machine learning techniques for encrypted network traffic analysis ［C］//Computational Intelligence for Security and Defense Applications（CISDA）, 2011 IEEE Symposium on. IEEE, 2011：107-114.

［6］Alshammari R, Zincir-Heywood A N. Machine learning based encrypted traffic classification：Identifying ssh and skype ［C］//Computational Intelligence for Security and Defense Applications, 2009. CISDA 2009. IEEE Symposium on. IEEE, 2009：1-8.

［7］Wu Yang, Wang Tao, Xing Meng. Blockciphers identification scheme based on the distribution character of randomness test values of ciphertext. Chinese Journal on Communications, 2015, 36（4）：146-155.

［8］De Souza W A R, Tomlinson A. A distinguishing attack with a neural network//

Proceedings of the IEEE 13th International Conference on Data Mining Workshops (ICDMW' 13), Dallas, U. S. A., 2013: 154-161.

[9] Sharif S O, Mansoor S P. Performance Evaluation of Classifiers used for Identification of Encryption Algorithms. ACEEE International Journal on Network Security, 2011, 2 (04): 42-45.

[10] Dileep A D, Sekhar C C. Identification of block ciphers using support vector machines//Proceedings of the International Joint Conference on Neural Networks (IJCNN'06), Gulf Islands, Canada, 2006: 2696-2701.

[11] de Souza W A R, de Carvalho L A V, Xexéo J. Identification of N Block Ciphers. Latin America Transactions, IEEE (Revista IEEE America Latina), 2011, 9 (2): 184-191.

[12] 黄良韬, 赵志诚, 赵亚群. 基于随机森林的密码体制识别方案. 计算机学报, 2018, 41 (2): 382-399.

[13] Manjula R, Anitha R. Identification of Encryption Algorithm Using Decision Tree//Proceedings of the First International Conference on Computer Science and Information Technology, Bangalore, India, 2011: 237-246.

[14] 胡馨艺, 赵亚群. One to One Identification of Cryptosystem Using Fisher's Discriminant Analysis, The 6th ACM/ACIS International Conference on Applied Computing and Information Technology, 2018.

[15] Nagireddy S. A pattern recognition approach to block cipher identification [Master Deree Thesis]. Indian Institute of Technology Madras, 2008.

[16] Saxena G, Karnik H, Agrawal M. Classification of Ciphers using Machine learning [J]. Master's thesis, Department of Computer Science and Engineering, Indian Institute of Technology. Kanpur, 2008.

[17] Sharif S O, Kuncheva L I, Mansoor S P. Classifying encryption algorithms using pattern recognition techniques//Proceedings of the IEEE International Conference on Information Theory and Information Security (ICITIS), Beijing, China, 2010: 1168-1172.

[18] Manjula R, Anitha R. Identification of Encryption Algorithm Using Decision Tree

［J］. Advanced Computing，2011：237-246.

［19］Chou J W，Lin S D，Cheng C M. On the effectiveness of using state-of-the-art machine learning techniques to launch cryptographic distinguishing attacks//Proceedings of the 5th ACM workshop on Security and artificial intelligence. New York，U. S. A.，2012：105-110.

［20］de SoDe Souza W A R，Tomlinson A. A distinguishing attack with a neural network//Proceedings of the IEEE 13th International Conference on Data Mining Workshops（ICDMW'13），Dallas，U. S. A.，2013：154-161.

［21］吴杨，王韬，李进东．分组密码算法密文的统计检测新方法研究［J］. 军械工程学院学报，2015，27（03）：58-64.

［22］赵志诚，赵亚群. Grain-128 算法的密码体制识别研究. 信息工程大学学报.

［23］Chandra G. Classification of Modern Ciphers［J］. IIT Kanpur，2002.

［24］Rao M B. Classiflcation of RSA and IDEA Ciphers［D］. Indian Institute of Technology，Kanpur，2003.

［25］赵志诚，赵亚群. 基于随机性测试的密码体制识别研究. 密码学报.

［26］赵志诚. 基于机器学习的密码体制识别研究. 信息工程大学硕士学位论文，2018.

［27］赵志诚，赵亚群. The Research of Cryptosystem Recognition based on Randomness Test's Return Value，The 4th International Conference on Cloud Computing and Security.

［28］赵志诚，赵亚群. Creating Features from NIST's Randomness Tests for Recognition of Block Ciphers，The 6th ACM/ACIS International Conference on Applied Computing and Information Technology.

［29］Pooja Maheshwari. Classification of Ciphers，Master Degree Thesis of Indian Institute of Technology，Kanpur，2001.